InSAR地壳形变观测与发震断层特征

单新建　屈春燕　张国宏　宋小刚 等　著

科　学　出　版　社
北　京

内 容 简 介

本书以空间大地测量技术在地震和地壳形变领域的应用研究为主线，针对地震活动和断裂带运动变形的特点，阐述了 InSAR 和 GPS 的基本原理、理论模型及数据处理中的误差改正方法；从地震周期形变的震间–同震–震后不同阶段入手，分析断层带在地震孕育、发生和震后调整不同阶段的形变场时空演化特征，从断层模型建模、形变场模拟和运动学参数反演等各环节，来分析断层的闭锁耦合状态、应力应变积累及强震危险程度。本书总体包括基础理论和应用案例两大部分。

本书可供地震大地测量学、地球物理学及地震动力学等专业的科研人员和高校研究生阅读参考，并在国家防震减灾事业中发挥作用。

图书在版编目(CIP)数据

InSAR 地壳形变观测与发震断层特征 / 单新建等著．—北京：科学出版社，2021. 11

ISBN 978-7-03-069660-1

Ⅰ. ①I… Ⅱ. ①单… Ⅲ. ①地壳形变–地震观测 ②发震断层 Ⅳ. ①P315. 61 ②P315. 2

中国版本图书馆 CIP 数据核字（2021）第 177406 号

责任编辑：韦 沁 / 责任校对：王 瑞
责任印制：肖 兴 / 封面设计：北京图阅盛世

科学出版社 出版
北京东黄城根北街 16 号
邮政编码：100717
http://www. sciencep. com
北京九天鸿程印刷有限责任公司 印刷
科学出版社发行 各地新华书店经销
*
2021 年 11 月第 一 版 开本：787×1092 1/16
2021 年 11 月第一次印刷 印张：17 1/4
字数：409 000

定价：228. 00 元

（如有印装质量问题，我社负责调换）

前　言

起始于约50Ma前的印度–欧亚板块的碰撞，造就了青藏高原独特的地形地貌、地壳形变格局，控制着中国大陆中、强震的孕育与发生。中国大陆地震具有震级大、分布广、频度高、震源浅的特点。据不完全统计，1949年以来，我国地震死亡人数占全部自然灾害死亡人数的52%，为众灾之首。因此，加强地震监测预测、减轻地震灾害风险一直是防灾减灾的首要任务和民众的迫切需求。

地震的孕育和发生是由于地壳应力、应变长期积累，因突然失稳而迅速释放能量的结果，地震能量释放后，地壳又会出现一定量的弹性恢复，表现出震间–同震–震后的地震周期形变特征。从震间的能量积累到地震时的同震位移，再到震后的弹性恢复，活动构造及其边界都会呈现不同时空特征的地壳形变场。在漫长的震间期，在构造应力缓慢加载作用下，断裂带闭锁区应变能逐步积累和增强，断层带形变主要表现为毫米级微小形变；地震时，闭锁断层突然破裂，长期积累的应变能瞬间释放，产生数厘米到数十米的同震位移；地震后，地壳形变进入震后调整阶段，表现出数厘米到数十厘米的震后滑动，并呈现快速衰减特征。

地震孕育与构造变形图像和应力、应变积累状态密切相关。如果我们能够精细地观测到断裂带震间、同震和震后地壳形变时空微动态变化特征，准确识别断层带闭锁段应力、应变积累状态，不仅对断裂带变形演化特征、孕震过程、发震机制有深入认识，为开展具有物理含义的强震危险性预测研究提供重要基础，而且可以为区域构造运动学、动力学研究提供重要依据。

30多年来，以合成孔径雷达干涉测量（InSAR）和全球定位系统（GPS）为代表的现代大地测量技术的迅速发展和广泛应用，为各种规模尺度地壳运动的高精度、高密度、全天候监测提供了前所未有的先进技术手段，特别是非接触不受地面条件限制、大范围空间连续覆盖的InSAR技术，几乎实现了地壳形变的时空连续观测。近年来，随着我国北斗卫星导航系统（BDS），以及GLONASS、Galileo导航系统的逐步完善，已形成了全球卫星导航系统（GNSS）。随着观测频率在1～100Hz范围的高频GNSS的出现，地震学与大地测量学数据之间的差异变得模糊，高频GNSS接收机不仅可以记录地壳运动静态位移，而且可以记录较好的地震波动态位移信号。

随着欧洲航天局（ESA）Sentinel-1系列卫星成功发射和数据免费开放，SAR数据来源取得了跨越式的进步，突破了早期InSAR技术应用在一定程度上受到数据制约的瓶颈，极大地推动了InSAR在地壳形变观测领域的研究和应用进展。Sentinel-1卫星重访周期大幅缩短至12天或6天，影像扫描宽度增至约250km，大大提高了捕捉短周期动态形变信号的能力，以及大范围开展地壳形变场观测的能力。总之经过20多年的发展，已形成了多平台、多星座、大幅宽、高时空分辨率的InSAR数据积累。GNSS能够揭示出中国大陆活动块体的整体运动图像，InSAR 能够揭示断层近场形变细节，两者的结合能够捕获到活动构造震间能量积累、发震释放到震后恢复的形变场时空演化特征图像，为实现地震孕育、发生、调整的全周期形变解析及模拟奠定基础。

本书著者长期从事 InSAR、GNSS 技术在地壳形变领域的应用研究，多年来承担完成一系列国家级和省部级重要科研项目，在地震周期形变与地震孕育过程方面做了大量探索。围绕着 InSAR 数据的处理与分析、地表形变场的定量反演、发震断层模型、强震危险性分析等方面开展了大量研究工作，对发生在中国大陆及周边地区的一系列强震开展了同震形变场提取、发震断层模拟反演研究；对位于青藏高原及周边主要活动断裂带开展了震间形变观测，断层闭锁及滑动亏损与深浅部应力、应变积累的反演研究。经过多年的努力，形成了稳定的 InSAR、GNSS 形变观测与研究队伍，取得了一批有价值的研究成果。研究成果在 *Journal of Geophysical Research*、*Geophysical Research Letters*、*Remote Sensing of Environment*、*Seismological Research Letters*、*Tectonophysics*、*Remote Sensing*、*Bulletin of the Seismological Society of America*、*Journal of Asian Earth Sciences*、《中国科学》等国际、国内重要期刊发表，研制的相关软件在地震系统相关省局和科研院所得到广泛应用。

本书是对上述多年研究成果的全面汇总、系统梳理和总结凝练，具有较好的基础性、系统性和应用性。不同于以往纯大地测量技术的书籍，本书以空间大地测量技术在地震和活动断层形变研究中的应用为主要内容，从地震和活动构造的特点入手阐述 InSAR 和 GPS 技术原理、理论模型及数据处理中的误差改正方法；从地震周期形变的不同阶段（同震、震间和震后）入手，来分析断层形变在不同阶段的时空特征；从断层模型建模再到数值模拟与反演，来分析活动断裂闭锁情况及应力、应变状态，给出强震危险性判断。本书可以弥补空间大地测量技术在地壳运动、构造变形及应力、应变状态、地震周期形变等方面专著出版的空白。该书总体包括基础理论和应用案例两大部分。全书共分为八章和结语：第 1 章至第 6 章为基础理论部分，其中第 1 章概述了传统和现代地壳形变观测方法；第 2 章详细介绍了 InSAR 基本原理、算法模型和数据处理方法等；第 3 章阐述了基于多平台、多波段升、降轨 InSAR 数据及 GPS 等多源数据的三维同震形变场解算方法；第 4 章介绍了 GPS 地壳形变监测技术的基本原理和技术方法；第 5 章论述了 InSAR 形变观测的相位误差及其矫正方法；第 6 章介绍了地震周期地壳形变模拟反演及断层位错模型的基础理论和技术方法。第 7、8 章是应用案例，其中第 7 章展示了对玛尼、汶川等六个强震同震形变及破裂机制的观测模拟反演研究成果；第 8 章展示了对海原–六盘山断裂带和阿尔金断裂带的震间形变观测，断层闭锁耦合程度及应力应变积累状态反演的研究成果。

本书第 1 章由单新建、张国宏、龚文瑜等编写；第 2 章由龚文瑜、单新建、屈春燕等编写；第 3 章由刘云华、屈春燕和张桂芳等编写；第 4 章由单新建、李彦川等编写；第 5 章由宋小刚、单新建和姜宇等编写；第 6 章由张国宏、单新建、屈春燕等编写；第 7 章由单新建、屈春燕、张国宏、刘云华、宋小刚、张桂芳、李彦川和赵德政等编写；第 8 章由屈春燕、单新建、宋小刚、刘云华、李彦川等编写。全书由屈春燕、单新建、张国宏等统稿，由单新建审核检查定稿。焦中虎、朱传华、张迎峰、赵德政、乔鑫、赵由佳、尹昊、刘晓东、侯丽燕、沙鹏程和张志燊等在书稿资料收集和图件绘制过程中提供了帮助。庾露、温少妍、徐小波和王家庆等在 InSAR 地震周期不同阶段的应用案例中开展了研究。

本书的研究工作得到国家自然科学基金（41631073、41872229）、国家重点研发计划项目（2019YFC1509200）、国家科技支撑计划和地震动力学国家重点实验室课题等多个项目的共同资助，本书的出版得到国家科学技术学术著作出版基金资助，在此一并表示衷心感谢。

本书是对著者研究团队多年来科研成果积累的汇总和凝练，期望对相关领域的广大同行、高校研究生提供参考。本书中的一些内容是我们的最新研究成果，涉及尚在探索完善中的前沿技术方法及其应用，加之著者水平有限，书中的疏漏之处在所难免，敬请读者批评指正。

著　者

于北京，中国地震局地质研究所

2019 年 9 月 24 日

目　　录

第 1 章　地壳形变监测与地震周期概述

1.1　传统地壳形变监测方法

在板块运动作用下构造块体发生缓慢、微小的形变，这种变化人往往感觉不到，但可以通过测量仪器观测到。传统地壳形变监测方法主要有水准测量、地倾斜测量、钻孔应变测量等手段。水准测量主要用水准仪测量地面固定点之间的高差变化；地倾斜测量主要用倾斜仪测定钻孔倾角和方位角；钻孔应变测量指利用钻孔应变仪器探头观测地层内部应变变化。在构造活动区内，通过对活动断层形变的测量，可以为地震危险性判定提供重要依据（周冠强等，2014；张国安等，2002）。

1.1.1　水准测量

水准测量又名“几何水准测量”，是用水准仪和水准尺测定地面上两点间高差的方法。作为可靠精确的高程测量手段，水准测量在地面沉降、精密工程测量、小区域高程控制等领域有着广泛的应用（杨松林等，2013）。

17～18 世纪，望远镜和水准器的发明对测量技术发展起到了推动作用，随后出现了水准仪。1794 年，德国数学家 C. F. 高斯在解决行星轨道预测问题时，提出了误差和最小二乘理论，经 1809～1826 年间逐步完善，到目前基本一直沿用着这种传统误差计算方法，它奠定了测量平差的基础（沈本忠，1981）。20 世纪初，在内调焦望远镜和符合水准器的基础上，生产出借助于微倾螺旋获得水平视线的微倾水准仪。1903 年 12 月 17 日，美国莱特兄弟（Wright Brothers）发明的飞机首次试飞成功，促进了航空摄影测量技术的发展。随着 20 世纪 50 年代初自动安平水准仪的出现，60 年代激光水准仪的研制，直到 90 年代研制出了电子水准仪或数字水准仪。这一系列的发明和技术改进，奠定了水准测量的基础。

水准测量技术也是中国古代测量史的重要组成部分，在唐朝李筌著的《神机制敌太白阴经》中，首次对水准仪进行了描述，主要利用“水沟”“矩”“绳”来确定水平面。中国古代水准仪的设计和发展对我国古代测量学科、工程建筑学科的发展有着重要贡献（周龙，2016）。

水准测量的基本原理是利用水准仪提供的水平视线，观测竖立在两点上的水准标尺，测量水准标尺上的读数，按尺上读数计算两点间的高差。测量开始点通常为全国各地埋设并测定高程的水准点（bench mark）或任一已知高程点，沿选定的水准路线逐站测定推算各点的高程。国家高程基准起算点设为青岛原点，高程为 72. 260m。当测量路线高程点距水准点较远或高差较大时，通常通过连续多次移动安置水准仪和标尺逐步测出多个点的高差，最后按正常高系统加以改正，求得各点满足测量等级的高程。

如图 1.1 所示，分别在地面 A、B 两点上竖立一根水准尺，在 A、B 中间安置一架水准仪，利用水准仪分别读取 A、B 两点水准尺标尺数，记为 a、b，则 A、B 两点的高差 $h_{AB}=a-b$。则 B 点高程为

$$H_B = H_A + h_{AB} = H_A + a - b \tag{1.1}$$

式中，若前进方向是 A 到 B，则 a 为后视读数、b 为前视读数；h_{AB} 为高差，为后视读数减去前视读数，正负均可。

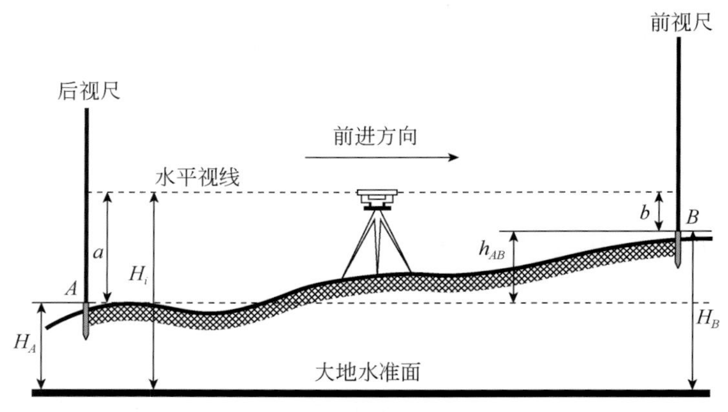

图 1.1　水准测量原理示意图

国家水准网分四个水准测量国家等级，按精度从高级到低级划分为一、二、三、四等水准测量。一、二等水准测量为基础测量，偶然中误差不大于 1.0mm/km，地壳形变监测属于一、二等测量；三、四等水准测量为工程测量、地形测量，偶然中误差在 3.0 ~ 5.0mm/km。

由于不同高程水准面不平行，在处理国家水准测量数据结果时，需要按所采用的正常高系统加以必要的改正，以获取正确的高程。在《国家一、二等水准测量规范》（GB/T 12897—2006；中华人民共和国国家质量监督检验检疫总局和中国国家标准化管理委员会，2006）中增加了标尺温度改正、固体潮改正和海潮负荷影响等改正。对于断层形变测量、地震预测而言，所关注的不是静态高程，而是相对动态变形，或许高程值本身具有较显著的上述系统误差，但只要在不同时间测量中这些系统误差主项相同，计算形变时就可以得到比较好的消除（薄万举和陈聚忠，2011）。我国利用水准测量进行垂直形变监测和研究已有 50 多年，目前区域水准、跨断层水准和台站短水准测量构成的活动构造点、线、面的垂直形变监测布局，在断层形变监测、地震中长期预测中发挥着重要作用。

1.1.2　地倾斜测量

地倾斜测量通常是在山洞或地下设施中通过倾斜仪测定地面的倾斜变化，是研究地壳形变的一种重要手段，也是开展固体潮、地震前兆、构造运动、火山活动观测与研究的主

要方法。观测仪器分为水平摆倾斜仪和水管倾斜仪两大类。前者以铅垂线为基准，通过一个摆测量地壳相对于铅垂线的偏移；后者以水平面为基准，通过测量水平面的相对位移，来获取地倾斜角度。由于地倾斜固体潮日变化幅度约为 0.05″，测量地倾斜的仪器分辨率需达到 0.0001″（黄玉和武立华，2008）。

水平摆倾斜仪最早可追溯到 1830 年 Hengler 发明的一种双丝悬挂系统的水平摆装置。1914 年，Michelson 和 Gale 制作了两根长 150m 的水管，埋于地下，用于观测水管两端水平面相对位移变化。1973 年，Bowern 制成了长度约 50m 的水管倾斜仪用来观测固体潮。1966 年，Schneider 和 Graf 各自设计了垂直摆倾斜仪。1968 年，Hansen 设计了一种气泡倾斜仪。1982 年，J. A. Wesphal 等研制了另一种灵敏度较高的气泡倾斜仪，通过监测气泡运动来监测地面倾斜。1990 年，Saleh 和 Blum 研制了一种高灵敏度的石英水平摆倾斜仪，测量精度达到了 10^{-9}rad。

1968 年，我国开始着手研制第一代倾斜仪，分别研制成功了目视水管倾斜仪、金属水平摆倾斜仪、目视适应伸缩仪等。20 世纪 80 年代中期出现二代地倾斜观测仪器，包括 FSQ 型自记水管倾斜仪、SSY 型适应水平伸缩仪及 SQ 型石英水平摆倾斜仪。1996 年，中国地震局为推动前兆台网的数字化、自动化，着手研制第三代地壳形变连续观测仪器。2001 年聂磊等研制了 DSQ 型短基线水管倾斜仪及其标定装置，采用了实用化、小型化、数字化和智能化的设计。2003 年，韩和平等对阳原台 SQ-70 型石英摆倾斜仪进行了数字化改造，改造后仪器为非接触式光电耦合 DSQ-Ⅱ型数字化石英倾斜仪。通过三代地倾斜仪的研制和改造，我国的地倾斜台网在仪器研制、观测精度、连续性等方面达到国际先进水平（聂磊等，2001；肖峻，2002；韩和平等，2005；黄玉和武立华，2008）。

倾斜仪工作基本原理：

1. 固体摆倾斜仪原理

水平摆倾斜仪以铅垂线为基准，通过一个固定摆尺装置，测量摆尺装置相对于铅垂线的偏移量，依据固定摆尺臂长，即可算出倾斜角度 θ（图 1.2）。

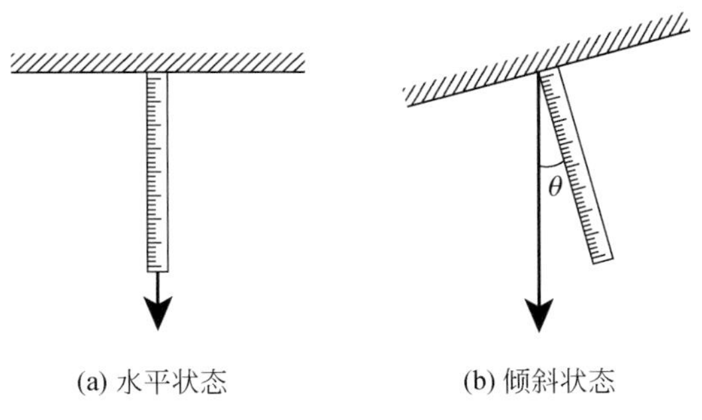

图 1.2　固体摆倾斜仪测量原理图

2. 液体摆倾斜仪原理

水管倾斜仪以水平面为基准，当装置倾斜时，液面始终处于水平，但液面与容器壁相对触点的部位发生了改变，通过在一定跨度内测量接触点变化量，即可算出倾斜角度 θ（图 1.3）。

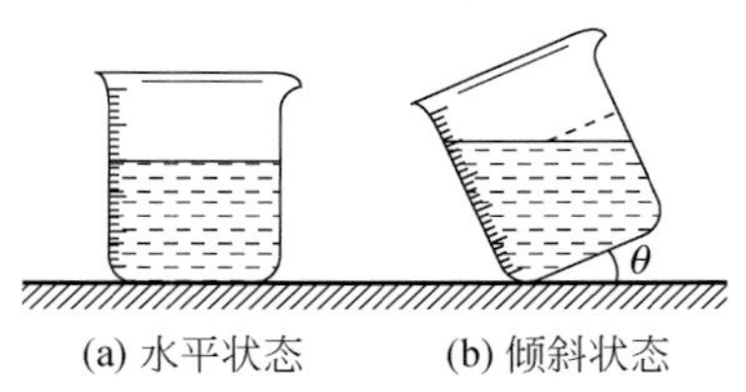

图 1.3　液体摆倾斜仪测量原理图

1.2　现代地壳形变监测方法

传统的地壳形变监测方法存在范围小、费用高等缺点，具有较大的局限性。随着卫星技术、雷达技术、导航技术、摄影测量技术等相关技术的发展，近 30 多年来，以合成孔径雷达干涉测量（interferometric synthetic aperture radar，InSAR；简称干涉雷达测量）和全球定位系统（global positioning system，GPS）为代表的现代大地测量技术得到迅速发展和广泛应用，为各种规模尺度地壳运动的高精度、大面积、全天候监测提供了前所未有的先进技术手段。

1.2.1　合成孔径雷达的概念

雷达（radio detection and ranging，Radar）原意是无线电探测和测距，即通过发射电磁波信号照射地表目标，然后接收目标的脉冲回波信号，从而获得目标的位置、距离、移动速度等信息。1935 年，英国物理学家罗伯特·沃特森·瓦特发明第一台实用雷达，并在索夫克海岸架起了英国第一个雷达站。

20 世纪 50 年代中期出现了真实孔径雷达（real aperture radar，RAR）。真实孔径雷达随载体平台（飞机或卫星）飞行时，沿垂直于飞行方向以一定的俯角向地表发射侧视雷达波束，然后接收地面反射信号，这样便得到了地表雷达图像［图 1.4（a)］。侧视雷达的空间分辨率是雷达成像系统的重要指标。雷达卫星对地观测的分辨率随雷达天线的增长而增高，但由于受发射技术、硬件技术等方面的限制，不可能无限制地增加雷达天线长度。因此，真实孔径雷达图像的地表分辨率往往很低，难以满足应用要求。

对于真实孔径雷达，其空间分辨率可分为距离向分辨率和方位向分辨率［图 1.4（a)］。距离向分辨率指沿侧视方向能分辨出的两个地表目标的最小距离，它与俯角（β）和脉冲持续时间（τ）有关。方位向分辨率指相邻的两束脉冲之间，沿飞行轨迹方向能分辨出的两个地表目标的最小距离，它与波瓣角（ω）和斜距（R）有关。方位向分辨率和距离向分辨率共同构成了地表分辨率单元。设电磁波传播速度为 C，波长为 λ，天线孔径为 d，则距离向分辨率为

$$R_r = (\tau C \sec\beta)/2 \tag{1.2}$$

方位向分辨率为

$$R_t = \omega R = \lambda R/d \tag{1.3}$$

由式（1.3）可知，若要提高空间分辨率，可采用较小的脉冲持续时间，较短的波长，缩短观测距离，增大天线孔径。但如果脉冲持续时间（τ）过小，将使得回波信号的能量过低，结果导致信噪比（signal to noise ratio，SNR）过低；波长过短，将使得信号的相干性较差。因此，增大天线孔径是提高分辨率最为有效的措施，但事实上也是最为困难的。设天线孔径为 10m，波长为 5cm，脉冲持续时间为 0.5μm，俯角取 60°，光速取 3×10^8m，地表和天线距离为 500km 时，由式（1.2）、式（1.3）可得真实孔径雷达距离向分辨率为 150m，方位向分辨率为 2.5km，地表分辨率单元为 150m×2500m，此分辨单元与实际要求相差极远。但从航天技术上来讲，我们又不能无限制地增加天线长度，那么怎么利用有限的雷达天线的长度来提高其分辨率呢？合成孔径雷达（synthetic aperture radar，SAR）技术正是在这一需求下而产生的，其目的是利用有限的天线长度尽可能地提高观测分辨率。

合成孔径雷达技术的基本原理是：雷达天线在轨道上飞行的过程中，在每个位置上定时地对同一地物发射电磁波脉冲信号，然后记录回波信号的振幅和相位信息。合成孔径天线与真实孔径天线相比，它们之间的差别是：合成孔径天线在不同位置上接收了同一地物的回波信号，而真实孔径天线则是在一个位置上接收地物的回波信号。因此，合成孔径天线在不同的位置上发射脉冲信号，可以看成是多个真实孔径雷达在飞行轨道上的排列［图 1.4（b）］，在某种意义上，可以认为是延伸了雷达天线的长度，从而提高了分辨率。合成孔径雷达的空间分辨率包括距离向分辨率和方位向分辨率。如图 1.4（b）所示，设合成孔径天线长度为 D_s，根据式（1.2）、式（1.3）可得合成孔径雷达距离向分辨率为

$$R_r' = \tau C \sec\beta / 2 \tag{1.4}$$

合成孔径雷达方位向分辨率为

$$R_t' = \lambda R / D_s \tag{1.5}$$

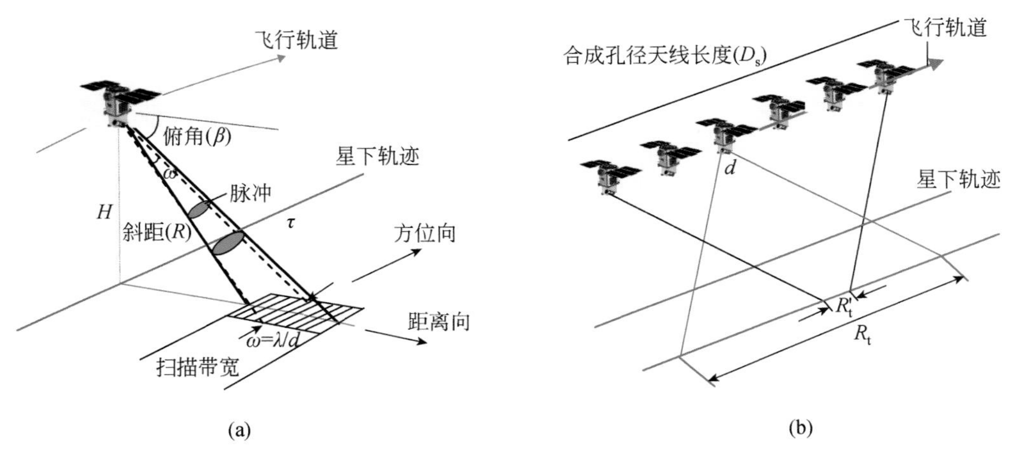

图 1.4　真实孔径雷达原理（a）和合成孔径雷达原理（b）

考虑到合成孔径天线的最大长度应等于真实孔径天线下的方位向分辨率，即 $D_s = R_t = \lambda R/d$；同时考虑到雷达波的双程相移，分辨率还可提高一倍，则式（1.5）改写为

$$R_t' = \lambda R / (2D_s) = d/2 \tag{1.6}$$

由式（1.6）可以看出，合成孔径雷达方位向分辨率与真实雷达不同，它只与天线孔

径 d 有关，而与雷达传感器到地面的距离无关。设真实孔径雷达天线孔径为 10m，合成孔径天线长度为 2.5km，波长为 5cm，脉冲持续时间取 0.1μm，俯角取 60°，此时真实孔径雷达的地表分辨率单元为 30m×2500m；而采用 SAR 技术时，距离向分辨率为 30m，方位向分辨率为 5m，地表分辨率单元为 30m×5m，已完全满足应用需求。与真实孔径雷达 2500m 的方位向分辨率相比，方位向分辨能力提高了 500 倍。由此可见，SAR 技术的应用可极大地提高地物分辨率，这正是 SAR 技术的潜力所在。

合成孔径雷达（SAR）实际上是通过信号压缩处理出来的可视图像结果。SAR 接收并记录下的真实孔径雷达回波信号，是一些原始脉冲信号，并非可视图像。地表每个分辨率单元由两个独立方向的信号组成，一个是距离向信号，另一个是方位向信号。距离向信号由一组具有不同延迟时间的脉冲信号组成（由不同距离引起），而方位向信号包含了回波信号的多普勒频移信息。斜距向（slant range）分辨率受到脉冲带宽的制约，为提高斜距向分辨率，就必须进行脉冲压缩。同时，合成孔径雷达方位向分辨率的提高也需要进行方位向的压缩来实现，即实现孔径的合成（图 1.5）。从某种意义上讲，可以认为是延长了雷达天线长度，从而大大提高了分辨率（舒宁，1997；郭华东，2001）。

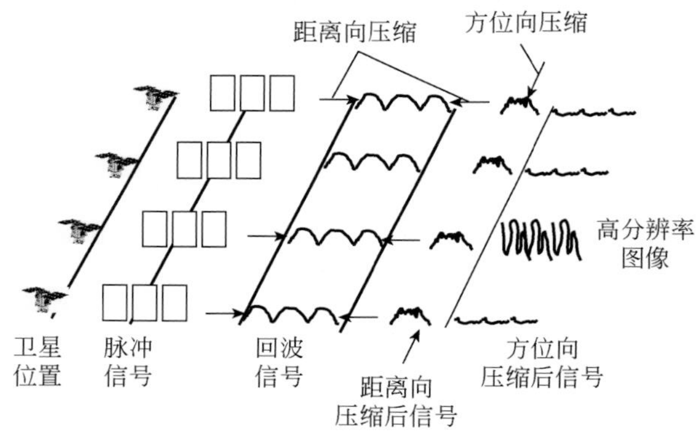

图 1.5　SAR 图像的压缩过程示意图

20 世纪 50 年代，SAR 系统开始用于美国军队，后美国国家航空航天局（National Aeronautics and Space Administration，NASA）喷气推进实验室（Jet Propulsion Laboratory，JPL）将其转化为民用。1972 年，美国国家航空航天局成功进行了机载 L 波段的 SAR 实验。1978 年 6 月 28 日第一颗合成孔径雷达——SEASAT 成功发射，只工作了 105 天，获得了大量 SAR 数据。1981 年、1984 年、1994 年 JPL 分别成功发射了 SIR-A/L-SAR、SIR-B/L-SAR 和 SIR-C/X-SAR，所获得的数据主要用于环境、资源勘探等方面。20 世纪 90 年代开始，SAR 卫星进入快速发展阶段，欧洲航天局（European Space Agency，ESA）成功发射 ERS-1（1991 年）、ERS-2（1995 年），日本成功发射 JERS-1（1992 年），1995 年加拿大成功发射多模式卫星 RADARSAT-1。其中，1995 年欧洲航天局发射的 ERS-2 与 ERS-1 雷达系统参数相同、轨道相同，使两颗卫星构成双星追逐模式（tandem mode），对同一地区的最短覆盖周期为 1 天，提供了几乎覆盖全球的高质量 SAR 干涉对数据。

2000 年以后，欧洲航天局（ESA）和日本、加拿大等又陆续发射了 ENVISAT（2002 年）、Sentinel-1A/B（2014 年、2016 年）、ALOS-1/2（2006 年、2014 年）、RADARSAT-2

（2007 年）系列 SAR 卫星。影响最为深远的是 Sentinel-1 系列卫星，由 Sentinel-1A（2014 年）和 Sentinel-1B（2016 年）两颗 C 波段雷达成像系统卫星组成，它是 ESA 哥白尼计划（全球环境与安全监测计划，Global Monitoring for Environment and Security，GMES）中的地球观测卫星。Sentinel-1 系列卫星确保了 ESA “欧洲遥感卫星”（ERS）、“环境卫星”（ENVISAT）任务的 SAR 数据连续性，并提高了分辨率。单个卫星每 12 天扫描全球一次，双星座重访周期缩短至 6 天，赤道地区重访周期 3 天，提高了观测的时效性。新的 Sentinel-1C 和 Sentinel-1D 正在测试和研发，将及时更换七年设计寿命的 Sentinel-1A 和 Sentinel-1B 卫星。Sentinel-1 系列卫星数据对全球实施免费开放策略，可通过欧洲航天局共享地址（https://scihub.copernicus.eu；https://ovl.oceandatalab.com）下载 SAR 数据，Sentinel-1 系列卫星精密轨道数据可通过网络（https://qc.sentinel1.eo.esa.int）来查询和下载。雷达卫星的免费共享策略极大地推动了星载 SAR 技术的发展与应用。我国于 2016 年 8 月成功发射的高分三号（GF3）雷达卫星，是一颗 1m 分辨率 C 波段雷达成像卫星，具备 12 种成像模式，也是世界上工作模式最多的合成孔径雷达卫星之一，可为客户提供良好的雷达数据服务。

随着 SAR 卫星不断增加，在分辨率、观测精度等方面的提高，在卫星测绘、国土调查、资源勘查、环境保护、灾害监测、海洋环境、城市规划、地面监测等领域发挥越来越重要的作用。

SAR 技术具有以下优势：

（1）能穿透云、雾、雨、雪，具有全天候、全天时的工作能力。

（2）对地表有一定的穿透能力，穿透能力的强弱与雷达波长成正比。对干沙可穿透几十米，对冰可穿透 100m 左右，对潮湿的土壤也能穿透几厘米到几米。该特性适用于地物内部结构、隐伏地质体的勘探（舒宁，1997）。

（3）由于雷达遥感为侧视成像，对地形地貌结构特征、地表粗糙度、断层破碎带，以及线性构造体的走向和坡度变化都非常敏感，这些特征在 SAR 图像上表现为不同的色调和纹理，是图像地质体解译中的重要信息（Micheal，1989；邵芸和郭华东，1996；单新建等，2002b）。

（4）微波对地表及地下物质介电常数十分敏感。而物质的介电常数与其含水量密切相关。断层破裂带一般为蓄水构造，具有较高的介电常数，在 SAR 图像上具有更加明显的浅色条带特征。因此，SAR 图像在活断层探测中有重要作用（邵芸等，1992）。

（5）接收信号同时记录了振幅（强度）和相位两种信息，从而可以进行干涉处理，用于高程和地形变测量。

合成孔径雷达所具有的这些优势是光学图像无法比拟的，它是光学遥感的有效补充。

1.2.2　InSAR 的概念

合成孔径雷达干涉测量（InSAR）是 SAR 技术的最为成功的发展和应用。单纯对一幅成像雷达所获取的 SAR 图像来讲，其相位信息没有被利用，而两幅独立的同一场景 SAR 图像之间的相对相位却包含着该场景中重要的地表高程信息。InSAR 技术正是利用了这一原理，实现了对地表三维地形的获取。

干涉雷达测量系统的工作平台与获取模式是干涉雷达测量中的基本参数。干涉雷达测量按承载雷达传感器的平台可分为星载和机载两种，按工作模式又可分为重轨、沿轨和交轨三种。星载雷达干涉系统一般采用重轨干涉模式（图 1.6），机载雷达干涉系统一般采用沿轨（图 1.7）和交轨干涉（图 1.8）模式。

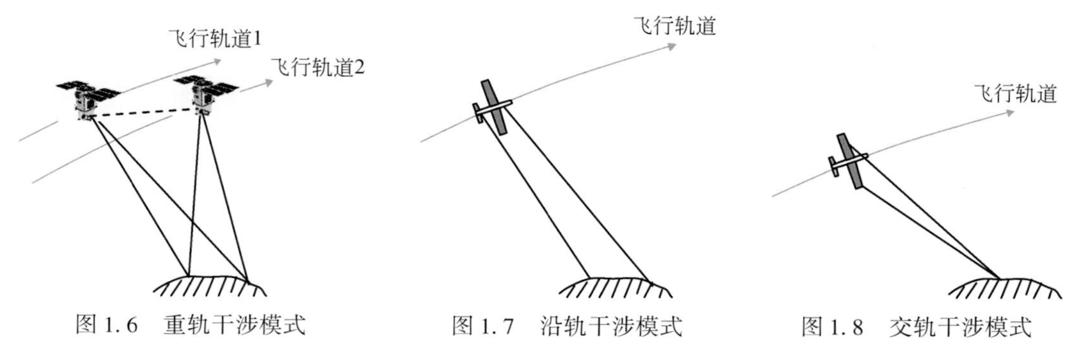

图 1.6　重轨干涉模式　　图 1.7　沿轨干涉模式　　图 1.8　交轨干涉模式

早在 20 世纪 60 年代 InSAR 技术就被人们注意到，1969 年 Rogers 和 Ingalls 最早把干涉雷达技术用于探测金星和月球表面之后；1974 年 Graham 又把干涉雷达技术用在地形制图上；到 1986 年 Zebker 和 Goldstein 采用 NASA CV990 机载双天线雷达系统（两天线间距为 11.1m）在旧金山海湾开展了利用 InSAR 提取数字高程模型（digital elevation model，DEM）的试验研究，在海洋地区获取了均方差为 2 ~ 10m 的高程值，使得数字化干涉雷达技术得以真正实现。我国早期利用 ERS-1 卫星 SAR 数据，成功获取了西藏、香港等地区的 DEM，并对结果进行了精度分析（单新建和刘浩，2001；单新建等，2001；刘国祥等，2001）。

美国“奋进号”航天飞机于 1994 年 4 月和 10 月分别载 SIR-C/X 单天线雷达系统两次升空。在 10 月的飞行中，前六天的轨道与 4 月的飞行轨道重复，提供了时间间隔为六个月的干涉测量数据。NASA JPL 在 1995 年电气电子工程师学会（Institute of Electrical and Electronics Engineers，IEEE）国际雷达会议上展示了 1994 年“奋进号”航天飞机上 SIR-C/X两次 SAR 图像的干涉图像提取的高程数据叠加所得到的加利福尼亚 Long Valley 地区三维影像结果。自此，InSAR 技术引起了各国的注意，并相继开展了大量的理论研究工作，为干涉测量技术的广泛应用奠定了基础。2000 年 2 月 22 日，装载于“奋进号”航天飞机上的单轨双天线雷达系统经过近 10 天的作业，成功地获取了从北纬 60°至南纬 56°间 80% 陆地面积的高精度三维雷达数据，圆满地完成了用于获取全球三维地形信息的航天飞机雷达测图计划（shuttle radar topography mission，SRTM），再一次展示了合成孔径雷达技术巨大的应用潜力，该计划的成功标志着人类地形测绘工作进入了一个新的时代。

更为重要的是，InSAR 技术经差分处理后，可广泛地应用于地表形变、地震位移、构造形变、火山形变等测量领域中。差分合成孔径雷达干涉测量（different interferometric synthetic aperture radar，D-InSAR；简称差分干涉雷达，目前也与 InSAR 统称为干涉雷达）技术是基于干涉雷达测量技术而提出的，其主要目的是测量地表连续形变场。D-InSAR 原理是：利用重轨 InSAR 方式获取的地表干涉图，其中包含了地形起伏、地表形变等信息，通过利用该地区高精度 DEM，除去由于地形起伏信息引起的相位，便得到了由地表形变引起的相位部分，通过相位解缠，从而得到研究区卫星视线向（斜距向）地表微量地形变场信息（Zebker 等，1994；单新建和叶洪，1998）。

1992 年 6 月 28 日美国加利福尼亚州兰德斯（Landers）地区发生了 M_W 7.3 级地震，1993 年法国学者 Massonnet 等采用 ERS-1 SAR 数据，首次成功地利用 InSAR 技术获取了该地震的地表同震形变场，并发表在 *Nature* 上，引起了国际地学界的震惊。此后，国内外一批专家早期开始了常规 InSAR 形变监测应用与研究，开展了在地震（Massonnet *et al.*，1993；Peltzer and Rosen，1995；Meyer *et al.*，1996；郭华东，2001；王超等，2000；单新建等，2001，2002a，2002b，2009，2015，2017；刘国祥等，2002；Shan *et al.*，2005，2011）、火山（Rowland，1996；Lu *et al.*，1997）、地下岩浆运移（Charles *et al.*，1998）、地面沉降（Raucoules *et al.*，2003；Ge *et al.*，2004）等领域的应用。随后，国内逐步开展了 InSAR 技术在理论算法、时序 InSAR 等研究和应用。

为了克服常规 lnSAR 的测量精度局限性，针对长时间地壳缓慢形变监测问题，在传统 InSAR 基础上，提出了多时相 InSAR（multi-temporal InSAR，MT-InSAR，又称时序 InSAR）技术，包括永久散射体（persistent scatterer，PS）、人工角反射器（corner reflector，CR）、小基线集（small baseline subset，SBAS）、SqueeSAR™、层叠法（Stacking）等一些新的时序 InSAR 方法。这些方法可以比较有效地去除大气延迟误差、轨道参数误差、地形数据误差等影响。

1.2.3　MT-InSAR 技术

随着技术的发展，在常规 InSAR 基础上，提出了时序 InSAR（MT- InSAR）方法（图 1.9）。该方法的思路是用同一地区多幅 SAR 影像（通常 20 景以上）叠加处理，有效减弱大气、卫星轨道等影响，来获得研究区域的平均形变场和目标点形变时间序列。MT-InSAR 技术最早基于干涉图 Stacking 技术提取平均形变速率场，发展到目前比较有代表性的是以单一影像为主影像的永久散射体合成孔径雷达干涉测量（persistent scatterer InSAR，PS-InSAR）方法、以多幅影像为主影像的小基线集（SBAS）方法（林珲等，2017），以及以分布式散射体（distributed scatterer，DS）为基础的 SqueeSAR™技术。MT- InSAR 技术的出现，使得形变观测精度达到毫米级，为监测和研究断层震间微小形变奠定了基础。

1. Stacking InSAR 技术

为了突破传统 InSAR 技术轨道、大气等影响因素难以剔除的限制，MT- InSAR 利用多干涉图层叠法（Stacking）提取时序形变。Stacking InSAR 是将覆盖同一地区的多幅差分干涉图配准到统一坐标系下，再进行线性叠加平均，可以有效提高干涉图的信噪比。假设大气误差在 N 个孤立干涉图上不相关。这就可以减少大气信号到原来的 $1/\sqrt{N}$。目前，该方法已成功地应用到震间活动断层微小形变监测中（Wright *et al.*，2001b；Peltzer *et al.*，2001；Fialko，2006；Elliott *et al.*，2008）。但是这种方法需要大量的干涉图参加平均计算才能有效减轻大气的影响，同时也不适用地形、气候较为复杂的区域。Walters 等（2013）

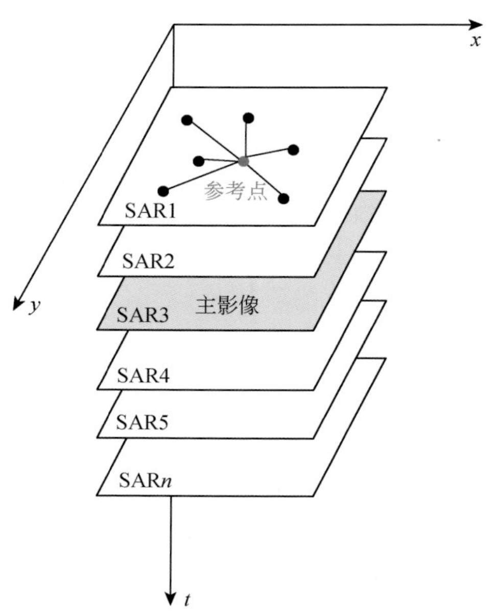

图 1.9　MT-InSAR 多幅 SAR 影像叠加示意图

和 Song 等（2019）首先利用 MERIS 和 ECMWF 数据对有限的几幅干涉图进行了大气改正，然后再叠加平均，获取了 Ashkabad 和海原断裂地区毫米级的地表形变速率场。

2. PS-InSAR 技术

PS-InSAR 技术的核心是充分利用了永久散射体（PS）目标稳定点具有稳定的后向散射特性。PS 点是由自然地物（如岩石等）或者人工地物（如房屋、桥梁等）构成，使其能在多卫星周期上保持稳定的散射特性和相干性，PS-InSAR 通过在时序 SAR 影像上探测的具有稳定后向散射特性的 PS 点目标相位信息进行分析，进而获取监测区域内的地表高精度形变时间序列信息，大大降低了误差影响，使得形变监测精度达到了毫米级。PS-InSAR技术能够间接克服时间、空间失相关和大气延迟的影响。另外，需要说明的是PS-InSAR技术由意大利 Tele-Rilevamento Europa 公司申请了专利，为了避免冲突通常使用 Persistent Scatterer 的表示方法。

后来随着该技术的不断发展，一些学者通过在地表布设稳定性更为可靠的人工角反射器（CR；图 1.10），通过 CR-InSAR、PS-InSAR 技术，建立 CR、PS 点上的相位变化与形变时间序列之间关系，实现对散射点的形变监测。实际上 CR 与 PS 只是人工地物与自然地物的差别，在理论算法模型上是一致的。

2000 年 Ferretti 等（2000）首次将 PS-InSAR 技术成功应用于意大利 Anocna 地区的滑坡监测研究当中，利用最大时间基线超过五年的 34 景 ERS SAR 影像数据，通过多景数据整体迭代分析，去除大气相位影响，测得该滑坡体的线性运动速率为 3mm/a。2003 年，Colesanti 等（2003）对 PS-InSAR、GPS 和水准测量结果进行了对比研究，结果显示虽然水准测量精度始终最高，但三种方法的测量结果非常接近，差别并不大，它们的精度一般都在毫米级，甚至超过 1mm/a。

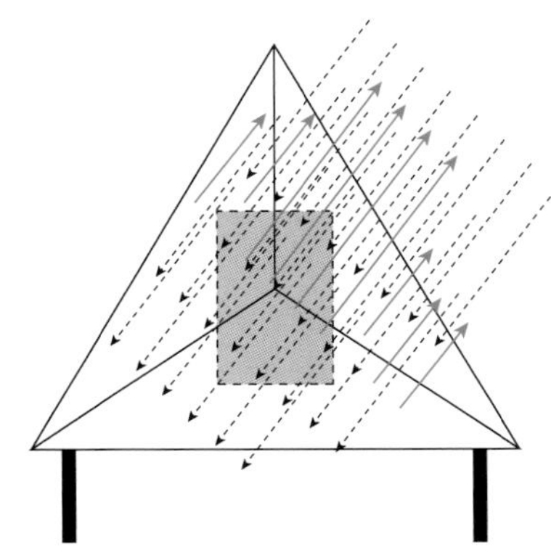

图 1.10　人工角反射器（左）与微波入射及反射示意图（右）

近十年来，国内对永久散射体合成孔径雷达干涉测量技术的研究和应用越来越多，已在城市沉降（李德仁等，2004；Li D. R. *et al.*，2006；陈强等，2006）、大坝形变（Wang *et al.*，2011）、断层形变（屈春燕等，2011；徐小波，2012）等领域开展了应用。

3. SqueeSAR™技术

PS-InSAR 技术适用于永久散射体比较密集的区域，但在 PS 点较为稀少的区域，如草地、沙漠、路面，从 SAR 图像上看一般占据周围的若干邻近像元，这些目标点称为同质像元，后向散射特性差别不大，地面分辨单元的整体散射特性可以用高斯概率密度函数刻画。为了进一步增加 PS 点的密度以适应自然地表 PS 密度较低的区域，2011 年 Ferretti 等提出了 SqueeSAR™技术，被称为第二代 PS-InSAR 技术。SqueeSAR™技术以分布式散射体（DS）点为主，利用同质滤波提高 DS 点的相干性，使用时序相位重估得到了 DS 点的相位信息，该技术不仅分析地面稳定 PS 点上的信息，同时还探测了 DS 点上的相位信息，使得 PS 点与 DS 点联合处理与解算，大大提高了可利用的地面散射点密度。

4. SBAS 方法

Berardino 和 Lanari 等提出了小基线集（SBAS）方法（Berardino *et al.*，2002，Lanari *et al.*，2004），该方法是一种基于多主影像的 InSAR 时间序列方法。小基线集方法原理首先是将所获得的 SAR 数据按集合内 SAR 图像空间基线、时间基线距小的原则组合成若干个集合，并筛选出不同子集内的最佳干涉对组合；其次，利用最小二乘方法得到各个子集内的形变时间序列；再次，通过奇异值分解（singular value decomposition，SVD）方法将各个小基线子集联合起来求解，这提高了时间序列的时间采样率和点的空间密度；最后，通过二维空间域的低通滤波和高通时间滤波估计并去除非线性形变（不精确的卫星轨道信息所引起的轨道面）和大气相位分量，从而获得整个研究区域内地表形变时间序列和平均形变速率图。SBAS 方法通过采用较小的时间基线和空间基线数据集进行干涉处理，减小了时间失相干和地形对相位的影响，较大的高程模糊度使得 DEM 误差的敏感性大大降低。此外，SBAS 方法根据一定窗口大小计算相干性，再通过相干性选择时间序列稳定点，降低了被选像元的分辨率，优点是由于多视效应，噪声得到了抑制。SBAS 方法可测量非线性形变，适合研究低分辨率、大尺度上的形变问题。与 PS-InSAR 技术相比，SBAS 方法减少了由长空间、长时间基线引起的失相关干扰，在分析相位模型时，SBAS 方法首先在空间上相位解缠，而 PS-InSAR 首先在时间上进行相干目标之间真实相位关系的恢复。

5. 大气相位影响

大气相位影响是时序 SAR 技术提取地表形变场的主要因素之一，大气校正一直是 InSAR 研究的重点问题。InSAR 大气校正方法有多种，从数据来源角度讲，可以归纳为两类：基于外部数据的大气校正和基于大气校正模型。近 20 年积累的大量 SAR 数据和气象数据［如中尺度分辨率成像光谱辐射仪（moderate resolution imaging spectroradiometer，MODIS）、中分辨率成像光谱仪（medium resolution imaging spectrometer，MERIS）、美国的天气研究与预报（weather research and forecast，WRF）和欧洲中期气象预报中心（European Centre for Medium-Range Weather Forecasts，ECMWF）］，允许我们采用外部大气资料对 InSAR 观测结果进行校正，来降低大气影响，提高形变观测精度。ENVISAT 卫星上的 MERIS 传感器可以对大气中水汽含量的横向变化进行准确的测量，可以利用其获取的水汽产品估计出高精度、高分辨率的大气湿延迟图（Li Z. *et al.*，2006）。MODIS 也可以给出过境时刻的大气水汽含量估计，但是它与 MERIS 数据有个共同的缺点，即对云的存在非常敏感，在有云区无法给出正确的水汽含量估计值。Li 等（2019）提出通过融合数值天气模型和 GPS 测量值的方式来校正大气误差，给出了专门用于 InSAR 大气改正的一个通用大气模型数据，即 GACOS，该方法比那些只使用 GPS 测量值或天气模型的方法更稳健。而数字气象模型数据，如 ECMWF 和 WRF 的全球大气模型数据 ERA-I 可以提供我们一些低分辨率的大气参数（气压、温度、湿度等）观测量，基于这些参数观测量我们可以模拟出任意时刻任意地区的大气延迟量（Baby *et al.*，1988）。目前，由于较强的适用性及不受云覆盖影响，这种数字大气模型改正法越来越多地被应用到 InSAR 干涉图的大气改正中。Jung 等（2013）在研究火山活动时，将数值大气校正模型引入 SAR 时序分析中得到了很好的结果。Doin 等（2009）发现在海原地区 InSAR 给出的延迟-高程比与 ECMWF 给出的估计值非常一致。Song 等（2019）把 ECMWF 数据用在了海原地区的干涉图大气改正中，获得了高精度的形变速率图。

1.2.4 全球卫星导航系统（GNSS）

随着空间大地测量技术的快速发展与应用，以 GPS 为代表的全球卫星导航系统（global navigation satellite system，GNSS）空间大地测量技术以其高精度、大范围、高效率等显著特点，逐渐成为监测和研究中国大陆地壳运动与构造形变的重要手段。GNSS 泛指所有的卫星导航系统，包括全球的、区域的和增强的，如美国的 GPS、俄罗斯的全球导航卫星系统（global navigation satellite system，GLONASS）、欧洲的伽利略卫星导航系统（Galileo satellite navigation system，简称 Galileo 系统）、中国的北斗卫星导航系统（Beidou navigation satellite system，BDS，简称北斗系统），以及相关的增强系统。GNSS 与 InSAR，已构成了大尺度、高精度、连续的地壳运动观测网络，GNSS 观测资料已成为监测地震、监测地壳运动及构造变形的重要数据源。虽然三角网测量等传统大地测量方法是定量研究地壳形变的一种重要手段，但是传统测量方法具有测量区域小、测量精度低等缺点。

1. GPS

全球定位系统（GPS）是由美国国防部在 1973 年 12 月批准研制的以卫星为基础的具有全球性、全天候、连续实时性等特征的无线电导航系统。该导航系统可以为全球各类用户提供精确的三维坐标、时间和速度等信息。

GPS 系统的组成：由空间部分、地面监控部分和地面用户设备部分组成。

1）GPS 空间部分

由 24 颗工作卫星和 6 颗试验卫星组成，卫星分布在六个轨道面内，每个轨道面上分布四颗卫星，这样的设计可以确保用户在地球上任何地点都可以观测到至少四颗卫星，用来满足精密导航和定位的需要。卫星轨道面相对地球赤道面的倾角约为 55°，轨道平均高度为 20200km，运行周期为 11 小时 58 分，每天沿轨道绕地球飞行两圈。GPS 系统的卫星在设计之初，被平均分配在了六个轨道平面内，每个平面上包含四颗卫星，这样的设计可以确保用户在地球上任何地点都可以观测到至少四颗卫星，用来满足精密导航和定位的需要。

2）地面监控部分

GPS 系统的地面监控系统共有五个站，其中的主控站（master control station，MCS）设在美国科罗拉多（Colorado）州，其他四个站分别设在南大西洋的 Ascension Island、印度洋的 Diego Garcia、太平洋的 Kwajelein Atoll 和 Haiwaii。这五个站同时均为监控站，其中 Ascension Island、Diego Garcia、Kwajelein Atoll 三个站还是注入站。

MCS 以协调管理整个地面监控正常工作为主要任务。三个地面注入站可以在 MCS 的控制下将 MCS 推算的卫星星历、钟差、导航电文等信息发送到相应的卫星。五个监控站主要提供监测数据以供 MCS 推算导航电文等。这些地面站都配装有精密的铯钟等原子钟，以提高推算的星历信息和时钟信息的准确度（张勤等，2005）。

3）地面用户设备部分

GPS 系统的地面接收机部分由接收机主机和相应的数据处理软件和终端设备构成。对所接收到的 GPS 卫星信号进行转换、放大和处理，以便测量出信号从卫星到接收机的时间，然后解译出卫星发送的导航电文，通过数据处理软件实时快速地计算出地面接收机的精确三维坐标、速度和时间（徐绍栓等，2008）。

2. GLONASS

GLONASS 是由苏联从 20 世纪 80 年代开始研制，建成于 1996 年，现由俄罗斯航天公司负责管理的导航定位系统。该系统于 2007 年开始运行，当时只开放俄罗斯境内卫星定位及导航服务，2009 年服务范围已经拓展到全球。

GLONASS 正常在轨运行的卫星有 24 颗，分布在倾角为 56°的三个轨道平面上，这三个轨道平面相互相隔 120°，每个轨道平面有八颗卫星。轨道高度约为 19100km，运行周期约为 11 小时 15 分。GLONASS 的卫星类型已经从 GLONASS BlockI 转换为 GLONASS-M。目前，24 颗卫星的类型全部是 GLONASS-M。新一代导航卫星 GLONASS-K 和 GLONASS-K2 均在计划发射中，它们与上一代 GLONASS-M 的不同在于新一代所发射导航信号的数量更多，GLONASS-M 为五个信号，GLONASS-K 和 GLONASS-K2 分别为七个和九个，且卫星寿命从七年延长到十年。

3. Galileo 系统

Galileo 系统是由欧盟（European Union，EU）和欧洲航天局（ESA）共同发起建设的全球导航卫星系统，目前仍在发展阶段。Galileo 系统的设计目标为提供更高精度的服务，是一个完全民用定位系统。Galileo 系统由轨道高度为23616km 的 30 颗卫星组成，其中 27 颗工作星、三颗备份星。卫星轨道高度约 2.4 万 km，位于三个倾角为 56°的轨道平面内。Galileo 系统于 2005 年第一颗卫星升空，至 2016 年 12 月，已经发射了 18 颗工作卫星，具备初始运行能力（initial operational capability，IOC）。Galileo 系统运行状态不良好，截至目前，一共发生了两次故障，其中的一次甚至停止服务整整一个星期。

4. 北斗卫星导航系统

北斗卫星导航系统（BDS，简称北斗系统）是我国自主研发的卫星导航系统，能够全天候持续为用户提供定位、导航和授时服务。北斗系统发展至今经历了三代，第一代为“北斗卫星导航试验系统”，1994 年启动建设，2000 年该系统形成区域有源服务能力。第二代北斗系统，包含 16 颗卫星的全球卫星导航系统，2004 年启动系统建设，2012 年起主要为亚太地区用户提供区域定位服务。第三代北斗系统，包括 24 颗地球中远轨道卫星（覆盖全球）、三颗倾斜地球同步轨道卫星（覆盖亚太大部分地区）和三颗地球静止轨道卫星（覆盖中国），2020 年 6 月 23 日，北斗三代第 55 颗全球组网卫星顺利进入预定轨道，2020 年 7 月 31 日北斗导航系统正式开通全球提供定位服务。北斗导航系统的时间基准是北斗时（BDS time，BDT），系统的坐标框架采用的是我国的 2000 国家大地坐标系（China Geodetic Coordinate System 2000，CGCS2000）。CGCS2000 与 GPS 采用的 WGS-84 在定义和实现上只有极小的差别，因此可以认为在相同历元下 CGCS2000 和 WGS-84 在坐标系的实现精度范围内，两者的坐标是一致的。

5. 中国地壳运动观测网络

1992 年国家攀登项目“现代地壳运动和地球动力学研究”在青藏部分地区进行了 GPS 试联测，并于 1994 年扩展建成了包括 22 个 GPS 观测站的全国性“中国地壳运动观测网络”（Crustal Movement Observation Network of China，CMONOC）（王琪等，1996；朱文耀等，1997）和局域性的青藏网、河西走廊网、滇西网等（刘经南等，1998）。在之后的十多年里，我国有关单位陆续在川滇、河西走廊、青藏高原、新疆天山、华北、福建东南沿海等地区开展区域性流动观测，建设形变观测站约 300 余个。1998 ~ 2001 年间实施重大科学工程——“中国地壳运动观测网络”，建成 27 个连续观测基准站和 1056 个定期观测区域站，比较完整给出我国地壳变形图像（Wang *et al.*，2001；王敏等，2003；Li *et al.*，2012）。

2008 ~ 2011 年期间在“中国地壳运动观测网络”的基础上，实施了“中国大陆构造环境监测网络”，新建 233 个连续观测基准站和 1000 个定期观测区域站，测站密度大幅提高，并具备一定的动态监测能力。随着青藏高原及其周边 GPS 观测站点数量和观测时间跨度的逐渐积累，使我们对高原现今地壳运动和构造形变的运动学特征有了日益清晰定量化认知，并为分析研究青藏高原隆升扩展的地球动力学机制和构造形变模式提供了至关重要的约束。图 1.11 主要利用了“中国地壳运动观测网络”1056 个区域站（1998 ~ 2007 年观测）及“中国大陆构造环境监测网络”共计 2056 个区域站（2009 年和 2011 年两期观测）资料。可以看出，中国大陆活动构造主要受印度板块向北推挤作用控制，形成了中国大陆构造变形的格局。

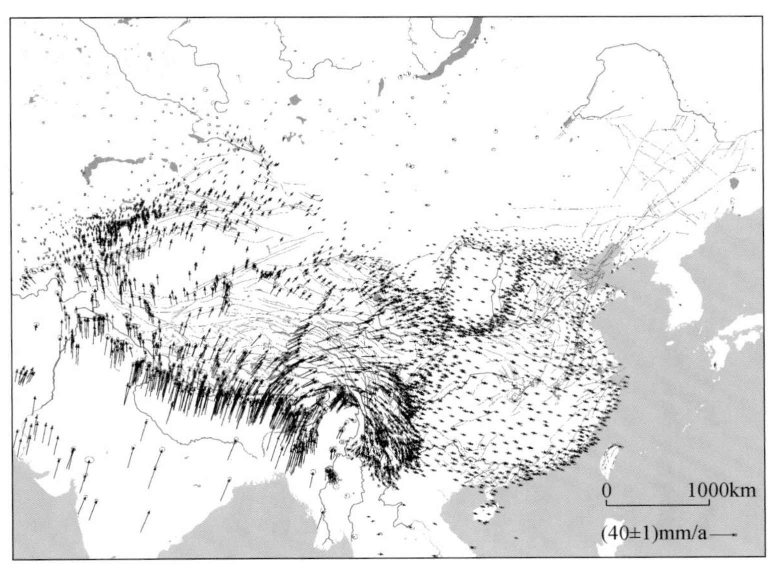

图 1.11　中国大陆及其邻区地壳现今速度场（据 Wang and Shen，2020）

6. 高频 GPS 在地震预警中的应用

我国大陆是全球地震高发区域之一，陆地面积仅占全球的十四分之一，但在 20 世纪全球三分之一的内陆破坏性地震发生在我国大陆。鉴于地震预报难以在短期内取得突破的情况下，地震监测预警关键技术研究和应用成为防震减灾重要内容，而其涉及的地震参数和破裂过程的快速确定也是地震预警中的重要内容之一。随着地震观测技术的进步、数据实时传输能力的提高和计算机处理速度的增强，实时地震学取得了很大的进步。人们已经开始将地震记录的处理时间由震后的数分钟完成，逐步提前到震后数秒钟完成。如果地震信息能在 10s 内处理完成，利用电磁波比 P 波速度快，以及 P 波比破坏力大的 S 波速度快的特点，就可以开始向用户发送震源参数、烈度分布等地震信息（Nakamura，1988；Wu and Teng，2002；Allen and Kanamori，2003；Kanamori，2005），这也就是地震早期的预警。

地震预警通常利用几秒钟的 P 波数据估算地震震级，这种方法估算中小型地震时十分有效，但是在估算强震震级时会出现震级饱和。以 2011 年“3 · 11”日本 M_W 9.0 级大地震为例，日本气象厅（Japan Meteorological Agency，JMA）地震预警系统出现饱和，在震后 120s 左右速报的震级仅为 M_W 8.1 级，75min 后将震级提升为 M_W 8.4 级，3h 后才改为 M_W 8.8 级。由于对震级存在低估，导致没有对后续的海啸做出相应的防御措施，最终造成了重大的人员伤亡。而 Colombelli 等（2013）在仿真模拟的实时条件下将“3 · 11”地震的 GPS 数据用于地震预警。结果显示，在地震发生 39s 之后提取出第一个静态位移，反演得到的震级为 M_W 8.15 级，60s 后震级达到 M_W 8.4 级，129s 后得到的震级为 M_W 8.9

级。证明利用 GPS 数据确定震级可以满足地震预警的时效性要求，且震级结果更加可靠。

近十年来，高频全球导航卫星系统（GNSS）技术有了突飞猛进的发展，观测频率已在 1 ~ 50Hz 范围，这使地震学和大地测量学数据模型之间的差异变得模糊。高频 GNSS 位移时间序列可以当作包含静态位移的地震波记录，加之数据实时传输能力的提高，使高频 GNSS 实时地震学成为研究的热点。GNSS 观测，其周期范围可以从 1s 到数小时、数月，可获取长周期的地震波位移信息，具有量程不饱和及测量误差不随时间累加的优势，可准确估算出震级。高频 GNSS 实时地震学已开始应用于静态位错提取、矩震级实时确定、近场震源信息获取、断层破裂过程准实时反演等方面，成为传统地震学很好的补充手段（Allen and Ziv，2011；Geng *et al.*，2016）。震级与发震断层破裂长度的对数呈正比，震级越大，发震断层越长。如果我们提前十几秒获取强震震级、断层破裂方向等信息，我们就可以更早地发布出强地面震动、烈度估算等预警信息，更好地帮助人们逃生，为政府快速应急响应、救援部署等提供技术支持。

1.3　地震周期形变特征与理论模型概述

目前 InSAR、GNSS 等空间大地测量手段能有效监测活动断层附近的地表形变及其演化特征，结合野外地质、测年、地震活动性数据，能很好地认识地震复发周期和地震周期形变特征，为地震危险性分析、地震中长期预测提供了理论和数据基础。

1.3.1　地震复发周期模型

地震复发周期是指地震事件在活断层的某一段落重复发生的现象，一个特征地震释放了大量能量，原地断层段落需要有足够的时间重新积累能量，才能再次发生。理论上地震复发周期是一个稳定的周而复始的过程，从震间-同震-震后的整体循环有相同的地震复发时间，图 1.12 给出了理想地震复发周期的示意图，σ_1 和 σ_2 分别表示震后应力和震前破裂应力状态。但实际上两次地震事件之间的时间间隔并不像日出日落那样规律，即使是同一断层段落，由于背景应力加载速率、断层强度及其几何形态随时间的变化、相邻块体、断裂应力影响，使得地震复发周期并不是一个理想循环周期。

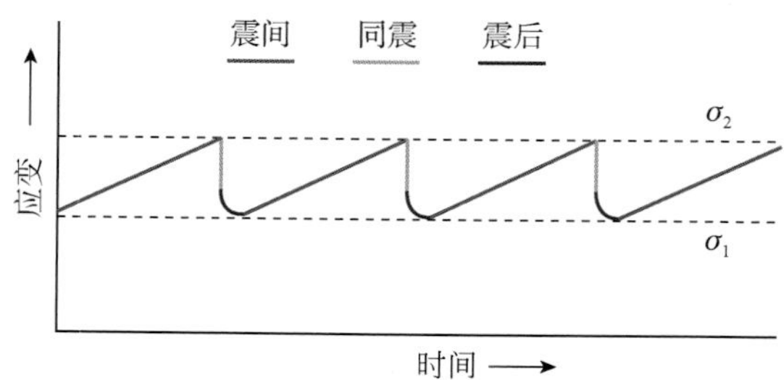

图 1.12　理想地震复发周期模型

不同构造、同一构造不同段落其地震复发周期更不相同，这很大程度上与块体的运动速率、应力背景等有直接关系。例如，汶川地震震前，横跨整个龙门山断裂带的滑动速率不超过约 2mm/a，单条断裂的活动速率不超过约 1mm/a，利用地震地质考察和地震波反演得到的最大同震位移可以获得相当于汶川大地震的强震复发周期为 2000 ~ 6000 年。这表明汶川地震是一次低滑动速率、长复发周期和高破坏强度的巨大地震（张培震等，2008）。而对于 2015 年尼泊尔地震，尼泊尔地区低喜马拉雅的南北向地壳缩短速率在尼泊尔东部为（17.8±0.5）mm/a，西部为（20.5±1.0）mm/a（Lavé and Avouac，2000），积累 5m 累积位移，只需要 250 年。同时，震级越大，地震间隔的平静时间越长。对大多数活断层而言，地震复发周期一般在几百年到几千年之间。

地震应力降表征地震前初始应力与地震后终止应力之差。每次地震所产生的应力降与震级、震源深度、构造环境等有关系，一般在零点几兆帕至数十兆帕，多数在 10MPa 以下（周少辉等，2018）。1980 年 Shimazaki 和 Nakata 通过假设区域应力积累率是一个常数，且在断层同一位置上，研究提出了经典的地震复发模型有三类（图 1.13）：①特定周期模型（strictly periodic）；②时间可预测模型（time-predictable）；③位移量可预测模型（slip-predictable）。σ_1 和 σ_2 代表应力降前后的断层应力状态，分别称为震前应力和震后应力。研究表明地震产生的应力变化仅与发震断层的震前应力和震后应力状态有关，应力降正比于地震同震位错量。如果断层的震前应力和震后应力状态与时间无关，始终保持不变，那么断层的发震复发周期将是严格的周期过程；如果断层的震前应力始终不变，震后应力状态随时间变化，那么发震断层的发震周期可预测；如果断层的震前应力状态随时间变化，震后应力始终不变，地震平静时间越长，后续地震的震级越大，也可称为断层上每次地震事件的位错量是可预测；如果断层的震前应力和震后应力状态随时间变化，那么该断层上的地震不可预测。

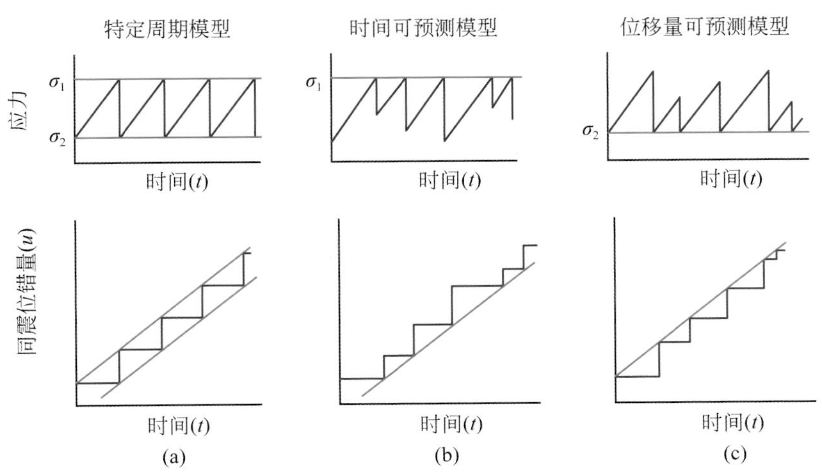

图 1.13　地震复发周期模型（据 Shimazaki and Nakata，1980）

1.3.2　弹性回弹理论

1906 年在美国圣安德烈亚斯断层（San Andreas fault，SAF）上发生了的 M_W 7.9 级旧金山大地震，地震造成了 476km 长的地表破裂带，发震断层两盘右旋位错 3～4m，最大同震位错量约为 8m（Arnadottir and Segall，1994），因灾死亡人数超过 3000 人。Reid（1910）通过对旧金山大地震震后三角测量得到的地表位移特征分析研究，并将震后地表形变与 19 世纪 80 年代测量得到的震前形变数据进行对比，发现地表位移量在越靠近断层位移越大，而随着观测点远离断层，地表位移逐渐减小。在震间期，断层远场的剪切力持续地在断层闭锁区域积累应变能，当累积应力超过断层摩擦力时，闭锁区累积应变能突然释放，发生地震。介质弹性回弹使得震间后期断层两侧弯曲的弹性地壳回弹至震间初期的原始形态，断层两侧介质产生永久同震位错（图 1.14），这便是弹性回弹理论。经典的弹性回跳理论认为，断裂深部中下地壳形变稳态滑移，断层浅部上地壳处于闭锁状态，由于断层两侧存在相对运动，导致了断层附近上地壳中弹性应变能的积累，在应变积累到达临界点后，断层发生破裂产生地震并释放能量，然后进入到下一个地震周期的应力积累过程。弹性回弹理论提出了 100 多年，一直是人们认识断层运动特征、震间应变积累特征和地震形变周期的基本理论，具有极为重要的科学意义。

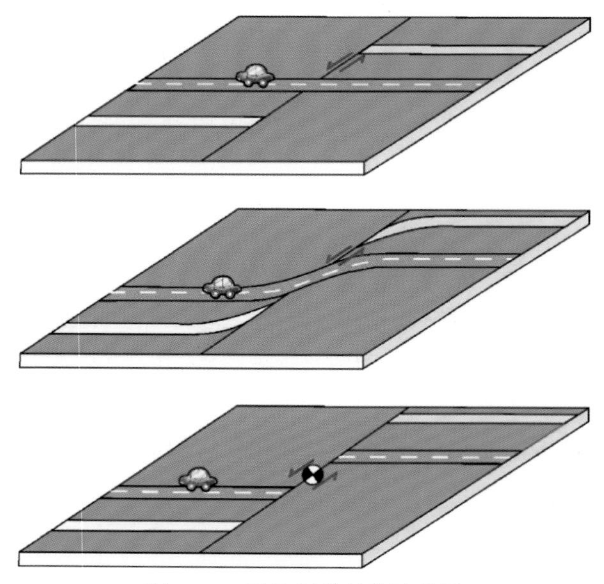

图 1.14　弹性回弹理论示意图

随着 InSAR、GNSS 等对地形变观测技术的发展，弹性回跳理论进一步完善，特别是断层震间、震后形变理论有了补充和发展。我们可以将地震形变周期按形变特征、发展进程分为震间形变、同震形变和震后形变三个变形阶段（图 1.15）。震间形变指两次地震期间，断层应变平静和缓慢积累过程（数十年至数千年），位移量级一般为毫米级；同震形变指地震发生时，震间应变累积快速释放（1s 至 1min），位移量级一般为米级；震后形变：应变呈指数衰减释放（数天至数年），位移量级一般为毫米级至 10cm 级（Thatcher，1983；Thatcher and Rundle，1984）。

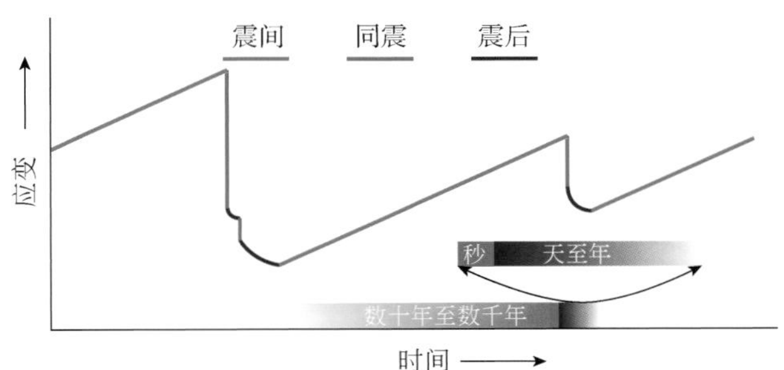

图 1.15　地震形变周期不同阶段应变累积与释放特征

并不是所有的累积应变都一定会以地震的形式释放。断层蠕滑也是震间应力释放最常见的形式（Wesson，1988），跨断层的大地测量数据剖面显示断层两侧运动速率存在阶跃，这表明断层存在蠕滑现象（Lyons and Sandwell，2003；Funning *et al.*，2007）。另外，随着现代观测技术手段的提升，近年来研究人员利用 GNSS 在包括 Cascadia 俯冲带在内的许多地方捕捉到了慢滑移事件信号（Rogers and Dragert，2003），这类事件是指断层面以大于震间蠕滑的速率在数小时甚至数天内持续滑动，释放断层面上累积的应变能。慢滑移事件并不产生地震波，其信号不能被地震仪所记录。除此之外，在日本南海等地地震仪捕捉到了一种低频地震事件，其释放的地震波频率特别低，称为震颤，震颤不具破坏力。一般认为慢滑移事件和震颤发生在闭锁区与蠕滑区域的过渡区域。

1.3.3　震间形变

震间期断层两侧位移变化量级通常是几毫米，由于断层浅层闭锁，地表形变分布在断层两侧数十至数百千米的范围内，因此，地震震间期是一个能够持续数百甚至数千年，且影响区域范围数百千米的漫长能量积累过程（Peltzer *et al.*，2001）。Reid（1910）于 1860 年和 1880 年分别跨圣安德烈亚斯断层（SAF）进行了三角测量，开启了断裂震间形变的大地测量先河。随着 InSAR、GNSS 现代大地测量技术的成熟和发展，使得开展精细化断裂震间形变的研究已成为可能。已有的研究表明断裂的震间形变主要表现为两种模式，即断裂的震间闭锁（locked、coupled）和浅层蠕滑（aseismic creeping、shallow creeping；Bürgmann *et al.*，2000；Jolivet *et al.*，2015；Stevens and Avouac，2015）。

Savage 和 Burford（1973）收集处理了 1907～1971 年以来跨 SAF 的三角测量和三边测量数据，提出了通过平行断层的地表位移计算走滑断裂的滑动速率和闭锁深度的二维弹性位错模型［图 1.16（a）］。假设均匀无限半空间中存在一条贯穿岩石圈的竖直走滑断层，脆性上地壳断层闭锁，具有黏弹性的中下地壳-上地幔断层存在稳态滑动，在震间期，中下地壳-上地幔的稳态滑动造成断层远场震间位移，且距离断层越远位移越大，这样就造成上地壳断层闭锁区应变积累，当能量积累到一定程度，上地壳断层快速破裂形成地表同震位移，补偿消除了震间期上下地壳之间的差异性运动，叠加震间和同震两种效应，就形成了断裂永久位移。尽管该模型并未考虑断层闭锁与滑动区域之间的转换区域，深部滑动速率存在阶跃（$0 \to V_0$）变化，在自然界中并不合理，但由于其表达式简洁、计算方便等特点而被广泛应用。

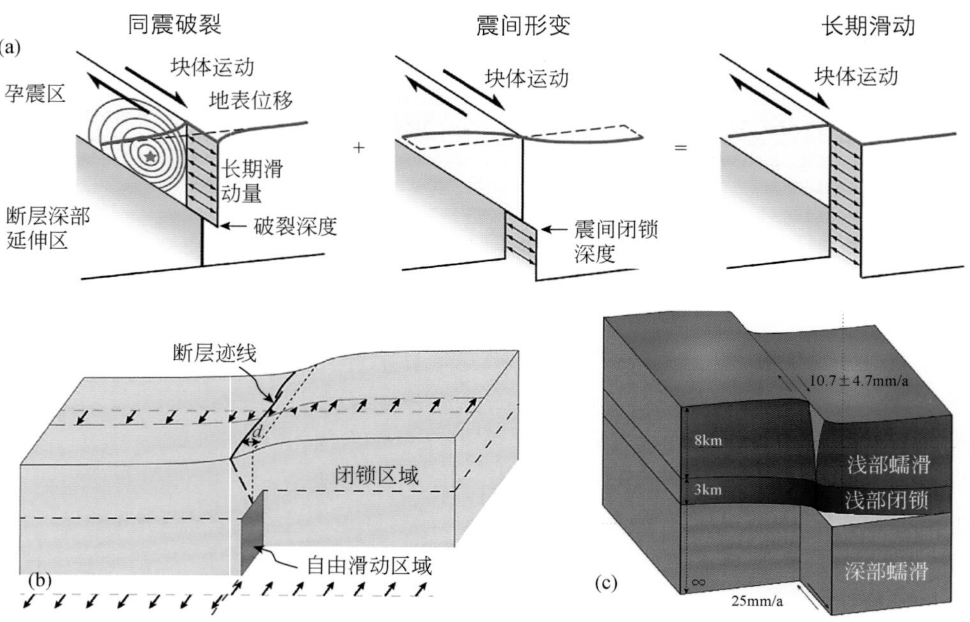

图 1.16　震间断层形变模型（据 Jiang and Lapusta，2017；Vernant，2015；Yamamoto *et al.*，2019）

该模型假定断层无限长和深，断层上的剪切应力源于岩石圈底部软流层的拖曳作用，由于断层浅部的摩擦力作用，断层闭锁深度（D）以上的部分完全锁定（闭锁），断层两侧块体远场以与底部拖曳相同的稳定速率相对滑动，那么其震间地表形变场存在解析解（Savage and Burford，1973），平行断裂的滑动速率表达为

$$V(x)=\frac{V_0}{\pi}\tan^{-1}\frac{x}{D} \tag{1.7}$$

式中，x 为垂直于断层迹线的距离；V_0为断层深部滑动速率；D 为断层闭锁深度。

假定断层的自由蠕滑位置偏移断层迹的距离为 d［图 1.16（b）］，那么地表观测的形变数据会出现跨断层不对称的现象，相应的表达式为

$$V(x)=\frac{V_0}{\pi}\tan^{-1}\frac{(x-d)}{D} \tag{1.8}$$

随着位错模型解析解的建立（Okada，1985），反演断层震间非均匀闭锁分布（闭锁和蠕滑）的模型逐渐建立（McCaffrey and Goldfinger，1995；Savage，2000；Wallace *et al.*，2004）。基于现代大地测量数据，反演俯冲带断裂和陆内断裂的震间闭锁分布，已成为评估断裂地震危险性、探索地震孕育发生物理机制的重要手段。当前，这种断层模型思路仍然指导着地学家们探索断层的震间形变状态。

尽管绝大多数大陆型断裂在震间表现为闭锁状态，但已经发现部分断裂在震间处于持

续无震滑动状态，这一现象称为浅层蠕滑。对浅层蠕滑断裂的研究已从定性描述到简单的定量表达。断裂的浅层蠕滑可以用二维弹性位错模型来表示［图 1.16（c）；Weertman，1964；Segall，2010］：

$$V(x,z=0)=\frac{1}{\pi}\int_0^{\infty}\dot{s}(z)\,\frac{x}{x^2+z^2}\mathrm{d}z \tag{1.9}$$

考虑到浅层蠕滑，我们使用以下简单分段函数来表示：

$$\dot{s}=\begin{cases}v_1 & \delta\leqslant z\leqslant d_1\\ 0 & d_1\leqslant z\leqslant D\\ v_0 & D\leqslant z\leqslant\infty\end{cases} \tag{1.10}$$

式中，δ 为一个很小的深度值；v_1 为蠕滑速率；d_1 为浅层蠕滑的深度。上述表达式仅表现了一种蠕滑的模式，即浅地表蠕滑的模式。

1.3.4　同震形变与弹性位错模型

1958 年，丹麦科学家 Steketee（1958）首次将晶体位错理论引入地震断层运动研究，推导出泊松体内点源位错产生的地表位移场，指出在各向同性弹性介质中，位错面（Σ）位错滑动［$\Delta u_j(\xi_1,\xi_2,\xi_3)$］引起的地表位移场［$u_i(x_1,x_2,x_3)$］可以表示为

$$u_i=\frac{1}{F}\iint_{\Sigma}\Delta u_j\left[\lambda\,\delta_{jk}\frac{\partial u_i^n}{\partial\xi_n}+\mu\left(\frac{\partial u_i^j}{\partial\xi_k}+\frac{\partial u_i^k}{\partial\xi_j}\right)\right]v_k\mathrm{d}\Sigma \tag{1.11}$$

式中，Σ 表示整个断层位错面，由相互接触的 Σ^- 和 Σ^+ 组成；ξ 为断层面上的点；v_k 为地表单元 $\mathrm{d}\Sigma$ 法向的方向余弦；δ_{jk} 为克罗内克（Kronecker）张量（$\delta_{jk}=\begin{cases}1, & j=k\\ 0, & j\neq k\end{cases}$）；$\lambda$ 和 μ 为 Lame 常数，在泊松体内，$\lambda=\mu$；u_i^j 表示在位错点（ξ_1，ξ_2，ξ_3）处的第 j 个方向上作用力 F 下于地面点（x_1，x_2，x_3）引起的第 i 个位移分量。

在总结前人研究的基础上，日本学者 Okada（1985）提出基于点源及有限面元的通用断层弹性位错模型，给出了断层位错引起的地表位移的公式。该模型适用于不同震源机制类型的破裂及各类同性或异性介质中，可以计算弹性半空间条件下地表走滑、倾滑及张性三分量，提供了一套通用的定量的计算框架。

Okada 给出的断层面的位移矢量与笛卡儿地表坐标几何学关系如图 1.17 所示。设有限矩形断层源原点位于左下角，深度为 d，断层尺寸为长（L）×宽（W）。在不考虑地球曲率的前提下，以地球表面为弹性半空间的边界面，令 $\lambda=\mu=1$，即地下介质为弹性体。图 1.17中 x 方向平行于断层的走向，z 轴垂直于地表。U_1，U_2，U_3 位移矢量 U 的三个分量，其中 U_1 表示走滑分量，U_2 表示倾滑分量，U_3 表示张性分量，U_1、U_2 共同确定断层的滑动角［位移矢量和走向间的夹角，$r=\mathrm{arctg}(U_2/U_1)$］，当断层为逆倾滑动时，$U_2>0$，$r>0$ 当断层为正倾滑动时，$U_2<0$，$r<0$；当断层为左旋走向滑动时，$U_1>0$，$|r|\leqslant 90°$，当断层为右旋走向滑动时，$U_1<0$，$|r|\geqslant 90°$。

Okada 位错模型适用于各向同性及各向异性介质，以及各种空间展布的断层和走滑、

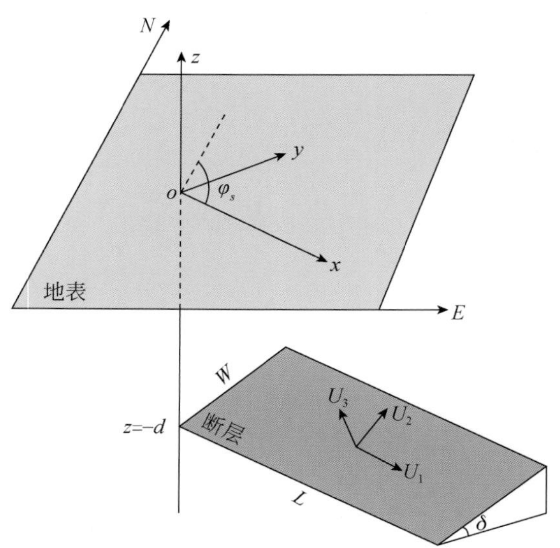

图 1.17 Okada 均匀弹性半空间位错模型断层几何示意图（据 Okada，1985）

倾滑、张性破裂，可以方便地获得地表位移三分量从而为地震地球物理学提供了一个通用的定量计算框架。Brown（1975）和 Jeyakumaran 等（1992）提出了角位错叠加得到三角形位错的方法，为复杂几何形状位错的模拟奠定了基础。Meade（2007）重新推导了三角元位错的解析式，给出了其中复杂积分更为精确的简化形式，使其方便于高精度模拟计算。

Okada 位错模型和三角元位错模型均是基于弹性位错模型给出的运动学解析解，两者对同震形变场的特征描述完全相同，没有本质区别。只是三角元位错单元更能方便灵活地表达复杂的断层几何结构。表 1.1 给出的同一断层几何和运动学参数下，Okada 位错模型模拟的地表三维位移量与三角元位错模型模拟的三维位移量的残差非常小，因此，对于简单断层模型来说，两者模拟结果没有差别（图 1.18）。

表 1.1 走滑断层模型参数列表

参数	经度（°E）	纬度（°N）	长度/km	宽度/km	震源深度/km	走向/(°)	倾角/(°)	滑动量/m	滑动角/(°)
量值	120	30	20	10	12	90	70	1	0

1.3.5 震后形变

地震发生后，同震应力扰动效应对断层周边介质的影响往往会持续几天到几十年，可能影响到上地幔甚至整个岩石圈。地震震后形变的机理较为复杂，目前认为可能与上地壳中孔隙压的变化、同震破裂周围区域的余滑、中下地壳和上地幔的黏弹性松弛等有密切关系。Smith 和 Wyss（1968）通过分析 1966 年 Parkfield 地震震后形变数据，第一次观测到了震后形变。

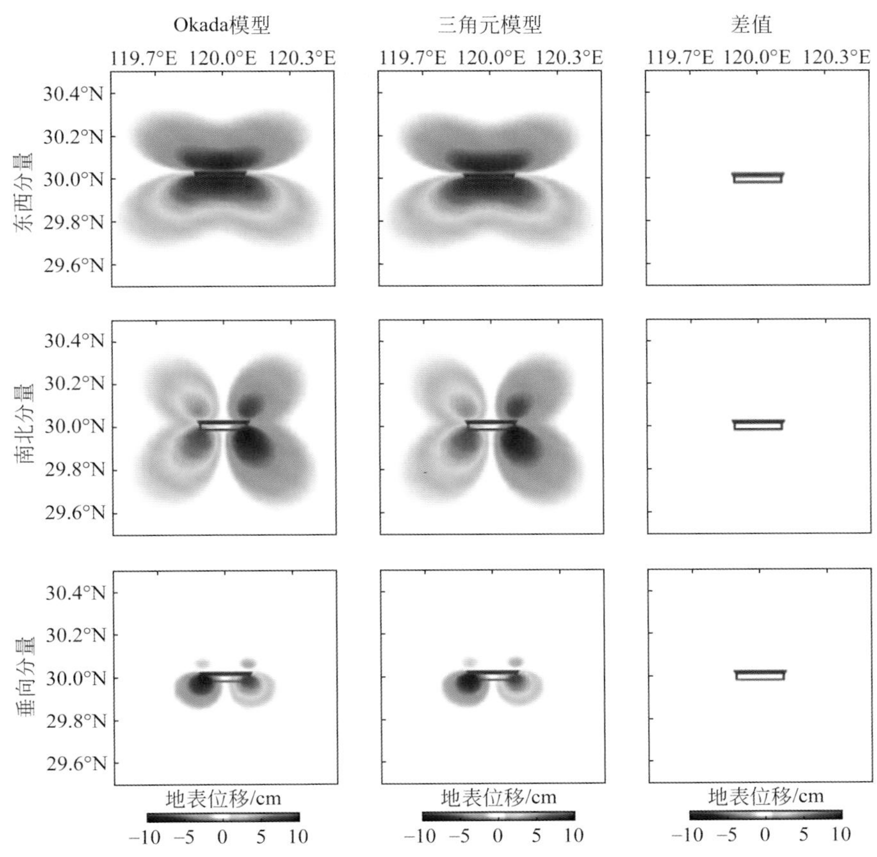

图1.18　两种弹性位错模型模拟的走滑断层同震形变场对比

随着观测技术进步和研究深入，对震后的形变特征、发生机制有了一定的认识（Pollitz *et al.*，2000；Bürgmann，2002；Jonssón *et al.*，2003）。从震后形变范围来讲，可以是断层附近，也可能是断层远场数百千米，从时间来讲，震后形变可能在地震发生后持续数天至几十年，从形变量级变化上，震后形变随时间遵循对数函数快速衰减规律。

目前普遍认可的三种震后形变机制是：震后余滑、孔隙弹性回弹、黏弹性松弛。震后余滑一般认为是由于断层面局部的应力调整而产生的无震滑动行为，地震余滑与断层面摩擦性质有关，动力来源于地壳浅部的速率弱化区与深部的速度强化区产生的应力，地震结束后，速度强化区在应力驱动下继续滑动，产生断层面余滑，形成地表变形。对于孔隙弹性回弹，目前认为地震同震应力变化会造成上地壳中孔隙压的变化，产生孔隙水压梯度，震后地壳介质中孔隙水流动重新平衡，引起地壳不断扩张或收缩，产生地表形变。对于黏弹性松弛，随着深度的增加，下地壳温度压力逐渐升高，其摩擦性质也由上地壳黏滑逐渐转变为下地壳-上地幔稳定滑动，因此，同震应力改变施加到深部的下地壳-上地幔，将会加速其稳滑速率，由此引起的震后地表大范围形变过程。这种效应作用的时空特征主要取决于发震断层模型和不同地区的地球流变学性质。因此，观测到的震后黏弹性松弛效应形变可以揭露下地壳、上地幔深层结构的流变学性质，获取震区附近地下黏弹性系数及其分层结构。黏弹性变形包括：短时间尺度弹性和长时间尺度黏性变形，在流变学参数反演过程中，黏弹性应力-应变关系通常采用线性弹性（弹簧，胡克固体）和线性黏性（阻尼器，牛顿流体）的部件通过串、并联组合来表示，如两种常见的 Maxwell 体和 Burgers 体（图 1. 19；Bürgmann and Dresen，2008）。

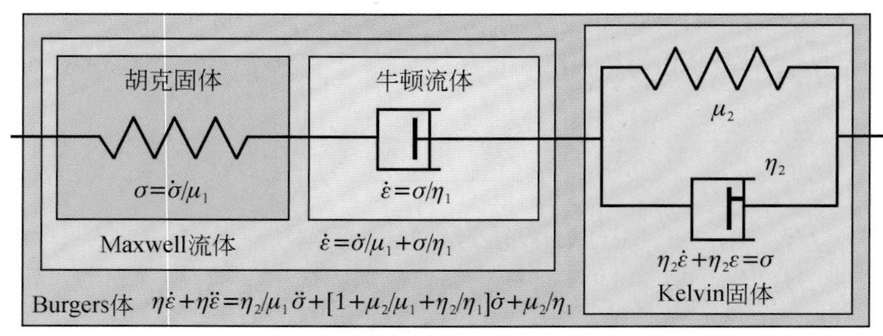

图 1. 19　不同的流变学模型（据 Bürgmann and Dresen，2008 修改）

参 考 文 献

薄万举,陈聚忠. 2011. 地震水准测量成果中几项改正的讨论. 大地测量与地球动力学,31(3):34 ~ 41

陈强,刘国祥,李永树,等. 2006. 干涉雷达永久散射体自动探测——算法与实验结果. 测绘学报,35(2):112 ~ 117

顾国华,申旭辉,王敏,等. 2001. 中国大陆现今地壳水平运动基本特征. 地震学报,23(4):362 ~ 369

郭华东. 1997. 航天多波段全极化干涉雷达的地物探测. 遥感学报,1(1):32 ~ 39

郭华东. 2001. 雷达对地观测理论与应用. 北京:科学出版社

韩和平,任佳,康有明,等. 2005. 阳原台石英水平摆倾斜仪数字化改造. 地震地磁观测与研究,26:98 ~ 102

何平,温扬茂,许才军,等. 2012. 用多时相 InSAR 技术研究廊坊地区地下水体积变化. 武汉大学学报-信息科学版,37(10):1181 ~ 1185

胡友健,梁新美,许成功. 2006. 论 GPS 变形监测技术的现状与发展趋势. 测绘科学,31(5):155 ~ 157

黄玉,武立华. 2008. 高精度倾斜仪研究进展. 传感器世界,(5):10 ~ 15

李德仁,廖明生,王艳. 2004. 永久散射体干涉测量技术. 武汉大学学报-信息科学版,29(8):664 ~ 668

李海亮,李宏. 2010. 钻孔应变观测现状与展望. 地质学报,84(6):895 ~ 900

林珲,马培峰,王伟玺. 2017. 监测城市基础设施健康的星载 MT- InSAR 方法介绍. 测绘学报,46(10):1421 ~ 1433

刘斌. 2014. InSAR 高精度观测地震形变场及其三维重建技术研究. 国际地震动态,(3):44 ~ 45

刘国祥,陈强,丁晓利. 2007. 基于雷达干涉永久散射体网络探测地表形变的算法与实验结果. 测绘学报,36(1):13 ~ 18

刘国祥,丁晓利,李志林,等. 2001. 使用 InSAR 建立 DEM 的试验研究. 测绘学报,30(4):336 ~ 342

刘国祥,丁晓利,李志伟,等. 2002. ERS 卫星雷达干涉测量:1999 年台湾集集大地震震前和同震地表位移. 地球物理学报,45(z1):165 ~ 174

刘云华,单新建,屈春燕,等. 2010. 青海玉树 7. 1 级地震地表形变场特征研究. 中国科学:地球科学,40(10):1310 ~ 1320

刘云华,汪驰升,单新建,等. 2014. 芦山 M_S 7. 0 级地震 InSAR 形变观测及震源参数反演. 地球物理学报,57(8):2495 ~ 2506

刘云华,张迎峰,张国宏,等. 2019. 2016 年 1 月 21 日门源 M_S 6.4 级地震 InSAR 同震形变及发震构造研究. 地球物理学进展,34(3):896 ~ 907

马志泉. 2012. 基于 D-InSAR 提取汶川地震的地表形变研究. 绵阳:西南科技大学硕士研究生学位论文

聂磊,温若卫,易治春,等. 2001. DSQ 型短基线水管倾斜仪及其标定装置. 地壳形变与地震,21:74 ~ 81

邱泽华,石耀霖. 2004. 国外钻孔应变观测的发展现状. 地震学报,26(增刊):162 ~ 168

邱泽华,张宝红. 2002. 我国钻孔应力-应变地震前兆监测台网的现状. 国际地震动态,(6):5 ~ 9

屈春燕,单新建,宋小刚,等. 2010. D-InSAR 技术应用于汶川地震地表位移场的空间分析. 地震地质,32(2):175 ~ 190

屈春燕,单新建,宋小刚,等. 2011. 基于 PSInSAR 技术的海原断裂带地壳形变初步研究. 地球物理学报,54(4):984 ~ 993

单新建. 2001. 干涉合成孔径雷达测量技术及其应用. 北京:中国地震局地质研究所博士后出站报告

单新建,刘浩. 2001. 利用干涉合成孔径雷达技术提取数字地面模型. 国土资源遥感,2:43 ~ 47

单新建,叶洪. 1998. 干涉测量合成孔径雷达技术原理及其在测量地震形变场中的应用. 地震学报,20(6):647 ~ 655

单新建,马瑾,王长林,等. 2002a. 利用星载 D-InSAR 技术获取的地表形变场提取玛尼地震震源断层参数. 中国科学 D 辑:地球科学,32(10):837 ~ 844

单新建,屈春燕,龚文瑜,等. 2017. 2017 年 8 月 8 日四川九寨沟 7.0 级地震 InSAR 同震形变场及断层滑动分布反演. 地球物理学报,60(12):4527 ~ 4536

单新建,屈春燕,宋小刚,等. 2009. 汶川 M_S 8.0 级地震 InSAR 同震形变场观测与研究. 地球物理学报,52(2):496 ~ 504

单新建,宋晓宇,王长林,等. 2001. 星载 INSAR 技术在不同地形地貌区域的 DEM 提取及其应用评价. 科学通报,46(24):2074 ~ 2079

单新建,叶洪,陈国光. 2002b. 利用 ERS-2 SAR 图像纹理分析方法揭示长白山天池火山近代喷发物空间分布特征. 第四季地质,22(2):123 ~ 130

单新建,张国宏,汪驰升,等. 2015. 基于 InSAR 和 GPS 观测数据的尼泊尔地震发震断层特征参数联合反演研究. 地球物理学报,58(11):4266 ~ 4276

邵芸,郭华东. 1996. 星载 SAR 在胶东地区的地质探测与应用//郭华东,徐冠华. 星载雷达应用研究. 北京:中国科学技术出版社:122 ~ 129

邵芸,郭华东,魏秀萍,等. 1992. 雷达图像的宏观纹理分析和地质应用效果//郭华东. 机载雷达遥感应用试验研究. 北京:中国科学技术出版社:103 ~ 111

沈本忠. 1981. 经典的误差理论和最小二乘法存在的问题. 物探与化探,5(3):179 ~ 181

舒宁. 1997. 雷达遥感原理. 北京:测绘出版社:1 ~ 10

谭凯,王琪,王晓强,等. 2005. 震后形变的解析模型和时空分布特征. 大地测量与地球动力学,25(4):23 ~ 26

田馨,廖明生. 2013. InSAR 技术在监测形变中的干涉条件分析. 地球物理学报,56(3):812 ~ 823

万永革,沈正康,王敏,等. 2008. 根据 GPS 和 InSAR 数据反演 2001 年昆仑山口西地震同震破裂分布. 地球物理学报,51(4):1074 ~ 1084

王超,刘智,张红,等. 2000. 张北-尚义地震同震形变场雷达差分干涉测量. 科学通报,45(23):2550 ~ 2554

王敏,沈正康,牛之俊,等. 2003. 现今中国大陆地壳运动与活动块体模型. 中国科学 D 辑:地球科学,33(增刊):21 ~ 32

王琪,游新兆,王启梁. 1996. 用全球定位系统(GPS)监测青藏高原地壳形变. 地震地质,18:97 ~ 103

向荣,龙江平,冯光才. 2008. 基于 CGPS 的 CRInSAR 大气改正——以香港地区为例. 测绘工程,17(4):

47～49,53

肖峻. 2002. 高精度垂直摆倾斜仪及其应用研究. 北京:中国科学院研究生院(测量与地球物理研究所)博士研究生学位论文

徐绍栓,杨志强,等. 2008. GPS 原理与应用. 武汉:武汉大学出版社

徐小波. 2012. 基于 PS-InSAR 技术的不同类型地表形变观测实验研究. 焦作:河南理工大学硕士研究生学位论文

徐小波. 2016. 多手段 InSAR 技术研究及其在同震、震间形变监测中的应用. 国际地震动态,(6):34～36

许才军,温扬茂. 2008. 基于 InSAR 数据的西藏玛尼 9 级地震的地壳不均匀性研究. 武汉大学学报-信息科学版,33(8):846～849

许才军,何平,温扬茂,等. 2015. InSAR 技术及应用研究进展. 测绘地理信息,40(2):1～9

杨松林,杨腾峰,师红云. 2013. 测量学(第二版). 北京:中国铁道出版社

叶锋,李进辉,张功新. 2010. 测斜仪使用及数据处理中的若干问题研究. 土工基础,24(5):76～78,81

张国安,陈德福,陈耿琦,等. 2002. 中国地壳形变连续观测的发展与展望. 地震研究,25(4):383～390

张国宏,屈春燕,单新建,等. 2011. 2008 年 M_S 7.1 于田地震 InSAR 同震形变场及其震源滑动反演. 地球物理学报,54(11):2753～2760

张培震,徐锡伟,闻学泽,等. 2008. 2008 年汶川 8.0 级地震发震断裂的滑动速率、复发周期和构造成因. 地球物理学报,54(4):1066～1073

张勤,陶本藻,赵超英,等. 2005. 基于 Bancroft 算法的 GPS 动态定位非线性滤波法. 南京航空航天大学学报:英文版,22(2):170～176

赵蓉. 2014. 基于 SBAS-InSAR 的冻土形变建模及活动层厚度反演研究. 长沙:中南大学硕士研究生学位论文

中华人民共和国国家质量监督检验检疫总局,中国国家标准化管理委员会. 2006. 国家一、二等水准测量规范:GB/T 12897-2006. 北京:中国标准出版社

周冠强,李海峰,赵祖虎,等. 2014. 提高形变资料观测质量的途径和方法. 科技创新与应用,(36):63～64

周建民. 2006. InSAR 技术及其在地表形变监测中的应用研究. 南京:河海大学硕士研究生学位论文

周龙. 2016. 中国古代水准仪的研究. 呼和浩特:内蒙古师范大学硕士研究生学位论文

周少辉,蒋海昆,曲均浩,等. 2018. 应力降研究进展综述. 中国地震,34(4):591～605

周硕愚,张跃刚,丁国瑜,等. 1998. 依据 GPS 数据建立中国大陆板内块体现时运动模型的初步研究. 地震学报,20(4):12～20

朱建军,李志伟,胡俊. 2017. InSAR 变形监测方法与研究进展. 测绘学报,46(10):1717～1733

朱文耀,程宗颐,姜国俊. 1997. 利用 GPS 技术监测中国大陆地壳运动的初步结果. 天文学进展,15(4):373～376

Allen R M,Kanamori H. 2003. The potential for earthquake early warning in southern California. Science,300(5620):786～789

Allen R M,Ziv A. 2011. Application of real-time GPS to earthquake early warning. Geophysical Research Letters,38(16):L16310

Arnadóttir T,Segall P. 1994. The 1989 Loma Prieta earthquake imaged from inversion of geodetic data. Journal of Geophysical Research:Solid Earth,99(B11):21835～21855

Arnadóttir T,Segall P,Delaney P. 2013. A fault model for the 1989 Kilauea South Flank earthquake from leveling and seismic data. Geophysical Research Letters,18(12):2217～2220

Baby H B,Golé P,Lavergnat J. 1988. A model for the tropospheric excess path length of radio waves from surface meteorological measurement. Radio Science,23(6):1023～1038

Berardino P, Fornaro G, Lanari R, *et al*. 2002. A new algorithm for surface deformation monitoring based on small baseline differential SAR interferograms. IEEE Transactions on Geoscience and Remote Sensing, 40(11): 2375 ~ 2383

Bilich A, Larson K M. 2016. Mapping the GPS multipath environment using the signal-to-noise ratio (SNR). Radio Science, 42(6): 1 ~ 16

Bürgmann R. 2002. Time-dependent distributed afterslip on and deep below the İzmit earthquake rupture. Bulletin of the Seismological Society of America, 92(1): 126 ~ 137

Bürgmann R, Dresen G. 2008. Rheology of the lower crust and upper mantle: evidence from rock mechanics, geodesy, and field observations. Annual Review of Earth and Planetary Sciences, 36(1): 531 ~ 567

Bürgmann R, Schmidt D, Nadeau R M, *et al*. 2000. Earthquake potential along the northern Hayward fault, California. Science, 289(5482): 1178 ~ 1182

Bürgmann R, Segall P, Lisowski M, *et al*. 1997. Postseismic strain following the 1989 Loma Prieta earthquake from GPS and leveling measurements. Journal of Geophysical Research, 102(B3): 4933 ~ 4955

Charles W J, Thatcher W, Dzurisin D. 1998. Migration of fluids beneath Yellowstone Caldera inferred from satellite radar interferometry. Science, 282: 458 ~ 462

Colesanti C, Ferretti A, Prati C, *et al*. 2003. Monitoring landslides and tectonic motions with the permanent scatters technique. Engineering Geology, 68(1-2): 3 ~ 14

Colombelli S, Allen R M, Zollo A. 2013. Application of real-time GPS to earthquake early warning in subduction and strike-slip environments. Journal of Geophysical Research: Solid Earth, 118(7): 3448 ~ 3461

Doin M P, Lasserre C, Peltzer G, *et al*. 2009. Corrections of stratified tropospheric delays in SAR interferometry: validation with global atmospheric models. Journal of Applied Geophysics, 69(1): 35 ~ 50

Elliott J R, Biggs J, Parsons B, *et al*. 2008. InSAR slip rate determination on the Altyn Tagh fault, northern Tibet, in the presence of topographically correlated atmospheric delays. Geophysical Research Letters, 35(12): L12309

Feng Y, Zheng Y. 2005. Efficient interpolations to GPS orbits for precise wide area applications. GPS Solutions, 9(4): 273 ~ 282

Ferretti A, Fumagalli A, Novali F, *et al*. 2011. A new algorithm for processing interferometric data-stacks: SqueeSAR. IEEE Transactions on Geoscience and Remote Sensing, 49(9): 3460 ~ 3470

Ferretti A, Prati C, Rocca F. 2000. Nonlinear subsidence rate estimation using permanent scatterers in differential SAR interferometry. IEEE Transactions on Geoscience and Remote Sensing, 38(5): 2208 ~ 2211

Ferretti A, Prati C, Rocca F. 2001. Permanent scatterers in SAR interferometry. IEEE Transactions on Geoscience and Remote Sensing, 39(1): 8 ~ 20

Fialko Y. 2006. Interseismic strain accumulation and the earthquake potential on the southern San Andreas fault system. Nature, 441: 968 ~ 971

Funning G J. 2005. Surface displacements and source parameters of the 2003 Bam (Iran) earthquake from ENVISAT advanced synthetic aperture radar imagery. Journal of Geophysical Research, 110(B9): B09406.

Funning G J, Bürgmann R, Ferretti A, *et al*. 2007a. Creep on the Rodgers Creek fault, northern San Francisco bay area from a 10 year PS-InSAR dataset. Geophysical Research Letters, 34(19), doi: 10.1029/2007GL030836

Funning G J, Parsons B, Wright T J. 2007b. Fault slip in the 1997 Manyi, Tibet earthquake from linear elastic modelling of InSAR displacements. Geophysical Journal International, 169(3): 988 ~ 1008

Gabriel A K, Goldstein R M, Zebker H A. 1989. Mapping small elevation changes over large areas: differential radar interferometry. Journal of Geophysical Research, 94(B7): 9183 ~ 9191

Ge L, Chang H C, Rizos C, *et al*. 2004. Mine subsidence monitoring: a comparison among ENVISAT, ERS, and

JERS-1. 2004 ENVISAT Symposium,4 ~ 9

Geng T,Xie X,Fang R,*et al.* 2016. Real-time capture of seismic waves using high-rate multi-GNSS observations: application to the 2015 M_W 7.8 Nepal earthquake. Geophysical Research Letters,43(1):161 ~ 167

Gladwin M T. 1984. High precision multi-component bore hole deformation monitoring. Rev Sci Instru, 55: 2011 ~ 2016

Graham L C. 1974. Synthetic interferometric radar for topographic mapping. Proceedings of the IEEE, 62: 763 ~ 768

Isabelle R,Bürgmann R. 2008. Spatial variations in slip deficit on the central San Andreas fault from InSAR. Geophysical Journal International,175(3):837 ~ 852

Jeyakumaran M,Rudnicki J W,Keer L M. 1992. Modeling slip zones with triangular dislocation elements. Bulletin of the Seismological Society of America,82(5):2153 ~ 2169

Jiang J,Lapusta N. 2017. Connecting depth limits of interseismic locking,microseismicity,and large earthquakes in models of long-term fault slip. Journal of Geophysical Research:Solid Earth,122(8):6491 ~ 6523

Jolivet L, Menant A, Sternai P, *et al.* 2015. The geological signature of a slab tear below the Aegean. Tectonophysics,659:166 ~ 182

Jonssón S, Segall P, Pedersen R, *et al.* 2003. Post-earthquake ground movements correlated to pore-pressure transients. Nature,424(6945):179 ~ 183

Juliet B,Bürgmann R,Freymueller J T,*et al.* 2009. The postseismic response to the 2002 *M* 7.9 Denali fault earthquake:constraints from InSAR 2003-2005. Geophysical Journal International,176(2):353 ~ 367

Jung J,Kim D J,Park S E. 2013. Correction of atmospheric phase screen in time series InSAR Using WRF model for monitoring volcanic activities. IEEE Transactions on Geoscience and Remote Sensing,52(5):2678 ~ 2689

Kanamori H. 2005. Real-time seismology and earthquake damage mitigation. Annual Review of Earth and Planetary Sciences,33:195 ~ 214

Lanari R, Mora O, Manunta M, *et al.* 2004. A small-baseline approach for investigating deformations on full-resolution differential SAR interferograms. IEEE Transactions on Geoscience and Remote Sensing, 42(7): 1377 ~ 1386

Larson K M,Miyazaki S. 2008. Resolving static offsets from high-rate GPS data:the 2003 Tokachi-Oki earthquake. Earth,Planets and Space,60:801 ~ 808

Lasserre C,Peltzer G,Crampé F,*et al.* 2005. Coseismic deformation of the 2001 M_W = 7.8 Kokoxili earthquake in Tibet,measured by synthetic aperture radar interferometry. Journal of Geophysical Research: Solid Earth, 110 (B12408):1 ~ 17

Lavé J,Avouac J P. 2000. Active folding of fluvial terraces across the Siwaliks Hills,Himalayas of central Nepal. Journal of Geophysical Research,105:5735 ~ 5770

Li D R,Liao M S,Wang Y,*et al.* 2006. Validation of the result from permanent scatterer InSAR in Shanghai. ESA SP-611,2006-1-1

Li Q,You X Z,Yang S M,*et al.* 2012. A precise velocity field of tectonic deformation in China as inferred from intensive GPS observations. Science China:Earth Sciences,55:695 ~ 698

Li W,Teunissen P,Zhang B,*et al.* 2003. Precise point positioning using GPS and compass observations//Sun J D, Jiao W H,Wu H T,*et al* (eds). China Satellite Navigation Conference (CSNC) 2013 Proceedings. Berlin Heidelberg:Springer:367 ~ 378

Li Z H,Cao Y,Wei J,*et al.* 2019. Time-series InSAR ground deformation monitoring:atmospheric delay modeling and estimating. Earth-Science Reviews,192:258 ~ 284

Li Z H, Muller J P, Cross P, *et al.* 2006. Assessment of the potential of MERIS near infrared water vapour products to correct ASAR interferometric measurements. International Journal of Remote Sensing, 27: 349 ~ 365

Liu H, Shu B, Xu L, *et al.* 2017. Accounting for inter-system bias in DGNSS positioning with GPS/GLONASS/BDS/Galileo. The Journal of Navigation, 70(4): 686

Lu Z, Fatland R, Wyss M, *et al.* 1997. Deformation of New Trident Volcano measured by ERS-1 SAR interferometry, Katmai National Park, Alsaka. Geophysical Research Letters, 24(6): 695 ~ 698

Lyons S, Sandwell D. 2003. Fault creep along the southern San Andreas from interferometric synthetic aperture radar, permanent scatterers, and stacking. Journal of Geophysical Research, 108(B1): 2047

Massonnet D, Feigl K L, Rossi M, *et al.* 1994. Radar interferometry mapping of deformation in the year after the Landers earthquake. Nature, 369(6477): 227 ~ 230

Massonnet D, Rossi C, Carmona F, *et al.* 1993. The displacement field of the Landers earthquake mapped by radar interferometry. Nature, 364: 138 ~ 142

Mazzotti S, Dragert H, Henton J, *et al.* 2003. Current tectonics of northern Cascadia from a decade of GPS measurements. Journal of Geophysical Research Atmospheres, 108(B12), doi: 10.1029/2003JB002653

McCaffrey R, Goldfinger C. 1995. Forearc deformation and great subduction earthquakes: implications for Cascadia offshore earthquake potential. Science, 267(5199): 856 ~ 859

Meade B J. 2007. Algorithms for the calculation of exact displacements, strains, and stresses for triangular dislocation elements in a uniform elastic half space. Computers & Geosciences, 33(8): 1064 ~ 1075

Meyer B, Armijo R, Massonnet D, *et al.* 1996. The 1995 Grevena (northern Greece) earthquake-fault model constrained with toctonic observations and SAR interferometry. Geophysical Research Letters, 23(19): 2677 ~ 2680

Micheal R. 1889. SAR-Landsat TM-geophysical data integration utility of value-added products in geological exploration. The Seventh Conference on Remote Sensing for Exploration Geology, Calgary Alberta, Canada, 550 ~ 557

Mohammadioun B. 2001. Stress drop, slip type, earthquake magnitude, and seismic hazard. Bulletin of the Seismological Society of America, 91(4): 694 ~ 707

Montenbruck O, Hauschild A, Steigenberger P, *et al.* 2013. Initial assessment of the COMPASS/BeiDou-2 regional navigation satellite system. GPS Solutions, 17(2): 211 ~ 222

Montenbruck O, Hauschild A, Steigenberger P. 2014. Differential code bias estimation using multi-GNSS observations and global ionosphere maps. Journal of the Institute of Navigation, 61(3): 191 ~ 201

Montenbruck O, Swatschina P, Markgraf M, *et al.* 2012. Precision spacecraft navigation using a low-cost GPS receiver. GPS Solutions, 16(4): 519 ~ 529

Nakamura Y. 1988. On the urgent earthquake detection and alarm system (UrEDAS). Proc of the 9th World Conference on Earthquake Engineering, Japan: Tokyo-Kyoto, 7: 673 ~ 678

Nur A, Mavko G. 1974. Postseismic viscoelastic rebound. Science, 183(4121): 204 ~ 206

Okada Y. 1985. Surface deformation due to shear and tensile faults in a half-space. Bulletin of the Seismological Society of America, 75(4): 1135 ~ 1154

Peltzer G, Rosen P. 1995. Surface displacements of the 17 May 1993 Eureka Valley, California, earthquake observed by SAR interferometry. Science, 268(5215): 1333 ~ 1336

Peltzer G, Crampé F, Hensley S, *et al.* 2001. Transient strain accumulation and fault interaction in the Eastern California shear zone. Geology, 29(11): 975 ~ 978

Pollitz F F, Peltzer G, Bürgmann R. 2000. Mobility of continental mantle: evidence from postseismic geodetic observations following the 1992 Landers earthquake. Journal of Geophysical Research: Solid Earth, 105 (B4): 8035 ~ 8054

Pollitz F F. 1997. Gravitational viscoelastic postseismic relaxation on a layered spherical earth. Journal of Geophysical Research:Solid Earth,102(B8):17921 ~ 17941

Pollitz F F. 2003. Post-seismic relaxation theory on a laterally heterogeneous viscoelastic model. Geophysical Journal International,155(1):57 ~ 78

Pollitz F F. 2005. Transient rheology of the upper mantle beneath central Alaska inferred from the crustal velocity field following the 2002 Denali earthquake. Journal of Geophysical Research:Solid Earth,110(B8):B08407

Prescott W H,Nur A. 1981. The accommodation of relative motion at depth on the San Andreas fault system in California. Journal of Geophysical Research,86(B2):999 ~ 1004

Raucoules D,Maisons C,Carnec C,*et al.* 2003. Monitoring of slow ground deformation by ERS radar interferometry on the Vauvert salt mine (France): comparison with ground-based measurement. Remote Sensing of Environment,88(4):468 ~ 478

Reid H F. 1910. The mechanics of the earthquake in the California earthquake of 18 April 1906. Report of the State Investigation Commission,Carnegie Institution of Washington,Washington DC

Rogers G,Dragert H. 2003. Episodic tremor and slip on the cascadia subduction zone:the chatter of silent slip. Science,300(5627):1942 ~ 1943

Rogers A E E,Ingalls R P. 1969. Venus:mapping the surface reflectivity by radar interferometry. Science,165: 797 ~ 799

Rosen P A, Hensley S, Zebker H A, *et al.* 1996. Surface deformation and coherence measurements of Kilauea Volcano,Hawaii,from SIR-C radar interferometry. Journal of Geophysical Research,101(E10):23109 ~ 23125

Rosen P,Werner C,Fielding E,*et al.* 1998. Aseismic creep along the San Andreas fault northwest at Parkfield,CA measured by radar interferometry. Geophysical Research Letters,25(6):825 ~ 828

Rowland S K. 1996. Slopes,lava flow volumes and vent distributions on Volcúno Fernandina,Galápagos Islands. Journal of Geophysical Research:Solid Earth,91(B5):27657 ~ 27672

Savage J C. 2000. Viscoelastic-coupling model for the earthquake cycle driven from below. Journal of Geophysical Research:Solid Earth,105(B11):25525 ~ 25532

Savage J C,Burford R O. 1973. Geodetic determination of relative plate motion in central California. Journal of Geophysical Research,78(5):832 ~ 845

Savage J C,Prescott W H. 1978a. Asthenosphere readjustment and the earthquake cycle. Journal of Geophysical Research:Solid Earth,83(B7):3369 ~ 3376

Savage J C,Prescott W H. 1978b. Comment on nonlinear stress propagation in the Earth's upper mantle. Journal of Geophysical Research Atmospheres,83(B10):5005 ~ 5008

Segall P. 2010. Earthquake and Volcano Deformation. Princeton,NJ:Princeton University Press

Shan X J, Li J H, Ma C, *et al.* 2005. Analysis of remote sensing images of ground ruptures resulting from the Kunlun Mountain Pass earthquake in 2001. ACTA Geological Sinica (English Edition),79(1):43 ~ 52

Shan X J, Zhang G H, Wang C S, *et al.* 2011. Source characteristics of the Yutian earthquake in 2008 from inversion of the co- seismic deformation field mapped by InSAR. Journal of Asian Earth Science, 40 (4): 935 ~ 942

Shimazaki K,Nakata T. 1980. Time- predictable recurrence model for large earthquakes. Geophysical Research Letters,7(4):279 ~ 282

Smith S W, Wyss M. 1968. Displacement of the San Andreas fault initiated by the 1966 Parkfield earthquake.

Bulletin of the Seismological Society of America,68:1955 ~ 1974

Song X,Jiang Y,Shan X,*et al.* 2019. A fine velocity and strain rate field of present-day crustal motion of the northeastern Tibetan Plateau inverted jointly by InSAR and GPS. Remote Sensing,11(4):435

Steketee J A. 1958. On Volterra's dislocation in a semi-infinite elastic medium. Canadian Journal of Physics, 36(2):192 ~ 205

Stevens V L, Avouac J P. 2015. Interseismic coupling on the main Himalayan thrust. Geophysical Research Letters,42(14):5828 ~ 5837

Stupak R. 2010. The role of national stereotypes and prejudices in creating foreign policy and international relations in Central and Eastern Europe. Kraków,Polska:Young Europe Forum

Thatcher W. 1983. Nonlinear strain buildup and the earthquake cycle on the San Andreas fault. Journal of Geophysical Research:Solid Earth,88(B7):5893 ~ 5902

Thatcher W, Rundle J B. 1984. A viscoelastic coupling model for the cyclic deformation due to periodically repeated earthquakes at subduction zones. Journal of Geophysical Research:Solid Earth,89(B9):7631 ~ 7640

Vernant P. 2015. What can we learn from 20 years of interseismic GPS measurements across strike-slip faults? Tectonophysics,644:22 ~ 39

Wallace K,Yin G,Bilham R. 2004,Inescapable slow slip on the Altyn Tagh fault. Geophysical Research Letters, 31(9):L09613

Walters R J,Elliott J R,Li Z H,*et al.* 2013. Rapid strain accumulation on the Ashkabad fault (Turkmenistan) from atmosphere-corrected InSAR. Journal of Geophysical Research:Solid Earth,118:3674 ~ 3690

Wang M,Shen Z K. 2020. Present-day crustal deformation of continental China derived from GPS and its tectonic implications. Journal of Geophysical Research:Solid Earth,125(2):e2019JB018774

Wang Q,Zhang P Z,Jeffry T F,*et al.* 2001. Present-day crustal deformation in China constrained by global position system measurements. Science,249:574 ~ 577

Wang R,Lorenzo-Martín F,Roth F. 2006. PSGRN/PSCMP—a new code for calculating co- and post-seismic deformation,geoid and gravity changes based on the viscoelastic-gravitational dislocation theory. Computers & Geosciences,32(4):527 ~ 541

Wang T,Perissin D,Rocca F,*et al.* 2011. Three Gorges Dam stability monitoring with time-series InSAR image analysis. Science China:Earth Science,54:720 ~ 732

Weertman J. 1964. Continuum distribution of dislocations on faults with finite friction. Bulletin of the Seismological Society of America,54(4):1035 ~ 1058

Wesson R L. 1988. Dynamics of fault creep. Journal of Geophysical Research,93(B8):8929 ~ 8951

Wesson R L,Nicholson C. 1988. Intermediate-term,pre-earthquake phenomena in California,1975–1986,and preliminary forecast of seismicity for the next decade. Pure & Applied Geophysics,126(2-4):407 ~ 446

Wright T,Fielding E, Parsons B. 2001a. Triggered slip:observations of the 17 August 1999 Izmit (Turkey) earthquake using radar interferometry. Geophysical Research Letters,28(6):1079 ~ 1082

Wright T, Parsons B, Fielding E. 2001b. Measurement of interseismic strain accumulation across the North Anatolian fault by satellite radar interferometry. Geophysical Research Letters,28(10):2117 ~ 2120

Wu Y M,Teng T. 2002. A virtual subnetwork approach to earthquake early warning. Bulletin of the Seismological Society of America,92(5):2008 ~ 2018

Yamamoto R,Kido M,Ohta Y,*et al.* 2019. Seafloor geodesy revealed partial creep of the North Anatolian fault submerged in the Sea of Marmara. Geophysical Research Letters,46(3):1268 ~ 1275

Zebker H A,Rosen P A,Goldstein R M,*et al.* 1994. On the derivation of co-seismic displacement fields using differential radar interferometry: the Landers earthquake. Journal of Geophysical Research, 99: 19617 ~ 19634

Zebker H A, Rosen P A, Hensley S. 1997. Atmospheric effects in interferometric synthetic aperture radar surface deformation and topographic maps. Journal of Geophysical Research, 102(B4): 7547 ~ 7563

Zhao D, Qu C, Shan X, *et al*. 2019. New insights into the 2010 Yushu M_W 6.9 mainshock and M_W 5.8 aftershock, China, from InSAR observations and inversion. Journal of Geodynamics, 125: 22 ~ 31

第 2 章　InSAR 形变监测原理与方法

2.1　概　　述

合成孔径雷达（SAR）是一种主动式的微波成像传感器，它能够不受云层覆盖和天气变化的影响，开展全天候、全天时的遥感数据获取，并具备一定的地表和植被穿透能力（廖明生等，2003）。SAR 干涉测量技术（InSAR）是基于干涉原理发展起来的数据处理技术，利用 SAR 传感器对相同地物目标开展重复观测，解算两幅 SAR 图像的相位差来重建目标的三维空间位置或其微小的变化信息。InSAR 作为一种高效的新型测量手段能够获取地表毫米级的垂直形变，其在地面形变监测中的潜力和优势已经得到了广泛的认可（刘国祥，2004）。早在 20 世纪 60 年代，科学家们（Rogerst and Ingall，1969）就采用雷达干涉技术对金星开展了地表测图观测。之后，Graham 等（1974）发表了基于机载双天线雷达干涉测量并采用与光学遥感影像配准技术来获取地表高程信息的研究成果。1978 年美国宇航局发射了第一颗民用 SAR 卫星——SEASAT（Lin *et al.*，1992）并成功获取了地表 SAR 影像，其后随着数字信号处理和航空航天技术的飞速发展，带来了 SAR 系统、成像算法和载荷平台的不断革新。2000 年 2 月美国航天飞机雷达测图计划（SRTM）通过“奋进号”航天飞机并采用了 InSAR 干涉技术在 11 天内获取了从北纬 60°至南纬 60°的 SAR 数据，建立了占地球陆地总面积 80% 的高精度 SRTM DEM，相对高程精度达到 10m，绝对高程精度达到 16m（https://www2.jpl.nasa.gov/srtm/statistics.html），为全球科学研究的发展提供了极为重要的基础数据。2016 年德国宇航局（Deutsches Zentrum für Luft-und Raumfahrt，DLR）发布了基于 TanDEM-X 卫星星座的全球无缝 DEM 产品，该产品相对精确度可达 2m，绝对精度可达到 10m，分辨率比先前的 SRTM 有了一个量级的提高，实现了迄今为止高精度的全球 DEM 构建（https://www.dlr.de/dlr/en/desktopdefault.aspx/tabid-10261/）。作为 InSAR 技术的延伸，基于重复观测轨道的差分干涉雷达（D-InSAR）能够用于二维大地形变场的重建。1993 年，采用 D-InSAR 技术 Massonnet 等（1993）成功地提取了 1992 年美国 Landers M_W 7.3 级地震的同震形变场。此后 D-InSAR 技术在地表形变场探测的各个领域都取得了巨大的发展（图 2.1）。

根据雷达传感器的搭载方式不同，InSAR 技术工作平台可以分为地基、机载和星载（包括航天飞机）三种。其中，地基 SAR 系统的研究起步相对较晚，适合数十米到几千米的小区域或者大型目标等特定场景的监测，其优势在于能够根据观测目标的特点灵活地选择监测点位和角度（吴星辉等，2016），近年来已经在冰川、滑坡、水利等行业开展了一些成功的应用（刘国祥等，2019）。机载 SAR 主要采用单程交轨（across track，XT）和顺轨（along track，AT）模式工作，其中 XT 和 AT 模式都可用于地面数字高程模型（DEM）

重建，而后者还可以用于地表形变监测。例如，近年来美国地质调查局（United States Geological Survey，USGS）采用单程交轨模式的机载 InSAR（也略称为 IfSAR）重建 Alaska 地区的高分辨率数字表面模型（digital surface model，DSM）和数字地形模型（digital terrian model，DTM）（https://lta. cr. usgs. gov/IFSAR_ Alaska）。在我国，中国测绘科学研究院采用了多模式机载 SAR 系统（CASMSAR）开展西部测图的 DEM 重建工作（Zhang *et al.*，2010）。机载顺轨道干涉模式受到空基平台的轨道控制系统精度制约，仅有美国、德国、巴西的研究人员发表了部分机载顺轨 InSAR 应用的成果（Hensley *et al.*，2009；Macedo *et al.*，2012；Reigber and Scheiber，2003）。其中，以美国 JPL 的 UAVSAR 为例，其载机平台是 Gulfstream-III（G3）喷气式飞机，飞行高度 2000 ~ 18000m，搭载了 L 波段全极化传感器，由于其采用了高精度自动导航控制仪（precision autopilot），满足了重复轨道干涉测量所需的平台稳定性要求（Hensley *et al.*，2009）。相较于前两种系统平台，星载 SAR 具有轨道稳定、图像覆盖范围大和可以多次重复测量等优点，重轨星载 SAR 影像是目前地球科学各研究领域中进行地表形变监测的主要数据来源，因此，本书中的公式推导及应用研究都是基于重轨星载 SAR 平台的数据。

基于星载数据，InSAR 技术已经在地震、冰川、火山、滑坡、城市和人工建筑形变等多个方面得到了广泛的应用（Goldstein *et al.*，1988；Zebker *et al.*，1992；Massonnet *et al.*，1993，1994；Rosen *et al.*，1996；单新建和叶洪，1998；Wright *et al.*，1999；Lu and Dzurisin，2014；Wang *et al.*，2017）。在地震和构造活动研究中，基于大地测量的形变观测极为重要（Bürgmann *et al.*，2000a，2000b；Segall，2010）。例如，对于断裂带的同震和震后形变场的监测可以较精确地约束断层同震破裂分布和震后余滑分布，并结合连续监测获得的震间形变，就能够定量分析断层滑移速率和闭锁状态，进一步地可以评估地震的发生周期，同时也可以对地球内部断层的动力学演化过程提供依据（刁法启等，2011）。SAR 卫星的研究受到众多国家的重视，欧洲航天局和日本、加拿大、德国、意大利等机构和国家先后成功发射了 ERS-1/2、ENVISAT、JERS-1、ALOS-1/2、RADARSAT-1/2、TerraSAR-X、COSMO-SkyMed、Sentinel-1A/B 等 SAR 卫星。我国的高分 SAR 卫星——高分三号（GF3）卫星也于 2016 年 8 月 10 日发射成功，并于当月 15 日首次开机成像下传数据（http://www. rscloudmart. com/xuetang/xxg/detail/gf3#canshu）。它是我国首颗长寿命设计的低轨遥感卫星，也是我国首颗分辨率达到 1m 的 C 频段多极化合成孔径雷达（SAR）卫星。GF3 实现了在不同模式下 1m 至 500m 分辨率，10km 至 650km 幅宽的对地观测。

目前常用的卫星 SAR 系统主要有欧洲航天局 1992 年发射的 ERS-1 卫星、1995 发射的 ERS-2 卫星、2002 年发射的 ENVISAT 卫星及 2014 年发射的 Sentinel-1 号系列卫星；日本于 1992 年发射的 JERS-1 卫星、2006 年发射的 ALOS 卫星和 2014 年发射的 ALOS-2 卫星；加拿大分别于 1995 年和 2007 年发射的 RADARSAT-1 和 RADARSAT-2 卫星；德国宇航局 2007 年发射的 TSX/TanDEM-X 卫星；意大利 2007 年发射的 COSMO-SkyMed 卫星。其中仅有 RADARSAT-2、TSX/TanDEM-X、COSMO-SkyMed、Sentinel-1 和 ALOS-2 卫星还在轨运行，其他的历史卫星都已经退役。其中，Sentinel-1A/B 星座为近年来的地震构造研究提供了重要的数据来源，A/B 双星分别于 2014 年和 2016 年发射，数据可以通过欧洲航天局免费获取。Sentinel-1 星座采用 C 波段，单星最短重复周期为 12 天，A/B 双星重访周期最短

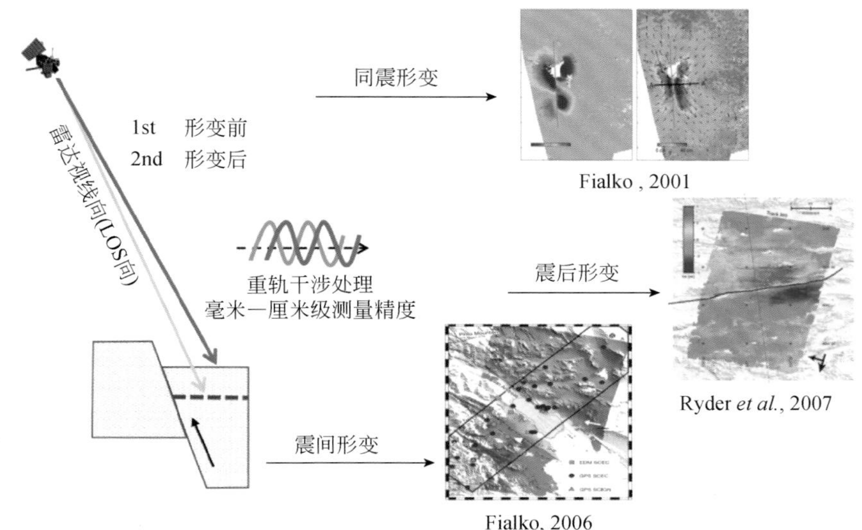

图 2.1 D-InSAR 应用于地震周期不同阶段地壳形变监测的示例

可达六天，最高分辨率达到5m，幅宽在20～400km。总体来说，目前国际上的SAR卫星系统正向多平台、多波段、多极化、多模式、大覆盖面积和短重访周期方向发展，这将极大促进SAR系统理论的研究和多层次应用的扩展。

表2.1中介绍了历史上具有一定重要性的雷达卫星，并列出了对应传感器的主要参数。其中，表中的“*”表示了该计划具有进行雷达干涉测量的能力；服役时间段表示了该项计划提供历史数据的能力；重访周期表现了传感器对时间及地表形变的敏感性；卫星轨道高度则表示了其稳定性；雷达频率和频宽可以用来决定雷达波长，进而决定了传感器对地表形变、地表高程、时间失相关和距离向分辨单元的敏感性。

表 2.1 国际上主要的 SAR 卫星（据 Hanssen，2001 修改）

SAR 卫星	国家或者机构	服役时间段	ΔT/天	H_{sat}/km	f_0/GHz	B_R/MHz（空间分辨率）	θ_{inc}/(°)	幅宽/km
SEASAT*	美国	1978 年	3	800	1.275	25	23±3	100
SIR-A	美国	1981 年	—	235	1.278	40	50±3	50
SIR-B*	美国	1984 年	—	235	1.275	25	15～55	20～40
ALMAZ	苏联	1991～1992 年	—	300	3.000	25～30	30～60	20
Magellan*	美国	1989～1994 年	Venus	290～2000	2.385	120～300	17～45	20
ERS-1*	欧洲航天局	1991～2000 年	3、35、168	790	5.300	15.55	23	100
ERS-2*	欧洲航天局	1995 年	35	790	5.300	15.55	23	100
JERS-1*	日本	1992～1998 年	44	568	1.275	18	35	75
SIR-C/X-SAR	美国	1994 年 4 月	—	225	1.240	20.00	15～55	10～70
SIR-C/X-SAR	美国	1994 年 4 月	—	225	5.285	20		10～70
		1994 年 4 月	—	225	9.600	10～20	15～45	15～45

续表

SAR 卫星	国家或者机构	服役时间段	ΔT/天	H_{sat}/km	f_0/GHz	B_R/MHz（空间分辨率）	θ_{inc}/(°)	幅宽/km
SIR-C/X-SAR *	美国	1994 年 10 月	1	225	1.240	20⊕	55	21 ~ 42
		1994 年 10 月	1	225	5.285	20⊕	55	21 ~ 42
		1994 年 10 月	1	225	9.600	10 ~ 20	15 ~ 45	15 ~ 45
RADARSAT-1 *	加拿大	1995 年	24	792	5.300	11 ~ 30	20 ~ 49	10 ~ 500
SRTM *	美国	2000 年	0	233	5.300	9.50	52	50、225
ENVISAT *	欧洲航天局	2001 年至今	35	800	5.300	14.00	20 ~ 50	100 ~ 500
ALOS *	日本	2002 年至今	45	700	1.270	28(14m)	8 ~ 60	40 ~ 350
RADARSAT-2 *	加拿大	2003 年至今	24	798	5.300	12 ~ 100	20 ~ 60	20 ~ 500
COSMO-SkyMed *	意大利	2007 年至今	16	619.5	9.600	1 ~ 20	20 ~ 60	3 ~ 100
TerraSAR *	德国	2007 年至今	11	514	9.600	1 ~ 16	20 ~ 55	10 ~ 100
TanDEM-X *	德国	2009 年至今	11	514	9.600	1 ~ 16	20 ~ 55	10 ~ 100
Sentinel-1A/B *	欧洲航天局	2014 年、2016 年至今	12	693	5.405	5 ~ 80	20 ~ 45	20 ~ 400
ALOS-2 *	日本	2014 年至今	14	628	1.270	8 ~ 70	3 ~ 100	25 ~ 490
GF3 *	中国	2016 年至今	—	755	约 5.300	1 ~ 500	10 ~ 60	10 ~ 650

注：ΔT 为重访周期；H_{sat} 为卫星轨道高度；f_0 为雷达传感器频率；B_R 为距离向频宽；θ_{inc} 为入射角。上标 * 表示该计划具有进行雷达干涉测量的能力；上标⊕表示当重返间隔为 1 天时，雷达带宽会变为 40MHz；—表示没有这一参数；Venus. Magellan 卫星用于金星探测。各卫星参数信息主要整理自欧洲航天局网站（ESA，https://directory.eoportal.org/web/eoportal/satellite-missions）。

2.2 常规 InSAR 形变监测技术

2.2.1 SAR 成像基本原理

合成孔径雷达（SAR）是一种侧视二维成像的主动式微波遥感系统，能够记录回波信号的幅度和相位延迟信息（廖明生和王腾，2014）。SAR 的发展源于真实孔径雷达（RAR），而 RAR 是最早的侧视成像雷达系统。但是，RAR 所成影像的分辨率极大地受到天线物理尺寸的限制。合成孔径雷达 SAR 的设计初衷就是基于多普勒频移理论，利用雷达与目标的相对运动，把尺寸较小的 RAR 真实天线孔径通过数据处理的方法合成一个较大的等效天线孔径的雷达（袁孝康，2003；Cumming and Wong，2005）。在 SAR 系统中，一般将沿着雷达平台运动方向称为方位向（azimuth），雷达视线方向是脉冲发射的方向与方位向垂直，称为距离向（rang）或斜距向。下面，首先对雷达的方位向和距离向分辨率进行介绍。

1. 距离向分辨率

无论合成孔径雷达还是真实孔径雷达，其距离向分辨率都是指雷达脉冲发射方向上所能分辨的最小距离（图 2.2）。为了实现 SAR 系统在距离向的高分辨率，主要依靠发射具有一定频带带宽的线性调频信号，并采用脉冲压缩技术实现。

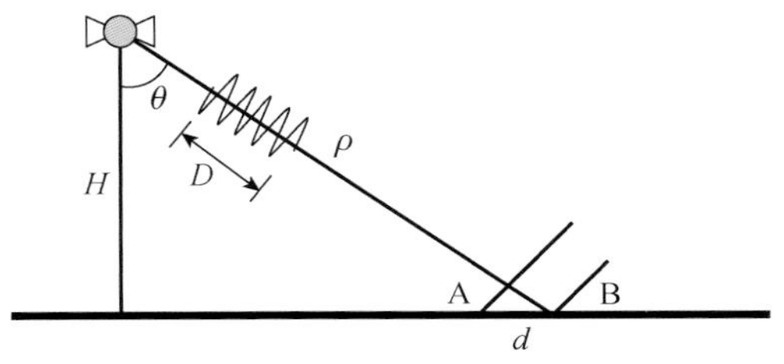

图 2.2　距离向分辨率示意图

假设地面有间距为 d 的 A、B 两个地物，将 A、B 投影到侧视角（θ）的雷达视线方向上，则有斜距间隔为 $d\cdot\sin\theta$。因此，要使雷达系统能够对 A 和 B 的位置加以区分，则雷达脉冲信号长度（D）要满足 $\frac{D}{2}<d\cdot\sin\theta$，否则 A、B 的回波信号就会发生混叠。因此，$\frac{D}{2}$ 则为雷达系统的距离向分辨率（P_r），而投影至地面的地距向分辨率为

$$P_g=\frac{P_r}{\sin\theta}=\frac{D}{2}\cdot\frac{1}{\sin\theta}=\frac{c\tau}{2}\cdot\frac{1}{\sin\theta} \tag{2.1}$$

式中，c 为光速；τ 为雷达脉冲宽度，即脉冲持续时间。由式（2.1）可知 P_r 与雷达传感器到地物之间的距离无关，但是与 τ 成正比。为了提高分辨率，需要使雷达脉冲宽度（τ）尽可能的小。而 τ 的减小会使雷达的发射功率下降，从而使回波信号的信噪比下降，降低图像的质量。目前行之有效的方法就是使用脉冲压缩技术实现斜距向分辨率的提升（Sullivan，2000）。

2. *方位向分辨率*

SAR 系统方位向分辨率（R_{as}），即成像雷达在方位向上分辨地物间相对位置的能力（图 2.3），是通过合成孔径的原理实现的。这里首先介绍真实孔径雷达（RAR）的方位向分辨率，其取决于雷达天线主瓣的 3dB 宽度。因为在方位向上，雷达波束在地面的投影是具有一定宽度的，称为波束宽度。当地面目标位于波束投影范围内，才会产生回波。只有当两个目标地物分处于不同的波束跨度内，在 SAR 影像上才能被作为不同像素被分辨出来。

雷达天线主瓣的 3dB 宽度对应了波束最大张角（θ_r），如图 2.3 所示：

$$\sin\theta_r=\lambda/L \tag{2.2}$$

式中，λ 为雷达信号波长；L 为孔径物理长度。假设天线经过某一地物最短直线距离为 ρ（$\rho=\frac{H}{\cos\theta}$，$H$ 为卫星高度），则真实孔径雷达的方位向分辨率（R_a）可以表达为

$$R_a=\rho\sin\theta_r=\rho\lambda/L \tag{2.3}$$

因此，在雷达信号波长已经确定的情况下，方位向分辨率仅与卫星平台高度（ρ）及雷达天线物理长度（L）有关。在实际应用中，无限制增大 L 是不现实的。将雷达天线安

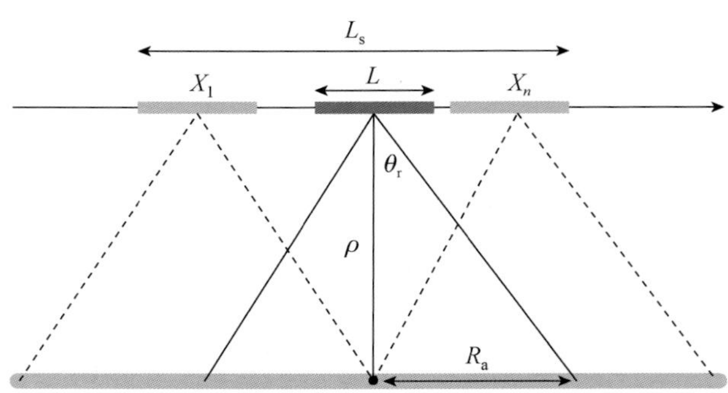

图 2. 3　合成孔径雷达原理以及方位向分辨率示意图

装在运动的载体上，假设传感器平台以速度 V 进行匀速直线飞行，雷达传感器在飞行的瞬时位置发射和接收信号，所发射和接收的信号都是相干的，其中回波信号的相位是时间的函数，记录了卫星与地面目标之间的相对位置。如图 2. 3 所示，在不考虑载体高度的情况下，假设载体在 X–Y 平面内沿 X 轴方向飞行，在 X 轴上的坐标为 X_1，X_2，…，X_n，X_1和 X_n分别是传感器首次和最后照射目标的位置，由于传感器和地面同名点的相对位置不断发生变化，从而引起多普勒频移，即回波瞬时频率发生了变化，这一系列的相位变化信号都被雷达传感器接收且记录下来。一般假设雷达传感器做匀速直线运动，此时方位向回波信号就可以近似为线性调频信号（Bamler and Hartl，1998），在通过方位向匹配滤波器的脉冲压缩处理，在方位向上近似形成了一个长度为 X_n-X_1 的合成孔径 L_s，而合成孔径所对应的雷达波束在地面投影的宽度的一半等效于 $2R_a$，如图 2. 3 所示，因此有

$$R_{as} = \frac{\rho\lambda}{L_s} = \frac{\rho\lambda}{2R_a} = \frac{1}{2}L \tag{2.4}$$

从式（2. 4）可知，SAR 的方位向分辨率与到目标的距离无关，只与雷达天线的尺寸成反比，天线尺寸越小，理论上方位向的分辨率越高。但是从实际工程设计出发，不能为了获得高方位向分辨率而无限地缩小天线尺寸，在极端情况下将变成无方向指向的天线。另一方面，过小的天线孔径还会带来信噪比的严重衰减。因此在 SAR 系统设计中，通常不会过度地缩小天线孔径尺寸，增大视角覆盖范围，以提高方位向分辨率，而是采取其他方式，如聚束模式就是依靠调控波束指向，来增大波束的覆盖范围，提高方位向分辨率的。

2. 2. 2　InSAR 高程测量基本原理

InSAR 高程测量的基本思想是使用获取的同一区域重复轨道观测的单视复数（single look complex，SLC）影像，经过亚像元级配准后进行复共轭相乘获得目标地物的相位差，并以此生成干涉条纹图，最后结合卫星轨道参数、传感器参数等进行地理编码得到高精度、高分辨率的高程和地表形变（Rosen *et al.*，2000）。本章以重复轨道干涉测量模式为例，介绍 InSAR 高程测量的基本原理。

图 2.4 为 InSAR 获取地形的几何原理图。A_1 和 A_2 分别为两次成像时雷达天线的中心位置，H 为天线 A_1 的高度，B 为空间基线即卫星两次成像期间所在空间位置的距离，可以分解为平行于主影像斜距方向的平行基线 $B_{\parallel}$ 和垂直于该斜距方向的垂直基线 $B_{\perp}$，α 为空间基线 B 和水平方向的夹角，θ 为雷达视线方向与垂向的夹角即入射角，λ 为雷达波长，P 为地面高度为 h 的目标点，R_1 和 R_2 分别为天线到地面目标点 p 的斜距。

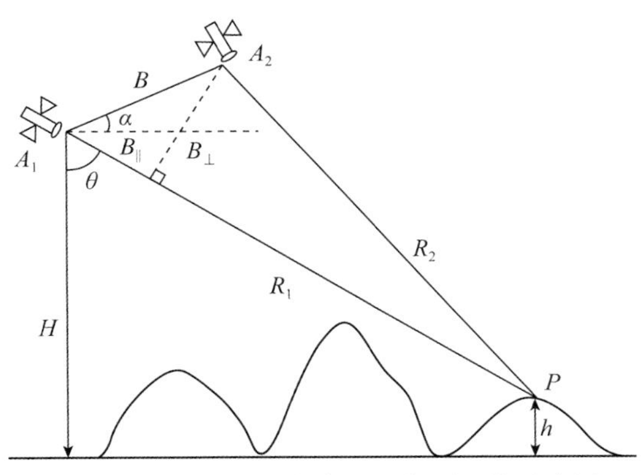

图 2.4　InSAR 对地物高程进行测量的示意图

如图 2.4 所示，A_1 和 A_2 分别为星载 SAR 传感器影像获取 t_1 和 t_2 时间所在的空间位置，各自接收的复数信号可以表示为

$$S_1 = A_1 \exp(j\varphi_1) \tag{2.5}$$

$$S_2 = A_2 \exp(j\varphi_2) \tag{2.6}$$

式中，$\varphi_i = \varphi_{\text{obj},i} + \frac{4\pi}{\lambda}R_i$，$\varphi_{\text{obj},i}$ 表示影像获取时间 i 时刻，由于地物散射特性造成的随机相位，$\frac{4\pi}{\lambda}R_i$ 代表该时刻往返路径确定的相位。

$$\varphi_1 = \varphi_{\text{obj},1} + \frac{4\pi}{\lambda}R_1 \tag{2.7}$$

$$\varphi_2 = \varphi_{\text{obj},1} + \frac{4\pi}{\lambda}R_2 \tag{2.8}$$

ΔR 为两次观测时卫星到地面目标 p 的距离差异，由于两次观测卫星位置不一致而产生入射角的差异，进而使得两幅 SAR 图像不是完全重合，需要进行配准处理。配准后，图像对进行复共轭相乘就得到了干涉条纹图：

$$S_1(R_1) \cdot S_2^*(R_1+\Delta R) = |S_1 \cdot S_2^*| \exp(i(\varphi_1-\varphi_2)) = |S_1 \cdot S_2^*| \exp\left(-i\frac{4\pi}{\lambda}\Delta R\right) \tag{2.9}$$

式中，S_1、S_2 为两幅单视复数（SLC）影像。假设两幅图像中随机相位的贡献相同即 $\varphi_{\text{obj},1} = \varphi_{\text{obj},2}$。所以干涉条纹图的相位是确定的，它取决于信号的路径差 ΔR。

$$\varphi = -\frac{4\pi}{\lambda}\Delta R \tag{2.10}$$

但在实际的干涉数据处理中，干涉相位是经过复数三角运算得到的即

$$\varphi=\varphi_1-\varphi_2=\tan^{-1}(S_1\cdot S_2^*) \tag{2.11}$$

因此，只能得到干涉相位的主值（称为缠绕相位），而无法得到真实相位，必须进行相位解缠，确定整周模糊度，才能得到真实相位。

基线距 B 可以分解为垂直于视线向分量$B_\perp$和平行于视线向分量$B_\parallel$：

$$B_\perp=B\cos(\theta-\alpha) \tag{2.12}$$

$$B_\parallel=B\sin(\theta-\alpha) \tag{2.13}$$

在星载系统下，$B\ll R$。此时可取 $\Delta R\approx B_\parallel=B\sin(\theta-\alpha)$，则

$$\varphi=-\frac{4\pi}{\lambda}\Delta R=-\frac{4\pi}{\lambda}B\sin(\theta-\alpha) \tag{2.14}$$

又雷达成像几何关系为

$$h=H-R\cos\theta \tag{2.15}$$

其中，如图 2.4 所示，h 是位置 P 的高程，并对式（2.14）、式（2.15）两式等号两边分别进行微分：

$$\Delta\varphi=-\frac{4\pi}{\lambda}B\cos(\theta-\alpha)\cdot\Delta\theta \tag{2.16}$$

$$\Delta h=R\sin\theta\cdot\Delta\theta-\Delta R\cdot\cos\theta \tag{2.17}$$

联合式（2.16）、式（2.17），并消去 $\Delta\theta$ 可得

$$\Delta\varphi=-\frac{4\pi B\cos(\theta-\alpha)}{\lambda R\sin\theta}\cdot\Delta h-\frac{4\pi B\cos(\theta-\alpha)}{\lambda R\tan\theta}\cdot\Delta R \tag{2.18}$$

可写为

$$\Delta\varphi=-\frac{4\pi B_\perp}{\lambda R\sin\theta}\cdot\Delta h-\frac{4\pi B_\perp}{\lambda R\tan\theta}\cdot\Delta R \tag{2.19}$$

式（2.19）中左边项即邻近像素的干涉相位差，右边第一项表示目标高度变化引起的相位，第二项表示无高程变化的斜距向差异引起的相位即平地相位。式（2.19）表明干涉相位本身包括高程相位和平地相位。因此利用 InSAR 技术反演高程，需要去除平地相位（详见 2.2.4 节），直接建立干涉相位与高程之间的关系为

$$\Delta\varphi=-\frac{4\pi B_\perp}{\lambda R\sin\theta}h \tag{2.20}$$

实际处理和应用中，还要考虑地表目标位移产生的相位，如地震、火山和冰川形变；时空尺度上不同的大气成像条件引起的附加相位；SAR 系统失相干噪声（包含地物散射变化噪声信号、系统热噪声等）等多种误差，干涉相位的误差组成和影响将在 2.2.5 节中进行详细的介绍。

2.2.3 D-InSAR 地表形变测量原理

差分合成孔径雷达干涉测量（D-InSAR）是在 InSAR 的基础上发展而来。1989 年，Gabriel 等（1989）提出差分干涉测量的概念，其基本原理是：利用 InSAR 技术获取同一地区两幅干涉图，通过差分干涉处理，去除地形因素（地形相位、平地相位）和其他因素引起的相位影响，从而得到卫星视线向地表微量形变信息。

如图2.5所示，为D-InSAR对地表形变进行测量的示意图。假设卫星两次影像获取时间内地表发生形变，目标点P移动至P'的位置，在卫星视线方向上产生位移为d。因此，以式（2.19）为基础，卫星两次观测时刻的相位差φ可以改写为式（2.21），其中φ_{def}为目标点位移所产生的相位贡献，φ_{noise}为其他的误差相位贡献。

$$\varphi=-\frac{4\pi B_{\perp}}{\lambda R\sin\theta}\cdot\Delta h-\frac{4\pi B_{\perp}}{\lambda R\tan\theta}\cdot\Delta R+\varphi_{\text{def}}+\varphi_{\text{noise}} \tag{2.21}$$

因此，面向形变区域，通过去除平地效应及空间基线产生的地形本身的相位，即所谓的二次差分，可以得到地表微小形变所引起的相位差，进而得到该区域卫星视线向形变场信息。下面分别介绍平地相位及地形相位去除的原理和方法。

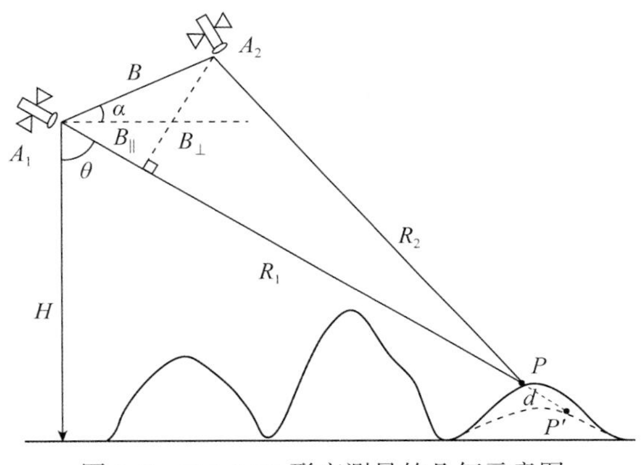

图2.5 D-InSAR形变测量的几何示意图

1. 平地相位的去除

平地相位（φ_{flat}）是指具有相同高度和不同位置的地物，由于基线的存在，导致的斜距差和等效雷达视角差造成的相位偏移，表现在干涉相位图上是距离向和方位向上的周期性变化，又称“平地效应”。如式（2.17）所示，空间垂直基线越长，干涉条纹越密集。这一相位会增加相位解缠的难度，因此无论是用InSAR提取高程还是提取形变信息，平地效应都必须加以去除。目前常见的平地效应去除的方法有三种：

一是基于外部DEM数据。具体实现过程为：首先，计算干涉图与DEM数据对应像元点的间隔并求其比值；其次，根据比值对DEM数据点重采样；再次，利用目标点的成像几何和斜距方程、多普勒方程、地球模型方程将DEM转至雷达坐标系，采用最邻近插值对DEM赋值并转换成相位值；最后，将DEM相位值从干涉图相位值中减去即可得到去平后的相位图。

二是频移法。此法主要通过频谱的循环圆周移位，即将相位图的主要频谱中心移至频谱的零频处达到去平的目的，关键在于从干涉条纹中估计出条纹频率。

三是基于轨道参数信息。首先，根据平地效应形成原理，求取成像区域内中心点的坐标值，利用成像时的卫星轨道参数信息计算主、辅影像中心点对应的卫星天线位置，从而计算出成像区域内的点到卫星的距离差；然后，根据斜距分辨率求得SAR影像中各个像元的平地相位，在干涉图中减去平地相位值，即可达到去除平地相位的目的。该方法是通过轨道参数和目标点位置来实现的。

2. 地形相位的去除

1993 年由 Massonnet 等基于已知的外部数字高程模型（DEM）消除地形相位，进而提取形变相位。首先，将已知 DEM 数据产品与主影像进行配准，转换至主影像的 SAR 坐标系框架下；然后，根据主、辅影像的轨道参数模拟生成地形干涉相位 $\varphi_{\text{sim\_topo}}$；最后，将地形干涉相位及上述的平地相位 φ_{flat} 从主、辅影像生成的干涉相位中去除，就认为获得了地表形变信息，获取形变信息的简化公式为（Gabriel *et al.*，1989）

$$d=-\frac{\lambda}{4\pi}(\varphi-\varphi_{\text{sim\_topo}}-\varphi_{\text{flat}}) \tag{2.22}$$

以上方法的缺点有以下两个方面：①由于使用的是外部数据，容易将 DEM 自身误差引入最终结果；②在平坦地区，由于缺乏地面特征，DEM 与高分辨率的 SAR 影像之间难以进行精确配准，其配准误差也会影响测量精度。其中，外部 DEM 自身误差导致的相位残留可以通过 InSAR 时间序列分析的方法来去除，详见 2.3 节。

除了外部 DEM 外，在实际处理中，DEM 数据来源可以是从其他干涉像对中提取。该方法最初由 Zebker 等（1994）提出，首先，利用三景 SAR 影像（形变前两景、形变后一景），选取形变前的一景作为主影像，其余两景为辅影像；其次，分别基于公共主影像生成两副干涉影像，一幅包含地形信息，另一幅除了地形信息还包含地表形变信息；再次，进行滤波、相位解缠；最后，将两幅干涉图进行差分处理，得到地表形变信息。与之类似的还有所谓的“四轨法”，采用四景 SAR 影像通过差分干涉测量提取地表形变，其中三景是形变前，一景是形变后；形变前两景影像干涉处理形成地形对，用来模拟地形信息的 DEM，其余两景干涉形成形变对，再将两幅干涉对差分获得到形变相位，从而计算地表形变。有关的方法，优点是不需要引入外部 DEM，因此不会引入外部数据的误差，SAR 像对数据间的分辨率均一致，配准实现容易，适用于地震等研究。但是，对于持续形变的区域，仅包含地形信息的干涉像对往往难以获取。此外，要密切关注和减少由于长空间基线导致的失相干，选择时空基线都要尽可能短。

3. 相干性系数

以上所提到的相干性，反映了两次雷达回波的相似性程度。在差分干涉测量时，相干系数用于评价目标点相干性及干涉条纹质量好坏的重要依据。相干系数（γ）具体表示如下：

$$\gamma=\frac{E[S_1S_2^*]}{\sqrt{E[|S_1|^2]E[|S_2|^2]}} \tag{2.23}$$

式中，S_1、S_2 为两幅 SLC 影像；E［·］表示对窗口内信号求和再均值；γ 的取值范围［0，1］。干涉像对的相干系数受到了多个方面的影响。其中，最主要的影响来源包括两个部分：基线或者几何失相干（γ_{geom}）是由于多次观测时的入射角的不同所导致的；时间失相干（γ_{temporal}）主要是由于地物后向散射情况随时间发生的变化，如冰雪覆盖导致的季节失相干。为了削弱这两个方面的影响，一般选择时空基线尽可能短的干涉像对来提高相干性。此外，干涉相干性还受到以下多种因素的影响：体散射失相干（γ_{vol}）受到成像区域地物情况的影响，如当地面具有较少的植被时，体散射失相干的影响将会减少。多普勒质心失相干（γ_{DC}）是由于多次观测时的不同多普勒质心频率差异所导致的，产生原因包括：①影像对应的雷达斜视角不垂直于轨道平面，产生了差异，②主、辅天线载体平台的飞行轨道不完全平行，在重复轨道干涉模式中这种情况经常出现，这两种因素都会造成对同一地物进行观测时斜视角的差异，进而引起多普勒中心频率的偏移。热噪声或系统失相干（$\gamma_{thermal}$）是由于系统特征的影响，包括有增益和天线特征、地表的时间变化失相干。数据处理过程失相干（$\gamma_{process}$）为数据处理过程中所产生的失相干误差。那么，总的相干可以用以下公式表示（Hanssen，2001）：

$$\gamma_{total}=\gamma_{geom}\cdot\gamma_{temporal}\cdot\gamma_{vol}\cdot\gamma_{DC}\cdot\gamma_{thermal}\cdot\gamma_{process} \tag{2.24}$$

2.2.4　D-InSAR 技术流程

从上文对 InSAR、D-InSAR 实现原理的论述可知，利用合成孔径雷达干涉测量高程或地表形变的几何原理并不复杂，但在实际的数据处理流程上则并非易事，经过近 30 年的发展，星载 D-InSAR 技术提取地表形变较为成熟。针对由两景 SAR 影像，如图 2.6 所示，通用的处理流程主要包含以下七个步骤：①单视成像；②降噪-前置滤波；③主辅影像配准与重采样；④生成差分干涉图；⑤降噪-后置滤波；⑥相位解缠；⑦地形与形变信息提取。下面对以上步骤进行详细论述。

1. 单视成像

采用 SAR 成像算法，对雷达天线接收的原始回波信号进行成像处理，最终获得单视复数（SLC）影像。在这一过程中，需要用到 SAR 成像中多种估计和补偿算法，如多普勒中心估计、多普勒带宽估计、方位调频率估计、自聚焦等方法。与一般成像方法不同的是，为了使两幅图像之间具有比较高的相干性，考虑到 SAR 图像是从实际场景通过系统响应函数的匹配滤波得到的。因此，为使两者的系统响应函数精确一致，可能还需要采用预滤波方法根据擦地角和波束偏角重新设计距离脉压滤波器和方位压缩滤波器。对于新一代 SAR 卫星数据产品，如 Sentinel-1A/B、ALOS-2/PALSAR-2、TerraSAR-X、COSMO-SkyMed 等，已经取消了提供原始的回波信号数据，而直接提供成像后的 SLC 产品，因此这一步可省略。

对于单视复数（SLC）影像，由于斜距向和方位向分辨率的差异，使得 SAR 影像拉长变形，因此需要对 SLC 影像进行多视处理，不仅能够使多视处理得到的像元与地面区域一致，而且可以抑制斑点噪声的影响。通过多视处理的强度影像可以用于影像配准和用于计算相干图。但值得注意的是，多视处理时视数的选择不宜过大，否则一个多视后的像元内会混入过多异质地物，影响配准和相干性。

2. 降噪-前置滤波

根据噪声产生的来源不同，对应的滤波策略也有所区别，可将滤波分为前置滤波和后置滤波。前者是在生成干涉图之前对 SLC 影像进行滤波，后者则是对干涉图进行滤波（廖明生等，2003）。前置滤波主要是对 SLC 影像的距离向和方位向从频谱特性出发，针对频

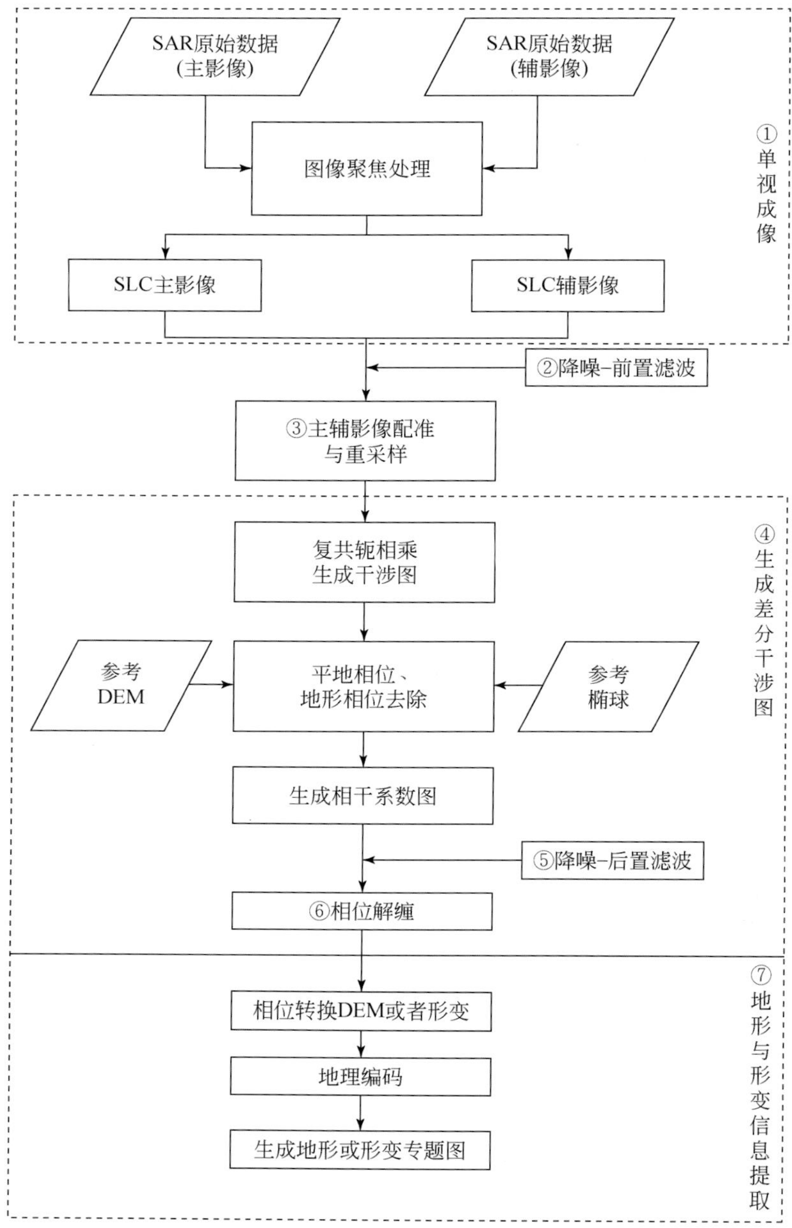

图 2.6　基于 D-InSAR 技术的地形与形变场获取基本流程图

谱进行的处理，包括干涉图生成之前的距离向和方位向滤波。其中，①距离向滤波是一种全局范围的降噪处理，其主要思想是探测主、辅 SLC 影像之间，在距离向上具有相似频谱特性的细微位移，这种位移又被称作波数位移（wave number shift），其中的重叠部分包含了干涉条纹的信息，而不重叠部分则认为是噪声（Hanssen，2001）。因此可通过复数带通滤波器将上述不重叠部分去除，以达到过滤噪声的目的。②方位向滤波是针对主、辅 SLC

的多普勒中心频率进行的处理，如前所述多普勒中心频率不同会导致去相干。

3. 主辅影像配准与重采样

雷达传感器在对同一地区的两次（甚至多次）观测中，由于观测视角的差异、基线的存在及轨道位置的变化，获取的两幅SLC影像在距离向和方位向都存在一定的偏移和错位。在距离向上的差异可达数百行，在方位向的差异可达几十个像素（Hanssan，2001）。一般SAR像对配准分为两个主要步骤：粗配准和精确配准。粗配准可以采用精密轨道和多普勒信息等进行参考配准，一般配准精度可达像素级别（几个到数十个像素）；在此基础上，可以进行精配准，可采用相干系数法、最大干涉频谱法、最大条纹清晰度法、平均波动函数法和基于幅度影像的最小二乘法等。Just和Bamler（1994）研究表明，配准精度要达到八分之一个像素以上，才能够有效得到相干相位。

4. 生成差分干涉图

（1）干涉图生成：当主、辅SLC影像经过精确配准后，即可通过共轭相乘获取干涉相位图。干涉相位图中各像素的幅度值是主、辅SLC影像对应像素的幅度值乘积，而相位值则是主、辅SLC影像对应像素的相位差，该相位差由平地相位、地形相位、形变相位、大气延迟相位和噪声相位等多个相位混叠而成，且由于三角函数的性质，存在$-\pi\sim\pi$的缠绕，因此还需进一步的处理。

（2）基线估计：基线是干涉测量中的一个重要参数，它既是相干性的来源，也是导致失相干的根源，基线估算的精度最终也会影响形变提取的精度。如无特殊说明，文中提到的基线均指干涉图中由空间几何关系所确定的空间基线。根据干涉测量原理，平地效应与平行基线相关，高程测量精度受垂直基线的影响大。目前，基线估计的方法有三种较为有效的方法（Hanssen，2001）：

一是基于卫星轨道参数信息估计：根据卫星轨道状态矢量（包括卫星的位置、速度、接收地面回波的时间等）及空间基线几何位置，采用两个轨道间最短距离、多普勒方程等进行基线估计。

二是基于干涉图条纹频率的估计：干涉条纹频率是指干涉图距离向功率谱的峰值频率。利用干涉图的条纹频率、干涉相位差的信息，采用快速傅里叶变换估计基线长度（李新武等，2003；徐华平等，2003）。

三是基于外部信息的基线估计：依赖已知的DEM数据或地面控制点等外部信息，提高基线估计的精度。基于地面控制点的估计至少需要利用五个外部控制点，选取一个控制点作为参考，然后根据其他点相对于参考点的距离、相位差等信息，利用SAR成像几何关系，构建线性方程组估计基线长度（张晓玲和王建国，1999）。

（3）去平地相位：平地相位是由于SAR卫星侧视导致的斜距差和等效雷达视角差造成的相位偏移。如图2.7（a）所示，包含平地相位的原始干涉图表现为平行的密集条纹，图2.7（b）是去除平地相位后的干涉图。因此，平地效应的存在，基本“掩盖”了实际地物的高程或形变信息，因此无论是用InSAR提取高程还是提取形变信息，平地效应都必须加以去除。可以采用上一节中所介绍的方法，基于外部DEM、频移法或者基于轨道参数信息的方法进行去除。

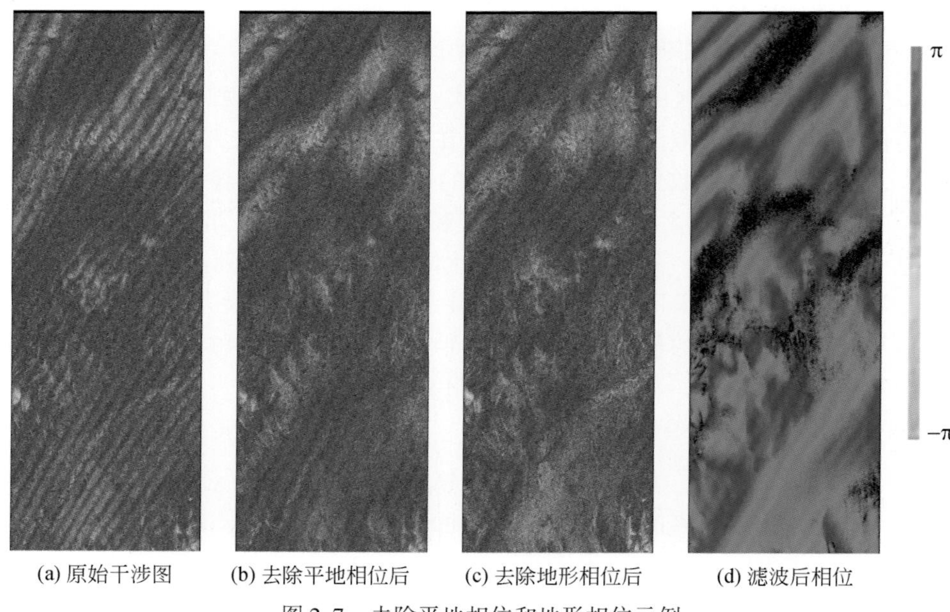

图 2.7　去除平地相位和地形相位示例

（4）去地形相位：具体步骤为：①基于多普勒方程、斜距方程和地球模型方程，利用轨道参数数据，模拟得到地图坐标系下 SAR 强度图和初始查找表（地图坐标系到距离-多普勒坐标系的转换关系）；②基于初始查找表将模拟的 SAR 强度图重采样到 SAR 坐标系下；③模拟强度图与主影像强度图间精配准，同时使用偏移量多项式得到改进的查找表；④利用改进的查找表实现 DEM 数据进行前向编码，得到 SAR 坐标系下的 DEM；⑤按照高程-相位函数关系模拟地形相位，将其从干涉图中减去，即可去除地形相位，如图 2.7（c）所示。

（5）相干性计算：相干图中，相干系数大的地方相干性好，干涉条纹清晰，便于解缠；相反的，相干系数小的地区不利于解缠。相干图是相干系数的图像反映，相干系数可以为解缠参考点的选取提供参考，可以避免选取山区、水域的点作为解缠起始点，避免解缠引起的误差。

5. 降噪-后置滤波

如前所述，后置滤波一般可以对干涉图进行直接操作，减少失相干产生的影响，提高信噪比，使相位条纹更加清晰连续，降低后续相位解缠产生的误差。后置滤波可在空间域或频率域上进行，是对差分干涉图本身基于图像处理的理论进行的降噪处理。常见的后置滤波算法包括：圆周期均值法（Eichel *et al.*，1996）、基于局部坡度的自适应滤波（Lee *et al.*，1998）、低通滤波、多视滤波及 Goldstein 滤波（Goldstein *et al.*，1998）等。

6. 相位解缠

由上文论述可知，相位解缠就是将干涉图中的干涉相位（相位主值）恢复为真实值的过程。相位主值的值域范围为 2π（如 $[-\pi, \pi)$ 或 $[0, 2\pi)$），理想状态下的干涉相位呈现 2π 的周期性变化；而真实相位是在干涉相位的基础上加上 2π 的整数倍。对于一维相位解缠，只需简单的积分即可实现，而二维相位解缠则需要兼顾空间一致性和准确性这两个方面。一致性就是在解缠后相位图任意两点间的相位差与这两点间的路径无关；准确性指解缠后的相位能真实地恢复原始的相位信息。目前常用的相位解缠方法可以归纳为三大类：①基于路径跟踪的相位解缠算法，包括枝切法、区域增长法、质量图法等；②基于最小范数的相位解缠算法，包括最小 LP 范数法、FFT 最小二乘法、共轭梯度法等；③基于网络规划的相位解缠算法，包括最小费用流（minimum cost flow，MCF）法、改进的 MCF 法、Kalman 滤波法等。

7. 地形与形变信息提取

通过相位解缠得到了像素点之间的相位变化关系，根据实际应用需求，还需要对干涉相位进行转换解算出地面点的高程或者形变。相位–形变信号的转化可以由一个简单的半波长关系来描述，换句话来说，两像素间的每一个整周条纹对应着半个 SAR 传感器信号波长的形变差异。一般来说通过选取影像覆盖内的稳定区域并指定其中相干性高的点作为统一参考，进一步可恢复各个像素相对于这一参考点的形变值。此外，针对地形测绘重建的应用目标，可采用"几何公式法""高程模糊度法"等进行相位到高程的转化（Hanssen，2001；廖明生和王腾，2014；Wimmer *et al.*，2000）。

此后，还需要对雷达坐标系下的形变或者高程图进行地理编码，将 SAR 坐标系下的形变转换到地理坐标下，才可完成地形或形变专题图的生成并供后续处理分析使用。地理编码过程则是利用了卫星轨道状态矢量数据和成像几何关系，一般基于多普勒方程、斜距方程等计算像元的地面三维坐标（田辉，2014），然后将大地坐标投影到地图平面坐标系下，随后采用内插方法得到规则格网化的形变场。

2.2.5　D-InSAR 形变测量的误差来源

上文中介绍了 D-InSAR 基本原理。实际工作中 D-InSAR 干涉相位除了反映目标地区的地形信息和形变信息外，还受到电磁波传播过程中的大气折射产生的延迟、轨道误差及系统热噪声等的影响，下面对 D-InSAR 相位组成进行分析。假设经过 D-InSAR 干涉处理的地面点 P 上的解缠后差分干涉相位为 φ_P，其相位组成可以表示为

$$\varphi_P = \varphi_{\text{def}} + \varphi_{\text{topo-res}} + \varphi_{\text{atm}} + \varphi_{\text{orb}} + \varphi_{\text{deco}} \tag{2.25}$$

式中，φ_{def}为形变相位，是利用 D-InSAR 技术进行相位分离的目标相位；其余四项都是星载 D-InSAR 主要的误差来源，下面对此进行简要的介绍，干涉相位误差改正技术将在第 5 章中进行详细的介绍。

$\varphi_{\text{topo-res}}$为不精确 DEM 数据引入的误差相位。例如，通过外部 DEM 模拟的地形相位去除，由于外部 DEM 与真实地形的差异，导致了残余的误差相位，该部分与 DEM 本身的精度以及干涉像对的垂直基线长度有关。根据干涉测量的几何原理，$\varphi_{\text{topo-res}} = -\dfrac{4\pi}{\lambda}\dfrac{B_{\perp}}{R_1 \sin\theta}\delta h$，其中 δh 是由于不精确地形信息引起的微小高度差异产生的相位贡献。其中 DEM 误差残余相位，由于该项与空间垂直基线有明确的关系，可以通过建模对 $\varphi_{\text{topo-res}}$ 和 φ_{def} 进行联合解算。

φ_{atm}为大气延迟相位。在雷达信号获取的过程中，由于折射的作用导致电磁波传播路径发生弯曲，使得实际路径大于理论路径，从而导致信号发生相位延迟，这就是所谓的大气效应。在重轨雷达干涉测量中，大气效应被认为是最大的误差来源之一（Hanssen，2001）。由于传感器的两次成像时，姿态会发生变化，而成像时刻的大气状况（湿度、温度、气压）也会发生变化，从而导致信号传播受到大气延迟差异的影响。在干涉处理过程中，两次成像大气差异的影响被作为地物回波信号的一部分，这就会降低提取地物高程和形变信息的精度和可靠性。可用实际的气象观测数据消除大气扰动的影响，如以 GPS 数据、星载成像光谱仪（MERIS、MODIS）数据为参考进行修正。但是实际应用中，具备高精度大气改正能力的外部数据往往难以获取，因此大气相位是传统 D-InSAR 形变重建的一个重要误差来源。

φ_{orb}为轨道误差引起的相位，可以通过多项式拟合去除；除了上述的φ_{atm}大气延迟相位外，轨道误差也是地震构造形变场重建的一个重大误差来源。由于断层运动导致的地壳形变一般是一个空间上的长波信号，因此容易与φ_{orb}发生耦合，影响多项式拟合轨道误差的精度，从而导致轨道误差的残余，进一步地降低了 D-InSAR 形变场重建的精度。

φ_{deco}为多种失相干噪声产生的相位影响，包括多普勒质心失相干，是由于多次观测时的不同多普勒质心频率差异所导致的；热噪声或系统失相干，是由于系统特征的影响，包括有增益和天线特征；地表的时间变化失相干，主要是由于地物后向散射特征随时间发生变化等。D-InSAR 的失相干现象，尤其是时间失相干，会导致某些孤立的相干地区的出现。简单来说，就是某些相干区域被完全不相干的区域包围而形成所谓的“孤岛”，有的时候这些相干孤岛可能仅有几个分辨单元的大小。由此会引起空间相位解缠的困难，降低形变场重建的精度。

时间序列 InSAR 技术的发展，为解决以上传统差分干涉处理中的困难提供了新方法和新思路。首先通过相干目标自动识别与提取技术，能够有效地减少失相干产生的影响。基于干涉相位误差与形变信号的时空统计特性差异，对形变信号进行分析，实现高精度形变场重建。下面一节，我们将对时序 InSAR 形变监测技术进行详细的介绍。

2.3　时序 InSAR 形变监测技术

2.3.1　时序 InSAR 概述

随着 D-InSAR 技术在地震形变、火山活动、冰川运动、城市地面沉降及山体滑坡等监测领域的广泛应用，人们发现 D-InSAR 技术面临多种相位误差，如上述介绍的轨道参数误差、地形数据误差、大气延迟误差、时空去相关引起的相位解缠误差及系统噪音误差等，严重影响了该技术的形变监测精度，使其在实际应用中，尤其是对断层活动等长期缓慢形变现象的监测中，受到很大限制。

时序 InSAR 技术是传统 D-InSAR 技术的进一步发展，该技术通过对长时间序列 SAR 数据的时序分析，能够精细去除干涉相位中的轨道、大气、DEM 误差及低相干性等因素的影响，克服常规单像对 InSAR 干涉失相干和低信噪比的局限性，实现了对毫米级微小地表形变的高精度测量（Ferretti*et al.*，2000；Hooper *et al.*，2004；Li *et al.*，2006；廖明生等，2012；许才军等，2012），为观测研究长期缓慢地表形变场及其动态变化提供了全新的技术手段（Wright *et al.*，2004；张景发等，2006；Wang *et al.*，2009；Garthwaite *et al.*，2013；Shirzaei *et al.*，2017）。自 20 世纪 90 年代中后期以来，时序 InSAR 技术已经历了 20 余年的发展，形成多个分支，目前常用的方法有 Stacking InSAR（Biggs *et al.*，2007）用于重建平均形变速率场，PS-InSAR（Ferretti *et al.*，2000）和 SBAS（Berardino *et al.*，2002）等用于重建形变时间序列。这些方法虽然在基本原理、算法等方面有些差异，但都是通过对多年 SAR 数据的时间序列分析，在多个干涉相位影像存在失相干及相位噪声的情况下，尽可能多地形成稳定、连续的相位观测时间序列，从而实现毫米级微小形变的有效提取。

其中，多干涉图层叠法（Stacking InSAR）是将多幅差分干涉条纹图进行线性叠加，提高结果中形变观测精度，消除时间上随机噪声影响（如部分大气信号）的一种方法。其基本思路是：干涉图中包含的大气扰动相位可视为随机量，而假设地表形变信号为线性变化。将多幅独立干涉图对应的解缠相位叠加起来，所得到的形变相位对应着累加时间内的形变量，而叠加后的大气误差相位却得到削弱，这样叠加相位中形变信息和大气误差项之间的信噪比就提高了（Fialko，2006；Elliott *et al.*，2008）。通常的做法是先利用常规 D-InSAR方法生成一系列差分干涉纹图，然后选取其中相干性较好，含有构造形变信息的干涉图进行叠加，从而增强干涉条纹图的清晰度，抑制大气效应。Stacking InSAR 在断层带地壳形变观测研究中得到广泛应用。国内外许多学者在相干性尚好的区域利用该方法获得多条断层的震间形变速率场，如美国加利福尼亚州圣安德烈亚斯断层滑动速率（Fialko，2006）、土耳其安托利亚断层的滑动速率（Wright *et al.*，2001）及我国青藏高原及其东北缘地区的多条活动断层的现今形变特征等（Cavalié *et al.*，2008；Elliott *et al.*，2008；Wang *et al.*，2009）。但是 Stacking InSAR 本质上仍是基于面观测的传统干涉方法，要求研究区域整体相干性较好，至少是要具有一些片状连续的相干区域。因此，这种方法在干旱、半干旱，植被稀疏的地区更为适宜。另外，实际应用中这种方法只挑选少量相干性好的干涉图用于叠加分析和形变信息提取，而大量相干性低的干涉图被舍弃。这样积累的 SAR 数据得不到充分利用，累积观测时长也受到限制。基于像元的干涉方法（PS-InSAR、SBAS 等）可以弥补这方面的不足。

PS-InSAR 与 SBAS 两种方法类似，都是基于 SAR 图像中高相干散射体上稳定可靠的相位信息，通过对干涉相位组成部分进行定量建模，来估计和去除各类误差项，达到提取微小形变信号的目的。其中，永久散射体合成孔径雷达干涉测量（PS-InSAR）方法由 Ferretti 等（2000）提出，该方法成功应用于人工建筑和点目标丰富地区。这类强反射点一般都存在一些角度，产生非常强的雷达反射，在分辨单元内占主导地位，可以称为永久散射体（PS），也可以称为显性散射体。PS 点指那些具有一定几何形状、尺寸小于一个像元，其散射在一个像元中起主导作用的雷达目标（如建筑物、裸露岩石、角反射器等）（Wright *et al.*，2001）。这种点目标的散射不仅在长时间上是稳定的，而且在空间上也几乎不受几何失相干的影响，因此，被称作永久散射体（Ferretti *et al.*，2001；Kampes and Adam，2003；王艳等，2007）。该方法依据空间垂直基线、时间间隔和多普勒中心频率差异最小，所有干涉对总体相干性最优的原则，选取唯一主图像，构建干涉对。由于同时克服了时间空间失相干问题，可将在时间上相隔数年，在空间上到达临界基线甚至超过临界基线的干涉对全都用上。PS-InSAR 方法适用于点目标丰富的区域的干涉形变测量。以经典的永久散射体技术思想为基础，研究人员又发展了多种面向永久散射体或者类似的相位稳定目标的时序分析算法，如 IPTA、StaMPS 技术等，以下我们统一称为 PS-InSAR 技术。

如果分辨单元中包含一些非显性散射体，由于去相干所引起的相位变化会模糊掉真实的目标信号。利用短时空基线（即时间间隔短、垂直基线短）的干涉图，可以最小化干涉图中去相干现象。Berardino 等（2002）依据此规律提出一种用于监测地表形变时间演化的差分雷达干涉测量新方法，即小基线集（SBAS）方法。SBAS 方法（小基线集）关注的是那些经过距离向光谱滤波、方位向去除多普勒频率不重叠部分处理后短时间间隔内失相关现象变得很小的像素点［或称为缓慢失相关滤波相位像素点（slow decorrelation filtered pixel，SDFP）；Hopper *et al.*，2004］，也可以称为分布式散射体（DS），主要为反射特性稳定且包括同质地物的像素。SBAS 方法应用给定空间基线和时间基线阈值以内的所有干涉对组合，以形成完全连通的干涉图网络或者多个独立干涉图的子集。由于在影像自由组合干涉时对基线进行了限制，从而保证了每幅干涉图的高相干性，最小化了时空失相干效应和 DEM 误差产生的相位影响。在对多个干涉图子集进行联合求解时，SBAS 对于全连通网络可以直接采用经典最小二乘分解，对于多个独立干涉子集可采用奇异值分解（SVD）的方法进行求解（Hooper *et al.*，2012）。这种方法的优势是可以根据小基线原则任意组建多主影像干涉对，增大了相干区域面积。因此，SBAS 方法对空间相关位移的观测更加强健，允许监测大的位移速率。

综上所述，PS-InSAR 和 SBAS 方法所面向的是具有不同散射特点的地面目标，而相干目标的提取也是 InSAR 时序分析技术的关键步骤之一。下面，首先针对 SAR 影像中的地物目标特点进行介绍。在实际应用中，还需要针对应用目标的形变特点，地形、地表覆盖情况，以及 SAR 影像积累和分辨率特点，来选取合适的处理方式。因此，以下分别介绍 Stacking InSAR、PS-InSAR、SBAS 方法的基本原理和技术流程。

2.3.2 合成孔径雷达地物目标分析

根据地物的散射特性，SAR 影像中的地物目标类型可以分为分布式目标、硬目标和点目标（舒宁，2003）。其中，分布式目标和点目标分别与前述的 DS 与 PS 相类似，硬目标反射特性介于前述的 DS 和 PS 点目标之间。

1. 分布式目标

这种目标一般由多个 SAR 影像像元组成，每个像元内以同质地物为主，但是位置分布相对随机，具备多个散射中心（舒宁，2003），如图 2.8（a）所示。由于星载雷达主动发射的微波信号在分布型目标的传播反射过程是随机的，因此分布型目标所反射回去的信号，不由任何主要特征目标的反射所主导。当侧视雷达波束扫过这些分布式目标后，显示在雷达影像上的特征往往受到较大斑点噪声的影响。值得注意的是，只有具有较大的粗糙度、一定的稳定性又具有较大的面积才是分布型的目标，如火山地区的大片喷发沉积物

(Gong and Meyer, 2011)。该目标是 SBAS 方法的主要处理对象，通常可以通过多视处理或者滤波处理，以牺牲分辨率为代价，来提高信噪比，进一步的用于相位分析（Lanari *et al.*, 2004）。

2. 硬目标

硬目标的特点在于其整体目标的面积不能约束在一个像元之内，但是却不像分布式目标那样占有相当大的面积（舒宁，2003），如图 2.8（b）所示。硬目标的回波信号雷达影像上可以表现为一系列的亮点或者具备一定形状的亮线，如实际地表上的金属管线、桥梁，或者是栅栏等。硬目标本身可能是某种物理材质特点（如金属）又或者是与雷达传感器具备较好的几何位置（如二面角），能够产生较为强烈的雷达回波。

3. 点目标

点目标地物的尺寸相对于 SAR 像元分辨率单元要小，但是具有强烈回波的信号，其贡献在整个像元的回波信号中占据了主导地位（舒宁，2003），如图 2.8（c）所示。点目标一般都存在于一定的背景中，但是相对于背景回波，点目标的回波信号占绝对的主导地位，因此点目标在影像上表现为显著的亮点，如金属塔等。理想的点目标，其散射特性也不随观测角度和垂直基线的增大而发生变化，因此几乎不受到时空基线失相干的影响，是理想的 PS-InSAR 的处理对象。

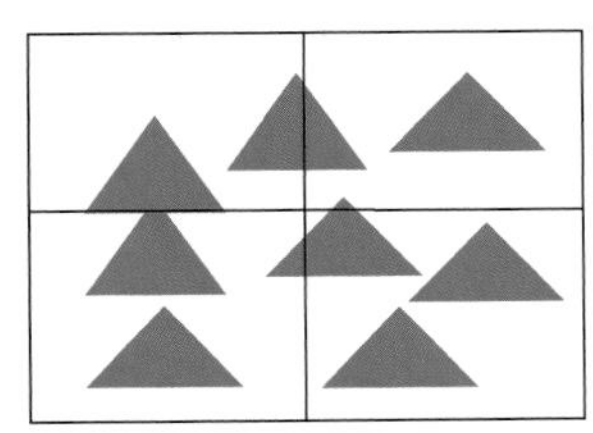
(a) 分布式目标

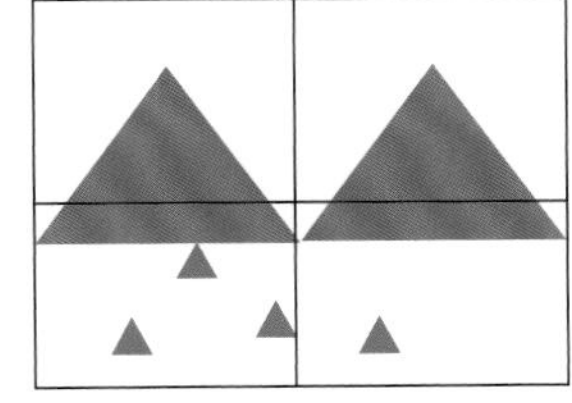
(b) 硬目标

(c) 点目标

图 2.8　合成孔径雷达地物分布式目标、硬目标、点目标分布特征示意图

(a) ~ (c) 表示多个像元组合。红色三角形表示由于物理材质特点或者与雷达传感器具备较好的几何位置的强反射地物；大蓝色三角形表示同质且反射特性相对稳定的地物；小蓝色三角形表示反射特性随机的背景地物

2.3.3　多干涉图层叠法

在 20 世纪 90 年代初，为了消除干涉图中的大气影响，将干涉图进行累加平均处理，一般称该方法为多干涉图层叠法（Stacking InSAR; Sandwell and Price, 1998）。经过多干涉图层叠法处理后，数据的信噪比将得到极大的提高，相比单一的干涉图更能够得到稳定的形变信息。利用同一个地区多时间维度的解缠干涉图进行加权平均处理，可以有效地消除干涉图集中的在时间上不相干的非形变信号。其中，大气信号在时间上可以看成随机信号，而地表形变则可以假设为随时间线性变化，因此，当多幅干涉图进行叠加处理后，大气随机信号会被极大削弱，而形变信号得以最大限度地保留。假设针对目标区域具有 N 个独立的干涉图，大气误差在这些干涉图上不相关，那么通过多干涉图叠加技术就可以将大

气信号产生的误差减少到原来的 $1/\sqrt{N}$ （Zebker *et al.*，1997）。该方法在地震构造研究中也得到了广泛的应用，如 Wright 等（2001）利用叠加法得到北 Anatolian 东部断层的震间形变；宋小刚等针对 ENVISAT 数据利用叠加法重建了海原断裂的震间形变。为了能得到可靠的结果，利用层叠法需要注意以下几点：

（1）Stacking InSAR 的基本假设是研究区地面形变速率在时间维度上呈线性变化，得到的是平均形变速率，适用于匀速的变形过程。该假设在实际研究中有较大的局限性，一般地壳形变研究中，除了震间形变是以时间上的线性形变为主之外，其他的地球物理现象都伴随着或多或少的非线性形变特征，如震后形变、火山运动有关的形变及冰川运动产生的形变等，简单的平均叠加法将难以得到正确的结果。

（2）Stacking InSAR 处理面向的干涉像对在空间上需要进行滤波或者多视处理，其主要目的是提高相干性。但是，滤波或多视处理会降低影像实际分辨率，丢失一些局部的形变信号，对于形变梯度变化较大目标区域，难以达到所期望的效果。

（3）Stacking InSAR 处理中平均掉的主要是满足时间平稳特性的部分大气信号。为了消除这一部分大气信号的影响，一般采用加权平均的方法进行处理。但是，对于部分时间相关的大气信号（如部分地形相关大气），叠加法并不能有效地去除。因此对于地形起伏较大区域叠加法结果的分析和解译，需要考虑残余大气相位产生的影响。

（4）传统 Stacking InSAR 并没有对空间基线进行约束，但是出于提高相干性，减少地形残余相位误差的影响，建议使用空间基线较短的干涉图参与叠加处理。

总的来说，Stacking InSAR 的出现是时间序列干涉处理的雏形阶段，层叠法的结果可以提供比单个差分干涉图更加丰富的信息，但是该方法还未达到最优，且仅能重建平均形变速率场。

2.3.4 永久散射体技术

1999 年意大利米兰理工大学 Ferretti 等（2000，2001）首次提出了永久散射体干涉测量概念。与传统 D-InSAR 处理不同的是，PS-InSAR 技术处理中并不对 SAR 影像中所有目标相位进行处理，而是基于 SAR 时间序列数据集的 InSAR 相位分析，从 SAR 影像集中提取出信噪比水平较高的点，称为 PS 点。针对时间序列上的 PS 点进行建模分析，在相位解缠的同时，提取对应点的时间序列上的地表形变信息，分离不精确 DEM 所引入的误差、影像获取时间变化所引入的大气效应误差等。严格定义的 PS 点，一般是 SAR 影像上反射特性稳定，不随时间变化，不受卫星观测角度的变化而发生变化的点目标。

为了更深入地阐述该项技术，下面介绍由 Ferretti 等（2001）提出的常规 PS-InSAR 算法中 PS 点选取和解算方法的基本原理，其后介绍基于干涉图集的 PS-InSAR 方法技术流程。

1. PS-InSAR 的基本原理

该方法的主要思想是通过选取合适的单主影像组成干涉像对，依据 SAR 影像中目标成像特点，分析时间序列上幅度和相位信息的稳定性，并基于不同相位贡献的时空统计特性差异，对线性、非线性形变及其他误差贡献进行分离。其主要步骤包括了主影像选取、差分干涉预处理、PS 点选取和相位建模与解算几个步骤。由于点目标的后向散射系数主导了整个分辨率单元的回波，因此不受空间失相干的影响。此外，一般假设 PS 点的散射特性在时间上稳定，故称为永久散射体，保持较高的时间相干性的水平。如图 2.8 所示，这些点一般都是建筑物、道路路灯、高压线塔等人工地物，在野外一般是大型的裸露岩石等。PS-InSAR 技术面向 PS 点目标进行处理，因此 PS 点选取是其一个关键技术。Ferretti 等提出振幅离差法进行 PS 点的筛选，该方法利用像元的强度信息和相位信息的相关性提出基于振幅信息的 PS 点提取依据。近年来随着时序 InSAR 分析技术的发展，振幅离差法也成为相位稳定目标常规的初始候选点选取策略。在选取了 PS 点之后，针对 PS 点像素目标开展相位解缠，并根据大气与形变的时空统计差异通过时空滤波的方法消除大气相位，获取厘米–分米精度的高程信息和毫米精度的形变信息（Ferretti，2007）。在PS-InSAR基本思想的基础上，其他研究人员针对应用需求，对 PS 点选取方式、相位解缠绕等关键算法进行了深入的发展和改进（Hooper *et al.*，2007；Kampes and Adam，2005），并在地震构造形变（Bekaert *et al.*，2015）、火山形变监测（Hooper，2006）、城市沉降监测（Perissin *et al.*，2012）等多个方面都得到了成功的应用。

假设在研究区内获取 K+1 幅 SAR 影像。选择其中一幅影像作为主影像，将其他 K 幅从影像和主图像进行干涉处理，得到 N 幅差分干涉图。在利用外部 DEM 去除地形相位后，与式（2.21）一致，第 i 幅干涉图像元 p 的解缠相位可写为

$$\varphi_p = 2\pi \cdot N_p + \left(-\frac{4\pi}{\lambda} \cdot \Delta d_{t_i,p}\right) + \varphi_{\mathrm{topo}_{i,p}} + \varphi_{\mathrm{atm}_{i,p}} + \varphi_{\mathrm{n}_{i,p}} \tag{2.26}$$

式中，N_p 为待求的整周模糊度相位缠绕算子；$\varphi_{\mathrm{def}} = \frac{4\pi}{\lambda}\Delta d_{t_i,p}$ 为像元 p 内点目标在卫星视线（line of sight，LOS）向上的形变产生的相位；λ 为卫星雷达传感波长；$\varphi_{\mathrm{topo}_{i,p}}$ 是 DEM 误差引起的地形误差相位，即 $\varphi_{\mathrm{topo}_{i,p}} = -\frac{4\pi}{\lambda}\frac{B_{\perp i}}{R_p \sin\theta}\delta h_p$，该误差相位与干涉图的垂直基线 $B_{\perp i}$ 成比例，δh_p 为 p 像元上的地形残余误差（详见 2.2.5 节）；$\varphi_{\mathrm{atm}_{i,p}}$ 是第 i 幅干涉图上 p 像素的大气相位屏（atmospheric phase screen，APS）；$\varphi_{\mathrm{n}_{i,p}}$ 是其他噪声影响，主要包括不相关噪声，对于 PS 点目标，由于其后向散射特性稳定，因此 $\varphi_{\mathrm{n}_{i,p}}$ 可以忽略不计。值得注意的是，这里并没有单独将 φ_{orb} 进行建模，一方面可以通过精密轨道数据降低其影响，另外一方面由于轨道误差与大尺度的大气信号在空间上特征类似，在以下 PS-InSAR 处理中并入大气信号处理进行去除。PS-InSAR 数据处理的关键步骤包括：①单主影像干涉图集预处理：辐射矫正与差分干涉处理；②PS 点选取；③PS 点相位解缠；④大气相位屏（APS）估计与去除；⑤时序形变信息重建。整个数据处理的过程如图 2.9 所示，下面对 PS-InSAR 技术流程中的关键技术逐一展开，介绍其原理和关键技术。

2. PS-InSAR 的技术流程

1）PS-InSAR 预处理

预处理的过程主要是选取单一主影像，并对相关干涉像对进行差分干涉处理，主要包括以下步骤：

（1）假设整个 SAR 影像合集共有 K+1 幅时序 SAR 影像，首先要选取其中一幅作为主

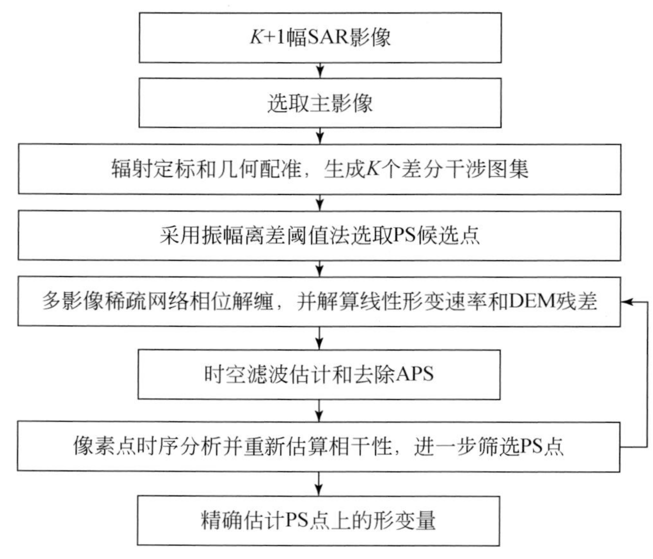

图 2.9　PS-InSAR 技术流程图

影像，其余的作为从影像。主影像的选取主要考虑以下几个因素（Ferretti *et al.*，2001；Kampes and Adam，2005）：

①主影像的多普勒中心频移要与所使用 SAR 数据平均多普勒中心频移相接近。这一条主要针对如 ERS-1/2 等早期历史卫星数据进行约束，对于现代的 SAR 卫星一般都能保证长期稳定的影像中心频率。

②单主影像干涉图集平均垂直基线要尽可能的小，即主影像卫星位置轨迹要尽量位于所有 SAR 集合的轨道通道的几何中心，减少几何失相干。

③单主影像干涉图集平均时间基线要尽可能的小，被获取时间尽量接近整个时间序列的中部，减少时间失相干。

（2）在确定单主影像后，参考 2.2.4 节中的差分干涉处理基本流程，将所有从影像与主影像进行辐射定标和空间配准，生成单主影像缠绕干涉图集。与常规差分干涉处理所不同的是，PS 干涉图集对 SAR 影像强度信息也要进行校正，用于比较像元振幅信号的时间序列变化，进行 PS 点的选取。此外，为了保证更好的选取点目标，PS-InSAR 数据预处理中不进行相位滤波。

2）PS 候选点选取方法

经典的 PS-InSAR 技术依据雷达图像的成像原理及点目标成像特点，采用振幅离差阈值法进行 PS 点选取。假设时间序列 SAR 图像已配准并完成了辐射校正，像元 p 的振幅信息 $A(p)$ 可由像元 p 的回波反射信号的实部 $\mathrm{Re}(p)$ 和虚部 $\mathrm{Im}(p)$ 表述：

$$A(p)=\sqrt{\mathrm{Re}^2(p)+\mathrm{Im}^2(p)} \tag{2.27}$$

则同一对应位置的所有影像的振幅离差 $D_{\mathrm{h}}(i,\ j)$，可由如下公式来计算：

$$D_A=\frac{\mathrm{std}[A(p)]}{\mathrm{mean}[A(p)]} \tag{2.28}$$

式中，分母为 PS 候选点的时序振幅平均值；分子为时序振幅标准差。分别计算分析 SAR 图像上各个像元的振幅离差值 $D_{\mathrm{h}}(i, j)$，确定一个合适的阈值用于精选 PS 点。其后，设定一个振幅离差阈值，当离差值小于给定阈值时，就将 PS 候选点确定为 PS 点，否则给予排除。一般来说，D_A小于 0.25 的像素点被选为 PS 候选点（Osmanoglu *et al.*, 2016）。

3）基于目标的稀疏网格相位解缠

经典的 PS-InSAR 处理中，将式（2.26）中的 LOS 向上的形变 $\Delta d_{t_{i,p}}$分为线性形变和非线性形变的部分。式（2.26）中第一项的形变贡献可以改写为

$$-\frac{4\pi}{\lambda}\Delta d_{t_{i,p}}=-\frac{4\pi}{\lambda}v_p\cdot t_i=C_i\cdot v_p \tag{2.29}$$

式中，v_p为像素 p 内地物目标在 LOS 向上整体平均运动速率，是一个未知矢量；t_i为主图像与第 i 个从图像间时间间隔，即时间基线。考虑到形变和大气等误差贡献在空间上具有较大的相关性，则针对所选取的 PS 候选点建立 Delaunay 不规则三角网，即形成空间稀疏网格，可以进行 PS 点上的相位解缠。因此，对于第 i 幅干涉图上，相邻两 PS 点的相位梯度可以表示为

$$\varphi_{\mathrm{diff}}^{i}=(C_i\cdot\Delta v^i+\frac{4\pi B_{\perp i}}{\lambda R\sin\theta}\cdot\Delta h^i)+\Delta\varphi_{\mathrm{res}}^{i} \tag{2.30}$$

式中，Δv^i为相邻 PS 点之间的形变速率差异；Δh^i为像元 p 高度误差差异；$\Delta\varphi_{\mathrm{res}}^{i}$为残余相位，主要包括相邻点间的大气和非线性形变差异。假设 $\Delta\varphi_{\mathrm{res}}^{i}$的贡献不超过半个整周，即 $|\Delta\varphi_{\mathrm{res}}^{i}|<\pi$，就可以利用周期图谱的方式进行相位解缠绕（Ferretti *et al.*, 2001）同时解算出形变速率差异和高度误差差异。下面对此进行简要介绍。

考虑 PS 点的特性，可以建立如下多干涉图复相干方程，γ^i可以理解为对应目标的整体相干性。

$$\gamma^i=\frac{1}{K}\sum_{k=1}^{K}\exp\left(J\Delta\varphi_{\mathrm{res}}^{i}\right) \tag{2.31}$$

$$\exp(J\Delta\varphi_{i,j,\mathrm{res}})=\cos\Delta\varphi_{i,j,\mathrm{res}}+J\sin\Delta\varphi_{i,j,\mathrm{res}} \tag{2.32}$$

由于有$|\Delta\varphi_{\mathrm{res}}^{i}|<\pi$，将$\gamma^i$对应到复平面内单位圆上，可作为 K 个辐角为 $\Delta\varphi_{\mathrm{res}}^{i}$的单位矢量的平均值，其模$|\gamma^i|$在［0，1］区间内变化。当这 K 个矢量的辐角接近时，$|\gamma^i|$较大；当辐角完全一致时，$|\gamma^i|$取得最大值 1。$|\gamma^i|$取 0 时，这 K 个矢量互相抵消，辐角呈互相背离的离散分布状态。

基于复相干方程，可以通过空间搜索的方式进行求解。首先设定 PS 点对（i，j）高程残差之差和线性形变速率差异的最大最小值（分别根据当地的地面变形状况及所用的 DEM 的精度预先进行设定）；然后按一定的步长在 $\Delta h_{i,j}-\Delta v_{i,j}$二维空间内搜索，逐点计算 $\Delta\varphi_{\mathrm{res}}^{i}$，当取得 $\max|\gamma^i|$ 时，此时的 Δh^i、Δv^i为高程残差之差和线性形变速率差异的最优解。其后采用带权最小二乘进行解算，从参考起算点（如某已知点），重建出网格上所有 PS 候选点上的高程残差和线性形变速率，间接地解决 PS 点的相位解缠。

基于前述理论，完成了线性形变速率与地形残差贡献的提取，但是对于某些形变探测应用来说，由于非线性形变量不满足式（2.30）与大气相位等其他误差相位一同保留在 $\Delta\varphi_{\mathrm{res}}^{i}$中。考虑到 PS 点上的非线性形变相位、大气相位残余相位及残余误差信号具有不同

的时空统计特性，下面通过滤波的方式分离大气贡献与 PS 点上的非线性形变量。

4）大气相位估计与去除

一般认为相邻距离不超过 2 ~ 3km 的空间两点受到的大气影响呈现空间相关的特点（Colesanti *et al.*, 2003），但对于某一固定目标，其在 SAR 影像时间序列上大气相位在时间维度上不相关。因此，相邻两 PS 点的相位差中的大气差异贡献很小。在对 APS 进行估计时，一般会考虑到以下两个因素的综合影响，大气延迟误差和残余的轨道误差。一般来说在数据预处理过程中，通过精密轨道信息降低轨道误差产生的影响。残余的轨道误差在空间分布特性上和大气中长波长大气延迟相似。因此，可以采用时空滤波的方式从已经解缠后的点目标上残余相位（φ_{res}）进行分析，从中分离出非线性形变对应的干涉相位，以提取 PS 点上完整的形变信息。残余相位（φ_{res}）所包含的贡献为

$$\varphi_{\text{res}}^i = \varphi_{\text{non-linear}}^i + \varphi_{\text{atm}}^i + \varphi_{\text{noise}}^i \tag{2.33}$$

如上面介绍的，式（2.33）中的φ_{res}^i是解缠后的 PS 点相位减掉上一步解算得到的线性形变和高程残差贡献之后得到的。

首先，对于主影像大气贡献，可通过点目标的残余相位 φ_{res} 在时间序列上的平均值$\bar{\varphi}_{\text{res}}$近似作为点目标在主影像中的大气相位（Ferretti *et al.*, 2001, 2003; Kampes and Adam, 2005）。进行主影像大气相位改正后，残余的从影像中的大气延迟相位在干涉图上造成的影响在时间上是不相关，即在时间域上表现为高频，但是具有空间上的强相关性即在空间域上表现为低频；非线性形变的相位贡献在空间和时间上都具有相关性，即时空域上都表现为低频；而噪声相位$\varphi_{i,\text{noise}}^k$在时间和空间上都是不相关的，即在时空域上都是高频的。因此，采用时间、空间高通和低通组合滤波的方法对 φ_{res} 进行处理，就可以对不同的相位贡献进行分离。对于求解得到的 PS 候选点上的大气相位可以采用 Kriging 插值的方式重建整幅雷达影像的大气影响，即重建大气相位屏（APS）。

5）PS 点时序分析与形变估计

从差分干涉图集中消除了 APS 的影响后，可以重新对影像上的每一个像元进行时间序列分析，重新计算像素上的整体相干性，进一步筛选并确定 PS 点，并重新进行相位解缠和形变估计。最后，将 PS 点上的线性形变速率和非线性形变速率叠加，就可以求解得其在时间序列上相对于主影像的实际形变情况，并进一步获取各个时间段内的雷达视线方向形变总量。

2.3.5　小基线集（SBAS）分析技术

Berardino 等（2002）提出一种用于监测地表形变时间演化的差分干涉测量新算法，称为小基线集（SBAS）方法。对于 SBAS 技术来说，短时间基线干涉图中所包含大量散射特性相对不那么稳定的目标，如前述所介绍的分布式散射体（DS）。随着时空基线的增长，这些点上的相位会由于失相干的影响使得其噪声相位覆盖目标形变信号。而这些噪声可以通过距离向上的频率滤波及在距离向上去除非重叠多普勒频率的方法消除或减弱。如果图像之间的时间间隔和空间基线都较短，某些地表分辨单元内散射体的散射特性能够保持持续稳定，由失相干导致的相位随时间变化则较小，仍然可以探测到潜在的形变信号。Hooper 等（2012）将这些短时间间隔内经过滤波后的相位失相干很弱的分辨单元，称之

为缓慢失相关滤波相位像素点（SDFP），这就是 SBAS 方法需要选择的目标点。与上述的 PS-InSAR 技术相比，SBAS 处理的最大区别在于是否进行滤波。总体来说，PS-InSAR 和 SBAS 两种方法中处理的 PS 与 DS 点集是两类具有各自特点且具有一定共性的像元点集（Hooper，2008）。下面对经典 SBAS 方法的技术原理和处理流程进行简要的介绍。

1. SBAS 的基本原理

该方法的主要思想是通过筛选短时空基线的干涉像对，形成多主影像干涉像对网络，降低了时间空间失相干及地形误差产生的影响，对于一个连通干涉像对网络，可以采用经典最小二乘方法对时间序列进行解算。在实际应用过程中，以欧洲航天局 ERS-1/2 和 ASAR 数据为例，受到时空基线和相干性要求的限制，一组长时间序列 SAR 数据往往形成若干孤立的小基线子集，各个子集联合解算会导致解算方程组系统秩亏的问题。Berardino 提出利用奇异值分解（SVD）方法可以有效地解决系统秩亏问题，可以将每个短基线子集联合起来求解（Berardino *et al.*，2002；Lanari *et al.*，2004），在获取了干涉相位的时空变化量之后，通过误差相位的时空统计特性对形变时间序列进行进一步改正。SBAS 方法通过多主影像将所有可用的 SAR 数据进行了统筹组合，明显提高了形变图的时间采样率和空间密度。SBAS 基本数据处理流程如图 2.10 所示。

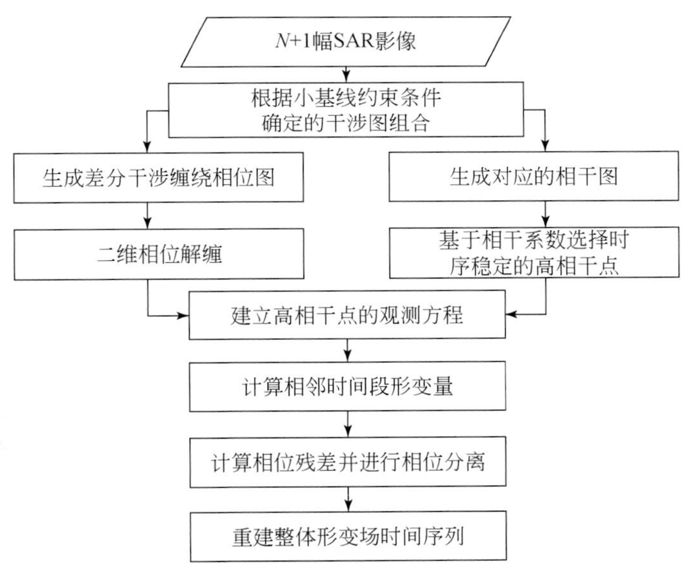

图 2.10　SBAS 基本数据处理流程图

2. SBAS 的技术流程

1）选取小基线像对

假定有 $N+1$（其中设 N 为奇数）幅 SAR 影像覆盖同一研究区域，影像获取时间依次为 t_0，t_1，…，t_N，为了组合产生小基线干涉数据集，需要保证以任意一景 SAR 数据为主影像，至少可以与其他一景数据为从影像生成干涉图集。假设，可以生成 M 个多主影像干涉图，那么

$$\frac{N+1}{2} \leqslant M \leqslant N\left(\frac{N+1}{2}\right) \tag{2.34}$$

在实际数据处理中，往往从整个 SAR 数据集中选取一景作为主影像，将其他所有影像都配准到主影像的坐标空间下，并对选定的 M 个像对进行差分干涉处理，并进行二维相位解缠。相位解缠质量会对最终结果产生较大影响，因此要对解缠后的相位图进行检查。此外，所有干涉像对都要保证具有一致的空间起算点，如稳定区域或已知像素点（区域）。

2）选取相干点目标

常用的 DS 目标选取通常基于像素的空间相干性来开展的。对每一景干涉图对应位置的像元分别计算空间相干系数 γ（计算方法见 2.2.3 节），并设置一个最低阈值 γ_0，将这个阈值作为选取相干点的参数指标，如 Berardino 等（2002）在经典的 SBAS 方法中采用 0.25 作为 DS 点选取的相干系数阈值。当这一系列 SAR 图像上对应位置的像元空间相干系数都大于该阈值，即 $\gamma>\gamma_0$ 表明该像元即为相干点，并将参与后续的 SBAS 处理。

3）小基线干涉相位时间序列解算

与 PS-InSAR 的空间差分求解（如构建 Delaunay 三角网络）不同，SBAS 中对干涉图逐像元进行解算，以 p 点处为例，各时间点上的 N 个未知相位值表示成向量（待求量）为

$$\boldsymbol{\phi}^{\mathrm{T}} = [\phi(t_1), \cdots, \phi(t_N)] \tag{2.35}$$

而从解缠图上得到的 M 个值（M 景干涉图）表示为观测向量：

$$\boldsymbol{\varphi}^{\mathrm{T}} = [\delta\varphi_1, \cdots, \delta\varphi_M] \tag{2.36}$$

假设 t_i 和 t_j（$t_i>t_j$）时刻获得的两幅 SAR 影像干涉生成干涉图，去除地形相位后，解缠后的干涉相位 $\varphi_{i,j}^q$ 在雷达坐标系中 q 点处可表示为

$$\varphi_{i,j}^q = \phi_{t_j}^q - \phi_{t_i}^q \approx -\frac{4\pi}{\lambda}(d_{t_j}^q - d_{t_i}^q) + (\phi_{R,j}^q - \phi_{R,i}^q) \tag{2.37}$$

式中，λ 为雷达波长；假设 t_0 时刻未发生形变，$d_{t_j}^q$ 和 $d_{t_i}^q$ 分别为 t_j 和 t_i 时刻相对于 t_0 时刻的卫星视线（LOS）向累积形变量；$\phi_{R,i}^q$ 和 $\phi_{R,j}^q$ 分别为对应时间下的大气贡献相位、地形残余相位等噪声相位干扰项。进一步地，针对整个小基线集合，式（2.35）的矩阵形式为

$$\boldsymbol{\varphi} = \boldsymbol{A}\boldsymbol{\phi} \tag{2.38}$$

式中，$\boldsymbol{A}$ 为 $M \times N$ 矩阵，矩阵的行号与某一幅干涉图对应，而列与某一景雷达影像相对应，且 $\boldsymbol{A}$ 的秩为 N。假设干涉图数据之间是全连通的，即有 $M \geqslant N$，式（2.38）可以采用经典最小二乘（least square，LS）方法求解，为

$$\boldsymbol{\phi} = (\boldsymbol{A}^{\mathrm{T}}\boldsymbol{A})^{-1}\boldsymbol{A}^{\mathrm{T}}\boldsymbol{\phi} \tag{2.39}$$

然而，受到时空基线和相干性的约束，干涉图数据集是由几个不连通的短基线子集组成（即整个干涉图集不能实现全连通），即有 $M<N$，方程组就会有无穷多解。Berardino 等（2002）提出利用奇异值分解（SVD）的方法求解式（2.39）。

4）形变时间序列重建

为得到符合物理意义的形变序列，可将式（2.37）中得到的相位表示为两个获取时间的平均相位速度：

$$\boldsymbol{v}^{\mathrm{T}} = \left[v_1 = \frac{\phi_1}{t_1 - t_0}, \cdots, v_N = \frac{\phi_N - \phi_{N-1}}{t_N - t_{N-1}}\right] \tag{2.40}$$

那么第 j 幅干涉图的相位可以改写如式（2.40）所示，即 φ_j 为各时间段在主、辅影像时间间隔上的积分。

$$\varphi_j = \sum_{k=t_i+1}^{t_j} (t_k - t_{k-1}) v_k \tag{2.41}$$

将式（2.41）写为矩阵形式，即

$$\boldsymbol{\varphi} = \boldsymbol{D}\boldsymbol{v} \tag{2.42}$$

式中，$\boldsymbol{D}$ 是一个尺寸为 $M\times N$ 的矩阵。为避免秩亏产生的影响，将矩阵 $\boldsymbol{D}$ 进行 SVD 分解，求得矩阵 $\boldsymbol{D}$ 的广义逆矩阵，就可得到速度矢量 $\boldsymbol{v}$ 的最小范数解。此后，需要对各个时间段内的速度进行积分，进一步求解得到对应的形变量。

另外，如式（2.37）所示，实际数据处理中除了形变相位外，还有其他的误差贡献相位。一方面，可以通过引入先验形变模型（如线性相位模型）用于精确的估计各个误差参数。加入高程误差（Δh）的相位贡献，可构建类似的方程组：

$$\boldsymbol{D}\boldsymbol{v} + \boldsymbol{C} \cdot \Delta h = \boldsymbol{\varphi} \tag{2.43}$$

式中，$\boldsymbol{C}$ 大小为 $M\times 1$，是与垂直基线距有关的系数矩阵，用于求解各个像素上的 DEM 误差。另一方面，在分离线性形变的基础上，类似于前面介绍的时空滤波的方式，通过对残余相位进行处理，可分离出大气相位和非线性形变相位（Berardino *et al.*，2002；Lanari *et al.*，2004）。

2.3.6　面向 PS 与 DS 综合处理的新型时序分析技术

现在有很多关于 PS-InSAR 和 SBAS 方法优缺点的争论。因为它们都是对地面散射体而构建的不同的最优模型，分别针对 PS 和 DS 目标进行处理，两种方法实际上是一种互补关系。因此，为了提供更高密度的地面散射点，增加相干性，降低噪声，提高地物形变反演的置信度，科研人员发展了多种将点目标和分布式目标融合处理的新时序分析方法。下面简要的介绍两种比较有代表性的方法：SqueeSAR™技术（Ferretti *et al.*，2011）与 StaMPS/MTI（Hooper *et al.*，2007，2012；Hooper，2008）技术。

1. SqueeSAR™技术

Ferretti 等（2011）提出 SqueeSAR™技术，该技术被称为第二代 PS-InSAR 技术。以传统的 PS-InSAR 方法为基础，加入了 DS 点提取算法，并将 PS 点和 DS 点有效地结合在一起进行处理（Rocca *et al.*，2013），大大地提高了空间有效点的覆盖密度，从而提高了地物形变重建的精度，特别适合于后向散射相对较弱的区域，如山区。总体来说，SqueeSAR™将处理对象从 PS-InSAR 中的点目标，拓展为缓慢失相干的 DS 目标，算法要求所提取的 PS 和 DS 目标在所有的干涉图中都具备一定的相干稳定性。

SqueeSAR™算法流程可以简单分为两个主要部分，DS 目标的提取和基于传统 PS-InSAR 算法的 PS 和 DS 联合解算。

（1）构建多主影像小基线集合，识别和提取 DS 目标点。Ferretti 等采用了 Kolmogorov-Smirnov（KS）检测，对每一个像素目标的振幅进行判别，用于判断相邻区域内具有一致统计特性的同质像素目标（statistically homogeneous pixels），并记录该目标的数量。当数量大于一定阈值的时候，就定义该点为 DS 点，并用于所有同质目标计算相干系数。选择相干系数大于一定阈值的 DS 点作为进一步的处理目标。

（2）利用传统的 PS-InSAR 算法，将 PS 和 DS 集合起来分析，对每一个测量点进行分析估计。

利用 SqueeSAR™方法相对于传统 PS-InSAR 时序分析方法能极大提高相干点的密度，更好地对形变区的时空特点进行了重建。由于点目标在非城市区域的数量和空间密度都较低，采用该方法能明显提高山区等植被覆盖区域测量点的密度和质量。

2. StaMPS/MTI 技术

Hooper 等（2012）提出了一种新的方法将 PS 和 DS 点目标集合在一起进行联合处理，同样地可以提高空间点密度，最大化空间采样率，更好地提取有价值信号（Hooper，2008）。提高空间点密度和覆盖率的另一个好处是能够更好地进行相位解缠，这一点对于植被覆盖的野外环境极为重要。该方法的优势是不对形变做先验模型假设，直接采用三维相位解缠来获取地表形变。StaMPS/MTI 分别建立单主影像 D-InSAR 干涉图集和多主影像小基线 D-InSAR 干涉图集分别用于 PS 点和 DS 点的选取，其后通过合并处理，在目标点位上开展三维相位解缠（Hooper，2010），再通过时空滤波组合将形变与其他误差信号分离。与传统 PS-InSAR 技术不同的是，在完成相位解缠后 StaMPS/MTI 技术在目标探测和分析中并不针对相邻点干涉相位差（即空间差分系统），而针对单一像素进行分析；并且相位解缠和形变信息提取是分别前后进行的。下面简要地对目标点选取及 PS 与 DS 目标合并处理做简单介绍。

1）PS 点选取

传统 PS-InSAR 技术的选取对象点目标往往是相位稳定且后向散射强烈的亮目标，这种目标在野外环境下往往比较难以获得。而 StaMPS/MTI 中选取的目标则以相位稳定为主（Hooper *et al.*，2012），也称为 Phase-Persistent Scatterers。为了提高处理效率该方法也利用了振幅离差 D_A（见 2.3.4 节）对 PS 点进行初选。针对 PS 候选点，分析其相位信息的时间序列特点，相位信息变化稳定离差最小的被选为相位稳定的 PS 点。

通过对目标像元邻近区域像素组进行带通滤波，用于估计该像元上空间相关相位贡献。通过垂直基线，对与入射角相关的相位误差进行建模，并将上述两部分估计量减掉后，我们就可以估计单个像元的失相干噪声：

$$\gamma_x = \frac{1}{N}\left|\sum_{i=1}^{N} \exp\left\{\sqrt{-1}\left(\Psi_{x,i} - \widetilde{\Psi}_{x,i} - \Delta\hat{\theta}^{u}_{\theta,x,i}\right)\right\}\right| \tag{2.44}$$

式中，$\Psi_{x,i}$为第 i 个干涉图中像元 x 上的缠绕相位；$\widetilde{\Psi}_{x,i}$为空间相关项的估计值；$\Delta\hat{\theta}^{u}_{\theta,x,i}$为入射角误差项；$N$ 为干涉图的个数。通过对γ_x和D_A分布的概率统计分析就可以得到一个阈值函数$\gamma_x^{\mathrm{thresh}}(D_{\Delta A})$，作为最终像元筛选的阈值。$\gamma_x$可用于评估对应像素在时间上的相位稳定性。

2）DS 点选取

与传统 SBAS 技术区别的是，Hooper 等提出的小基线方法是面向原始分辨率（即干涉图不进行多视处理）的干涉图的。该过程首先将所有 SAR 图像进行配准，构建经典 SBAS

中的多主影像缠绕干涉网络，并进行了光谱滤波。注意 StaMPS/MTI 技术中要求 SBAS 的网络集合必须是完全连通的，即不存在任何独立的干涉子集。为了提高计算效率，与上述 PS 点采用的振幅离差（D_A）不同的是，DS 点初选采用了幅度差异离散度（amplitude difference dispersion，ADD；$D_{\Delta A}$）为

$$D_{\Delta A}=\frac{\delta_{\Delta A}}{\mu_A} \tag{2.45}$$

式中，$\delta_{\Delta A}$为主、辅影像之间幅度差异的标准偏差；μ_A为平均幅度值。其后类似于 PS 点的选取，计算候选点的相位稳定性，通过阈值进行最终的筛选。

3）目标合并处理与形变信息提取

首先对所选取的目标进行 3D 相位解缠。其后，通过空间低通滤波消除随机噪声（主要是失相干噪声），再通过时间上的高通滤波，去除掉残余的空间相关误差（大气误差及轨道误差）。最终，大部分噪声得到了极大的抑制，从而实现形变信号的重建。

2.3.7　常用的时序 InSAR 分析软件

自 2000 年 Ferretti 提出永久散射体方法（PS-InSAR；Ferretti *et al.*，2001，2003）和 2002 年 Berardino 提出小基线集（SBAS）方法（Berardino *et al.*，2002）后，研究人员们针对这些方法的不足或者根据其他应用需求的特点，提出了许多新的改进型 PS-InSAR 或 SBAS 方法。以下，我们对部分基于 PS-InSAR 和 SBAS 思想的新型时序分析方法进行简要介绍。

首先是前述介绍的 SqueeSAR™ 方法（Ferretti *et al.*，2011）和 Hooper 等提出的 StaMPS/MTI 方法（Hooper，2008；Hooper *et al.*，2012）。其中，StaMPS/MTI 作为一个开源软件，在地球科学研究中得到了广泛的应用。此外，2008 年由荷兰代尔夫特理工大学 Ketelaar（2008）等开发的 DePSI（Delft PS-InSAR processing package）方法，DePSI 方法中对 PS 候选点的振幅信息进行了伪改正（pseudo-calibration），减少由于观测几何和传感器参数导致的振幅变化的影响，另一个特点是考虑了 PS 点的亚像素位置差异带来的相位影响。Li 等（2009）以传统 InSAR 小基线集时序分析方法为基础，加入了改进大气相位估算方法，提出了 InSAR TS+AEM（InSAR time series with atmospheric estimation model）方法，该方法的核心特点是使用了时间上部分相干像素目标（partially coherent pixels in time），并利用局部线性速率（temporarily linear velocity，TLV）算法估计并改正大气信号等误差，重建微小形变时间序列。Wang 等（2009，2012）提出 PI-RATE 时序分析算法，其特点是采用最小生成树（minimum spanning tree，MST）算法逐个像元选择非冗余观测组合，采用网络法消除轨道误差和部分长波长的大气信号，然后使用迭代分析对形变时序进行估计，在获得相干点的最优形变速率估值的同时获取误差分布信息。Doin 等（2011）提出了一种基于形变时间序列模型的 NSBAS（new SBAS）方法，通过加入目标区域的已知形变模型，对多个孤立的干涉影像子集加以约束，提高了形变场反演的精度。Hetland 等（2012）提出了一种 MInTS（multiscale InSAR time series）方法，通过对解缠后的干涉影像进行空间上的小波分解和时间上的参数分析，一方面通过小波分解分离不同空间尺度

的信号，另一方面通过时间域的参数分析识别多种形变特征，与其他方法不同的是，MInTS 通过交叉验证和正则化最小二乘法在小波域中对形变信息进行结算。

总的来说，行业内有多种基于 PS-InSAR 和 SBAS 思想的时序分析方法和开源软件，极大地方便了时序 InSAR 在地球科学领域的应用。时序 InSAR 分析已经成为地震构造研究中形变观测研究的重要方法和断层运动学参数反演的重要技术途径。

参考文献

刁法启，熊熊，倪四道，等. 2011. 利用 GPS 位移反演日本 M_W 9.0 仙台地震及 M_W 7.9 强余震静态位错模型. 科学通报，56(24)：1999～2005

李新武，郭华东，廖静娟，等. 2003. 基于快速傅立叶变换的干涉 SAR 基线估计. 测绘学报，32(1)：70～72

廖明生，王腾. 2014. 时间序列 InSAR 技术与应用. 北京：科学出版社

廖明生，林珲，张祖勋，等. 2003. InSAR 干涉条纹图的复数空间自适应滤波. 遥感学报，7(2)：98～105

廖明生，裴媛媛，王寒梅，等. 2012. 永久散射体雷达干涉技术监测上海地面沉降. 上海国土资源，33(3)：5～10

刘国祥. 2004. 合成孔径雷达遥感新技术——InSAR 介绍. 测绘，27(2)：92～95

刘国祥，张波，张瑞，等 . 2019. 联合卫星 SAR 和地基 SAR 的海螺沟冰川动态变化及次生滑坡灾害监测 . 武汉大学学报-信息科学版，44(7)：980～995

单新建，叶洪. 1998. 干涉测量合成孔径雷达技术原理及其在测量地震形变场中的应用. 地震学报，20(6)：647～655

舒宁. 2003. 微波遥感原理. 武汉：武汉大学出版社：62～72

田辉. 2014. D-InSAR 技术在盘锦地区地面沉降监测中的应用研究. 长春：吉林大学硕士研究生学位论文

王艳，廖明生，李德仁，等. 2007. 利用长时间序列相干目标获取地面沉降场. 地球物理学报，50(2)：598～604

吴星辉，马海涛，张杰 . 2019. 地基合成孔径雷达的发展现状及应用 . 武汉大学学报-信息科学版，44(7)：1073～1081

徐华平，周荫清，李春升. 2003. 星载干涉 SAR 中的基线问题. 电子学报，31(3)：437～439

许才军，何平，温扬茂，等. 2012. 利用 CR-InSAR 技术研究鲜水河断层地壳形变. 武汉大学学报-信息科学版，37(3)：302～305

袁孝康. 2003. 星载合成孔径雷达导论. 北京：国防工业出版社

张景发，龚利霞，姜文亮. 2006. PS InSAR 技术在地壳长期缓慢形变监测中的应用. 国际地震动态，6(1)：6

张晓玲，王建国. 1999. 干涉 SAR 成像中地形高度估计及基线估计方法的研究. 信号处理，15(4)：316～320

Bamler R，Hartl P. 1998. Synthetic aperture radar interferometry. Inverse Problems，14(4)：R1～R54

Bekaert D P S，Hooper A，Wright T J. 2015. Reassessing the 2006 Guerrero slow slip event，Mexico：implications for large earthquakes in the Guerrero Gap. Journal of Geophysical Research：Solid Earth，120(2)：1357～1375

Berardino P，Fornaro G，Lanari R，*et al*. 2002. A new algorithm for surface deformation monitoring based on small baseline differential SAR interferograms. IEEE Transactions on Geoscience and Remote Sensing，40(11)：2375～2383

Biggs J，Wright T，Lu Z，*et al*. 2007. Multi-interferogram method for measuring interseismic deformation：Denali fault，Alaska. Geophysical Journal International，170(3)：1165～1179

Bürgmann R，Rosen P A，Fielding E J. 2000a. Synthetic aperture radar interferometry to measure Earth's surface topography and its deformation. Annual Review of Earth and Planetary Sciences，28：169～209

Bürgmann R, Schmidt D, Nadeau R M, *et al*. 2000b. Earthquake potential along the northern Hayward fault, California. Science, 289(5482): 1178 ~ 1182

Cavalié O, Lasserre C, Doin M P, *et al*. 2008. Measurement of interseismic strain across the Haiyuan fault (Gansu, China), by InSAR. Earth and Planetary Science Letters, 275(3-4): 246 ~ 257

Colesanti C, Ferretti A, Novali F, *et al*. 2003. SAR monitoring of progressive and seasonal ground deformation using the permanent scatterers technique. IEEE Transactions on Geoscience and Remote Sensing, 41(7): 1685 ~ 1701

Cumming I G, Wong F H. 2005. Digitial Processing of SAR Data. Fitchburg, MA: Artech House

Doin M P, Lodge F, Guillaso S, *et al*. 2011. Presentation of the small baseline NSBAS processing chain on a case example: the ETNA deformation monitoring from 2003 to 2010 using ENVISAT data. FRINGE 2011 ESA Conference, 954 ~ 966

Elliott J R, Biggs J, Parsons B, *et al*. 2008. InSAR slip rate determination on the Altyn Tagh fault, northern Tibet, in the presence of topographically correlated atmospheric delays. Geophysical Research Letters, 35(12): L12309

Ferretti A, Colesanti C, Perissin D, *et al*. 2003. Evaluating the effect of the observation time on the distribution of SAR permanent scatterers. Proc FRINGE, 26. 1

Ferretti A, Fumagalli A, Novali F, *et al*. 2011. A new algorithm for processing interferometric data- stacks: SqueeSAR. IEEE Transactions on Geoscience and Remote Sensing, 49(9): 3460 ~ 3470

Ferretti A, Prati C, Rocca F. 2000. Nonlinear subsidence rate estimation using permanent scatterers in differential SAR interferometry. IEEE Transactions on Geoscience and Remote Sensing, 38(5): 2208 ~ 2211

Ferretti A, Prati C, Rocca F. 2001. Permanent scatterers in SAR interferometry. IEEE Transactions on Geoscience and Remote Sensing, 39(1): 8 ~ 20

Ferretti A, Savio G, Barzaghi R, *et al*. 2007. Submillimeter accuracy of InSAR time series: experimental validation. IEEE Transactions on Geoscience and Remote Sensing, 45(5): 1142 ~ 1153

Fialko Y. 2001. Observations of, and implications from the left-lateral slip and collapse induced by the M_W 7. 1 Hector Mine earthquake on nearby right-lateral faults. AGU Fall Meeting Abstracts, G52A-04

Fialko Y. 2006. Interseismic strain accumulation and the earthquake potential on the southern San Andreas fault system. Nature, 441: 968 ~ 971

Gabriel A K, Goldstein R M, Zebker H A. 1989. Mapping small elevation changes over large areas: differential radar interferometry. Journal of Geophysical Research, 94(B7): 9183 ~ 9191

Garthwaite M C, Wang H, Wright T J. 2013. Broadscale interseismic deformation and fault slip rates in the central Tibetan Plateau observed using InSAR. Journal of Geophysical Research: Solid Earth, 118(9): 5071 ~ 5083

Goldstein R M, Zebker H A, Werner C L. 1988. Satellite radar interferometry: two-dimensional phase unwrapping. Radio Science, 23(4): 713 ~ 720

Gong W, Meyer F. 2011. Persistent scatterer coherence analysis over the valley of Ten Thousand Smokes, Katmai. American Geophysical Union Fall Meeting 2011, San Francisco, USA

Graham L C. 1974. Synthetic interferometric radar for topographic mapping. Proceedings of the IEEE, 62: 763 ~ 768

Hanssen R. 2001. Radar Interferometry: Data Interpretation and Error Analysis. Dordrecht: Kluwer Academic Publishers

Hensley S, Zebker H, Jones C, *et al*. 2009. First deformation results using the NASA/JPL UAVSAR instrument. 2009 2nd Asian-Pacific Conference on Synthetic Aperture Radar, IEEE, 1051 ~ 1055

Hooper A. 2006. Persistent Scatterer radar interferometry for crustal deformation studies and modeling of volcano deformation. PhD Thesis, Palo Alto: Stanford University

Hooper A. 2008. A multi-temporal InSAR method incorporating both persistent scatterer and small baseline approaches. Geophysical Research Letters,35(16):96 ~ 106

Hooper A. 2010. A Statistical-Cost Approach to Unwrapping the Phase of InSAR Time. Paris: European Space Agency Special Publication

Hooper A, Bekaert D, Spaans K, *et al*. 2012. Recent advances in SAR interferometry time series analysis for measuring crustal deformation. Tectonophysics,514:1 ~ 13

Hooper A, Segall P, Zebker H. 2007. Persistent scatterer interferometric synthetic aperture radar for crustal deformation analysis, with application to Volcán Alcedo, Galápagos. Journal of Geophysical Research: Solid Earth,112(B7),doi:10.1029/2006JB004763

Hooper A, Zebker H, Segall P, *et al*. 2004. A new method for measuring deformation on volcanoes and other natural terrains using InSAR persistent scatterers. Geophysical Research Letters,31(23):L23611

Just D, Bamler R. 1994. Phase statistics of interferograms with applications to synthetic aperture radar. Applied Optics,33(20):4361 ~ 4368

Kampes B M, Adam N. 2003. Velocity field retrieval from long term coherent points in radar interferometric stacks. IGARSS 2003,2003 IEEE International Geoscience and Remote Sensing Symposium,2:941 ~ 943

Kampes B M, Adam N. 2005. The STUN algorithm for persistent scatterer interferometry. Proceedings of FRINGE 2005,1 ~ 14

Ketelaar V B H. 2008. Monitoring surface deformation induced by hydrocarbon production using satellite radar interferometry. Delft: TUD Technische Universiteit Delft

Lanari R, Mora O, Manunta M, *et al*. 2004. A small-baseline approach for investigating deformations on full-resolution differential SAR interferograms. IEEE Transactions on Geoscience and Remote Sensing, 42(7): 1377 ~ 1386

Li Z H, Fielding E J, Cross P. 2009. Integration of InSAR time-series analysis and water-vapor correction for mapping postseismic motion after the 2003 Bam (Iran) earthquake. IEEE Transactions on Geoscience and Remote Sensing,47(9):3220 ~ 3230

Li Z W, Ding X L, Huang C, *et al*. 2006. Modeling of atmospheric effects on InSAR measurements by incorporating terrain elevation information. Journal of Atmospheric and Solar-Terrestrial Physics,68(11):1189 ~ 1194

Lin Q, Vesecky J F, Zebker H A. 1992. New approaches in interferometric SAR data processing. IEEE Transactions on Geoscience and Remote Sensing,30(3):560 ~ 567

Lu Z, Dzurisin D. 2014. InSAR Imaging of Aleutian Volcanoes. Berlin, Heidelberg: Springer:87 ~ 345

Macedo K A C, Wimmer C, Barreto T L M, *et al*. 2012. Long-term airborne DInSAR measurements at X- and P-bands: a case study on the application of surveying geohazard threats to pipelines. IEEE Journal of Selected Topics in Applied Earth Observations and Remote Sensing,5(3):990 ~ 1005

Massonnet D, Feigl K L, Rossi M, *et al*. 1994. Radar interferometry mapping of deformation in the year after the Landers earthquake. Nature,369(6477):227 ~ 230

Massonnet D, Rossi C, Carmona F, *et al*. 1993. The displacement field of the Landers earthquake mapped by radar interferometry. Nature,364:138 ~ 142

Osmanoğlu B, Sunar F, Wdowinski S, *et al*. 2016. Time series analysis of InSAR data: methods and trends. ISPRS Journal of Photogrammetry and Remote Sensing,115:90 ~ 102

Perissin D, Wang Z Y, Lin H. 2012. Shanghai subway tunnels and highways monitoring through Cosmo-SkyMed Persistent Scatterers. Isprs Journal of Photogrammetry and Remote Sensing,73:58 ~ 67

Reigber A, Scheiber R. 2003. Airborne differential SAR interferometry: first results at L-band. IEEE Transactions on Geoscience and Remote Sensing,41(6):1516 ~ 1520

Rocca F,Rucci A,Ferretti A,*et al.* 2013. Advanced InSAR interferometry for reservoir monitoring. First Break, 31(5):77 ~ 85

RogersA E E,Ingalls R P. 1969. Venus:Mapping the surface reflectivity by radar interferometry. Science,165 (3895):797 ~ 799

Rosen P A,Hensley S,Joughin I R,*et al.* 2000. Synthetic aperture radar interferometry. Proceedings of the IEEE, 88(3):333 ~ 382

Rosen P A,Hensley S,Zebker H A,*et al.* 1996. Surface deformation and coherence measurements of Kilauea Volcano,Hawaii,from SIR-C radar interferometry. Journal of Geophysical Research,101(E10):23109 ~ 23125

Sandwell D T,Price E J. 1998. Phase Gradient Approach to Stacking Interferograms. Journal of Geophysical Research,103(B12):30183 ~ 30204

Segall P. 2010. Earthquake and Volcano Deformation. Princeton,NJ:Princeton University Press

Shirzaei M,Bürgmann R,Fielding E J. 2017. Applicability of Sentinel-1 terrain observation by progressive scans multitemporal interferometry for monitoring slow ground motions in the San Francisco Bay Area. Geophysical Research Letters,44(6):2733 ~ 2742

Sousa J J,Hooper A J,Hanssen R F,*et al.* 2011. Persistent scatterer InSAR:a comparison of methodologies based on a model of temporal deformation vs. spatial correlation selection criteria. Remote Sensing of Environment, 115(10):2652 ~ 2663

Wang H,Feng G,Xu B,*et al.* 2017. Deriving spatio-temporal development of ground subsidence due to subway construction and operation in delta regions with PS-InSAR data:a case study in Guangzhou,China. Remote Sensing,9(10):1004

Wang H,Wright T J,Biggs J. 2009. Interseismic slip rate of the northwestern Xianshuihe fault from InSAR data. Geophysical Research Letters,36(3):L03302

Wang H,Wright T J,Yu Y,*et al.* 2012. InSAR reveals coastal subsidence in the Pearl River Delta,China. Geophysical Journal International,191(3):1119 ~ 1128

Wright T J,Parsons B E,England P,*et al.* 2004. InSAR observations of low slip rates on the major faults of western Tibet. Science,305(5681):236 ~ 239

Wright T J,Parsons B E,Fielding E. 2001. Measurement of interseismic strain accumulation across the North Anatolian fault by satellite radar interferometry. Geophysical Research Letters,28(10):2117 ~ 2120

Wright T J,Parsons B E,Jackson J A,*et al.* 1999. Source parameters of the 1 October 1995 Dinar (Turkey) earthquake from SAR interferometry and seismic bodywave modelling. Earth and Planetary Science Letters, 172(1-2):23 ~ 37

Zebker H A,Madsen S N,Martin J,*et al.* 1992. The TOPSAR interferometric radar topographic mapping instrument. IEEE Transactions on Geoscience and Remote Sensing,30(5):933 ~ 940

Zebker H A,Rosen P A,Goldstein R M,*et al.* 1994. On the derivation of co-seismic displacement fields using differential radar interferometry:the Landers earthquake. Journal of Geophysical Research,99:19617 ~ 19634

Zebker H A,Rosen P A,Hensley S. 1997. Atmospheric effects in interferometric synthetic aperture radar surface deformation and topographic maps. Journal of Geophysical Research,102(B4):7547 ~ 7563

Zhang J,Zhang W,Huang G,*et al.* 2010,CASMSAR:the first Chinese airborne SAR mapping system. Proc Spie, 7807:78070Z-78070Z-8

第 3 章 方位向形变获取及三维形变场解算

3.1 方位向形变监测技术

InSAR 技术利用两景轨道有轻微差异的复数 SAR 影像进行干涉获取其相位差，进而可获得精确的地形高程或者地表位移。目前的 SAR 卫星都是绕极地轨道近南北向飞行，近东西向侧视成像观测。升轨时（由南向北飞行）向东侧视成像，降轨时（由北向南飞行）向西侧视成像观测。方位向就是指卫星的飞行方向，即近南北方向，而距离向是指垂直于方位向的近东西向的观测方向。由于 InSAR 技术固有的侧视成像观测方式，导致其对近南北向的方位向形变敏感度很低，几乎观测不到，因此 InSAR 观测的地表形变主要是垂直形变和东西向形变的贡献量。这对于地震形变场研究具有很大的局限性，当断层走向为近南北向时 InSAR 观测到的形变很有限，无法反应断层的实际形变量。同时 InSAR 观测对相位失相干很敏感，在形变梯度较大的极震区地表破裂带附近往往形成非相干带，造成形变相位信息的缺失。针对这些问题，一些学者开始探索使用遥感影像像素匹配方法来作为 InSAR 技术的补充来获取地震距离向及方位向形变场。关于这一技术的术语名词现在还未统一，在英文中有很多称谓，如 pixel tracking、speckle tracking、offset tracking、pixel offsets 等，在本书中将其统一称为像元偏移量追踪法，根据研究所用的数据源可以分为光学和 SAR 两种，本书仅讨论后者。

3.1.1 像元偏移量追踪技术

像元偏移量追踪技术（Offset-tracking）是通过两景 SAR 影像精确配准获得亚像元配准偏移量，以此来估算单个像元沿卫星方位向（Pattyn and Derauw，2002）和距离向上的位移（Strozzi *et al.*，2002）。根据使用的 SAR 数据信息不同部分（相位或强度），可分为相干性追踪法和强度图追踪法。其中相干性追踪法需要通过计算滑动窗口内图像的干涉条纹图，其配准质量依赖于图像的相干性，因此具有和 SAR 干涉测量相同的局限性，本书重点介绍强度追踪法。强度追踪法是借鉴了传统的光学图像配准方法，对于事件前后的两幅 SAR 强度图，利用互相关技术寻找两幅图像的同名点，采用最优解获得同名像元在距离向和方位向的像素偏移量，从偏移量中提取地表形变的技术。在相干性较低、地表特征明显的区域，强度追踪法的适用性更高，但精度较差分干涉测量有所降低。

1. Offset-tracking 算法原理

Offset-tracking 技术核心是寻找两幅图像像元之间的互相关系数峰值的过程，可用图 3.1示意。图 3.1（a）中方格代表同一地物形变前后的位置（同名点）。首先需要对

SAR影像对的幅度影像进行配准，配准通常由像元级的粗配准和亚像元级的精配准两部分组成。初始的方位向和距离向偏移量首先由粗配准获得，在此基础上，再由精配准得到亚像元级精度的偏移量信息。对配准后的影像选择一定尺寸的窗口（如32×32）进行互相关性估计。这种强度图像偏移量算法的核心为互相关系数（cross-correlation）优化的过程，在参考影像某一开始点为中心取一定大小的搜索窗口，按照设定的步长在对应输入影像上移动，计算窗口内的相关系数。在计算的过程中通常利用傅里叶变换将图像转换到频率域，依据傅里叶变换的相移定理，通过相关函数的最大峰值处坐标即可得到偏移量（Srinivasa and Chatterji，1996）。

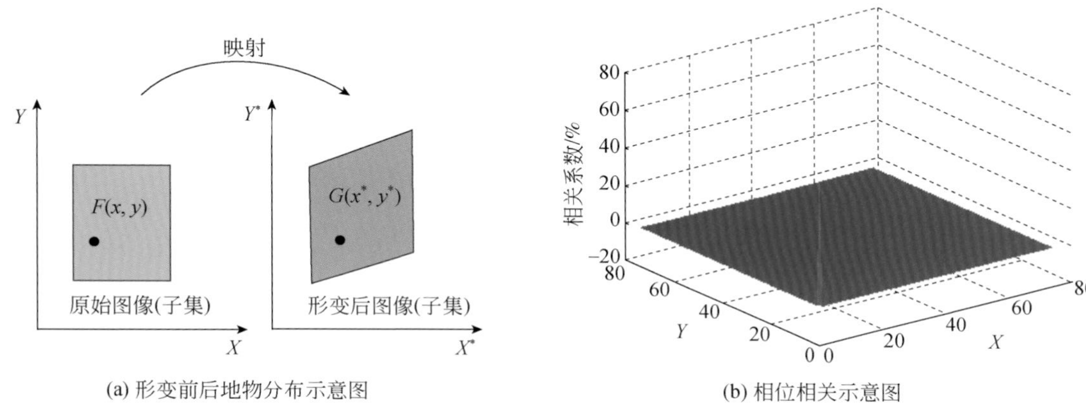

图3.1　像元偏移量追踪算法示意图

假设两幅影像 i_1 和 i_2 之间只存在位移关系，平移量为（x_0，y_0），简单介绍公式推导过程如下（Leprince *et al.*，2007）：

$$i_2(x,y)=i_1(x-x_0,y-y_0) \tag{3.1}$$

则 i_1、i_2对应的傅里叶变换 I_1、I_2之间的关系为

$$I_2(\omega_x,\omega_y)=I_1(\omega_x,\omega_y)\mathrm{e}^{-\mathrm{j}(\omega_x\Delta_x+\omega_y\Delta_y)} \tag{3.2}$$

对应的频域中两个图像的交叉能谱为

$$C_{i_1i_2}(\omega_x,\omega_y)=\frac{I_1(\omega_x,\omega_y)I_2^*(\omega_x,\omega_y)}{|I_1(\omega_x,\omega_y)I_2^*(\omega_x,\omega_y)|}=\mathrm{e}^{-\mathrm{j}(\omega_x\Delta_x+\omega_y\Delta_y)} \tag{3.3}$$

式中，$I_2{}^*$是I_2的复共轭，平移理论表明，相关功率谱的相位差等于图像间的平移量。将交叉能谱进行反变换，就可得到一个脉冲函数：

$$\Im^{-1}\{\mathrm{e}^{-\mathrm{j}(\omega_x\Delta_x+\omega_y\Delta_y)}\}=\delta(x+\Delta_x,y+\Delta_y) \tag{3.4}$$

此函数在偏移位置处有明显的尖锐峰值，其他位置的值接近于零［图3.1（b）］，估算峰值处的坐标就可找到两幅图像间的偏移量。然而这种方法只能检测出像元大小整数倍的偏移量（Δ_x，Δ_y），为了提高形变估算精确度，偏移量的估计需达到亚像素级，这是由于地震形变的量级一般小于遥感影像的分辨率（少数大地震可以达到米级）。因此，可以将图像过采样，过采样的系数为2、4等（Werner *et al.*，2005），可依据实际需要来定，以满足实际需求。具体过程如下（Srinivasa and Chatterji，1996）：

设过采样系数为 N，则式（3.1）可以改写为

$$i_2(Nx,Ny)=i_1(N(x-x_0),(y-y_0)) \tag{3.5}$$

过采样后 i_1、i_2对应的傅里叶变换 I_1、I_2之间的关系为

$$I_{N_2}(\omega_x,\omega_y)=I_{N_1}(\omega_x,\omega_y)e^{-j\left(\frac{\omega_x}{N}\Delta_x+\frac{\omega_y}{N}\Delta_y\right)} \tag{3.6}$$

过采样后图像对应的频域中的交叉能谱为

$$C_{i_1i_2}(\omega_x,\omega_y)=\frac{I_{N_1}(\omega_x,\omega_y)I_{N_2}^*(\omega_x,\omega_y)}{|I_{N_1}(\omega_x,\omega_y)I_{N_2}^*(\omega_x,\omega_y)|}=\mathrm{e}^{-j(\frac{\omega_x}{N}\Delta_x+\frac{\omega_y}{N}\Delta_y)} \tag{3.7}$$

将交叉能谱进行逆变换，就可得到一个脉冲函数 $\delta(x-x_0,\ y-y_0)$，其对应的 Dirichlet 函数与二维辛克（sinc）函数近似：

$$G(x,y)=\frac{1}{AB}\cdot\frac{\sin\pi(Nx-x_0)}{\sin\left(\frac{\pi}{A}(Nx-x_0)\right)}\cdot\frac{\sin\pi(Ny-y_0)}{\sin\left(\frac{\pi}{B}(Ny-y_0)\right)} \tag{3.8}$$

式中，A、B 为重采样前图像的宽、高，用二维采样 sinc 函数来近似 Dirichlet 函数

$$C(x,y)\approx\tilde{C}(x,y)=\frac{1}{AB}\cdot\frac{\sin\pi(Nx-x_0)}{\frac{\pi}{A}(Nx-x_0)}\cdot\frac{\sin\pi(Ny-y_0)}{\frac{\pi}{B}(Ny-y_0)}=\frac{\sin\pi(Nx-x_0)}{\pi(Nx-x_0)}\cdot\frac{\sin\pi(Ny-y_0)}{\pi(Ny-y_0)} \tag{3.9}$$

考虑到 sinc 函数多相位分解情况，图像之间具有亚像元位移则交叉能谱的能量主要集中于一个主峰（x_m，y_m）和两个侧峰（x_s，y_m）、（x_m，y_s），其中 $x_\mathrm{s}=x_\mathrm{m}\pm1$，$y_\mathrm{s}=y_\mathrm{m}\pm1$，根据这三个点可以得到亚像元位移。设重采样后的亚像元位移为 $x_\mathrm{o}/N=x_\mathrm{m}+\Delta x$，$y_\mathrm{o}/N=y_\mathrm{m}+\Delta y$，将以上关系代入式（3.9），得

$$\tilde{C}(x_\mathrm{m},y_\mathrm{m})=\frac{\sin\pi(N\Delta x)}{\pi N\Delta x}\cdot\frac{\sin\pi(N\Delta y)}{\pi\Delta y} \tag{3.10}$$

$$\tilde{C}(x_\mathrm{m}+1,y_\mathrm{m})=\frac{\sin\pi[N(1-\Delta x)]}{\pi N(1-\Delta x)}\cdot\frac{\sin\pi(N\Delta y)}{\pi\Delta y} \tag{3.11}$$

式（3.10）和式（3.11）相除，得

$$\frac{\tilde{C}(x_\mathrm{m},y_\mathrm{m})}{\tilde{C}(x_\mathrm{m}+1,y_\mathrm{m})}=\frac{\sin\pi(N\Delta x)}{\sin\pi[N(1-\Delta x)]}\cdot\frac{(1-\Delta x)}{\Delta x} \tag{3.12}$$

将式（3.12）化简，最终得到 x 方向的亚像元偏移量为

$$\Delta x=\frac{\tilde{C}(x_\mathrm{m}+1,y_\mathrm{m})}{\tilde{C}(x_\mathrm{m}+1,y_\mathrm{m})\pm\tilde{C}(x_\mathrm{m},y_\mathrm{m})} \tag{3.13}$$

同理可以得到 y 方向上的亚像元偏移量。

对于遥感卫星影像来说，此时获取的像素偏移量主要包含三个部分：地表形变偏移量、轨道偏移量及地形起伏所引起的偏移量，可表示为

$$d(\Delta x,\Delta y)=d_\mathrm{def}+d_\mathrm{orbit}+d_\mathrm{topo} \tag{3.14}$$

式中，d_def、d_orbit、d_topo分别为地表形变偏移量、轨道偏移量和地形起伏引起的偏移量。为了从总的偏移量中得到我们所关心的地表形变偏移量，需要扣除轨道整体偏移及地形起伏所造成的偏移量（卫星两次过境时轨道位置会发生偏移）。为此，Gray 等（1998）提出了一个平行射线模型，假设第一次过境的雷达射线与第二次的平行，如图 3.2 所示。

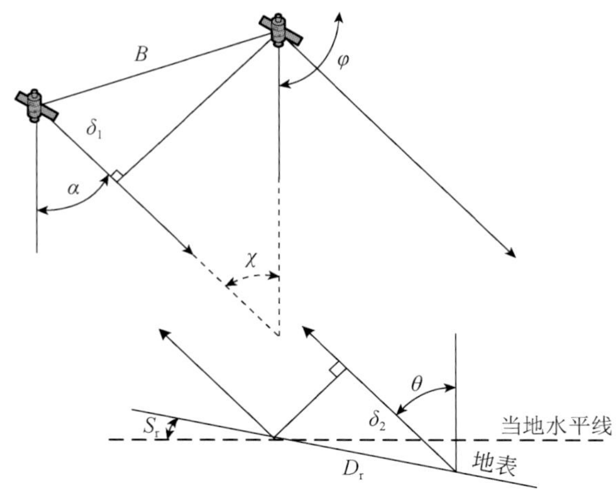

图3.2 偏移量法地表形变量获取几何示意图（据 Gray *et al.*，1998 修改）

图3.2中，B 为基线距、α 为雷达观测视角、φ 为基线角、θ 为当地入射角；S_r 和 S_a 分别为距离向和方位向的地形坡度。在这种成像几何中，图像斜距向（image slant range）及图像方位向（image azimuth）的像元偏移量 δ_r 和 δ_a 与地震造成的地表距离向（ground range）及方位向的形变量 D_r 和 D_a 之间的关系可以用下式表示：

$$\delta_r = B\cos(\varphi-\alpha) + D_r\sin(\theta+S_r) \tag{3.15}$$

$$\delta_a = D_a\cos S_a \tag{3.16}$$

由式（3.15）可以看出距离向偏移量 δ_r 由两个部分组成（δ_1 与 δ_2 之和），第一项为平行基线部分，第二项为地面变形部分。式（3.16）中的方位向偏移量是在假设雷达影像满足零多普勒条件及轨道平行的条件下得到的，并且忽略了地形的影响。而实际上卫星两次过境的速度矢量并不平行，假设二者在入射平面内的夹角为 χ，考虑了地形的影响后方位向的偏移量（δv，用像元单位）可以表示为（Michel and Rignot，1999）

$$\delta v = \frac{z\sin\chi}{R_z} - (1-\cos\chi)\,l + \delta v_0 + \delta_{motion} \tag{3.17}$$

式中，z 为地面高程；R_z 为方位向像元间距；l 为相对第一行的行号；δv_0 为一常数项偏移量；δ_{motion} 为地面变形引起的方位向偏移量。式（3.17）右边第一项与地形有关，第二项将会产生方位向倾斜。

在去除了地形导致的偏移量后，由式（3.15）和式（3.17）可以看出仍然包括一个跟成像几何（平行基线和轨道斜视角）有关的轨道偏移量，这部分偏移量可以用一个线性模型来描述，实际的距离向及方位向偏移量可以通过模型去除这部分偏移量而得到（Michel and Rignot，1999）：

$$D_r = \delta_r - (a_0 + a_1x + a_2y) \tag{3.18}$$

$$D_a = \delta_a - (b_0 + b_1x + b_2y) \tag{3.19}$$

式中，D_r 和 D_a 分别为用像元单位表示的距离向和方位向偏移量；x 和 y 为斜距图像中的距离向和方位向坐标；在线性模型系数中，a_0 和 b_0 与平行基线有关，a_1 和 b_1 与轨道斜视角有关，a_2 和 b_2 与传感器在飞行路线上的轨道斜视角变换有关。求解出系数后，可依据该系数计算出整幅影像分别在方位向上的轨道整体偏移量及在距离向上的轨道整体偏移量和地形起伏偏移量总和，将其从结果中扣除即可得地表形变二维偏移量。

2. Offset-tracking 处理流程

整个数据的处理流程如图 3.3 所示。在准备好地震事件震前、震后的影像后，首先基于轨道信息进行粗配准，对于多山地区，必须去除地形的影响，在配准的过程中可结合使用数字高程模型（DEM），下面分步骤进行描述：

（1）影像配准与重采样：选取跨越地震事件的两景 SAR 影像，基于轨道状态矢量参数提取像元初始偏移值，结合 DEM 数据将震前、震后数据进行配准，并将震后数据重采样与震前数据相同尺寸；

（2）整体偏移量粗确定：利用图像强度互相关算法精确估计主、辅图像的偏移量场，并基于此偏移量场计算拟合的双线性多项式系数，以确定两幅图像之间的整体偏移量；

（3）偏移量精确确定：对影像像元进行过采样以提高精度使其达到亚像元级别，对过采样之后的影像按照设定的搜索窗口大小（即每个面元的尺寸，距离向×方位向），按照一定的步长、使用基于窗口搜索的精配准方法进行互相关计算，以获取更加精确的总体偏移量；

（4）局部偏移量场计算：对轨道偏移量和地形起伏偏移量利用多项式进行拟合，并从（3）的总体偏移量中扣除多项式模型拟合的偏移量，得到与局部地表形变有关的偏移量；

（5）偏移量转换：将偏移量残余的实部和虚部分别转换为距离向和方位向地表位移量。

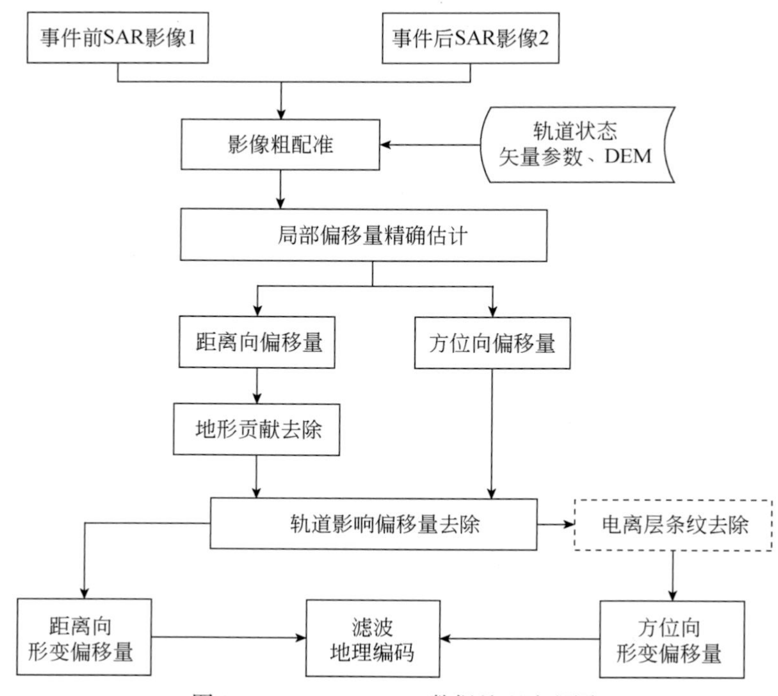

图 3.3　Offset-tracking 数据处理流程图

图 3. 4 为利用 Offset-tracking 获取的 2013 年巴基斯坦 M_W 7. 7 级地震的偏移量形变场，采用的是 TerraSAR-X StripMap 模式数据，偏移量形变场结果清晰反映了地表破裂带的位置，距离向的形变场在破裂迹线南侧数值为正，北侧为负，这说明南侧的地表运动是朝向卫星方向的，因此斜距视线向缩短，而北侧的运动表现为远离卫星方向，斜距视线向拉伸；在方位向的形变场上南侧与卫星飞行方向一致，而北侧与飞行方向相反；综合以上运动特征可得到断裂呈左旋走滑性质。

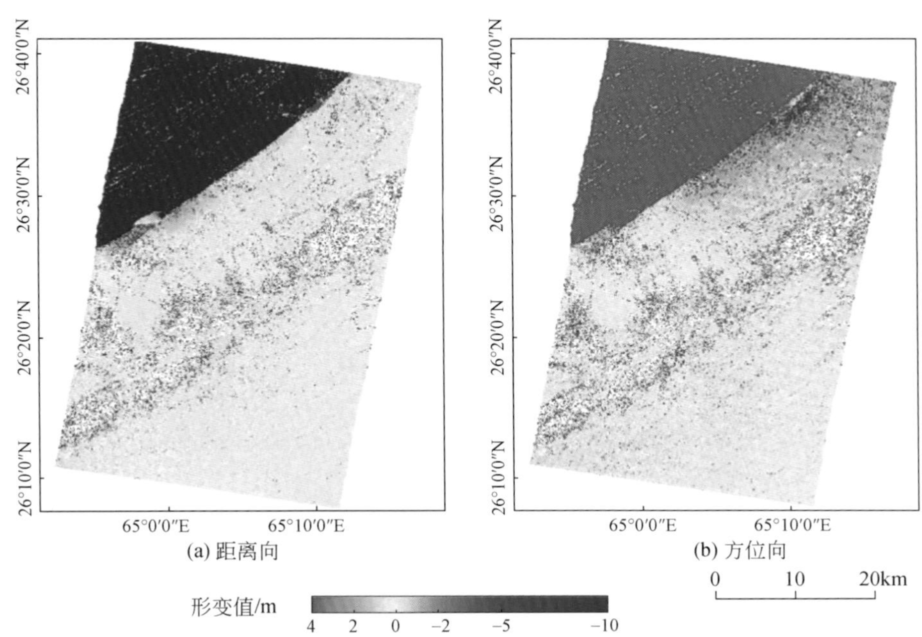

图 3. 4　2013 年巴基斯坦 M_W 7. 7 级地震 Offset-tracking 解算的形变场

3. 1. 2　多孔径合成孔径雷达干涉测量（MAI）技术

像元偏移量追踪技术通过对 SAR 影像的相关性计算可以获取卫星飞行方向上（方位向）的形变场，但所获得的形变场精度严重依赖于所使用数据的空间分辨率，如果不是高分辨率影像则所得结果一般精度较低。为了获取更高精度的顺轨形变，Bechor 和 Zebker 等在 2006 年率先提出多孔径合成孔径雷达干涉测量（multiple-aperture SAR interferometry，MAI）技术，能够从相位信息中提取方位向形变场，并且提高精度（Bechor and Zebker，2006）。之后，Jung 等（2009）对 MAI 技术进行了改进，进一步提高了精度。在国内，胡俊等研究了基线误差和电离层对 MAI 技术的影响，发展了利用顾及方向性的滤波和插值方法来改正电离层的影响（Hu *et al.*，2010），以上这些研究逐渐使这一技术进入实用化阶段，下面对原理及流程进行介绍。

1. MAI 算法原理

根据前述 SAR 成像基本原理，合成孔径雷达是根据回波信号的多普勒频率追踪实现不同地面目标的区分，将沿飞行方向不停运动的小孔径天线接收的信号进行合成，形成等效于大孔径天线的成像模式进而获得较高的方位向分辨率。而 MAI 技术的核心思想是在成像处理时，对回波信号记录中零多普勒之前和之后的信号分别处理，从而得到前视和后视两个不同雷达视线方向的影像，将这两幅前后视干涉图共轭相乘产生一幅多孔径差分干涉图，从而可以得到方位向差分相位，前视与后视干涉图的相位差正比于方位向形变量。

MAI 成像示意如图 3.5 所示，图中 θ_{SQ} 为雷达斜视角。令 α 为天线波束宽，在生成前视干涉图时，我们仅用天线角波束宽的前视部分并加上一个新的斜视角 β，即 $\theta_{SQ}+\beta$。

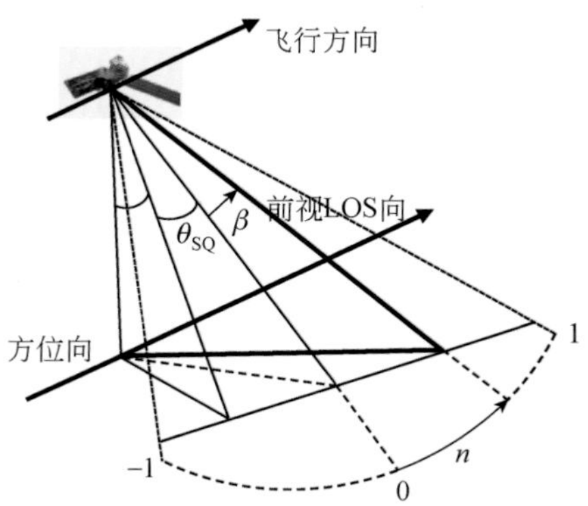

图 3.5　MAI 成像几何示意图（据 Bechor and Zebker，2006）

为方便讨论，仅考虑在 $\alpha/2$ 进行积分，即 $\beta=\alpha/4$。同样，后向干涉图利用天线波束的向后部分生成。对于发生的 LOS 向形变 X，干涉相位 φ 为

$$\varphi_{\text{forward}}=-\frac{4\pi X}{\lambda}\sin\left(\theta_{SQ}+\frac{\alpha}{4}\right) \tag{3.20}$$

$$\varphi_{\text{backward}}=-\frac{4\pi X}{\lambda}\sin\left(\theta_{SQ}-\frac{\alpha}{4}\right) \tag{3.21}$$

由于前视和后视信号相对同一地物点具有一定的斜视角，因而将主、辅 SAR 影像的前、后视 SLC 影像对应像素进行干涉，可得到对沿卫星飞行方向（方位向）位移具有一定敏感度的前、后视干涉图。在前视干涉图和后视干涉图中，干涉相位亦是由平地相位、地形相位、形变相位、大气相位、噪声相位等几部分组成。由于前、后视干涉图微波穿过的大气成分近似相同，所以前、后视干涉图的大气相位接近相等，由于前、后视干涉图的垂直基线之间存在细微差别，干涉图会出现由平地和地形引起的相位残余，去除基线误差和平地相位残余后，方位向上的形变信息就包含在这前、后视干涉图的相位差中。

$$\varphi_{\text{MAI}}=\varphi_{\text{forward}}-\varphi_{\text{backward}}=-\frac{4\pi X}{\lambda}2\sin\frac{\alpha}{4}\cos\theta_{SQ} \tag{3.22}$$

式中，λ 为波长。因 λ 较小，式（3.22）可以近似为

$$\varphi_{\text{MAI}}=-\frac{2\pi X}{\lambda}\alpha \tag{3.23}$$

顾及天线波束宽为

$$\alpha\approx\frac{\lambda}{L} \tag{3.24}$$

式中，L 为卫星天线孔径长度，则式（3.22）可以写为

$$\varphi_{\mathrm{MAI}}=-\frac{2\pi}{L}X \tag{3.25}$$

可以看出 MAI 的测量结果与雷达波长无关，它只与天线长度和 SLC 影像分割的配置参数有关。对于 ERS-1/2 及 ENVISAT 卫星，其 SAR 天线长度约为 10m，则根据式（3.25）可知 MAI 干涉图中的干涉相位一个 2π 周期即代表方位向 10m 的位移量，因此，地表方位向位移可以根据公式直接转换，无须解缠。

2. MAI 处理流程

MAI 技术的数据处理流程通过事先确定前视和后视影像的中心多普勒频率和频谱宽度，从而将原始影像转换为相应的前视和后视两对主、辅影像。将前视和后视主、辅影像分别进行干涉处理得到前视和后视干涉图，然后将这两幅前、后视干涉图共轭相乘产生一幅多孔径差分干涉图，从而可以得到方位向差分相位的过程，其整个流程如图 3.6 所示。可以看出，基于一对单视复数（SLC）影像利用 MAI 技术测量地表沿方位向形变的过程主要包含以下五个步骤：

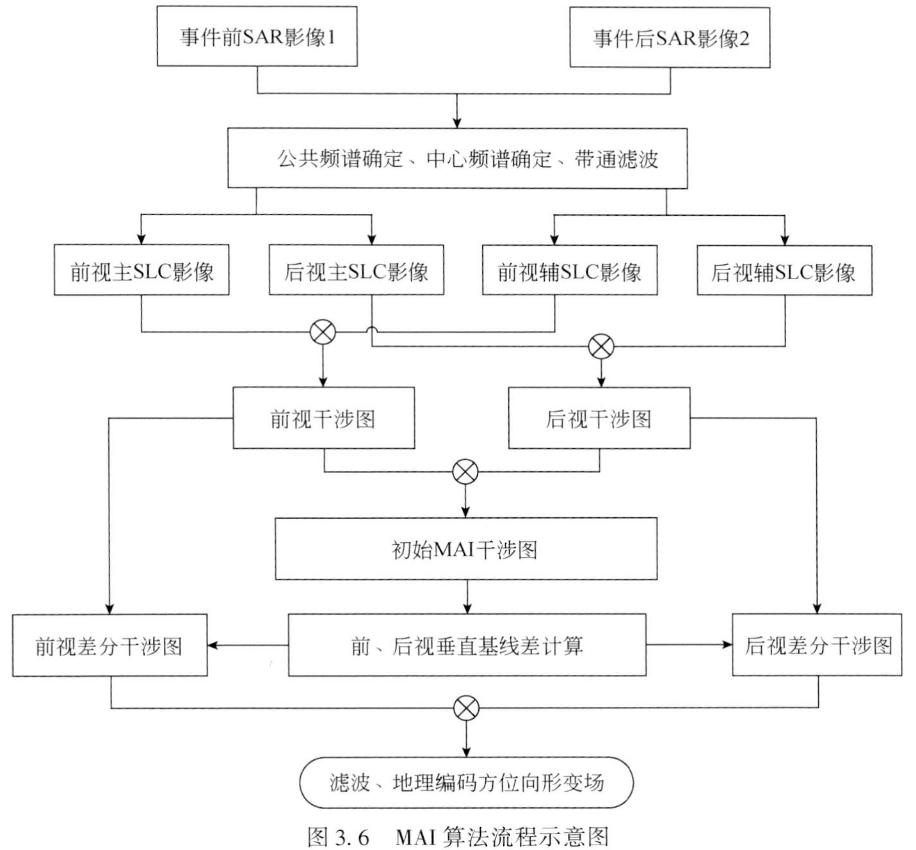

图 3.6　MAI 算法流程示意图

（1）前、后视影像分割：确定影像对的频谱公共范围及中心频谱，通过带通滤波将影

像分割为前视 SLC 影像和后视 SLC 影像；

（2）前、后视干涉图生成：前视主 SLC 影像和前视辅 SLC 影像干涉形成前视干涉图，后视主 SLC 影像和后视辅 SLC 影像干涉形成后视干涉图；

（3）MAI 干涉相位图生成：前视干涉图和后视干涉图共轭相乘得到初始 MAI 干涉相位图；

（4）残余相位去除：前、后视垂直基线差计算，去除平地相位残余和地形相位残余，生成校正的 MAI 干涉图；

（5）地理编码：MAI 干涉图滤波，相位转换为方位向形变及地理编码。

3.1.3 方位向形变测量精度分析

本小节简单总结一下偏移量追踪、多孔径干涉等不同方位向形变观测技术的优、劣势，各自的观测精度及主要误差影响因素，以及各自的适用条件等。

使用常规差分干涉方法利用相位信息进行地表形变监测，精度理论上可达到亚厘米级。MAI 也是基于重复轨道 SAR 数据的相位信息进行方位向形变测量，其测量精度与干涉相位相干性也密切相关。同时，由于 MAI 技术对 SLC 影像数据进行了频谱分割，造成雷达回波信号方位向带宽的损失，导致 MAI 干涉相位信噪比减小。下面从 MAI 测量方位向形变的理论出发，对其精度进行评价和分析。

对于一幅已知信噪比（SNR）和有效视数（N_L）的干涉图，其相位噪声即标准差可以用以下公式估计（Zebker and Villasenor，1992）：

$$\sigma_\varphi \approx \frac{1}{\sqrt{2N_L}}\frac{\sqrt{1-\rho^2}}{\rho} \tag{3.26}$$

式中，ρ 为相干系数。

在上节孔径均等分割公式的基础上，可得 MAI 获取的相位标准差为

$$\sigma_{\varphi_{MAI}} = \sqrt{\sigma^2_{\varphi,f}+\sigma^2_{\varphi,b}-2\sigma^2_{\varphi,fb}} \tag{3.27}$$

考虑到前视和后视干涉图是利用相互独立的观测信号产生，两者间协方差$\sigma^2_{\varphi,fb}=0$，则

$$\sigma_{\varphi_{MAI}} = \sqrt{\sigma^2_{\varphi,f}+\sigma^2_{\varphi,b}} \approx \frac{1}{\sqrt{N_L}}\frac{\sqrt{1-\rho^2}}{\rho} \tag{3.28}$$

由上述公式可知，方位向分辨率会因孔径宽度的损失而降低，同时有效视数（N_L）则因分辨率的降低而减小。SNR 值则因沿方位向的总积分时间的减少而降低。总之，孔径宽度的损失会引起两种相反的影响：干涉相位对形变的敏感度增高和 SNR 值的降低。因为有效视数（N_L）和 SNR 值的降低，如式（3.25）与式（3.27）的关系所示，MAI 干涉相位的标准差至少是 InSAR 相位标准差的两倍，因此 MAI 方法对相干性的要求更高。同时，最优子孔径宽度即 n 的取值因不同的 SNR 和相干系数而异。

从以上分析可知，干涉相位时空相干性严重影响着 MAI 测量精度。同时，卫星系统参数（如方位向带宽）同样影响 MAI 测量结果的噪声水平。理论上来讲，较小的天线长度、较高方位向带宽，则在相同地表分辨单元内其测量精度较高。在实际应用中可根据需求来

选择合理方位向带宽和波长的 SAR 数据，以满足对精度的需求。

从 3.1.2 节对 Offset-tracking 算法的原理介绍我们知道，其偏移量形变取决于过采样后影像之间相关峰值，其精度可达亚像素级别，可由下面公式估计（Bamler and Eineder, 2005）：

$$\sigma = \sqrt{\frac{3}{2N}}\frac{\sqrt{1-\rho^2}}{\pi\rho} \tag{3.29}$$

式中，σ 为 Offset-tracking 估计的标准差；N 为滑动窗口内的采样数；ρ 为相关系数。从式（3.29）可以看出，要想减小标准差，则需要提高图像的相关系数及窗口内的采样数。假定两图像有接近于 1 的高相关系数，则估计得到的形变精度可达 1/30 像元（指单视像素）大小（Werner *et al.*, 2005）。以 ASAR 数据为例，方位向的精度可达 13cm，并且可以通过增大对 SLC 影像数据的过采样系数来抑制噪声提高精度。

下面我们以一个实例的结果来对比两种方位向形变测量技术。图 3.7（a）、（b）为我们利用 ALOS 数据（2010 年 1 月 15 日—2010 年 4 月 17 日）分别采用 Offset-tracking 技术和 MAI 技术获取的 2010 年 4 月 14 日玉树 M_S 7.1 级地震方位向形变场，可以发现，两种

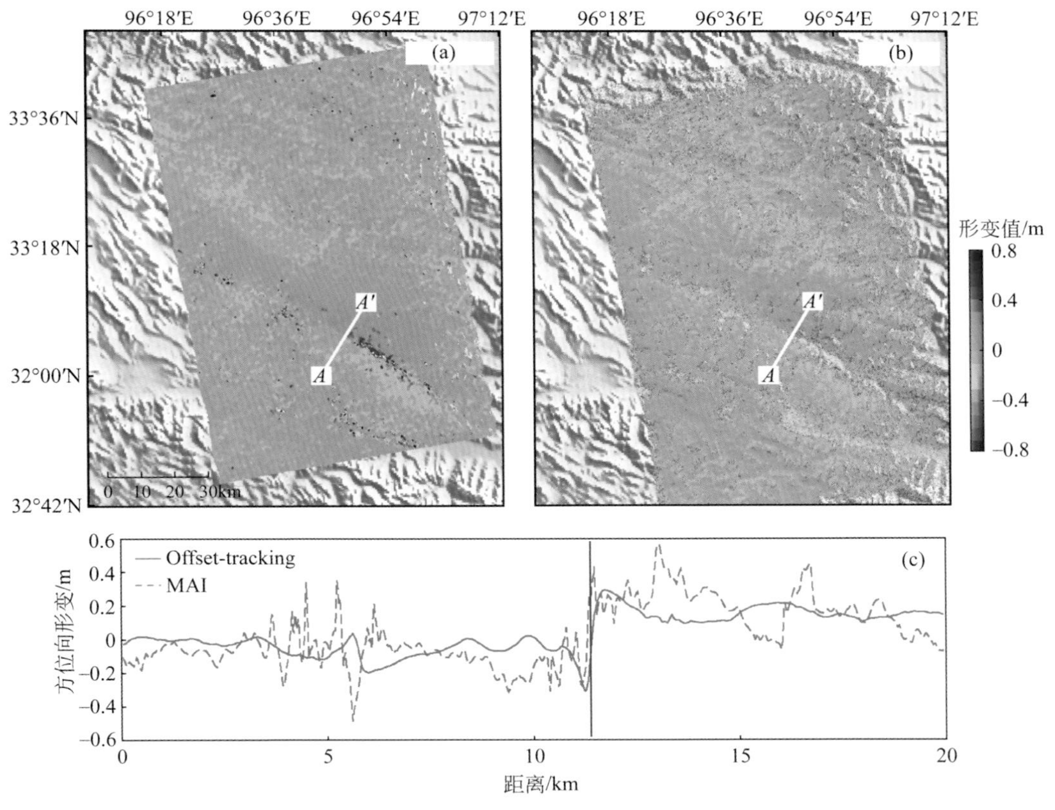

图 3.7　玉树地震方位向形变场

（a）Offset-tracking 获取的方位向形变；（b）MAI 获取的方位向形变；（c）跨断层剖面图。蓝色竖线为玉树断裂位置；红色实线为 Offset-tracking 形变场剖面；红色虚线为 MAI 形变场剖面

方法获取的方位向形变场均可清晰勾勒出地表破裂带的位置，在破裂带的北部地表远离卫星飞行的方向运动，而破裂带的南部地表则朝向卫星飞行的方向运动，结合卫星升轨右视的观测模式，显示出断裂左旋走滑的运动特征。在靠近地表破裂带的地区，形变量达到了0.5m 左右。在图 3.7（a）、（b）两图相同位置的跨断层剖面表明 Offset-tracking 和 MAI 两种方法获取的方位向形变基本一致，均在剖面中部位置出现了形变不连续，揭示出地表破裂带的位置。

通过比较可以发现，MAI 技术与 Offset-tracking 技术相同点在于均可利用一对 SAR 像对实现地表方位向形变的测量，且不存在视线向模糊的问题。不同点在于 MAI 利用了 SAR 图像中的相位信息，Offset-tracking 利用了强度图像，因此 MAI 干涉相位时空相干性严重影响着 MAI 测量精度，且由于分割孔径导致比全孔径干涉图更容易受到时空失相关的影响；而基于强度图像进行互相关匹配来测量地表位移的 Offset-tracking 则不受此约束，因此实用性更广，但其精度取决于相关性运算的匹配精度和 SAR 数据像素分辨率，其精度会不如 MAI 所得结果，特别适用于提取大形变的形变场。

3.2　三维形变场解算

合成孔径雷达差分干涉测量技术（D-InSAR）监测的是雷达视线（LOS）向上的一维地表形变，另外，由于受雷达卫星近极地轨道和侧视成像的局限，几乎监测不到南北方向的地表变形。而在很多情况中，仅 LOS 向的一维形变不能客观地反映监测区域的运动变形特征，甚至会造成理解上的偏差（Wright *et al.*，2004）。因此，利用 InSAR 数据来解算地表的三维形变对于研究形变机理是非常有必要的。

3.2.1　D-InSAR 形变测量视线向模糊问题

D-InSAR 直接观测到的是地表东西、南北、垂直（E、N、U）三个方向形变分量在雷达脉冲入射方向即 LOS 向的投影，这就是干涉测量的视线向（LOS）模糊问题。任何一种地表形变都可以视为由东西、南北、垂直（E、N、U）三个方向上的形变分量组成，而这三个方向的形变分量对于 LOS 向形变的贡献各不相同，根据雷达成像的几何关系（图 3.8），卫星视线向位移 d_{LOS}是三个位移矢量在卫星视线向的投影，d_{E}、d_{N}、d_{U}分别表示地表位移在东西、南北、垂直（E、N、U）三个方向上的分量，则升轨时 d_{LOS}与三个分量 d_{E}、d_{N}、d_{U}的关系为

$$d_{\mathrm{LOS}}=d_{\mathrm{U}}\cos\theta+\sin\theta[d_{\mathrm{N}}\cos(\alpha-3\pi/2)+d_{\mathrm{E}}\sin(\alpha-3\pi/2)]+\delta_{\mathrm{LOS}} \tag{3.30}$$

式中，θ 为雷达脉冲入射角；α 为卫星轨道方位角；$\alpha-3\pi/2$ 为方位视线方向即地距向与北方向的夹角；δ_{LOS}为测量误差（如轨道误差、大气延迟、低相关、DEM 误差等）。

以 ASAR 数据为例，将卫星入射角、方位角等数据代入式（3.30），可得垂直向、东西向和南北向的系数分别为 0.92、0.38 和 0.09，表明雷达卫星对三分量形变的敏感度存在较大差异，对垂直形变最敏感，其次是东西向形变，而对南北向形变最不敏感。

LOS 向模糊使得干涉测量结果与地质学观测、GPS 测量、水准测量等存在较大差异，

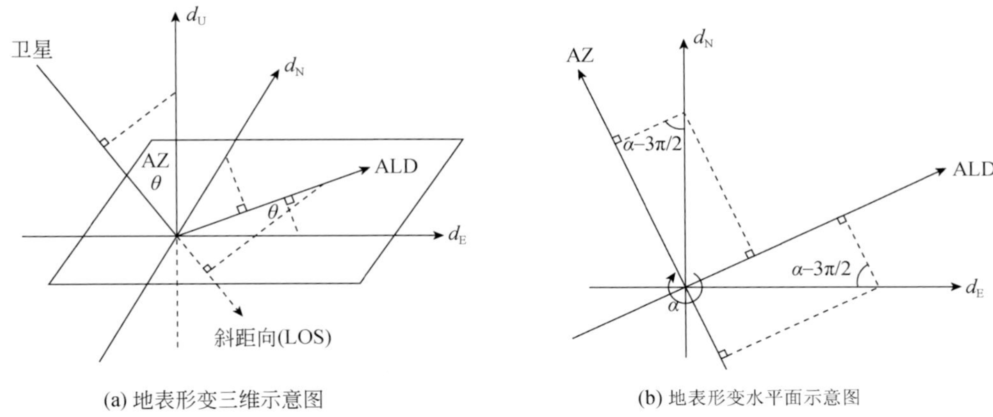

图 3.8　卫星测量与 3D 形变量几何关系（升轨）

AZ 为卫星轨道方位向；ALD 为卫星图像距离向；θ 为卫星入射角；α 为卫星飞行方向与北向顺时针夹角

难以直接对比与综合应用。根据式（3.30），求解三个未知数，至少需要三次不同视角的雷达观测，或者辅以其他来源的观测资料，如 GPS 观测、地震学观测、地质观测等联合组成观测方程，否则将无法解算真实的地表三维形变场。

3.2.2　D-InSAR 三维形变场解算方法

目前利用 SAR 影像解算三维形变场的方法大致可分为四类：①升、降轨 multi-LOS 解算法；②视线向形变与方位向形变融合法；③视线向形变与模拟形变融合法；④视线向形变与 GPS 形变融合法。下面对这几种技术方法的原理及其优劣势进行介绍。

1. 升、降轨多视线向融合解算法

式（3.30）中有三个未知量，如果要得到完整的三维地表形变信息，至少需要输入三个不同视角的实际观测值，才能进行 3D 形变场的直接解算。针对某一地震事件，假设能够获得三种不同视角的 LOS 向形变场，将三次观测的卫星参数代入式（3.30）并写成矩阵形式有

$$\begin{bmatrix} d_{\mathrm{LOS1}} \\ d_{\mathrm{LOS2}} \\ d_{\mathrm{LOS3}} \end{bmatrix} = \boldsymbol{T} \cdot \begin{bmatrix} d_{\mathrm{U}} \\ d_{\mathrm{N}} \\ d_{\mathrm{E}} \end{bmatrix} \tag{3.31}$$

式中，$\boldsymbol{T} = \begin{pmatrix} \cos\theta_1 & -\sin\theta_1\cos\alpha_1 & -\sin\theta_1\sin\alpha_1 \\ \cos\theta_2 & -\sin\theta_2\cos\alpha_2 & -\sin\theta_2\sin\alpha_2 \\ \cos\theta_3 & -\sin\theta_3\cos\alpha_3 & -\sin\theta_3\sin\alpha_3 \end{pmatrix}$，其逆矩阵为 T^{-1}，可以求解出 3D 形变量为

$$\begin{pmatrix} d_{\mathrm{U}} \\ d_{\mathrm{N}} \\ d_{\mathrm{E}} \end{pmatrix} = \boldsymbol{T}^{-1} \begin{pmatrix} d_{\mathrm{LOS1}} \\ d_{\mathrm{LOS2}} \\ d_{\mathrm{LOS3}} \end{pmatrix} \tag{3.32}$$

第一类方法原理上很简单，但由于目前在轨雷达卫星大多是采用近极地轨道（即近南北向）飞行，并采用东西向右视扫描观测，因此，即使选用最大的入射角间隔（如 ENVISAT/ASAR 大约为 20°），解算的南北向精度也很低（厘米级至分米级，多视角直接解算是病态的；Wright *et al.*，2004），而且模型的抗差能力差。

2. 视线向形变与方位向形变融合解算法

根据方位向形变监测原理，我们知道 Offset-tracking 或 MAI 获取的是卫星飞行方向的形变即方位向形变。方位向形变与三维形变之间的关系如图 3.8（b）所示，可表示为

$$d_{AZ}=-d_E\cdot\cos(\alpha-3\pi/2)+d_N\cdot\sin(\alpha-3\pi/2) \tag{3.33}$$

式中，α 为方位角，即卫星飞行方向与北向夹角（顺时针为正，逆时针为负）。同时应用 D-InSAR 技术和方位向形变监测技术（Offset-tracking 或 MAI），从式（3.32）可知，我们只要获得升、降轨两个不同视角的方位向形变场，就可以解算出地表实际位移的东西向和南北向分量，而垂直分量则可以由 InSAR 干涉测量方法得到。

假设对某一地震事件，我们获取了两个不同视角的干涉像对资料，则可通过建立以下方程求解三维形变场：

$$\begin{pmatrix} d_{LOS} \\ d_{AZ} \end{pmatrix}=\begin{pmatrix} \cos\theta & -\sin\theta\cos(\alpha-3\pi/2) & -\sin\theta\sin(\alpha-3\pi/2) \\ 0 & \sin(\alpha-3\pi/2) & -\cos(\alpha-3\pi/2) \end{pmatrix}\cdot\begin{pmatrix} d_U \\ d_N \\ d_E \end{pmatrix} \tag{3.34}$$

式中，θ 为雷达天线入射角。

利用升、降轨（或两个不同模式）D-InSAR 视线向测量与方位向测量共可获取两个视线向形变量与两个方位向形变量，一共可组成四个方程来求三个未知量（d_U，d_N，d_E），方程可解。为了避免多种解法带来的不确定性因素，根据实际情况，剔除最差观测量结果，保留三个较好的观测结果进行解算即可。假设剔除其中一个升轨模式下 d_{AZ2} 观测结果，将其余参数带入式（3.33）并写成矩阵形式可以表示为

$$\begin{bmatrix} d_{LOS1} \\ d_{LOS2} \\ d_{AZ1} \end{bmatrix}=\boldsymbol{T}\cdot\begin{bmatrix} d_U \\ d_N \\ d_E \end{bmatrix} \tag{3.35}$$

式中，$\boldsymbol{T}=\begin{pmatrix} \cos\theta_1 & -\sin\theta_1\cos(\alpha_1-3\pi/2) & -\sin\theta_1\sin(\alpha_1-3\pi/2) \\ \cos\theta_2 & -\sin\theta_2\cos(\alpha_2-3\pi/2) & -\sin\theta_2\sin(\alpha_2-3\pi/2) \\ 0 & \sin(\alpha_1-3\pi/2) & -\cos(\alpha_1-3\pi/2) \end{pmatrix}$，其逆矩阵为 $\boldsymbol{T}^{-1}$，可以求解出 3D 形变量为

$$\begin{pmatrix} d_U \\ d_N \\ d_E \end{pmatrix}=\boldsymbol{T}^{-1}\begin{pmatrix} d_{LOS1} \\ d_{LOS2} \\ d_{AZ1} \end{pmatrix} \tag{3.36}$$

在第二类方法中，方位向形变难于精确测量，方位向形变的空间分辨率和解算精度均低于 InSAR 干涉测量的结果。目前大多采用 Offset-tracking 法来测量，但是这种方法的精度有限（约为 10 ~ 15cm）（Simons，2007；Fialko，2001），MAI 可以得到高分辨率、较高

精度（几厘米）的方位向形变，但对影像相干性要求较高。

3. 视线向形变与模拟形变融合解算法

当卫星数据的限制无法获得多视角观测数据时，可以考虑利用形变模拟的方法，模拟出与实际干涉测量结果吻合的3D同震形变场，然后结合InSAR实测值与模拟值进行3D同震形变场解算。利用南北向分量模拟值，结合升、降轨干涉形变观测值来解算垂直与东西分量，可以有效降低误差（孙建宝，2006）。

假设不同视角卫星干涉测量结果为d_{LOS1}与d_{LOS2}，θ_1、θ_2分别为不同观测模式卫星的入射角，α_1、α_2分别为对应卫星的方位角（顺时针与正北方向夹角），形变模拟的南北向分量为d_{N}，将他们代入式（3.30）可得

$$\begin{cases} d_{\text{LOS1}} = d_{\text{U}}\cos\theta_1 - d_{\text{E}}\sin\theta_1\sin(\alpha_1 - 3\pi/2) - d_{\text{N}}\sin\theta_1\cos(\alpha_1 - 3\pi/2) \\ d_{\text{LOS2}} = d_{\text{U}}\cos\theta_2 - d_{\text{E}}\sin\theta_2\sin(\alpha_2 - 3\pi/2) - d_{\text{N}}\sin\theta_2\cos(\alpha_2 - 3\pi/2) \end{cases} \tag{3.37}$$

由于d_{N}为模拟值，可以认为其为已知条件，为简化起见，令式（3.37）最后一项分别为k_1和k_2，且$D_1 = d_{\text{LOS1}} + k_1$，$D_2 = d_{\text{LOS2}} + k_2$，则可以用矩阵表示为

$$\begin{pmatrix} D_1 \\ D_2 \end{pmatrix} = \boldsymbol{T} \cdot \begin{pmatrix} d_{\text{U}} \\ d_{\text{E}} \end{pmatrix} \tag{3.38}$$

式中，$\boldsymbol{T} = \begin{pmatrix} \cos\theta_1 & -\sin\theta_1\sin(\alpha_1 - 3\pi/2) \\ \cos\theta_2 & -\sin\theta_2\sin(\alpha_2 - 3\pi/2) \end{pmatrix}$，其逆矩阵为$\boldsymbol{T}^{-1}$，则可以求解出垂直向形变分量（$d_{\text{U}}$）与东西向形变分量（$d_{\text{E}}$）结果为

$$\begin{pmatrix} d_{\text{U}} \\ d_{\text{E}} \end{pmatrix} = \boldsymbol{T}^{-1} \begin{pmatrix} D_1 \\ D_2 \end{pmatrix} \tag{3.39}$$

第三类方法中地壳形变模型的选取对于精确解算三维形变场至关重要，从数据空间分辨率角度来看具有一定优势，利用形变模型模拟的南北向形变数据可以与InSAR观测的LOS形变数据在空间分辨率和覆盖范围上良好匹配，问题在于模拟结果的可靠性。而如果在观测区域有一些GPS站点，模拟的南北向形变受到GPS观测的约束和验证，那么通过这种方法解算三维形变场是可取的。

4. 视线向形变与GPS形变融合法算法

GPS观测具有大范围、高精度、全天候和连续观测的特点，但在空间分布方面，GPS所获取的是一系列离散观测站点在三维方向的运动变化。而InSAR观测可直接获取一定区域内的连续地表形变场，从而弥补GPS在空间分布上不连续的缺点，因此，将GPS与InSAR两种空间观测技术有效结合，获取高精度、大范围、高时空分辨率的地壳形变观测结果，对于提升空间对地观测技术的地壳形变监测能力，研究中国大陆及重点地区和断层带现今变形特征及其与地震活动的关系，更好地服务于地震预测都具有重要意义。

在地学相关问题研究中，地壳运动及形变分析等都是基于ENU坐标系进行的，而GPS经基线解算、网平差后一般得到大地坐标系（BLH坐标系）观测值，D-InSAR得到的是一维视线（LOS）向的形变观测值。因此观测数据首先需要完成ENU坐标系间转换，并在统一坐标系的基础上进行融合。关于D-InSAR观测数据的坐标转换已经在3.2.1节介绍过，下面仅简单介绍GPS观测数据的坐标转换。

GPS 观测值一般都是大地坐标系，因此首先需要转换到空间直角坐标系，由大地测量学知识，空间直角坐标系（X，Y，Z）与大地坐标系（B，L，H）有如下关系（李延兴等，2007；史海锋和张卫斌，2012）：

$$\begin{aligned} X &= (N_e + H)\cos B\cos L \\ Y &= (N_e + H)\cos B\sin L \\ Z &= [(1-e^2)N_e + H]\sin B \end{aligned} \tag{3.40}$$

式中，N_e 为卯酉圈曲率半径，$N_e = a_0/\sqrt{1-e^2\sin^2 B}$，$a_0$ 为 WGS-84 椭球长半轴；e 为椭球第一偏心率。

接下来就是观测数据空间直角坐标系（X，Y，Z）与 ENU 坐标系之间的转换。ENU 坐标系是一种地方空间直角系，其坐标原点在一个选定的测站 O 上，其北向坐标轴（N 坐标）为过 O 点的子午线的切线，指北为正；其东向坐标轴（E 坐标）为过 O 点的椭球的平行圈的切线，指东为正；天顶向坐标轴（U 坐标），为过 O 点的由 N 轴与 E 轴决定的平面的垂线，指向天顶为正（黄立人等，2006）。因二者都为直角坐标系，其间的转换关系也就简单：

$$\begin{bmatrix} \mathrm{E} \\ \mathrm{N} \\ \mathrm{U} \end{bmatrix} = \boldsymbol{M} \begin{bmatrix} X - X_0 \\ Y - Y_0 \\ Z - Z_0 \end{bmatrix} \tag{3.41}$$

式中，X_0，Y_0，Z_0 为 ENU 坐标系的原点在空间直角坐标系中的坐标。而转换矩阵 M 中的元素为

$$\boldsymbol{M} = \begin{bmatrix} -\sin L & \cos L & 0 \\ -\sin B\cos L & -\sin B\sin L & \cos B \\ \cos B\cos L & \cos B\sin L & \sin B \end{bmatrix} \tag{3.42}$$

式中，B、L 分别为局部大地坐标系坐标原点的大地纬度和经度。

假设地震引起的形变场被离散化为一个 $m \times n$ 的网格，首先把经过坐标系统一后的观测数据（InSAR 和 GPS）内插到该网络上。对于每一个网络节点，内插得到的 GPS 三维观测量 $[x_{\mathrm{GPS}} \quad y_{\mathrm{GPS}} \quad z_{\mathrm{GPS}}]^{\mathrm{T}}$ 与真实的三维形变可以用下式表示：

$$[x_{\mathrm{GPS}} \quad y_{\mathrm{GPS}} \quad z_{\mathrm{GPS}}]^{\mathrm{T}} = [D_{\mathrm{E}} \quad D_{\mathrm{N}} \quad D_{\mathrm{U}}]^{\mathrm{T}} \tag{3.43}$$

InSAR 视线向观测值 d_{LOS} 与真实的三维形变关系如式（3.30），为了简化公式形式，令 $S_x = -\sin\theta\sin(\alpha - 3\pi/2)$，$S_y = -\sin\theta\cos(\alpha - 3\pi/2)$，$S_z = \cos\theta$ 来表示投影系数，当该网格点同时有 GPS 及 D-InSAR 观测时，方程就可以扩展为

$$\begin{bmatrix} x_{\mathrm{GPS}} \\ y_{\mathrm{GPS}} \\ z_{\mathrm{GPS}} \\ d_{\mathrm{LOS}} \end{bmatrix} = \begin{bmatrix} 1 & 0 & 0 \\ 0 & 1 & 0 \\ 0 & 0 & 1 \\ S_x & S_y & S_z \end{bmatrix} \begin{bmatrix} d_{\mathrm{E}} \\ d_{\mathrm{N}} \\ d_{\mathrm{U}} \end{bmatrix} \tag{3.44}$$

将式（3.44）写成矩阵形式可得

$$\boldsymbol{L} = \boldsymbol{AX} \tag{3.45}$$

基于式（3.45），对内插的 GPS 和 InSAR 观测值进行加权最小二乘平差，即可求解出

三维形变场。

第四类方法中，所采用的外部数据一般为 GPS 观测数据，但 GPS 的点位分布限制了其空间分辨率，算法中关键的步骤包括两点：一是如何恰当地内插稀疏的 GPS 数据；二是不同观测量加权机制的确定（后验方差估计）。目前这种方法仅在美国南加利福尼亚州个别 GPS 相对密集的区域得到过理论应用研究，从原理上来看，这种方法将对垂直形变测量精度高的 InSAR 技术和对水平形变测量高的 GPS 融合，优势互补，是比较理想的方法，问题在于 GPS 站点稀疏，空间分辨率难以与 InSAR 观测匹配，但是随着重点地震活动区 GPS 站点的加密布设，同时由于地壳形变的长波长平稳变化特性，这种方法将会有较好的应用前景。

3.2.3 改则地震三维形变场解算案例

本节以四景 ASAR 数据和二景 PALSAR 数据所获取的 LOS 向同震形变场为例，采用多视角直接解算和方位向与视线向融合两种方法获取 2008 年西藏 M_W 6.4 级改则地震的三维同震形变场。

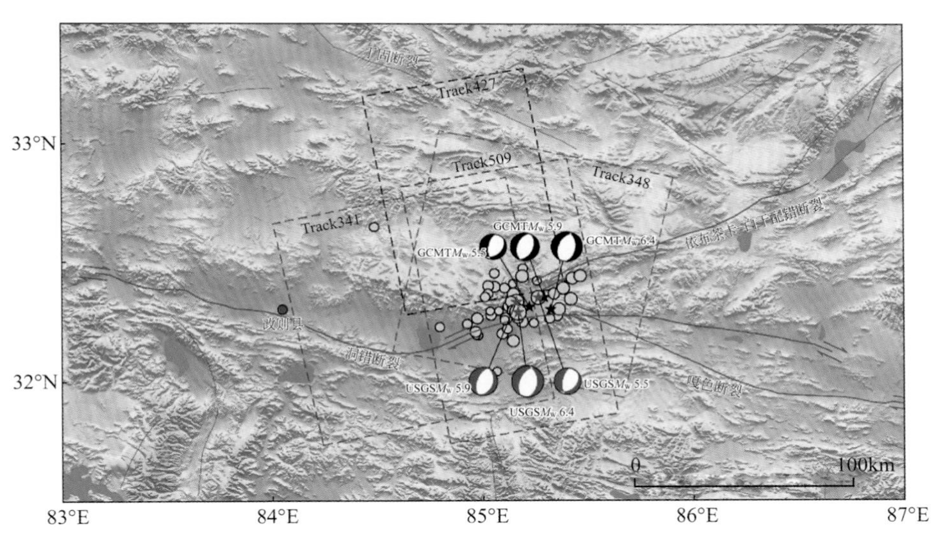

图 3.9 改则地震震区构造背景图

红色线条为活动断裂；红色、黑色沙滩球分别为 USGS 和 GCMT 提供的主震及 M_W 5.0 级以上余震震源机制；灰色实心圆代表 GCMT 提供的改则地震 M_W 3.0 级以上余震震中分布；蓝色、黑色、紫色和红色虚线框分别表示 ALOS Track509、ENVISAT Track427、ENVISAT Track348、InSAR ENVISAT Track341（后续未曾使用）资料覆盖范围

1. 改则地震背景介绍

根据中国地震台网目录，北京时间 2008 年 1 月 9 日 16 时 26 分，西藏阿里地区改则县发生了 M_S 6.9 级强震，震中位于（85.2°E、32.5°N）改则县洞措乡北部与古姆乡交界处，距改则县城约 150km，无人员伤亡。一周后又发生了 M_S 6.0 级地震，之后于 1 月 23 日再次发生了 M_S 5.5 余震。从全球矩心矩张量（global centroid moment tensor，GCMT）提供的

震源机制解看，改则地震 M_W 6.4 级主震是一次以正断运动为主兼有少量左旋走滑的事件；M_W 5.9 级强余震则为一次典型的正断层破裂事件。

改则地震震中位于东西向右旋走滑的洞错断裂、嘎色断裂与北东向左旋走滑的依布茶卡-日干配错断裂的交汇处（Michael *et al.*，2003；Michael and Peltzer，2006；图 3.9），处于一个东西拉伸、南北压缩的构造环境中（邓起东等，2012）。

2. 改则地震同震形变场获取

获取改则地震同震形变场所使用的数据情况见表 3.1。其中，利用 D-InSAR 技术处理了表 3.1 中的三对干涉像对获得三幅 LOS 向形变场；由于 MAI 技术对相干性要求较高，只有空间基线和时间基线均最短的 Track348 像对具有较好的相干性，因此仅 Track348 成功获取了方位向同震形变场。在绘制同震形变场图时（图 3.10），只选择了几个形变场中覆盖震中的主要形变区域，以突出形变细节。

表 3.1　改则地震同震形变场提取中所使用的卫星数据参数

卫星	轨道号	起止日期（年-月-日）	入射角/(°)	方位角/(°)	垂直基线距/m	模式	波段	时间间隔/天
ENVISAT	348	2007-11-23—2008-2-1	22.79	191.91	8	降轨	C	70
ENVISAT	427	2007-3-28—2008-2-6	40.9	349.83	83	升轨	C	315
ALOS	509	2007-10-16—2008-1-16	39	351.84	493	升轨	L	92

1）LOS 向同震形变场

Track348 LOS 向同震形变场如图 3.10（a）所示，形变影响范围约为 40km×35km，且存在东西两个界限分明、形变值符号相反的扇形区（图中以红色线段分割），分界线近似北东向。东侧扇形区（图中红线以东）为相对卫星上升的正值区且表现为同心圆环，中心形变值约为 10.8cm；图中红线以西区域为相对卫星下降的负值区且具有东西展布的“双心”特征（图中以黑色线段分割），东、西中心分别具有-38.9cm 和-45.8cm 的形变，即西中心变形最大。改则地震为双震型（主震为 M_W 6.4 级，余震为 M_W 5.9 级），时间间隔仅为七天，且震中位置基本一致。而西北盘恰好存在东、西两个明显的沉降形变中心，位置非常接近，这是形变场形态较为复杂的原因。

Track427 LOS 向同震形变场［图 3.10（b）］只覆盖整个同震形变场的大部分，其表现出的形变特征与 Track348 同震形变场类似。西侧扇形区同样具有“双心”特征，其中，西变形中心最大形变可达-39.6cm，东变形中心最大形变量为-32.6cm。但由于卫星覆盖范围的原因，获取的东侧形变区范围较小，看不出明显趋势。

Track509 LOS 向同震形变场［图 3.10（c）］除在覆盖范围上与 Track427 不同外，两者形变趋势近乎完全一致。二者同为升轨模式，只是卫星的波长不同，但在结果上亦能相互验证。

2）方位向形变场

图 3.10（d）为利用 MAI 技术获取的 Track348 方位向同震形变场。从中可以看出，地震形变影响区域的断层西北盘有南向运动的分量，最大量级 30cm 左右。

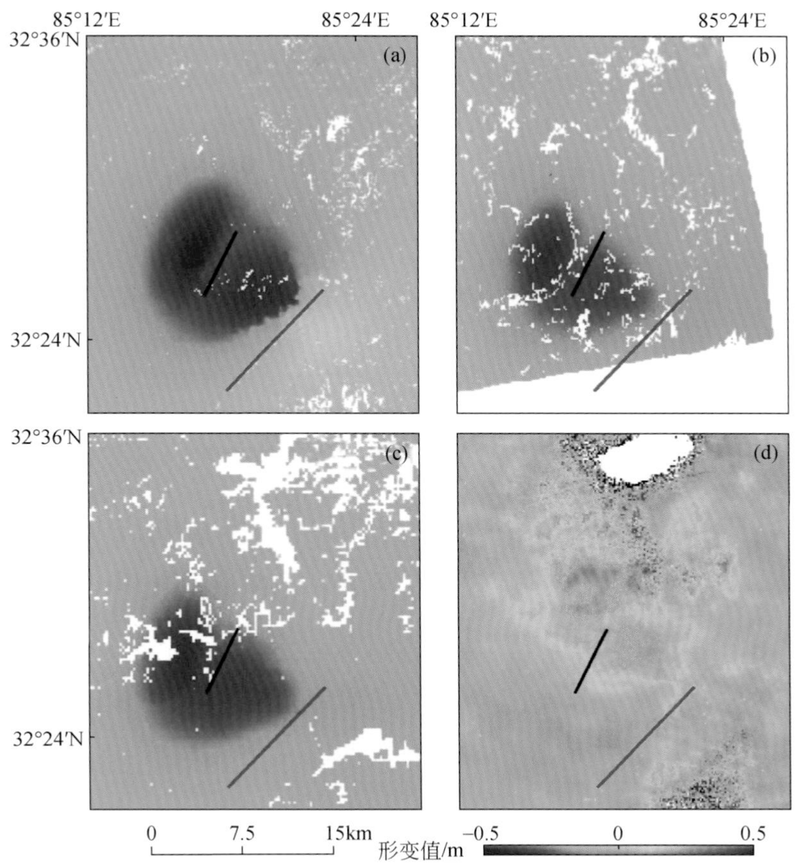

图 3.10　不同视角 SAR 数据获取的改则地震同震形变场

（a）ASAR Track348 降轨 LOS 向同震形变场；（b）ASAR Track427 升轨 LOS 向同震形变场；（c）ALOS Track509 升轨 LOS 向同震形变场；（d）ASAR Track348 MAI 方位向同震形变场

3. 改则地震三维形变场解算

本节中，我们将利用上节获取的三个 LOS 向同震形变场和一个方位向同震形变场，采用多视角解算和方位向与视线向融合两种方法来获取改则地震三维形变场。从图 3.10 中可以看出，各干涉像对对改则地震的覆盖都不同，为获取范围尽可能大的三维形变场，我们在升、降轨多视角解算法中选用了 Track348、Track509、Track427 的 LOS 向同震形变场；在视线向与方位向融合算法中则使用了 Track348、Track509、Track427 的 LOS 向同震形变场和 Track348 MAI 方位向同震形变场。

为减小数据计算量，三维形变场的解算只针对震中附近区域，该区域包括近乎整个上盘形变区域和小部分下盘形变区。根据三维解算模型，我们需要已知各观测资料的卫星飞行方位角和入射角，这些信息可以从卫星数据提供的头文件信息中查到。由于 3D 解算研究区范围相对较小，同时为便于计算，下面不再考虑研究区内入射角的变化，取其平均入射角即可。根据前人研究（洪顺英等，2010），Track348 取平均入射角为 22.79°，Track427

取平均入射角为 40.9°，Track509 在所选形变区域的平均入射角取为 25.81°。

1）升、降轨多视角解算法

将已知的方位角和平均入射角带入公式（3.32），得

$$\begin{bmatrix} d_U \\ d_N \\ d_E \end{bmatrix} = \begin{bmatrix} 3.9423 & -3.4593 & 0.5976 \\ 36.4157 & -35.9296 & -1.2396 \\ -1.9088 & 0.8364 & 0.9233 \end{bmatrix} \begin{bmatrix} L_{\text{track348}} \\ L_{\text{track427}} \\ L_{\text{track509}} \end{bmatrix} \tag{3.46}$$

式中，L_{Track509}、L_{Track427}、L_{Track348}分别表示 Track509、Track427、Track348 的 D-InSAR 视线向形变量；d_U、d_N、d_E分别代表垂直向、南北向、东西向三维形变分量。将获取的 LOS 向形变代入式（3.46），即可求得改则地震 3D 同震形变场。

结果如图 3.11 所示，红色线条为推测发震断层位置，其西北侧为上盘，主震断层上盘的下降运动特征显著［图 3.11（a）］，最大沉降量约为 76.7cm，具有明显的正断层破裂特征。东西向形变的最大向东形变值约为 30cm，并且大部分区域的形变值小于 10cm［图 3.11（b）］。东西向形变特征复杂，可能与短时间内发生多次地震事件有关，表现为主余震位置两侧存在东西向分离现象，但大部分区域呈现为东向的运动。整个 3D 解算区的南北向形变［图 3.11（c）］为厘米级，最大向南形变值约为 6.4cm。

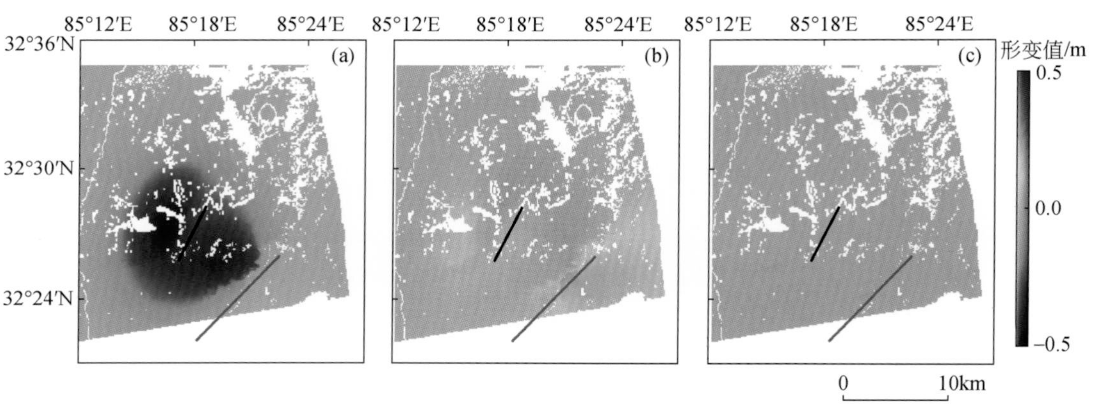

图 3.11　改则地震三维形变场结果图

（a）、（b）、（c）分别为垂直向、东西向和南北向结果

2）视线向形变与方位向形变融合解算法

将已知参数及观测数据代入式（3.46），LOS 向形变数据是 Track348、Track509、Track427 形变场，方位向形变数据是 Track348 利用 MAI 算法获取形变场，得

$$\begin{bmatrix} L_{\text{Track509}} \\ L_{\text{AZ}} \\ L_{\text{Track427}} \\ L_{\text{Track348}} \end{bmatrix} = \begin{bmatrix} 0.7771 & -0.0893 & -0.6229 \\ 0 & -0.9785 & -0.2064 \\ 0.7559 & -0.1156 & -0.6445 \\ 0.9219 & -0.0799 & 0.3790 \end{bmatrix} \begin{bmatrix} d_U \\ d_N \\ d_E \end{bmatrix} \tag{3.47}$$

在利用式（3.47）解算三维形变前，需要得到观测数据权重矩阵 $\boldsymbol{P}$。由于 MAI 测量值相对 D-InSAR 获取的 LOS 向形变量误差较大，所以简单地将两类观测值进行等权处理是

不恰当的，需要通过分配权重达到抑制误差传播的目的。我们选择 Helmert 验后方差估计法（王家庆，2015）定出两类观测值的权重。

解算结果如图 3.12 所示，红色线条为推测发震断层位置，其西北侧为上盘，东南侧为下盘。垂直向形变上，发震断层两侧分界明显，上盘也存在明显的东西沉降双心特征，其中西、东中心沉降量分别约为 49cm、41cm（黑色线条两侧）；下盘最大隆升量约为 3cm。东西向形变场也在主、余震位置两侧区域表现出明显的东西分离现象，最大朝东形变量为 26cm，最大朝西形变量为 14cm。发震断层上、下盘的南北向形变分布差异较大，上盘区域内分布着两个形变性质相反的区域，向南和向北形变区分别位于上盘的北部、南部，其中最大向南形变量约 40cm，向北形变量约为 20cm；下盘南北向形变近乎 0；另外，3D 解算区的北部空区附近还存在一些南北向形变量值较大的噪声点。

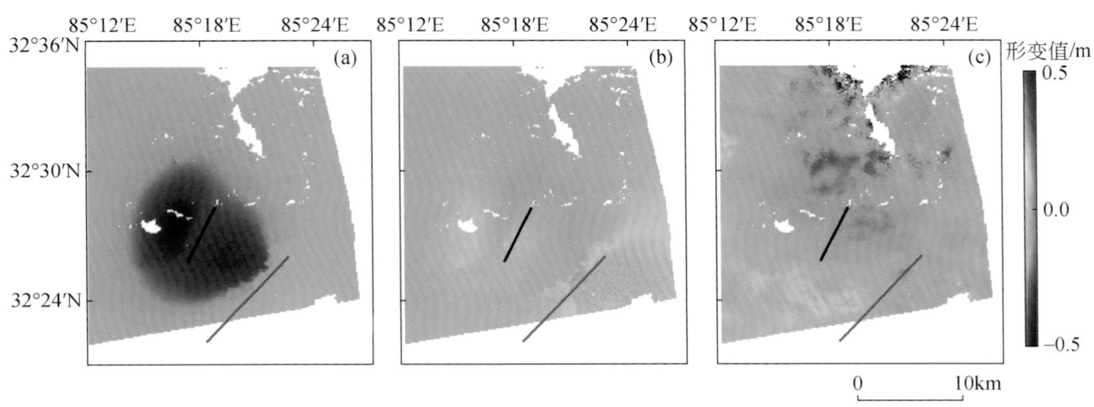

图 3.12　MAI 与 D-InSAR 融合解算的 3D 形变场

（a）、（b）、（c）分别为垂直向、东西向和南北向结果

3）不同解算方法优劣势比较

直观对比图 3.11 与图 3.12，可以看到，两种方法获取的垂直向形变和东西向形变在形态特征与量级上非常一致，都存在沉降双心特征和东西向形变分离现象。两者的差异集中在南北向形变上，主要表现在：①两种方法得到的南北向形变的量级存在较大的差别。多视角解算的南北向形变量级明显小于 MAI 与 D-InSAR 融合法。前者的形变量范围在 −17 ~ 20cm，后者几乎较之大一倍。但对于走滑分量较小的改则地震而言，不应出现量级较大的南北向形变。②两者表现出较大的特征差异。多视角解算结果整体向南运动且最大值约 16.6cm，主震断层上盘相对下盘存在向南运动。但后者上盘中余震断层（图 3.12 中黑色线条）两端却存在两个形变性质相反的区域，大面积的北向形变集中在余震断层的南部。另外，后者在 3D 解算区北部空洞附近，散乱分布着少量米级形变散点，由于这些大形变量值点集中在空区边缘，而这些空区是对相干性较低区域掩膜后生成的，同时 MAI 较之 InSAR 对相干性更加敏感，可以认为这些点是由 MAI 测量误差导致的噪声点。

综上所述，多视角解算模型是基于三种或三种以上不同视线向的干涉测量结果，通过构建解算方程进行 3D 形变场解算，其对平台数据要求较高，同一次地震要收集多次不同视角的卫星数据有一定难度。另外，由于雷达遥感卫星大多数属于极轨卫星，极轨卫星的轨道基本上与南北向平行，所以干涉测量对南北向形变量的敏感性很低。因此，多视角直接解算模型不利于解算南北向形变量，可能存在较大的误差，但其垂直向解算精度较高。

结合方位向形变场解算模型的特点是利用实测方法获得方位向的形变量，从而降低了对干涉测量数据的要求，只需要升、降轨两种不同视线向同震干涉测量数据即能够满足3D 解算要求。但是，由于 Offset-tracking 获取方位向形变场测量精度有局限性，斑点噪声明显；而 MAI 获取方位向形变场对影像相关性要求较高，并非每次地震都能得到有效测量结果，从而影响 3D 解算。

参考文献

邓起东，张培震，冉永康，等. 2012. 中国活动构造基本特征. 中国科学：地球科学，32(12)：1020～1030

洪顺英，申旭辉，单新建，等. 2010. 基于升降轨 ASAR 的于田 M_S 7.3 级地震同震形变场信息提取与分析. 国土资源遥感，(4)：98～102

黄立人，高砚龙，任立生. 2006. 关于 NEU(ENU)坐标系统. 大地测量与地球动力学，26(1)：97～99

李延兴，张静华，张俊青，等. 2007. 一种由地心直角坐标到大地坐标的直接转换. 大地测量与地球动力学. 27(2)：37～42，46

史海锋，张卫斌. 2012. 空间直角坐标与大地坐标转换算法研究. 大地测量与地球动力学，32(5)：78～81

王家庆. 2015. 2008 年改则地震多视角 InSAR 三维形变场及断层滑动反演. 北京：中国地震局地质研究所硕士研究生学位论文

Bamler R, Eineder M. 2005. Accuracy of differential shift estimation by correlation and split-bandwidth interferometry for wideband and delta-k SAR systems. IEEE Geoscience and Remote Sensing Letters, 2(2): 151～155

Bechor N B D, Zebker H A. 2006. Measuring two-dimensional movements using a single InSAR pair. Geophysical Research Letters, 33(16): 1～5

Gray A L, Mattar K E, Vachon P W, *et al.* 1998. InSAR results from the RADARSAT Antarctic Mapping Mission data: estimation of glacier motion using a simple registration procedure. IEEE International Geoscience and Remote Sensing Symposium, 9(1): 1638～1640

Hu J, Li Z W, Zhu J J, *et al.* 2010. Inferring three-dimensional surface displacement field by combining SAR interferometric phase and amplitude information of ascending and descending orbits. Science China: Earth Sciences, 53(4): 550～560

Jung H S, Lu Z, Won J S, *et al.* 2011. Mapping three-dimensional surface deformation by combining multiple-aperture interferometry and conventional interferometry: application to the June 2007 eruption of Kilauea volcano, Hawaii. IEEE Geoscience and Remote Sensing Letters, 8(1): 34～38

Jung H S, Won J S, Kim S W. 2009. An improvement of the performance of multiple-aperture SAR interferometry (MAI). IEEE Transactions on Geoscience and Remote Sensing, 47(8): 2859～2869

Leprince S, Barbot S, Ayoub F, *et al.* 2007. Automatic and precise orthorectification, coregistration, and subpixel correlation of satellite images, application to ground deformation measurements. IEEE Transactions on Geoence & Remote Sensing, 45(6): 1529～1558

Massonnet D, Feigl K L, Rossi M, *et al.* 1994. Radar interferometry mapping of deformation in the year after the Landers earthquake. Nature, 369(6477): 227～230

Massonnet D, Rossi C, Carmona F, *et al.* 1993. The displacement field of the Landers earthquake mapped by radar interferometry. Nature, 364(6433): 138～142

Michael T, Peltzer G. 2006. Current slip rates on conjugate strike-slip faults in central Tibet using synthetic aperture radar interferometry. Journal of Geophysical Research,111(B12):B12402

Michael T,Yin A,Ryerson F J,*et al*. 2003. Conjugate strike-slip faulting along the Bangong-Nujiang suture zone accommodates coeval east-west extension and north-south shortening in the interior of the Tibetan Plateau. Tectonics,22(4):1044

Michel R,Rignot E. 1999. Flow of Glaciar Moreno,Argentina,from repeat-pass Shuttle Imaging Radar images: comparison of the phase correlation method with radar interferometry. Journal of Glaciology,45(149):93 ~ 100

Pattyn F, Derauw D. 2002. Ice-dynamic conditions of Shirase Glacier, Antarctica, inferred from ERS SAR interferometry. Journal of Glaciology,48(163):559 ~ 565

Srinivasa R B, Chatterji B N. 1996. An FFT-based technique for translation, rotation, and scale-invariant image registration. IEEE Transactions on Image Processing,5(8):1266 ~ 1271

Strozzi T,Luckman A, Murray T, *et al*. 2002. Glacier motion estimation using SAR offset-tracking procedures - White Rose Research Online. IEEE Transactions on Geoscience and Remote Sensing,40(11):2384 ~ 2391

Werner C,Wegmüller U,Strozzi T,*et al*. 2005. Precision estimation of local offsets between pairs of SAR SLCs and detected SAR images. IEEE International Geoscience and Remote Sensing Symposium,7(2):4803 ~ 4805

Wright T,Parsons B,England P,*et al*. 2004. InSAR observations of low slip rates on the major faults of western Tibet. Science,305(5681):236 ~ 239

Zebker H A,Villasenor J. 1992. Decorrelation in interferometric radar echoes. IEEE Transactions on Geoscience and Remote Sensing,30(5):950 ~ 959

第4章　GPS地壳形变监测技术

4.1　GPS观测原理

4.1.1　概述

测量学中有测距交会确定点位坐标的方法。与其相似，无线电导航定位系统、卫星激光测距定位系统，其定位原理也是利用测距交会的原理确定点位。

就无线电导航定位来说，假设地面有三个无线电信号发射台，并且其坐标已知，用户接收机在某一时刻采用无线电测距的方法分别测得接收机至三个发射台的距离为 d_1，d_2，d_3。只需以三个发射台为球心，以 d_1，d_2，d_3 为半径做出三个定位球面，即可交会出用户接收机的空间位置。将无线电信号发射台从地面搬到卫星上，组成一颗卫星导航定位系统，应用无线电测距交会的原理，便可由三个以上的卫星位置交会出地面未知点的位置，这便是GPS卫星定位的基本原理。

GPS卫星发射测距信号和导航电文，导航电文中包含卫星的位置信息。地面接收机在某一时刻同时接收三颗以上卫星发射的GPS信号，测量出接收机到所有卫星的距离（以 ρ 来表示）并解算出该时刻卫星的空间坐标，根据距离交会法即可解算获得测站的空间坐标。设接收机坐标为（X，Y，Z），三颗GPS卫星在 t_i 时刻的坐标为（X^j，Y^j，Z^j），$j=1$，2，3，则可构建三维坐标的观测方程为

$$\begin{cases}\rho_1^2=(X-X^1)^2+(Y-Y^1)^2+(Z-Z^1)^2\\ \rho_2^2=(X-X^2)^2+(Y-Y^2)^2+(Z-Z^2)^2\\ \rho_3^2=(X-X^3)^2+(Y-Y^3)^2+(Z-Z^3)^2\end{cases}\tag{4.1}$$

本节简要介绍两种基本的GPS观测量，码相位伪距观测量和载波相位观测量以及对应的观测方程。

4.1.2　码相位伪距测量

1. 码相位伪距观测值

码相位伪距测量是指GPS卫星依据自己的时钟产生测距码，经过 τ 时间传播到达接收机，接收机依据自己的时钟产生与卫星信号相同结构的测距码——复制码，并通过时延器使其延迟时间 τ' 将这两组测距码进行相关处理，当相关系数为1时，延迟时间 τ' 就是卫星

信号传播时间。τ'乘以光速 c 即可得到卫星到接收机的距离 ρ'，若相关系数不为 1，则继续调整延迟时间。在 GPS 信号传播过程中，受到卫星钟、接收机钟误差，以及大气中电离层、对流层等延迟的影响，实际测出的距离 ρ' 与卫星到接收机的几何距离 ρ 存在一定差值，因而一般称量测出的距离为伪距。测距码包括 C/A 码和 P 码，利用 C/A 码测量得到的伪距为 C/A 码伪距，对 P 码进行测量得到的伪距为 P 码伪距。目前，测量精度达到码元宽度的 1% 是没有问题的。由于 C/A 码码元波长为 293m，测量精度约为 2. 9m；P 码码元波长为 29. 3m，测量精度约为 0. 29m。两者精度相差 10 倍，因而也称 C/A 码为粗码，P 码为精码。

2. 码相位伪距观测方程

考虑信号传播过程中受到的误差项，实测伪距（ρ'）与真正的几何距离（ρ）之间有如下关系式：

$$\rho=\rho'+\delta\rho_1+\delta\rho_2+c\delta t_k-c\delta t^j \tag{4.2}$$

式中，$\delta\rho_1$、$\delta\rho_2$ 分别为电离层、对流层改正项；δt^j、δt_k 为卫星钟差和接收机钟差，δt^j 的上标 j 表示卫星号，δt_k 的下标 k 表示接收机号。

真实的几何距离与卫星坐标（X_s，Y_s，Z_s），接收机坐标（X，Y，Z）之间有如下关系：

$$\rho^2=(X_s-X)^2+(Y_s-Y)^2+(Z_s-Z)^2 \tag{4.3}$$

其中电离层和对流层效应可以使用模型改正，卫星钟差（δt^j）改正可以由导航电文获得。若将接收机钟差（δt_k）作为未知数与位置参数一并解算，则共有四个未知数。将两式融合可得：

$$[(X_s-X)^2+(Y_s-Y)^2+(Z_s-Z)^2]^{1/2}-c\delta t_k=\rho'+\delta\rho_1+\delta\rho_2-c\delta t^j \tag{4.4}$$

上式即为伪距定位的观测方程组。

4. 1. 3　载波相位测量

1. 载波相位观测值

载波相位观测值是在某一个观测历元 GPS 接收机所接收的卫星载波信号与接收机本身参考信号之间的相位差。以 $\varphi_k^j(t_k)$ 表示 k 接收机在接收机钟面时刻 t_k 时所接收到的 j 卫星载波信号的相位值，$\varphi_k(t_k)$ 表示 k 接收机在钟面时刻 t_k 时所产生的本地参考信号的相位值，则 k 接收机在接收机钟面时刻 t_k 观测 j 卫星所取得的相位观测量可写为

$$\phi_k^j(t_k)=\varphi_k(t_k)-\varphi_k^j(t_k) \tag{4.5}$$

实际观测中，接收机只能记录不足一整周的小数部分。在初始 t_0 时刻，测得小于一周的相位差为 $\Delta\varphi_0$，接收机和卫星之间的整周数为 N_0^j，则此时相位差应为

$$\phi_k^j(t_0)=\Delta\varphi_0+N_0^j=\varphi_k^j(t_0)-\varphi_k(t_0)+N_0^j \tag{4.6}$$

接收机继续跟踪卫星信号，记录不足整周的相位差 $\Delta\varphi_t$，并利用整波计数器记录跟踪时间内的整周数变化 $\mathrm{Int}(\varphi)$，若信号没有发生中断，任一时刻 t_i 卫星到接收机的相位差为

$$\phi_k^j(t_i)=\varphi_k(t_i)-\varphi_k^j(t_i)+N_0^j+\mathrm{Int}(\varphi) \tag{4.7}$$

载波相位的观测精度为波长的 1%，对于 L1 载波波长约为 19cm，其测距精度约为 1.9mm，L2 载波波长约为 24cm，对应测距精度约为 2.4mm；由此可见，载波相位观测值测距精度远高于码相位观测值。

2. 载波相位观测方程

考虑到卫星钟差，接收机钟差，电离层和对流层因素对载波相位观测值的影响，载波相位观测方程一般形式为

$$\varphi_k^j = \frac{f}{c}\rho + f\delta t_{\mathrm{a}} - f\delta t_{\mathrm{b}} - \frac{f}{c}\delta\rho_1 - \frac{f}{c}\delta\rho_2 + N_k^j \tag{4.8}$$

式中，卫星发射的载波频率和接收机本身产生的参考信号频率相同，均为 f；$\delta\rho_1$、$\delta\rho_2$ 为电离层和对流层延迟；δt_{a}、δt_{b} 表示卫星钟和接收机钟差；$N_k^j = N_0^j + \mathrm{Int}(\varphi)$，表示载波相位整周数。

3. 整周模糊度解算

在利用载波相位观测值进行定位时，一周的模糊度偏差就会对定位结果产生分米级误差，为了获得高精度定位结果必须精确求解模糊度大小。常用的方法有以下几种：

1）经典待定系数法

把整周模糊度当作平差计算中的待定系数加以估计和确定有两种方法。

（1）整数解。

整周模糊度的值理论上为整数，但是由整数最小二乘方法解算结果一般不是整数。此时选取与所得结果距离最近的整数值作为代替解，带入观测方程中进行平差计算，得到其他未知量。该方法适用于观测偏差对观测影响较小的情况，适用于短基线。

（2）实数解。

当基线较长时，误差的相关性将降低，误差对观测值产生较大影响。将整周未知数取整并不能保证解的正确性，所以通常将实数解作为最终解，即将整数最小二乘方法求得的结果直接带入观测方程计算其他未知量。

采用经典待定系数法需要观测时间较长，定位速度慢，只有在精度要求特别严格时才使用。

2）整周模糊度函数法

整周模糊度函数法（ambiguity function method，AFM）基本思路是，将载波相位残差转化为复平面上的一个函数，然后利用余弦函数对 2 整数倍数的不敏感性，对应函数值最大的搜索网格点即为所求。该方法仅利用载波相位观测值的非整数部分，因此模糊度函数值与整周模糊度无关。求解过程可以分为三步：确定未知点初始坐标，建立搜索空间；逐点搜索；固定模糊度。模糊度函数法缺点是计算量大，所需时间长，难以满足实时动态定位要求。

3）快速模糊度解算法

快速模糊度解算法（fast ambiguty resolution approach，FARA）于 1990 年由 E. Frei 和 G. Beutler 提出。这种算法基于统计检验，首先利用一组已观测到的载波相位观测值建立双差方程，求出双差整周模糊度的实数估计值和协方差，以数理统计理论的参数估计和统计假设检验为基础，建立置信区间，对每一组落在该置信区间内的模糊度组合进

行检验，其中满足统计检验又具有最小方差的模糊度组合即为模糊度未知数的最佳估值。

4）Lambda 法

Lambda 法主要思路是利用 Z 变换降低各模糊度之间的相关性，大大降低模糊度搜索空间和计算量，得到更高的解算精度。可以分为以下三步：

（1）采用标准最小二乘求出基线分量和模糊度的浮点解，以及对应的方差、协方差矩阵；

（2）采用 Z 变换进行模糊度降相关处理；

（3）利用序贯条件最小二乘法连同一个离散的搜索方法，对整数模糊度进行估计，最后使用 Z-1 变换将求得的模糊度变回原来的模糊度空间，并求解出相应的位置参数。

4. 周跳探测与修复

由载波相位测量原理可知，载波相位观测值由整周数和不足一周的相位差两部分组成。在接收机跟踪卫星信号的过程中，如果没有发生信号失锁，整周记数部分应该为连续变化。但是由于某种原因，计数器未记录两个观测历元间的整周数变化，但是不到一个整周的相位观测值仍是正确的，这种周数的跳变现象称为周跳。周跳的发生往往难以避免，产生的原因一般有三类：

（1）由于障碍物（如树木、建筑物等）遮挡导致卫星和接收机之间信号中断，这是最常见的情况；

（2）卫星信号的信噪比低，主要由电离层活动、多路径效应、接收机的高动态、卫星的高度角很低等原因引起；

（3）接收机自身原因，因接收机内置软件设计不周全而产生错误的信号处理。

常用的周跳探测与修复方法有高次差法、多项式拟合法、电离层残差法和 M-W 组合方法，下面简要介绍各个方法：

1）高次差法

卫星相对于接收机在高速运动，整周计数每秒钟可变化数千周，当存在几十周甚至更小的周跳时，往往很难直接探测出。假设在观测期间没有发生周跳，在相邻两个观测值之间求差后会发现整周计数的差值会小得多，在此基础上继续求高次差，受接收机振荡器随机误差影响，整周计数会趋于随机性。但是如果在观测时段内某一时刻发生了周跳，与发生周跳的时刻相关的各次差中，误差会越来越大而不是趋近于 0，高次差法就是根据这一原理探测和修复周跳。

2）多项式拟合法

在没有发生周跳的情况下，载波相位观测值随时间的变化是一条平滑的曲线；周跳发生后，会在发生周跳历元产生跳跃。多项式拟合法正是利用这一特性，利用数个不存在整周跳变的载波相位观测值进行多项式拟合，根据最小二乘求出多项式拟合的系数，依据多项式来预测之后历元的载波相位观测值，并与实际观测值进行比较。若预测值与观测值之差超过阈值，则认为发生了周跳，并进行周跳修复。

3）电离层残差法

电离层残差法由 Goad 提出，该方法根据接收机获取的双频观测数据组成电离层残差检测量，计算历元间检测量的变化来判断是否有周跳产生。

双频 GPS 接收机同一个历元中，载波相位观测方程可表达为

$$\phi_1=\frac{f_1}{c}\rho+f_1\delta t_a-f_1\delta t_b-\frac{f_1}{c}\delta\rho_{f_1}-\frac{f_1}{c}\delta\rho_1+N_1 \tag{4.9}$$

$$\phi_2=\frac{f_2}{c}\rho+f_2\delta t_a-f_2\delta t_b-\frac{f_2}{c}\delta\rho_{f_2}-\frac{f_2}{c}\delta\rho_2+N_2 \tag{4.10}$$

采用双频载波相位观测值的组合，已经消去卫星测站间的距离（ρ）、卫星与接收机钟差项及大气对流层延迟改正项，只保留整周数之差和电离层折射的残差项，则有

$$\Delta\phi=\phi_1-\frac{f_1}{f_2}\phi_2=N_1-\frac{f_1}{f_2}N_2-\frac{A}{cf_1}+\frac{A}{cf_2^2/f_1} \tag{4.11}$$

利用组合后的 $\Delta\phi$ 值便可以探测整周数的跳变。如果没有周跳，相邻历元的 $\Delta\phi$ 之差为电离层残差变化值。若电离层比较稳定，采样间隔只有几秒钟，电离层延迟的变化为亚厘米级。如果 $\Delta\phi$ 发生突变，则说明 L1 或者 L2 的载波相位观测值可能存在周跳。当两个载波相位观测值都出现周跳，则不能使用这种方法。

4）M-W 组合法

M-W 组合法，又称宽巷相位减窄巷伪距组合法，该方法可以消除站星之间的几何距离、电离层延迟、对流层延迟，是周跳探测中常用的组合方法，公式如下：

$$N_w=N_1-N_2=(\varphi_1-\varphi_2)-\frac{f_1-f_2}{f_1+f_2}\frac{(f_1P_1+f_2P_2)}{C} \tag{4.12}$$

式中，N_w 为宽巷模糊度；N_1、N_2 分别为两个频点的整周模糊度；φ_1、φ_2 为载波相位观测值，f_1、f_2 为载波信号的频率；P_1、P_2 为对应的伪距观测值。从第一个历元至第 i 个历元所求得的 i 个 ΔN 值的均值及其方差的计算公式为

$$\overline{\Delta N^i}=\overline{\Delta N^{i-1}}+\frac{1}{i}(\Delta N^i-\overline{\Delta N^{i-1}}) \tag{4.13}$$

$$\sigma_i^2=\sigma_{i-1}^2+\frac{1}{i}[(\Delta N^i-\overline{\Delta N^{i-1}})^2-\sigma_{i-1}^2] \tag{4.14}$$

将第 $i+1$ 个历元的双频观测量代入下式，若满足条件，则证明该历元处的观测数据包含周跳。

$$|\Delta N^{i+1}-\overline{\Delta N^i}|\geqslant 4\sigma_i \tag{4.15}$$

$$|\Delta N^{i+2}-\overline{\Delta N^{i+1}}|\leqslant 1 \tag{4.16}$$

M-W 组合观测值的特点为：

（1）消除了电离层，对流层延迟，接收机和卫星钟差及测站卫星几何距离误差，仅受观测噪声和多路径效应的影响；

（2）较长的波长（约 86cm）和较小的测量噪声；

（3）计算结果中只包含理论上为整数的宽巷模糊度值。

如果 L1 和 L2 频率的载波相位观测值中包含的周跳大小相等，则该方法无效。当观测噪声和多路径效应明显时，使用固定的判断与之进行周跳检测容易出现误判或漏判的情况。

4.1.4　GPS 测量的误差来源及其影响

GPS 定位技术是通过地面接收设备接受卫星传送的信息确定地面三维坐标。按照影响的不同阶段，可以将误差分为 GPS 信号传播、卫星本身及信号接收三个方面。同其他测量技术相同，也可以按照性质将其分为系统误差与偶然误差两类。偶然误差主要包括信号的多路径效应，系统误差主要包括卫星的星历误差、卫星钟差、接收机钟差及大气折射误差等。其中系统误差无论从误差的大小还是对定位结果的危害性讲都比偶然误差大得多，为主要误差源。同时系统误差有一定的规律可循，可采取一定措施加以减弱消除。

下面分别讨论 GPS 信号传播、卫星本身及信号接收三个方面的误差对定位的影响及其处理方法。

1. 与信号传播有关的误差

与信号传播有关的误差有电离层延迟、对流层延迟及多路径效应。

1）电离层延迟

电离层是指分布在地球上空距地面高度在 50 ~ 1000km 范围内的大气部分。电离层中的气体分子受到太阳各射线的辐射及电磁环境等众多因素的影响，产生强烈的电离形成大量的自由电子和正离子。一方面，电离层的存在可以反射无线电波进行通信，减少紫外线辐射和高能粒子对地球上生物体的影响；另一方面当卫星信号经过电磁空间时，如同其他电磁波一样，信号会受到不同程度的折射和延迟。电离层误差是 GPS 测量的一个重要误差源。电离层延迟误差在一天中的变化小到几米，大到 20m，且电离层在时空上的变化极为复杂，在时空域内的变化和分布呈随机性、不平衡性、无序性和非线性性等不规则特征，电离层模型的建立十分困难。

单一频率的电磁波（载波相位观测值）在空间中传播速度称为相速度，调制信号（测距码）在空间传播的速度为群速度。电磁波在电离层中传播时，测距码速度降低，造成伪距测量值变长；自载波相位传播速度加快，造成载波相位测量值变短。伪距测量时电离层延时为

$$I = 40.28\,\frac{N_e}{f^2} \tag{4.17}$$

式中，N_e为卫星信号传播路径上的电子总量；f为信号频率。可见电离层改正的大小主要取决于电子总量和信号频率。载波相位测量时的电离层折射改正和伪距测量时的改正数大小相同，符号相反。

电离层误差修正分为以下几种方式：

（1）双频组合修正。

由上述公式可知，电离层改正项与电磁波频率f的平方成反比。设置两个卫星信号频率分别为f_1和f_2，传播路径相同，则电离层延迟只与频率有关。测量两个频率信号到接收机的时间差，即可推算出各自的电离层延迟。

（2）电离层改正模型。

电离层改正模型按照性质可以分为两类：

第一类是经验模型，根据前期长时间收集到的观测资料而建立起来的，能反应电离层平均变化规律的经验模型，如 Bent 模型、Kolbuchar 模型、IRI 模型和 NeQuick 模型。由于电离层变化不规则，使用上述模型改正精度并不高。

第二类是实测模型，根据某一时段中某一区域内实际测定或提取的电离层延迟，采用某种数学方法拟合出来的模型。目前主要的模型有多项式模型、球谐函数模型、三角函数模型及格网模型。相比经验模型，实测模型不需要对电离层内部机制进行更深入的了解，且模型包含了随时间的小尺度变化，因而实测模型常能取得更为理想的结果。

（3）同步观测求差。

使用两台接收机在基线两端同步观测，当两个观测站相距较近，信号传播路径上大气状况相近，与信号传播有关的误差就可以通过同步观测量之间求差而减弱。该方法对短基线效果十分明显，随着距离增长，大气延迟的空间相关性减弱，改正精度随之明显降低。

2）对流层延迟

对流层是地球表面较低部分的大气，其大气密度比电离层更大，大气状态更为复杂。GPS 信号通过对流层时，对流层中的中性原子和分子对电磁信号产生影响，传播路径发生弯曲，从而使测量距离产生偏差，称为对流层延迟或对流层折射，与电离层不同，对流层延迟与频率无关。

对流层延迟与 GPS 天线位置及大气温度、气压和湿度有关，也使得对流层延迟比电离层延迟更复杂。对流层延迟的影响与信号的高度角有关。天顶方向（高度角为 90°）的对流层延迟约为 2m，随着天顶角的增大而增大。在几度的高度角下影响可达数十米，是 GPS 测量的重要误差源。

对流层延迟较为复杂，削弱对流层延迟方法主要有三类：

（1）采用经验模型改正。主要有 Hopfield 模型、Saastamoinen 模型、Black 模型等。

（2）参数估计法。引入描述对流层影响的附加待估参数，在数据处理中一并求得。

（3）直接利用水汽辐射计观测数据获取对流层延迟量。

3）多路径效应

多路径是指 GPS 信号通过不止一条路径到达接收机天线的现象，如果测站周围的反射物所反射的卫星信号进入接收机天线，将与直接来自卫星的信号产生干涉，从而使观测值偏离真值，产生多路径误差。

多路径效应同时影响伪距和载波相位测量，是一种重要的误差源。多路径效应对于 P 码测量误差最大可达 15m，C/A 码测量可达 150m。载波相位测量的多路径误差为厘米量级。

多路径效应与卫星信号方向、反射系数和反射物离测站远近有关，根据这些特性可以采取以下措施来削弱多路径效应。最简单的避免多路径效应的方法是选择合适的站址，远离可能的反射表面，如大面积的反射水面、山谷盆地和高层建筑；在天线方面，可以设置抑径板，由于反射面会改变极化方式，接收天线对于极化特性不同的反射信号应有较强的抑制作用；反射表面相对接收机通常不变，但由于卫星是运动的，多路径效应是时间的函数，所以在静态定位中经过较长时间的观测后，多路径效应的影响可大为削弱。

2. 与卫星有关的误差

1）卫星星历误差

卫星星历误差是指由星历给出的卫星在空间位置与实际位置之差。卫星在运行中受到多种摄动力作用，轨道模型与真实运行轨道之间存在较大偏差。卫星星历是 GPS 定位重要起算数据，星历有广播星历和精密星历两种方式。广播星历是地面控制站根据观测数据进行外推得到的卫星轨道数据，由卫星以导航电文的形式发送给接收机。由于外推特性，广播星历存在较大误差。精密星历是指通过实际测量并拟合处理得到的结果，需要在已知的精确位置上跟踪卫星来计算观测瞬间卫星的真实位置，精度高但是需要长时间观测获取。

目前比较好的消除星历误差影响的方法是同步观测求差。利用两个或多个观测站上，对同一卫星的同步观测值求差，以减弱卫星星历误差的影响。当两接收机观测点相距较近时，消除误差效果更明显。卫星星历误差影响大小估计方式如下：

$$\frac{\mathrm{d}b}{b}=\frac{\mathrm{d}s}{\rho} \tag{4.18}$$

式中，b 为基线长；$\mathrm{d}b$ 为星历误差对基线的影响；$\mathrm{d}s$ 为星历误差；ρ 为卫星到地球的距离。取 $b=5\mathrm{km}$，$\rho=25000\mathrm{km}$，$\mathrm{d}s=50\mathrm{m}$，则 $\mathrm{d}b=1\mathrm{cm}$，可见，采用相对定位可有效减弱星历误差的影响。

2）卫星钟的钟差

卫星钟的钟差包括由钟差、频偏、频漂等产生的误差，也包含随机误差。码相位观测和载波相位观测都要求卫星钟和接收机钟保持严格同步。尽管 GPS 卫星均设有高精度的原子钟，但与 GPS 标准时之间仍存在着偏差或漂移，并且伴随时间变化偏差也会改变。

卫星钟的钟差一般可表示为二阶多项式：

$$\Delta t_{\mathrm{s}}=a_0+a_1(t-t_0)+a_2(t-t_0)^2 \tag{4.19}$$

式中，t 为当前历元时间；t_0为时钟基准时间；a_0、a_1、a_2分别为钟的钟差、钟速及钟速的变率。这些数值由卫星的地面控制系统根据跟踪资料和 GPS 标准时推算得到，并通过卫星的导航电文提供给用户。

通过上述参数解算修正后的结果并不能完全去除钟差，可采用在接收机间求一次差等方法来进一步消除。

3）相对论效应

爱因斯坦提出的狭义和广义相对论是需要考虑的重要因素，是因为卫星钟和接收机钟不同的运动速度和重力位引起卫星钟和接收机钟之间存在相对钟误差，主要取决于卫星的运动速度和重力位。

由于卫星处于高速运动状态，根据狭义相对论的原理卫星时钟频率将变为

$$f_{\mathrm{s}}=f\left[1-\left(\frac{V_{\mathrm{s}}}{c}\right)^2\right]^{1/2}\approx f\left(1-\frac{V_{\mathrm{s}}^2}{2c^2}\right) \tag{4.20}$$

式中，V_{s}为卫星在惯性坐标系中的运动速度；f 为钟频率；c 为真空中的光速。将 GPS 卫星的平均运动速度代入得到卫星钟相对本地接收机钟产生了$-0.835\times10^{-10}f$的频率偏差。

根据广义相对论理论，若卫星与接收机重力势能差为 ΔU，那么同一台钟在卫星上与

在地面上的频率将相差为

$$\Delta f_2 = \frac{\Delta U}{c^2} f \tag{4.21}$$

计算时忽略日、月引力位，将地球重力位看作质点位。上式可以表示为

$$\Delta f_2 = \frac{\mu}{c^2} f \left(\frac{1}{R} - \frac{1}{r} \right) \tag{4.22}$$

式中，μ 为万有引力常数与地球质量的乘积，$\mu = 3.986005 \times 10^{14}\,\mathrm{m}^3/\mathrm{s}^2$；$R$ 为接收机到地心距离，取地球半径为 6378km；r 为卫星到地心距离，取 26560km，得到 $\Delta f_2 = 5.284 \times 10^{-10} f$。总的相对论影响为 $4.449 \times 10^{-10} f$。

上述计算均是卫星围绕圆形轨道产生的相对论效应。事实上，卫星轨道是一个椭圆，由非圆轨道产生的偏差项也需要计算改正，修正为

$$\delta_{\mathrm{r}} = -\frac{2\sqrt{aGM}}{c} e \sin E \tag{4.23}$$

式中，a 为卫星运行轨道半径；G、M 为地球引力常数；c 为光速；e 为卫星所在轨道上的偏心率；E 为卫星所在轨道偏近点角，计算出 δ_{r} 值可在卫星钟加以频率修正。

3. 与接收机有关的误差

1）接收机钟误差

接收机钟差是指接收机钟实际时间与标准时间的差异，与卫星钟差定义类似，且接收机钟差也随时间发生变化。用户接收机一般配备石英钟，稳定度约为 10^{-9}。地面一些对性能要求高的接收机会使用铷原子钟。有以下几种方法减弱接收机钟差：

（1）把每个观测历元的接收机钟差当作一个独立的未知数，同位置信息一并求解出来；

（2）与卫星钟差类似，将接收机钟差表示为时间多项式函数，在观测量平差计算中求解多项式系数，该方法精度与函数模型有效程度相关；

（3）通过卫星间求差来消除接收机钟差，与方法（1）等价。

2）天线相位中心误差

天线相位中心是指微波天线的等效辐射中心，即天线接收 GPS 卫星信号的位置。理想天线具有唯一、固定的相位中心，等相面为球面。而实际上，绝大部分天线的相位中心只在距离主瓣小于一定距离的范围内保持相对的恒定。在接收不同方向的卫星信号时会引入额外的相位差异。

天线相位中心误差包括相位中心偏差（phase center offsets，PCO）和相位中心变化（phase center variation，PCV）两个部分（图 4.1）。天线相位中心偏差是指天线的几何中心与相位中心的偏差。天线相位中心变化是指瞬时天线相位中心与平均天线相位中心的差距，随着接收信号的高度角和方位角变化，可以描述为方位角和高度角的函数。不同类型天线相位中心误差各不相同。另外，接收机天线整流罩也会影响天线相位中心偏差与变化。

通常对相位中心偏差和变化进行建模，经过精细的校准完成天线相位中心校正。另外，高精度数据处理软件 GAMIT 已经加入了天线相位中心改正模型，适用于国内外生产的多种天线类型。

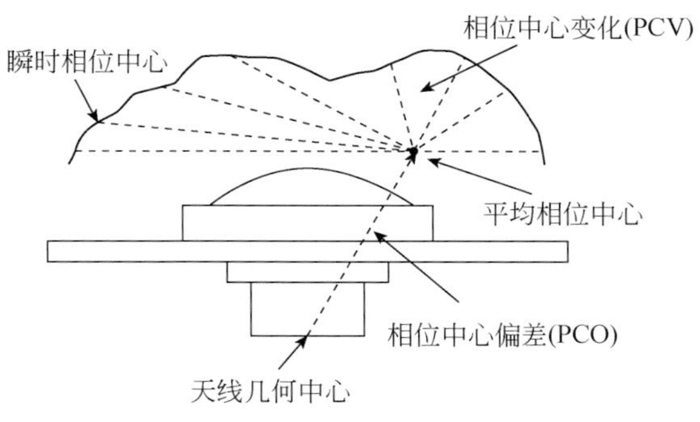

图 4.1　天线相位中心误差示意图

4. 其他误差

1）地球自转影响

GPS 采用的是协议地球坐标系，当卫星信号传播到观测站时，与地球固联的协议坐标系相对于卫星发射信号瞬间的位置已产生了旋转，导致接收的信号会存在时间延迟（$\Delta\tau$）。若地球自转角速度为 ω，则旋转的角度为

$$\Delta\alpha=\omega\Delta\,\tau_i^j \tag{4.24}$$

由此引起坐标系中的坐标变化为

$$\begin{bmatrix}\Delta X\\ \Delta Y\\ \Delta Z\end{bmatrix}=\begin{bmatrix}0 & \sin\Delta\alpha & 0\\ -\sin\Delta\alpha & 0 & 0\\ 0 & 0 & 0\end{bmatrix}\begin{bmatrix}X^j\\ Y^j\\ Z^j\end{bmatrix} \tag{4.25}$$

式中，（X^j，Y^j，Z^j）为卫星的瞬时坐标。

2）地球潮汐改正

地球上的弹性体在太阳和月球的万有引力作用下，固体地球要产生周期性的弹性形变，称为固体潮。同时，地球上的负荷也将引起地球自身周期性形变，称为负荷潮汐，如海潮。

固体潮和海潮影响下测站的位移值 δ 可表达为

$$\begin{cases}\delta_\gamma=h_2\dfrac{U_2}{g}+h_3\dfrac{U_3}{g}+4\pi GR\displaystyle\sum_{i=1}^{n}\dfrac{h_i'\sigma_i}{(2i+1)g}\\ \delta_\varphi=\dfrac{l_2}{g}\dfrac{\partial U_2}{\partial\varphi}+l_3\dfrac{\partial U_3}{\partial\varphi_3}+\dfrac{4\pi GR}{g}\displaystyle\sum_{i=1}^{n}\dfrac{l_i'}{2i+1}\dfrac{\partial\sigma_i}{\partial\varphi}\\ \delta_\lambda=\dfrac{l_2}{g}\dfrac{\partial U_2}{\partial\lambda}+l_3\dfrac{\partial U_3}{\partial\lambda_3}+\dfrac{4\pi GR}{g}\displaystyle\sum_{i=1}^{n}\dfrac{l_i'}{2i+1}\dfrac{\partial\sigma_i}{\partial\lambda}\end{cases} \tag{4.26}$$

式中，U_2、U_3 为日、月的二阶和三阶引力潮位；σ_i 为海洋单层密度；h_i、l_i 为第一、第二勒夫数；h_i'、l_i'为第一、第二负荷勒夫数；g 为万有引力常数；R 为平均地球半径。

4.2　GPS 数据处理方法

GPS 测量数据处理是研究 GNSS 定位技术的一个重要内容。随着 GPS 技术的发展和广泛应用，大地测量已发生了革命性的变化，并在地球动力学、GPS 气象学等研究中得到广泛应用。目前，几十千米以下的短距离 GPS 静态定位已经比较成熟，GPS 接收机随机软件能够满足大多数应用的需求。但是在长距离、大范围、高精度大型工程及板块运动监测中，随机软件已不能满足精度需求，必须使用高精度数据处理软件。一款好的 GPS 数据处理软件，需要考虑到观测值的数量-类型及分布、基准的选择、初始坐标的精度、粗差处理能力、基线解算方法、有关轨道的各种摄动计算、大气对流层校正，以及网平差处理方法的完善性等因素带来的影响。目前，世界上有四个比较有名的 GPS 高精度科研分析软件：

（1）美国麻省理工学院（Massachusetts Institute of Technology，MIT）和斯克里普斯海洋学研究所（Scripps Institution of Oceanography，SIO）共同开发的 GAMIT 软件；

（2）美国喷气推进实验室（JPL）开发的 GIPSY 软件；

（3）瑞士伯尔尼大学研制的 Bernese 软件；

（4）德国菠茨坦地学研究中心（Helmholtz-Centre Potsdam-German Research Centre for Geosciences，GFZ）的 EPOS 软件。

由于设计用途的出发点和侧重点不同，这几个软件在 GPS 数据处理方面有着各自的应用特点。

4.2.1　高精度 GPS 数据处理流程

本节以 GAMIT/GLOBK 软件为例来简要说明高精度 GPS 数据后处理的基本流程（图 4.2）。

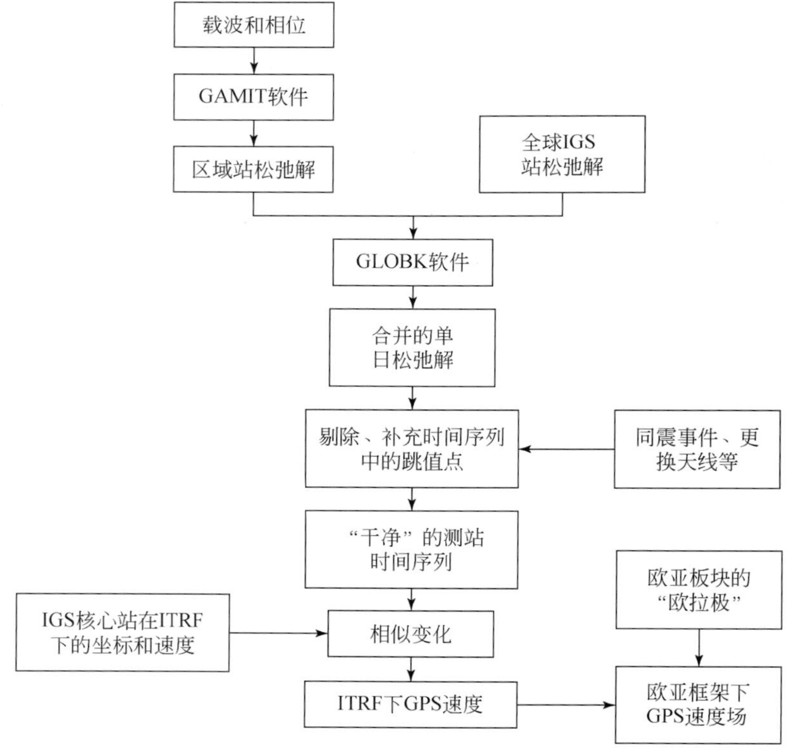

图 4.2　GAMIT 软件处理 GPS 数据流程图

1. 单日松弛解解算

GAMIT 程序通过估算站点位置坐标、模糊度、极移、对流层天顶延迟和卫星轨道参数等及其方差、协方差矩阵，来计算单日松弛约束解。GAMIT 解算应用加权最小二乘算法迭代计算，至少计算两次来减少相对于先验坐标的残差，使估计精度从厘米减小到毫米级。GAMIT 软件通过 AUTCLN 程序应用双差或者三差观测来修复周跳，使用 Melbourne-Webbena 宽巷相位和编码线性组合可以解算高于 90% 的模糊度参数。在处理过程中，需要系统地设置 sestbl. 文件参数，考虑在日常处理中的动力学模型，如 IERS 1992 重力场模型、卫星加速度非重力场模型，以及系统处理后的国际全球卫星导航服务（international GNSS service，IGS）地心精密轨道。考虑到方位角不对称影响，天顶延迟和大气梯度估计必须通过应用覆盖整个观测周期的线性分段函数来实现；通常可采用全球压力和温度模型 GPT50，两个站点位置及时间函数可以生成大气压和温度的模型值，利用球谐函数简单地拟合气象数据。对于任意站点的天顶延迟改正值，则可以从 Vienna 大气映射函数计算的先验全球网格数据文件中外推得到。考虑到地球固体潮汐，使用 IERS 2003 模型；极潮改正使用 IERS 标准模型，海洋潮汐模型采用 FES2004 潮汐模型。

2. 单日松弛解合并到全球框架下

GLOBK 软件是平滑卡尔曼滤波分析软件，用于单日松弛解合并、坐标补偿、位置时间序列计算、估计欧拉极及定义参考框架等，在时间序列估计过程中可加入随机漫步噪声。对于区域 GPS 网的数据处理，我们通常得到的单日松弛解是无基准解，因此，须与 IGS 单日松弛全球解进行联合，主要步骤如下：

（1）将松弛约束的包含参数估计和协方差的单日解 h 文件与 SOPAC（Scripps Orbit and Permanent Array Center）下载的全球 IGS 的 h 文件进行合并，其中，命令文件包含有 globk_comb. cmd、glorg_comb. cmd、globk_long. cmd、glorg_long. cmd、glorg_vel. cmd 等命令文件，可以根据具体需求和参考框架定义来修改。

（2）将单年的时间序列合并生成多年时间序列并画图，可采用 sh_plot_pos、sh_plotcrd 等命令来实现。

（3）GPS 测站时间序列的检核、构造信号和非构造信号的分析，可以采用 GGMatlab、CATS 等程序包来实现。

（4）测站坐标和速度的估计：根据研究目的的不同，参考框架的站点、分布、数据都有所不同；一般选取全球分布、站点稳定、时间序列连续的 IGS 站作为全球参考框架，并运行 GLOBK 脚本获取站点的精确坐标和速度。

4.2.2 GPS 数据处理进展

随着定位精度的不断提高，GPS 已成为地壳运动监测和大陆动力学研究中不可取代的数据源。GPS 定位精度的提高源于两个方面，一方面是来自卫星系统的改进完善和接收机技术的进步；另一方面是数据处理方法的不断改进，以及各种参数、改正模型的精化和参考框架的改进。

1. 天线相位中心模型

天线相位改正的关键在于 PCV 改正，其值可从数毫米到数厘米量级。因此，GPS 数据的精密处理，必须考虑卫星和接收机天线的 PCV 相位改正。IGS 于 2006 年 10 月正式采用了绝对 PCVs 模型，即 GPS 天线本身的相位中心改正模型，通过旋转天线技术确定其自身的绝对相位中心改正，考虑了卫星高度角的接收机天线相位中心自动校正。研究成果表明：采用绝对 PCVs 模型可以减小 GPS 结果与其他空间大地测量技术结果间的尺度差异，提高对流层天顶延迟（zenith tropospheric delay，ZTD）估值和测站垂向位置的精度。

2. 大气折射模型

电离层的折射延迟效应，通常采用双频观测值进行消除，但双差观测值在泰勒展开时略去了高次项，电离层的部分折射影响没有完全消除，尤其在太阳黑子活动的高峰期表现明显。随着第三代 GPS 卫星的发射及 L5 频率的使用，电离层折射二次项改正有望实现，从而进一步改善电离层折射误差。

3. 潮汐改正

为了获得更精确的极潮效应改正，IERS 2003 规范推荐采用实际观测数据估算的 2000 历元平均极。相对于 2000 历元平均极的极潮效应改正，在精度提高的同时，与原改正方法之间还存在系统的偏差，尤其是垂直分量。目前，对测站施加海潮效应改正可以提高定位精度已属共识。基于 TOPEX/POSEIDON 资料的 GOT00. 2 和基于流体动力学方法的 FES99 是 IERS 2003 规范推荐的全球海潮模型。最近，FES99 的已更新为 FES2004。

4. 整周模糊度解算

近年来，人们开始关注码间偏差（differential code biases，DCB）在卫星钟和 TEC 估计及整周模糊度固定等方面的影响。2002 年欧洲定轨中心（Center for Orbit Determination in Europe，CODE）开始利用 GPS 数据估算 DCB 并提供 DCB 服务。通过施加 DCB 改正获得 P1 和 P2 精码伪距，使固定长基线的整周模糊度解成为可能，从而使长基线的定位精度显著提高。

4.3　GPS 地壳形变监测应用

自全球卫星定位系统诞生以来，全世界各地区地壳形变、地震研究领域学者专家开始关注高精度 GPS 定位技术及其在地表变形研究中的应用，开展了同震、震间和震后的 GPS 观测工作，对于理解地震孕震机制、强震发震机理等科学问题提供大地测量学观测基础。诸如，Feigl 等（1993）研究了南加利福尼亚州的地壳震间变形；1992 年 6 月 28 日发生 M_W 7. 3 级 Landers 地震后，Hudnut 等（1994）研究了 Landers 地震同震破裂滑动过程；Shen 等（1994）使用 GPS 观测研究了 Landers 地震的震后变形过程；之后，Shen 等（1996）使用六年 GPS 观测数据研究了洛杉矶盆地的地壳形变过程；科罗拉多大学博尔德分校 Bilham 教授在很早时期就将 GPS 观测技术应用到尼泊尔喜马拉雅造山带的逆冲挤压应变场研究，开展了大量喜马拉雅中央俯冲带模型研究（Bilham *et al.*，1997）。

在中国大陆 GPS 地壳形变研究可以追溯至 20 世纪 90 年代初，不同研究机构、学者在中国大陆局部区域布设了 GPS 地壳形变监测网（King *et al.*，1997；Bendick *et al.*，2000；Zhu *et al.*，2000；Chen *et al.*，2000；Chen *et al.*，2004）。1999 年，“中国地壳运动观测网络”（CMONOC）一期——CMONOC-I 建成，包含了 27 个连续 GPS 观测站、1056 个流动 GPS 观测站；2009 年，CMONOC-II 建成，该网络将分布全国的 GPS 连续站补充至 260 个、流动 GPS 观测站补充至 2000 个。GPS 测站的布设及加密极大地推动了对中国大陆及青藏高原地壳形变研究及地震孕育、发生过程的研究。下文简要介绍基于 CMONOC 开展的震间、同震和震后研究。

4.3.1　GPS 在震间形变监测中的应用

对于青藏高原和中国大陆的 GPS 地壳震间形变观测而言，最初较为重要的研究成果是在 *Science* 上发表的文章，Wang 等（2001）自 1991 年开始到 2001 年期间使用 GPS 流动观测手段获得多期次观测数据，将区域 GPS 数据与全球 IGS 的连续观测数据合并处理，得到 ITRF（International Terrestrial Reference Frame）97 参考框架的速度场结果，并旋转到欧亚参考框架下；文章首次公开覆盖青藏高原和中国大陆的 GPS 速度场，GPS 站点总数达到 354 个（图 4.3）。此后，Zhang 等（2004）引入更多 GPS 测站（553 个）和更久的观测数据（1998 ~ 2004 年），获取了覆盖青藏高原的震间 GPS 速度场，并通过 GPS 速度剖面分析认为青藏高原的地壳形变可以用“连续变形”的模式来解释。2007 年，Gan 等（2007）进一步更新了青藏高原的震间 GPS 速度场，其共包含 726 个 GPS 测站；尽管其测站分布密度不高，这一版本的 GPS 速度场被广泛认为代表了中国大陆震间形变速率场。此后，Liang 等（2013）、Wang 等（2016）和 Zheng 等（2017）分别更新了青藏高原的地壳形变

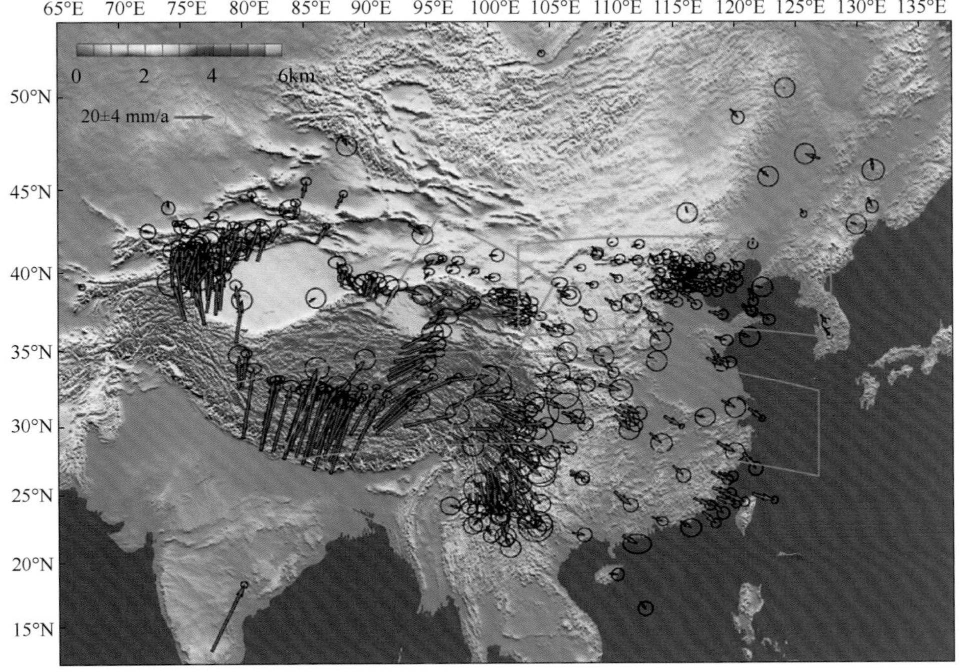

图 4.3　中国大陆内部及青藏高原周边 GPS 速度场（据 Wang *et al.*，2001）

GPS 速度场，尽管其测站密度有了很大的提升，但由于这三个版本的 GPS 速度场均或多或少的受到了 2001 年可可西里 M_W 7.8 级地震震后形变的影响（Li *et al.*，2019）。

采用 GPS 研究青藏高原的震间形变总体可分为两类，即支持青藏高原“连续变形模型”的研究和支持青藏高原“块体变形模型”研究。前者认为印度板块与欧亚板块碰撞汇聚总量主要是以岩石圈增厚所吸收，而大陆变形主要以地壳缩短和增厚为主，以 Zhang 等（2004）、Liang 等（2013）的研究为代表；而后者则认为板块构造理论适用于大陆内部变形，以主要走滑断裂为界分隔为若干次级块体，通过边界走滑断裂的较大滑动速率产生大陆内部刚性块体之间的差异运动，具有“非连续变形”特征，这些大型走滑断裂在板块碰撞初期即形成并且控制着青藏高原的演化，以 Meade 和 Hager（2005）、Thatcher（2007）、Loveless 和 Meade（2011）、Wang 等（2016）为代表。对于上述争议，本节不再开展详细论述。

4.3.2 GPS 在同震形变监测中的应用

在青藏高原，GPS 应用于同震形变的监测始于 2001 年可可西里 M_W 7.8 级地震，乔学军等（2002）、任金卫和王敏（2005）利用地震前后收集的 GPS 数据计算了可可西里地震产生的同震形变场（图 4.4），得到地震地壳形变影响范围大致为 88°E ~ 97°E、32°N ~ 38°N，断层运动具有明显的左旋兼挤压的特点；在昆仑山口附近 GPS 观测获得的地表破裂两侧的相对左旋位移量约为 2.6m，与地表野外调查获得的该处的地震破裂位移值符合得很好；GPS 记录的同震形变场被用于同震断层滑动分布的反演（万永革等，2008），对认识此次地震的破裂机制等提供了宝贵的数据约束。

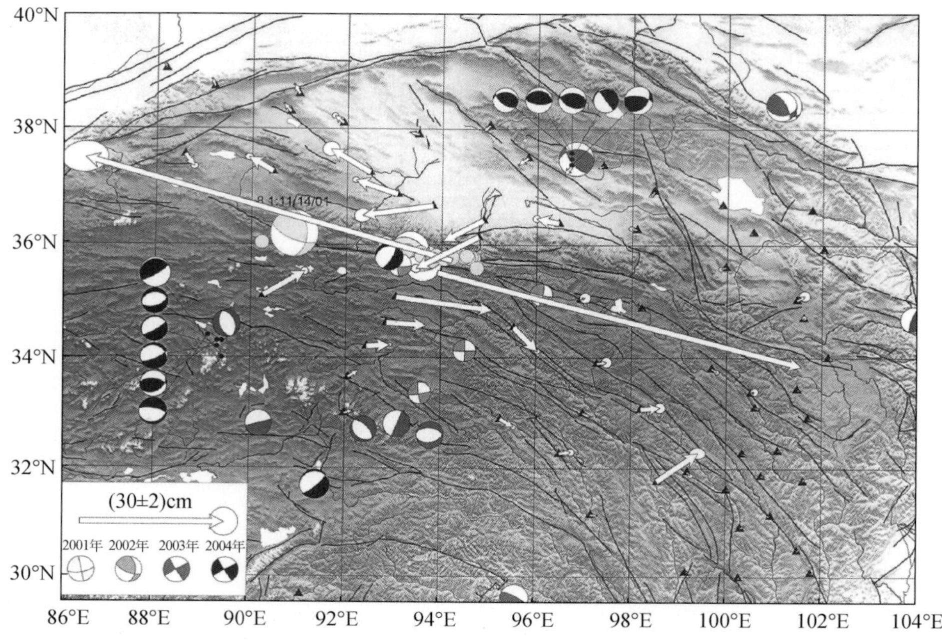

图 4.4 GPS 观测的同震位移及东昆仑地区地震震中分布图（据任金卫和王敏，2005）

此后，科研人员逐渐意识到 GPS 在同震形变中的重要作用。随着 GPS 网络的加密及数据处理方法的改进，CMONOC 几乎记录了所有发生于中国大陆及周边的大地震，如 GPS 记录到了 2004 年苏门答腊 M_W 9.3 级地震和 2011 年日本 M_W 9.0 级地震在远场产生的同震形变。GPS 不仅记录到 2008 年汶川 M_W 7.9 级地震完整的同震形变场，也部分记录到此次地震的同震破裂过程，为研究地震的同震影响范围、同震滑动分布、断裂破裂模式、地震产生机制等提供了非常宝贵的地表约束。例如，2015 年发生于尼泊尔境内的 M_W 7.8 级地震，位于西藏地区的 GPS 台网也记录到了较为完整的同震形变，为研究此次地震提供了远场数据。GPS 在同震形变的研究中发挥着重要作用，但由于其站点密度相对稀疏，对于中小地震同震形变的捕获仍面临一定困难。

4.3.3　GPS 在震后形变监测中的应用

在青藏高原内部及周边，自 1998 年以来发生了数次大地震，其中产生了显著的震后形变且被 GPS 数据较为完整记录的地震包括 2001 年可可西里 M_W 7.8 级地震、2008 年汶川 M_W 7.9 级地震和 2015 年尼泊尔 M_W 7.8 级地震。GPS 记录的震后形变能够为研究岩石圈的流变学结构和形变机制提供必要的约束，如贺鹏超等（2018）基于昆仑断裂周边 45 个 GPS 测站记录到的震后形变，通过反演地壳介质的黏滞系数和断层的震后余滑，认为巴颜喀拉-羌塘地区下地壳-上地幔黏滞系数显著低于柴达木盆地，意味着巴颜喀拉-羌塘地区下地壳可能存在部分熔融，其地壳形变模式更趋近于连续形变，而柴达木盆地形变模式更趋近于块体运动。2008 年汶川地震后横跨断裂周边的连续 GPS 测站分布较为密集，目前仅发表了基于流动 GPS 测站的地震震后形变（Diao *et al.*，2018），但仍为研究龙门山地震的下地壳流变结构提供了难得的地表观测数据。总的来说，GPS 在记录大地震震后形变的过程中具有时间分辨率较高的优点，但也存在空间分辨率不足的缺陷，开展典型地震震后形变 GPS 测站加密、连续观测等工作，是今后在地震发生后需及时跟进的一项工作。

参 考 文 献

贺鹏超,王敏,王琪,等. 2018. 基于 2001 年 M_W 7.8 可可西里地震震后形变模拟研究藏北地区岩石圈流变学结构. 地球物理学报,61(2):531～544

乔学军,王琪,杜瑞林,等. 2002. 昆仑山口西 M_S 8.1 地震的地壳变形特征. 大地测量与地球动力学,22(4):6～11

任金卫,王敏. 2005. GPS 观测的 2001 年昆仑山口西 M_S 8.1 级地震地壳变形. 第四纪研究,25(1):34～44

万永革,沈正康,王敏,等. 2008. 根据 GPS 和 InSAR 数据反演 2001 年昆仑山口西地震同震破裂分布. 地球物理学报,51(4):1074～1084

Bendick R, Bilham R, Freymueller J, *et al*. 2000. Geodetic evidence for a low slip rate in the Altyn Tagh fault system. Nature,404(6773):69～72

Bilham R, Larson K M, Freymueller J. 1997. GPS measurements of present-day convergence across the Nepal Himalaya. Nature,386(6620):61～64

Chen Q, Freymueller J T, Yang Z, *et al*. 2004. Spatially variable extension in southern Tibet based on GPS measurements. Journal of Geophysical Research: Solid Earth,109(B9):B09401

Chen Z, Burchfiel B C, Liu Y, *et al*. 2000. Global positioning system measurements from eastern Tibet and their implications for India/Eurasia intercontinental deformation. Journal of Geophysical Research: Solid Earth, 105(B7):16215 ~ 16227

Diao F, Wang R, Wang Y, *et al*. 2018. Fault behavior and lower crustal rheology inferred from the first seven years of postseismic GPS data after the 2008 Wenchuan earthquake. Earth and Planetary Science Letters, 495: 202 ~ 212

Feigl K L, Agnew D C, Bock Y, *et al*. 1993. Space geodetic measurement of crustal deformation in central and southern California, 1984–1992. Journal of Geophysical Research: Solid Earth, 98(B12):21677 ~ 21712

Gan W J, Zhang P Z, Shen Z K, *et al*. 2007. Present-day crustal motion within the Tibetan Plateau inferred from GPS measurements. Journal of Geophysical Research: Solid Earth, 112(B8):B08416

Hudnut K W, Bock Y, Cline M, *et al*. 1994. Co-seismic displacements of the 1992 Landers earthquake sequence. Bulletin of the Seismological society of America, 84(3):625 ~ 645

King R W, Shen F, Clark B, *et al*. 1997. Geodetic measurement of crustal motion in southwest China. Geology, 25(2):179 ~ 182

Li Y, Shan X, Qu C. 2019. Geodetic constraints on the crustal deformation along the Kunlun fault and its tectonic implications. Remote Sensing, 11(15):1775

Liang S, Gan W, Shen C, *et al*. 2013. Three-dimensional velocity field of present-day crustal motion of the Tibetan Plateau derived from GPS measurements. Journal of Geophysical Research: Solid Earth, 118(10):5722 ~ 5732

Loveless J P, Meade B J. 2011. Partitioning of localized and diffuse deformation in the Tibetan Plateau from joint inversions of geologic and geodetic observations. Earth and Planetary Science Letters, 303(1-2):11 ~ 24

Meade B J, Hager B H. 2005. Block models of crustal motion in southern California constrained by GPS measurements. Journal of Geophysical Research: Solid Earth, 110(B3):B03403

Shen Z K, Jackson D D, Feng Y, *et al*. 1994. Postseismic deformation following the Landers earthquake, California, 28 June, 1992. Bulletin of the Seismological Society of America, 84(3):780 ~ 791

Thatcher W. 2007. Microplate model for the present-day deformation of Tibet. Journal of Geophysical Research: Solid Earth, 112(B1):B01401

Wang Q, Zhang P Z, Jeffry T F, *et al*. 2001. Present-day crustal deformation in China constrained by global position system measurements. Science, 249(5542):574 ~ 577

Wang W, Qiao X, Yang S, *et al*. 2016. Present-day velocity field and block kinematics of Tibetan Plateau from GPS measurements. Geophysical Journal International, 208(2):1088 ~ 1102

Zhang P Z, Shen Z, Wang M, *et al*. 2004. Continuous deformation of the Tibetan Plateau from global positioning system data. Geology, 32(9):809 ~ 812

Zheng G, Wang H, Wright T J, *et al*. 2017. Crustal deformation in the India-Eurasia collision zone from 25 years of GPS measurements. Journal of Geophysical Research: Solid Earth, 122(11):9290 ~ 9312

Zhu W, Wang X, Cheng Z, *et al*. 2000. Crustal motion of Chinese mainland monitored by GPS. Science in China Series D: Earth Sciences, 43(4):394 ~ 400

第 5 章 InSAR 相位误差与矫正方法

InSAR 中的相位误差一直是制约其精度提高的主要因素。当我们使用 InSAR 技术研究地震同震或者火山喷发等剧烈的地球物理过程时，相位误差相比地表形变量比较小，误差的存在对研究其物理机制不会产生很大影响。但是使用 InSAR 获取震间形变会变得非常具有挑战性，这是由于震间形变微弱、信噪比小，形变信号很容易被噪声淹没。因此，需要对相位中几种主要误差的信号来源、时空特性进行详细分析，在数据处理中找到合适的改正方法，进行精细处理，从而保证震间微小形变获取的精度。

5.1 InSAR 主要误差源

合成孔径雷达干涉测量（InSAR）技术及相关的差分合成孔径雷达干涉测量（D-InSAR）技术已广泛应用于米级精度的地形测量和厘米级的形变监测。与传统基于点的陆地（三角、三边和水准测量）和空间大地测量（甚长基线干涉测量、卫星激光测距和 GPS）技术相比，InSAR 是一种基于面的形变测量方法，它提供了较高的空间分辨率（几十米）、广阔的区域覆盖（几千平方千米）及与传统方法相匹敌的精度（毫米到厘米级）（张红，2002）。尽管 InSAR 有其无可比拟的优势，但干涉测量中也有许多误差源影响了干涉相位测量值的质量，在地形和形变估计中，增加了噪声水平或者是引入了系统偏差。这些误差包括轨道误差、大气干扰、时间去相关、地形误差，以及仪器噪声、数据处理过程中引入的误差等。对这些误差的充分描述和分析，可以让我们合理地解释干涉测量的结果，也便于我们设计合理的误差改正算法。

在利用 InSAR 进行形变测量中，在从原始干涉图中消除平地效应相位和地形相位后，得到了形变（或差分）干涉图。使用形变干涉图，可以很容易地计算出雷达视线方向上的地面形变（dr）。在把平行、正交基线分量转化为水平、垂直分量后可得（以二轨法为例；Liu，2003；宋小刚等，2007）

$$\mathrm{d}r=-\frac{\lambda}{4\pi}\phi_{\mathrm{TD}}-(B_{\mathrm{h}}\sin\theta-B_{\mathrm{v}}\cos\theta)-\frac{B_{\mathrm{h}}\cos\theta+B_{\mathrm{v}}\sin\theta}{R\sin\theta}h-\frac{(\mathrm{ZTD_m}-\mathrm{ZTD_s})}{\cos\theta} \tag{5.1}$$

式中，下标 TD 表示地形+形变。可以看出，形变（dr）是地形+形变相位（ϕ_{TD}）、基线参数、高程值（h）和 ZTD（对流层天顶延迟）的函数。分别对参数和观测量进行微分，就可以得到不同情况下的误差方程：

$$\delta_{\mathrm{d}r}^{\phi_{\mathrm{TD}}}=\frac{\lambda}{4\pi}\delta_{\mathrm{TD}}^{\phi} \tag{5.2}$$

$$\delta_{\mathrm{d}r}^{B_{\mathrm{h}}}=\left(\sin\theta+\frac{h\cot\theta}{R}\right)\delta B_{\mathrm{h}} \tag{5.3}$$

$$\delta_{dr}^{B_v}=\left(\cos\theta+\frac{h}{R}\right)\delta B_v \tag{5.4}$$

$$\delta_{dr}^{h}=\frac{B_{\perp}}{R\sin\theta}\delta h \tag{5.5}$$

$$\delta_{dr}^{ZTD}=\frac{\sqrt{2}}{\cos\theta}\delta ZTD \tag{5.6}$$

在假设基线分量 $B_{\perp}=50\mathrm{m}$ 的情况下，基于 ERS-1/2 SAR 的名义参数，通过以上的误差方程可以计算出各种误差源对形变测量结果的影响，结果如表 5.1 所示。可以看出，在这些误差中，基线参数和大气引起的误差仍然占主要地位。相位的不确定性在形变测量中导致了相对小的误差。在短波情况下，10°相位误差仅产生几毫米的形变误差。

表 5.1　形变干涉测量中误差分析（ERS-1/2）

参数	参数误差	形变误差/mm
干涉相位（ϕ_{TD}）	20°	1.6
水平基线（B_h）	10cm	39.2
垂直基线距（B_v）	5cm	46.0
地形高程（h）	30m	4.5
对流层天顶延迟（ZTD）	6.5mm	10

地形相位中的误差也可以被传播到形变测量中，尽管这种误差可以通过选择短垂直基线的形变像对来显著减少。一些研究中把地形误差对形变测量的影响考虑为系统性的，而其他一些研究中把它考虑为随机性的。Liu（2003）在 2003 年，基于一系列模拟实验研究了地形数据误差对形变测量结果质量的影响，确定了影响的本质和大小。根据模拟实验，在干涉形变测量中，由地形误差引起的误差既依赖于地形误差的统计特性，又依赖于其大小。在地形数据中的高斯噪声导致了随机形变误差，而地形数据中的系统误差导致了形变测量中系统性的偏差。在形变测量中误差的大小和地形误差的大小成比例。另外，地形数据中的高斯噪声导致了很大的失相干。相干性的减弱程度与噪声的水平大小呈线性函数关系。相干性的损失是由于在雷达数据相邻像元之间增加了空间的不一致性。相反，地形数据中的系统误差不影响相干程度。一般来说，在大多数外来的 DEM 数据中，相对于随机误差，系统误差占据了主导，因为随机误差已经被仔细地过滤掉了。所以，对于两轨差分干涉测量，系统误差通常要比随机误差大很多，而对于三轨或四轨差分干涉测量，情况也许正好相反，此时，在使用差分干涉测量获得的 DEM 或地形干涉图之前，对它们进行滤波也许是有用的。

从前面误差定量分析可以看出，轨道和大气误差在形变测量中占据主导地位。在利用 InSAR 提取构造形变时，考虑到以长波为主的震间形变信号和长波大气、轨道误差耦合在一起难以分离这一关键性的问题，下面主要介绍大气误差和轨道误差，以及在 InSAR 震间形变获取中这两种主要误差的校准方法。

5.2 大 气 误 差

本章在基于对大气认识的基础上，分析说明了中性大气和电离层对信号传播的延迟，以及大气对重复轨道 InSAR 用于地形测量和形变探测时的影响，并研究了干涉图中大气信号的类型和数学表达。

5.2.1 中性大气和电离层对信号的折射延迟

无线电信号经过地球外部的大气层传播至地面上时，必然受到大气折射的影响。这种影响可以分为两个部分：路径弯曲和路径延迟，可以用下式表示：

$$\Delta L = \int_s n(s)\,\mathrm{d}s - \int_l \mathrm{d}l = \int_s [n(s) - 1]\,\mathrm{d}s + \left(\int_s \mathrm{d}s - \int_l \mathrm{d}l\right) \tag{5.7}$$

式中，ΔL 表示路径延迟增量；$n(s)$ 为折射率；s、l 分别为传播曲线路径和几何直线路径。第一项积分代表了电磁波与弯曲的几何射线在传播上的差异，主要指传播速度变慢引起延迟。第二项括号内的积分代表传播弯曲的曲线与理论的直线路径在几何上的差异。一般来说，当高度角高于 15°时，路径弯曲项可以被忽略，但是对于较低的高度角，需要考虑这一项，因为当高度角为 5°的时候，该项可以达到 10cm 的量级。

Marini（1972）把大气折射延迟（ΔL）写成天顶延迟（ΔL_Z）和投影函数（MF）的乘积，而投影函数正反映了大气折射在一定条件下受卫星高度角（E）影响的规律，即

$$\Delta L = \Delta L_Z \cdot \mathrm{MF}(E) \tag{5.8}$$

而天顶延迟可表示为折射指数沿天顶方向的积分：

$$\Delta L_Z = 10^{-6}\int_0^{\infty} N\,\mathrm{d}h \tag{5.9}$$

式中，$N=10^6(n-1)$，为大气折射指数。

1. 中性大气折射延迟

大气可分为中性大气层和电离层，在中性大气层中，气体（包括干空气和水汽）、云、雾和气溶胶等都会对信号产生折射延迟。由于对流层集中了大气质量的 80% 以上，因此中性大气的影响可以看作为对流层的影响。

由式（5.8）和式（5.9）可知，大气延迟是对折射率（或折射指数）的积分，而大气折射指数受大气结构分布的影响在大气各分层上呈随机性变化，比较难于准确地计算。可行的是可以利用气象探空和无线电探空资料，计算出空间某些点的气象信息如大气压、温度、湿度及它们变化的廓线等，再求出折射指数。Thayer 给出了一个较为精确的中性大气折射指数表达式：

$$N = k_1\frac{P_\mathrm{d}}{T}Z_\mathrm{d}^{-1} + k_2\frac{P_\mathrm{w}}{T}Z_\mathrm{w}^{-1} + k_3\frac{P_\mathrm{w}}{T^2}Z_\mathrm{w}^{-1} \tag{5.10}$$

式中，P_d、P_w 分别为干空气、水汽的局部压力，hPa；Z_d、Z_w 分别为干空气、水汽的可压缩系数；k_1、k_2、k_3 为通用气体常数，根据不同的气象资料，得到有不同的值，Bevis 等

(1993) 给出的值是：$k_1=(77.60\pm0.05)$ K/hPa，$k_2=(70.4\pm2.2)$ K/hPa 和 $k_3=(3.739\pm0.012)\times10^5\mathrm{K}^2/\mathrm{hPa}$；$T$ 为绝对温度，K。式 (5.10) 中的第一项反映了干空气的影响，通常被称为干折射指数分量 (N_d)，而第二和第三项称为湿折射指数分量 (N_w)。

若按式 (5.10) 积分求折射率，应已知 P_d、P_w 和 T 的垂直廓线和混合比，于是需要有大气各层的探空资料，或是根据常年资料确立的大气模式近似地表示。Davis (1985) 使用状态方程对式 (5.10) 进行了改进：

$$\begin{aligned} N &= k_1 R_\mathrm{d}\,\rho + k_2' \frac{P_\mathrm{w}}{T} Z_\mathrm{w}^{-1} + k_3 \frac{P_\mathrm{w}}{T^2} Z_\mathrm{w}^{-1} \\ &= k_1 R_\mathrm{d}\,\rho + k_2' R_\mathrm{w} Z_\mathrm{w}^{-1} + k_3 R_\mathrm{w} \frac{Z_\mathrm{w}^{-1}}{T} \end{aligned} \tag{5.11}$$

其中，

$$k_2' = k_2 - k_1\left(\frac{R_\mathrm{d}}{R_\mathrm{w}}\right) \tag{5.12}$$

式中，ρ 为总质量密度，R_d、R_w 分别为干空气、水汽特定的大气常数；$k_2'=(17\pm10)$ K/hPa。应该注意的是等式右边的第一项只依赖于表面压力，与干湿混合比没有关系，被称作流体静力学折射指数分量 (N_h)，而其他的两项形成了湿分量，只取决于水汽的分布。

根据式 (5.10) 和式 (5.11) 可知，这两个定义式有着本质的差别，对于式 (5.11)，流体静力学分量不要求像干分量表达式那样，需要事先已知水汽含量，这对我们是有用的。把式 (5.11) 代入式 (5.9) 中，天顶对流层延迟也可以相应地表示为流体静力学延迟分量和湿延迟分量：

$$\begin{aligned} \Delta L_Z = \mathrm{ZTD} &= 10^{-6}\left[k_1 R_\mathrm{d}\int \rho \mathrm{d}h + \int\left(k_2' \frac{P_\mathrm{w}}{T} Z_\mathrm{w}^{-1} + k_3 \frac{P_\mathrm{w}}{T^2} Z_\mathrm{w}^{-1}\right)\mathrm{d}h\right] \\ &= \mathrm{ZHD} + \mathrm{ZWD} \end{aligned} \tag{5.13}$$

流体静力学天顶延迟可以通过地面大气压 P_s 获得 (Davis *et al.*, 1985)：

$$\mathrm{ZHD} = (0.0022768 \pm 0.0000005)\frac{P_\mathrm{s}}{f(\varphi, H)} \tag{5.14}$$

其中，

$$f(\varphi, H) = (1 - 0.00266\cos 2\varphi - 0.00028H) \tag{5.15}$$

式中，φ 为纬度；H 为高程，km。流体静力学天顶延迟的大小一般在 2.3m 左右，在考虑了一些物理常数误差及地面大气压的测量误差后，对其估计精度小于 1mm (Niell *et al.*, 2001)。

相比于流体静力学延迟，湿延迟比较小，赤道和极地之间的变化范围是从 0 到 30cm，中纬度上一年里的变化范围是几厘米到 20cm (Elgered *et al.*, 1991)。湿延迟占总延迟量的 10% 左右，但是由于水汽无论在时间上还是空间上都是多变的，因此很难通过地面气象观测值来确定，同时它也成为制约大气折射修正精度提高的主要因素。许多人基于地面气象观测资料提出了不同的模型来确定 ZWD，然而，用地面气象观测量确定的 ZWD 精度只能达到 2～5cm (Baby *et al.*, 1988)。

最后，通过使用投影函数，转化为斜距方向上的总延迟量可表示为

$$\Delta L = \text{ZHD} \times \text{MF}_h(E) + \text{ZWD} \times \text{MF}_w(E) \tag{5.16}$$

2. 电离层折射延迟

由电离层的特性可知，电离层是太阳紫外线的照射电离后形成的，地区的不同因化学成分的差异电离效果也不同，电离层是电离的等离子区或气体，能对无线电传播起到变化。为了研究电离层对信号传播的影响，需要知道这种媒介的折射指数。与对流层相反，电离层是种弥散性介质，也就是说折射指数是信号频率的函数。其相折射指数可以用下式表示：

$$n_p = 1 - \frac{f_p^2}{2f^2} \tag{5.17}$$

式中，f_p为电离层的等离子频率，Hz，$f_p = \left(\frac{e^2 N_e}{4\pi^2 \varepsilon_0 m_0}\right)^{\frac{1}{2}}$，$N_e$为电离层电子密度，电子数/m^3，$e$为电荷量，$e = 1.16021 \times 10^{-10}$ C，ε_0为真空介质常数，$\varepsilon_0 = 8.859 \times 10^{-12}$，$m_0$为电子质量，$m_0 = 9.11 \times 10^{-31}$ kg；f是信号的频率，Hz。

对式（5.17）展开，取一次项为（Moyer，1971）

$$n_p \approx 1 - 40.28 \frac{N_e}{f^2} \tag{5.18}$$

可见电离层的折射率与电子密度成正比，与频率的平方成反比。当电磁波的频率一定时，电子密度直接代表着折射的程度。另外，很明显电离层的折射指数小于1，所以相比于真空来说，电离层对信号传播的影响表现为，在天顶方向上产生的是相位提前（phase advance）而不是延迟。对折射指数积分，可得到天顶方向上的相位提前（或“延迟”，ZPA）为

$$\text{ZPA} = -\frac{40.28}{f^2} \oint_H N_e \tag{5.19}$$

如果以VTEC（vertical total electron content）表示天顶方向上电磁总量，即贯穿整个底面积为1m^{2}电离层柱体内所含有的电子数，则ZPA可表示为

$$\text{ZPA} = -\frac{40.28}{f^2} \text{VTEC} \tag{5.20}$$

当电磁波的传播方向偏离天顶方向时，电子含量会明显增大，若倾角为E方向上的电子总量为TEC，则有

$$\text{TEC} = \text{VTEC} \times \text{MF}(E) \tag{5.21}$$

式中，MF(E)是投影函数。由式（5.20）和式（5.21）可知，斜距方向上的相位提前SPA（或“延迟”）可表示为

$$\text{SPA} = \text{ZPA} \times \text{MF}(E) \tag{5.22}$$

电离层引起的信号延迟在天顶方向上夜间平均可达3m左右，白天可达15m，乘以投影函数后，在低仰角的情况下分别可达9m和45m。

对于InSAR应用来说，因为主影像上的相位提前和从影像上的相位延迟在干涉图上表现的是同样的结果，所以只基于单个像对的干涉数据是不可能区别出是相位延迟还是相位提前，有时我们可以利用影像成对逻辑，即不同的干涉影像结合来识别这种影响。到目前

为止，还没有更好的方法来区分干涉图上的对流层和电离层延迟影响，考虑到双频 GPS 的经验，如果双频 SAR 系统可以获得，那么将会对这个领域有重大影响。另外，现在对于空间范围小于 100km 的电离层特性的认识和描述是非常有限的，而且也没有空间分辨率可以满足 InSAR 应用的电离层修正图，所以我们假设电离层没有对 SAR 影像中相位变化产生很大的影响。这是因为，对于重复轨道 InSAR 来说，干涉图是两幅影像的差，而这两幅影像是在不同天数中的相同时间所获取，所以，两幅 SAR 影像上有非常相似的电离层影响，在做差分时可以相互抵消，残余的电离层影响可以忽略。即使有时可能会导致长波的影响，但这都可以通过使用基线精化技术来消除。

5.2.2 干涉图中大气信号的描述

像其他大地测量技术（如 GPS）一样，雷达信号在经过中性大气和电离层时，也会引起时间的延迟，这种延迟最终表现为主要观测量载波相位的偏移。

1. 干涉图中大气延迟的表达

由式（5.9）及干涉图上相位的相对性可知，在 SAR 干涉图上观测到的大气相位可以表示为

$$\phi_{\mathrm{NA}}(x,y,t_1,t_2)=\frac{4\pi}{\lambda\cos\theta}10^{-6}\left[\int_0^L N(x,y,z,t_1)\,\mathrm{d}z-\int_0^L N(x,y,z,t_2)\,\mathrm{d}z\right] \tag{5.23}$$

式中，t_1、t_2为两幅 SAR 影像的观测时间；$1/\cos\theta$ 是投影函数，θ 是视角，用来把天顶方向上的中性大气延迟差投影到雷达视线方向上。从式（5.23）可以看出，InSAR 测量的是大气相位的空间变化，它是和两次观测时刻中性大气延迟差成比例。

正如 5.2.1 节所述，中性大气对信号的延迟可以分解为两个分量，同样 InSAR 中的大气延迟也可以分解为流体静力学分量和湿分量：

$$\phi_{\mathrm{NA}}(x,y)=\frac{4\pi}{\lambda\cos\theta}[(\mathrm{ZHD}_{t_1}-\mathrm{ZHD}_{t_2})+(\mathrm{ZWD}_{t_1}-\mathrm{ZWD}_{t_2})] \tag{5.24}$$

式中，第一个圆括号内的表示两幅 SAR 影像观测时的流体静力学延迟差；第二个圆括号内的表示湿延迟差。由于流体静力学延迟可由地面大气压计算获得，而地表气压和高程有关（因为大气柱体内的空气含量随着高程的增加而减少），所以 InSAR 中的流体静力学延迟差和地形相关。

流体静力学延迟是一个时间上重复出现的量（Zebker *et al.*，1997），因此它对 InSAR 中大气相位变化的贡献非常小，一般表现为变化缓慢的线性相位趋势，相似于轨道误差。相反地，水汽在空间和时间上的变化非常大，所以在对两幅 SAR 影像作差以形成干涉相位时，水汽对相位的贡献不能够达到最小化。实际上，Williams 等（1998）、Hanssen（1998）和 Zebker 等（1997）还注意到水汽的空间分布在时间范围内（大于一天）是不相关的。而在重复轨道 SAR 干涉测量中，一般两幅影像观测时间间隔大于一天，所以在两次卫星过境时刻的中性大气水汽分布是不相关的。因此，我们假设在干涉图中观测到的大气相位中小范围的变化主要是由 SAR 过境时刻水汽的空间分布差异引起的。

2. 干涉图中大气信号分类

既然不可能用一种确定性的方法来改正大气误差，那么去发展一种数学模型来描述干涉图中随机的大气延迟特征，显得非常重要。这样有利于我们理解大气信号的本质，为寻找大气效应去除方法建立基础。基于物理起源，我们把大气信号分为两类：

（1）紊流混合。它是由大气中的紊流过程引起的。它导致了两幅 SAR 影像获取期间大气折射率的三维变化，这种影响对平地和山区都起作用。

（2）垂直分层。这是由于两幅 SAR 影像获取期间不同的垂直折射剖面产生的结果（假设不存在水平层内的差异）。这种信号只影响山区，与地形相关，是地形高度差的函数（Massonnet and Feigl，1998）。

1）紊流混合

紊流混合是不同对流层过程产生的结果，如地球表面的太阳能加热（引起对流）、不同层上风速和风向的差异、摩擦阻力和大范围的气候系统。紊流过程是从大范围到小范围的一个能量级联递减过程，一直到能量消散。能量级联递减发生的范围称为惯性次阶（inertial subrange）。Kolmogorov 紊流理论假设运动的能量储藏在惯性次阶中。紊乱的旋风作为大气成分（如水汽）的载体，使水汽分布不断发生变化，从而影响了折射率的分布。尽管对于无线电频率来说，对流层折射率主要依赖于温度、压力和水汽，但考虑到只有水平方向上折射率的变化影响干涉图中观测到的延迟量，那么引起 SAR 影像中大气信号的主要因素是水汽。因为紊流混合引起的大气延迟影响范围很广，而且是一非线性过程，有必要找到一最简单和最稳健的量度来描述延迟信号的变化。

雷达干涉图中的大气信号在数学上可以用几个相互关联的量来描述，如功率谱、协方差函数及结构函数。功率谱可以用来识别数据的比例属性和区别不同的比例特征（scaling regimes）。协方差函数对间隔不规则的数据评价比较容易，而且信号也不存在带宽的限制，但在理论上讲，协方差函数等价于功率谱，常常用它来构建方差-协方差函数，这是数据平差和滤波的先决条件。缺点是，没有直接表示出影像上两点之间信号差的方差，它的使用限于二阶平稳信号，而且要求对均值进行预先估计。结构函数没有这样的限制，可以用到种类更广泛的内函数。这意味着没有对带宽、均值的初始估计及平稳性的限制。它对距离间隔为 ρ 的两点间大气延迟差的方差给出了一个有用的定量表达。下面详细地说明如何去用结构函数来描述干涉图中的大气信号。

首先根据 Kolmogorov 紊流理论可知，对于三维上各向同性的紊流过程，折射指数 N 的空间变化服从一种幂律规律，其结构函数 $D_N(\rho)$ 为（Tatarski，1961）

$$D_N(\rho)=E\{[N(\boldsymbol{\rho}+\boldsymbol{r})-N(\boldsymbol{r})]^2\}=\begin{cases}C_N^2\rho^{2/3} & l_i\ll\rho\ll l_0\\ C_N^2 l_i^{2/3}(\rho/l_i)^2 & \rho\ll l_i\end{cases}\tag{5.25}$$

式中，$\boldsymbol{r}$ 表示一空间位置；$\boldsymbol{\rho}$ 表示一位移矢量；l_i 和 l_0 为紊流过程的内外范围（Tatarski，1961；Ishimaru，1978；Treuhaft and Lanyi，1987；Ruf and Beus，1997），l_i 一般小于 100m，而 l_0 和边界层（大部分的水汽聚集在这里）的厚度在同一个量级，一般为 1 ~ 2km（Hanssen，1998）。等式中第一个规律是由 Kolmogorov 和 Obukov 提出的，利用了 2/3 的幂律规律，被称作为惯性次距。指数 2/3 代表了折射率随距离去相关的快慢程度。结构系数

C_N^2是对空间异质粗糙度的一个量度。由于路径延迟是折射指数的积分，那么路径延迟的结构函数可以表示为（Thompson *et al.*，1986；Coulman and Vernin，1991）

$$D_s(\rho)=C_s^2\rho^{5/3} \tag{5.26}$$

对于一个离散的信号，如 SAR 影像上的大气湿延迟的空间结构函数可以通过下式计算：

$$D_{\varphi,\mathrm{SAR}}(\rho)=\langle[\varphi(r_0,\rho)-\varphi(r_0)]^2\rangle \tag{5.27}$$

式中，φ 为影像上的大气信号，即湿延迟；r_0为像元的位置；ρ 为两像元之间的距离；尖括号表示整体平均。

对于干涉图中大气信号的结构函数，可以用两幅影像（t_1和 t_2）中大气信号间可能出现的所有双差来模拟（Emardson *et al.*，2003）：

$$D_{\varphi,\mathrm{ifg}}(\rho,\Delta t)=\langle\{[\varphi_{t_1}(r_0,\rho)-\varphi_{t_1}(r_0)]-[\varphi_{t_2}(r_0,\rho)-\varphi_{t_2}(r_0)]\}^2\rangle \tag{5.28}$$

Goldstein（1995）在 Mojave 沙漠地区获取的 SIR-C 雷达干涉图上发现，大气影响的空间波谱在空间范围为 0.4～6km 服从指数 $\alpha=5/3$ 的幂律规律。Hanssen（2001）在研究荷兰 Groningen 地区八幅 TanDEM 干涉图上的大气效应时发现，尽管干涉图的绝对功率谱之间变化很大，但是其中的大气噪声展示出了相似的幂律特点。对于不同的空间范围，指数在 $\alpha=2/3$ 和 $\alpha=5/3$ 之间变化。图 5.1 为利用 InSAR 观测到的上海地区的一幅差分大气延迟信号图和相应的结构函数图，可以看出差分大气延迟场的指数变化也介于 2/3 和 5/3 之间，但整体趋势偏向服从 2/3 幂律规律。

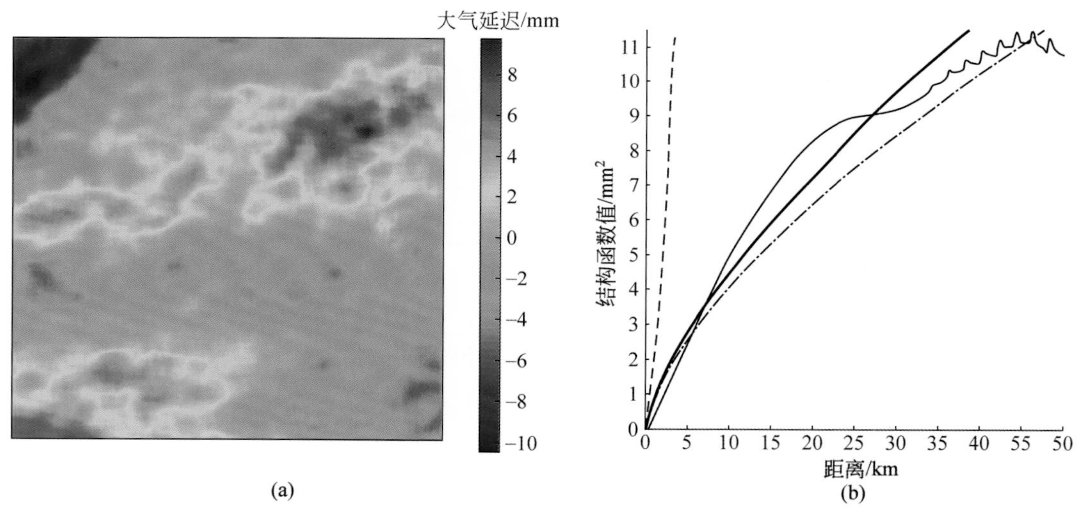

图 5.1　InSAR 观测到的上海地区一幅差分大气延迟信号图和相应的空间结构函数

（a）差分大气延迟信号图（2005 年 2 月 22 日至 2005 年 3 月 29 日）；（b）结构函数图。
黑色实线为（a）图的结构函数计算值，黑色加粗实线为拟合值，点划线和虚线分别为指数为 2/3 和 5/3 的理论结构函数值

2）垂直分层

大气的垂直分层仅考虑了折射指数沿垂直方向的变化。假设把大气划分为无数个薄层，每一层的折射率为常数，那么在平坦地区即使对于两幅 SAR 影像间不同的折射剖面，也将不存在水平延迟差。这是因为 SAR 干涉图对于整幅影像范围内的相位偏差是不敏感的。然而，对于山丘地区，两幅影像之间垂直折射剖面之间的差别将影响拥有不同高程的

任意两个分辨单元之间的相位差，如图 5.2（a）所示。地面不同高度上的两点 p 和 q，雷达在两个不同的时刻 t_1 和 t_2 对其扫描，假设是零基线、相同入射角（θ_{inc}）且折射率（N）在水平方向上没有变化，则两点上的相位可表示为

$$\varphi_p^{t_i}=\frac{4\pi}{\lambda\cos\theta_{\mathrm{inc}}}(z_{ps}+\delta_{ps}^{t_i}) \tag{5.29}$$

$$\varphi_q^{t_i}=\frac{4\pi}{\lambda\cos\theta_{\mathrm{inc}}}(z_{ps}+z_{qp}+\delta_{ps}^{t_i}+\delta_{qp}^{t_i}) \tag{5.30}$$

式中，z_{ps} 为点 p 到卫星 s 之间的几何距离投影到垂直方向上的分量；$\delta_{ps}^{t_i}$ 为在 t_i 时刻点 p 到卫星 s 之间的垂直延迟。则在 p 和 q 两点上的干涉相位为

$$\varphi_p=\varphi_p^{t_1}-\varphi_p^{t_2}=\frac{4\pi}{\lambda\cos\theta_{\mathrm{inc}}}(\delta_{ps}^{t_1}-\delta_{ps}^{t_2}) \tag{5.31}$$

$$\varphi_q=\varphi_q^{t_1}-\varphi_q^{t_2}=\frac{4\pi}{\lambda\cos\theta_{\mathrm{inc}}}(\delta_{ps}^{t_1}+\delta_{qp}^{t_1}-\delta_{ps}^{t_2}-\delta_{qp}^{t_2}) \tag{5.32}$$

则垂直对流层延迟对 p 和 q 之间干涉相位差的贡献为

$$\varphi_{pq}=\varphi_p-\varphi_q=\frac{4\pi}{\lambda\cos\theta_{\mathrm{inc}}}(\delta_{qp}^{t_1}-\delta_{qp}^{t_2}) \tag{5.33}$$

从式（5.33）可以看出，无论什么时候当 $\delta_{qp}^{t_1}\neq\delta_{qp}^{t_2}$ 时，在干涉图中都会存在对流层垂直分层引起的延迟贡献。注意这种影响只对干涉图上那些具有不同地形高度的点起作用。整个综合影响是和高程差成比例。

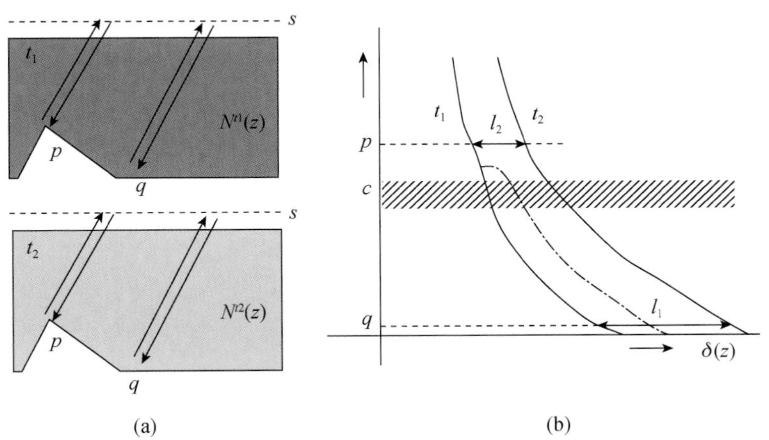

图 5.2　大气垂直折射剖面和累积延迟曲线示意图

（a）两个不同时刻的大气垂直折射剖面，p 和 q 是位于不同高度上的两点；（b）两时刻的累积延迟曲线，以及 p 点和 q 点上在时刻 t_1 和 t_2 之间的累积延迟差（参考 Hanssen，2001）

如果用折射指数来表示，则

$$\delta_{qp}^{t_i}=10^{-6}\int_q^p N^{t_i}(z)\,\mathrm{d}z \tag{5.34}$$

因此，我们可以把式（5.33）中的干涉相位差写为

$$\varphi_{pq}=\frac{4\pi}{\lambda\cos\theta_{\mathrm{inc}}}10^{-6}\int_q^p[N^{t_1}(z)-N^{t_2}(z)]\,\mathrm{d}z \tag{5.35}$$

从式（5. 34）可以很明显地看出，无量纲的折射指数在单位距离上的积分可以得到一个微小的延迟量（单位：ppm）。例如，$N=300$ 对应的微小延迟为 0. 3mm/m。因此，我们可以把折射指数的积分值看作为累积延迟量。图 5. 2（b）的曲线表明了在扫描时刻 t_1 和 t_2 上的累积延迟。p 和 q 之间的延迟差分别为 $\delta_q^{t_1}-\delta_p^{t_1}$ 和 $\delta_q^{t_2}-\delta_p^{t_2}$，干涉图中的相位差，如果用延迟量（$D_{pq}$）来表示，则为

$$\begin{aligned} D_{pq} &= (\delta_q^{t_1}-\delta_p^{t_1})-(\delta_q^{t_2}-\delta_p^{t_2}) \\ &= (\delta_q^{t_1}-\delta_q^{t_2})-(\delta_p^{t_1}-\delta_p^{t_2}) \\ &= (l_2-l_1) \end{aligned} \tag{5.36}$$

因此，为了改正大气垂直分层的影响，需要知道 p 点和 q 点上在时刻 t_1 和 t_2 之间的累积延迟差。

Hanssen（2001）利用荷兰无线电探空仪的数据，并模拟 ERS-1/2 的运行周期来得到差分延迟，由此研究了大气垂直分层对 InSAR 中 DEM 及形变测图的影响，结果表明，对于高程间隔为 500m 以上，延迟差可以达到 1cm 以上，对于 2km 的高程间隔，如果干涉基线为 80m，那么这样的延迟可以导致 180m 的高程误差。一般来说，是不可能找到一种合适的方法来用地面气象观测数据改正这些延迟，只有实地的垂直剖面测量（如无线电探空仪）才可以用来改正这些误差。另外，Hanssen 利用这些数据，首先为差分对流层垂直分层延迟所引起的干涉相位的标准差，给出了一经验模型：

$$\delta_\varphi=\frac{4\pi}{\lambda\cos\theta_{\mathrm{inc}}}(33.7+0.08\Delta t)10^{-3}\sin\frac{h\pi}{2h_{\mathrm{s}}},1\leqslant\Delta t\leqslant182,0\leqslant h\leqslant h_{\mathrm{s}} \tag{5.37}$$

式中，Δt 为时间间隔，天；h 为高程，m；h_{s} 为比例高度，$h_{\mathrm{s}}=5000$m，在这个高度之上，折射率的变化可以被忽略。

通过对两类大气信号的分析，我们可以发现两类信号的数学模型、对干涉图的影响方式都不同，所以在去除干涉图中大气效应时，应该分别对待，这为改正算法的设计奠定了基础。

5. 2. 3　大气误差分析

对于重复轨道 InSAR 来说，对流层折射指数的变化，会对干涉相位产生相当大的影响。Zebker 在 1997 年的研究表明，这种大气影响主要是由水汽的变化引起的。对于侧视成像雷达，由水汽引起的总的双程相位延迟可以简单地表示为（Zebker *et al.*，1997）

$$\Delta\varphi=\frac{4\pi}{\lambda}\frac{\mathrm{ZWD}}{\cos\theta_{\mathrm{inc}}} \tag{5.38}$$

式中，$\Delta\varphi$ 为相位平移；ZWD 为水汽引起的天顶湿延迟；θ_{inc} 为入射角。对于 ERS-1/2 来说，在 800km 的平均高度上，入射角的变化范围是从近距离的 19. 35°到远距离的 26. 50°，平均的入射角是 23°（Scharroo and Visser，1998），而 ASAR 的入射角是可变的，从 15°到 45. 2°，但这里所用到的 ASAR 数据一般都是 23°多一点，与 ERS 平均值相似。对于其他的 SAR 传感器来说，入射角则又有所不同。很明显，水汽对相位平移的影响随入射角增加。

1. 对干涉相位的影响

对于重复轨道 InSAR 来说，考虑到干涉图的相位是两幅不同单视复数（SLC）影像的

相位差，假设每一次 ZWD 测量值的标准差为 σ_{ZWD}，又由于 Emardson 在 2003 年验证了时间间隔大于一天的两幅 SLC 影像它们的 ZWD 是不相关的，那么通过误差传播定律，由式（5.38）可以得到 ZWD 对干涉图的影响为

$$\sigma_{\varphi}=\frac{4\sqrt{2}\pi}{\lambda}\frac{1}{\cos\theta_{\mathrm{inc}}}\sigma_{\mathrm{ZWD}} \tag{5.39}$$

从式（5.39）可以得出，1cm 的 ZWD 误差可以在干涉图上导致大约 0.5 个条纹的误差（宋小刚等，2007）。

2. 对地形测量的影响

对于重复轨道 InSAR 地形测图来说，首先可以从其数学模型入手，推导出高程误差和相位误差之间的关系：

$$\sigma_{\mathrm{h}}=\frac{\lambda\rho\sin\theta}{4\pi B_{\perp 0}}\sigma_{\varphi}=\frac{1}{2\pi}\left(\frac{\lambda}{2}\frac{\rho\sin\theta}{B_{\perp 0}}\right)\sigma_{\varphi}=\frac{h_{\mathrm{a}}}{2\pi}\sigma_{\varphi} \tag{5.40}$$

式中，h_{a}为高度模糊度。很明显，一个较小的高度模糊度（大的基线）可以让相位误差引起较小的地形误差。但同时我们应该注意，大基线会导致两幅 SAR 影像相干性的丢失。

由式（5.39）和式（5.40）可以得到高程误差和 ZWD 误差的关系：

$$\sigma_{\mathrm{h}}=\frac{h_{\mathrm{a}}}{2\pi}\sigma_{\varphi}=\frac{2\sqrt{2}}{\lambda}\frac{h_{\mathrm{a}}}{\cos\theta_{\mathrm{inc}}}\sigma_{\mathrm{ZWD}} \tag{5.41}$$

通过式（5.41）我们可以分析确定出不同的 DEM 精度所要求的 ZWD 精度。例如，为了得到精度高于 30m 的 DEM，在高度模糊度为 50m（即正交基线为 176m）的情况下，ZWD 的误差应该小于 11mm。从式（5.41）我们还可以看出，当高度模糊度较小（即 $B_{\perp}$ 较大）时，具有较大误差的 ZWD 仍然可以满足这个要求，如在高度模糊度为 30m（即正交基线为 293m）的情况下，ZWD 的误差可以达到 18.3mm（宋小刚等，2007）。

3. 对形变测量的影响

对重复轨道形变测图来说，可以从形变模型入手，推导出形变误差和相位误差的关系：

$$\sigma_{\Delta\rho}=\frac{\lambda}{4\pi}\sigma_{\varphi} \tag{5.42}$$

可以看出，2.5rad（0.4 个条纹）的相位误差可以产生大约 1cm 的形变误差。由式（5.39）和式（5.43）可以得到形变误差和 ZWD 误差的关系：

$$\sigma_{\Delta\rho}=\frac{\sqrt{2}}{\cos\theta_{\mathrm{inc}}}\sigma_{\mathrm{ZWD}} \tag{5.43}$$

由式（5.43）可以得到，当形变误差为 1cm 时，要求 ZWD 的误差为 6.5mm。很明显，入射角影响了 ZWD 对形变估计的误差传播。较小的入射角可以减轻大气对形变监测的影响。要使形变误差小于 1cm，则需要 ZWD 的误差小于 6mm，同时入射角应小于 32°。

通过对大气误差的分析，我们可以清楚地了解大气效应对地形测绘和形变监测的影响程度，这样在利用外部数据源（如 GPS、MODIS、MERIS 等）所得到的 ZWD 来改正 InSAR 中的大气效应时，可以根据精度要求，先评定外部数据源的精度是否满足要求，然后加以正确的使用（宋小刚等，2007）。

5.3 轨道误差

对于一个卫星 SAR 系统，可以用星历和轨道姿态参数来计算基线参数，但目前的轨道测定技术提供的轨道数据只能达到一个有限的水平，结果轨道数据中的误差最终会传播到干涉测量产品中。

轨道状态矢量中的误差可以表达为沿轨误差、交轨误差和径向误差，如图 5.3（a）所示。对于 SAR 干涉测量来说，沿轨误差一般在两幅影像精确配准后，就可以得到充分的改正。只有交轨和径向误差将会作为系统误差传播到干涉图中。从 SAR 影像坐标的角度出发，这种误差又可以被分为距离向上一个近似瞬时的分量和方位向上一个与时间有关的分量。因为干涉图实质上是一种相对测量，所以我们需要把这两个误差分量传播到基线矢量 $\boldsymbol{B}$ 中来考虑，而不是分别地进行分析。准三维图 5.3（b）表示出了基线矢量 $\boldsymbol{B}$ 的变化以及径向和交轨误差的影响。假设轨道 1 和 2 之间的误差是不相关的，那么基线矢量误差和径向、交轨误差之间的关系可以表示为

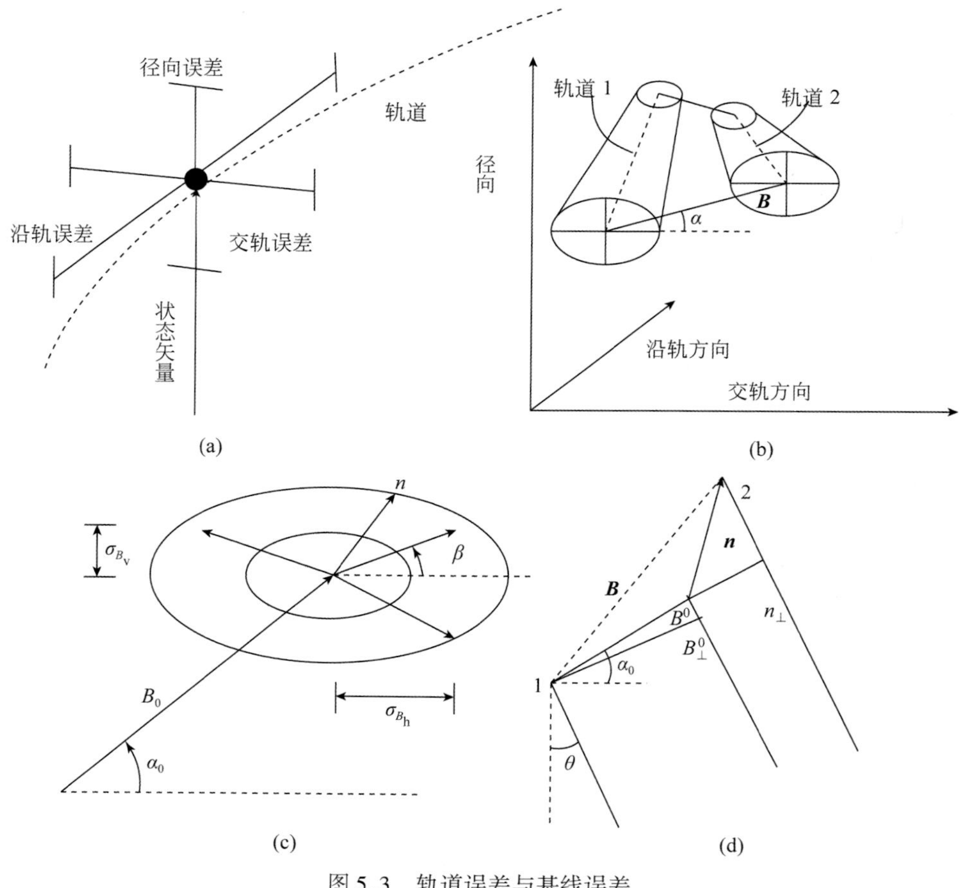

图 5.3　轨道误差与基线误差

（a）轨道误差的三维表达；（b）两轨道在径向和交轨方向上的误差椭圆，以及与基线、方位角之间的关系；（c）轨道误差和基线矢量的叠加；（d）真实的基线矢量为基线估计矢量和误差矢量之和（参考 Hanssen，2001）

$$\sigma_{B_v}=\sqrt{\sigma^2_{\text{radial},1}+\sigma^2_{\text{radial},2}} \tag{5.44}$$

$$\sigma_{B_h}=\sqrt{\sigma^2_{\text{Track},1}+\sigma^2_{\text{Track},2}} \tag{5.45}$$

这意味着轨道误差可以被看作一个单独的“噪声矢量” $\boldsymbol{n}$，叠加到了基线的估计值 B_0 上，如图 5.3（c）、（d）所示。位于基线矢量的末端，大小不超过误差椭圆，方向任意。

把轨道误差看作为基线矢量顶端的一个噪声矢量 $\boldsymbol{n}$，这为解释残余的轨道条纹提供了一种方便的方法。噪声矢量 $\boldsymbol{n}$ 可以被看作为第二个基线矢量。当我们用先验的信息去除平地效应（即所谓的参考相位）后，一个带有未知基线 $\boldsymbol{n}$ 的“残余参考干涉图”将会保留，而对于 $\boldsymbol{n}$，我们只知道它的大小小于 σ_{B_v} 和 σ_{B_h} 中最大值的两倍［如果使用 DEOS 精确轨道，径向和交轨误差分别处在 5cm 和 8cm 的量级（Visser *et al.*，1997；Scharroo and Visser，1998）］，其方向一无所知。所以“残余参考干涉图”可能会呈现出任何一种状态。这就需要我们采用其他的手段（如基线精化）去除残余的参考相位，以免把它错误地解释为地形、形变或者是大气信号。

5.4　大气和轨道误差矫正

5.4.1　大气误差矫正方法

随着 InSAR 技术的发展，目前人们已经发展出多种技术来消除大气效应，总体可以分为两类：基于影像自身的校准（如 Stacking InSAR、PS-InSAR、SBAS 等时序 InSAR 技术）和基于外部数据的校准（地面气象观测资料，GPS、MERIS、MODIS，以及 ERA-I、GACOS 等数字大气模型）方法。每种方法各有优缺点，没有一种技术能在任何条件下都适用，因此通常采用其中的一种或将多种结合。

1. 基于影像自身的校准

基于雷达影像数据自身的校准方法一般是基于时间序列影像进行分析处理，根据大气和形变信号不同的时空特性，采用滤波的方法对大气分量加以分离。

1）Stacking InSAR

相位累积平均法最早是在 1997 年由 Zebker 和 Sandwell 提出，以消除干涉图中的大气误差影响（Zebker *et al.*，1997；Sandwell *et al.*，1997）。这种方法要求事先进行相位解缠，并根据垂直基线比来归化相位，最后形成平均图或差图。最简单的累积平均的方法，采用的主要原则是，干涉图的形变信号是一系统性的量（或呈系统性的分布），而大气噪声是随机的。覆盖相同时间的 N 幅干涉图叠加后，形变信号是原来单一干涉图的 N 倍，但是噪声只有 $\sqrt{N}$ 倍。信噪比提高了 $\sqrt{N}$ 倍。这种方法被许多学者用来在土耳其（Wright *et al.*，2001）、加利福尼亚州（Peltzer *et al.*，2001；Fialko，2006）和西藏（Wright *et al.*，2004）探测震间应变积累。

因为这种标准的方法需要事先对干涉图进行相位解缠。众所周知，当信噪比很低或者是由于叠掩、阴影和断层处的位移而引起相位不连续时，解缠往往很困难。而相位梯度最重要的方面是由地形引起的相位梯度和垂直基线成比例，且相位梯度通常是距离向和方位向的连续函数，不像缠绕相位那样包含了许多个 2π 周跳。因为这些属性，Sandwell 研究了在没有进行相位解缠的情况下，用相位梯度法来构建干涉图的平均图和差图，并对这种方法作了论证（Sandwell and Price，1998）。这种情况下，我们需要相位解缠去解释结果，但是它可以被延迟到等所有大的对流层信号被移除后再进行。

因为每一个干涉图是由主、辅影像生成，所以其中的轨道和大气相位贡献都来自主、辅影像，如果我们有一序列干涉图，这些干涉图中前一幅干涉图中辅影像是下一个干涉图的主影像，这样组成了一个链式堆栈。在对这个链式堆栈进行累积平均时，处于链中间的影像的轨道和大气误差会被抵消，而只剩第一个主影像和最后一个辅影像的贡献。这个链条可以由短时间基线的干涉图组成，从而免受时间去相关的影响，所以相干性大大提高。但是在实际应用中，Biggs 等（2007）证实，在利用跨越长时间的链式堆栈获取震间形变时，得到的结果仍然被大气和轨道误差严重地影响。

2）PS-InSAR 和 SBAS 为代表的时序 InSAR 算法

在过去的十多年中，对于时间序列 D-InSAR 数据的点目标后向散射特性的研究成为实现地表微小形变检测的突破口（卢丽君，2008）。永久散射体（PS）的尺寸一般都小于分辨单元，在长时间和空间基线的干涉图上也可以保持好的相干性，使可利用的 SAR 影像突破了已有的时间和空间基线的极限限制。在这些像元上，构建观测方程时可以把大气误差作为一个待估量，通过反演时序干涉相位，与高程或形变参数同时估计（详细见第 2 章 PS-InSAR 原理），一旦估计并消除大气对相位的贡献，就可以获得亚米级精度的 DEM 和进行毫米级地表形变探测。但是该技术的成功实施要受到一些条件的限制。在空间维度，PS 点的分布密度要足够大才能正确地内插大气效应的影响，而在野外的断层区域天然的 PS 点密度往往很低。为了满足许多自然区域的形变监测需求，能够在某段时间内保持相干的像元及那些天然稳定的分布式散射体（DS）目标成为人们关注的对象，相应的算法，基于小基线集的干涉图组合算法（Berardino *et al.* 2002；Schmidt and Bürgmann，2003）和 SqueeSAR™（Ferretti *et al.*，2011）技术逐渐成为非城区高精度 InSAR 形变场获取的手段。

在以 PS-InSAR 和 SBAS 为代表的时序算法中，对大气误差的处理均利用了大气信号的高空间相关性和低时间相关性，采用空间、时间的高通、低通滤波来分离和剔除掉大气效应。这类技术适用于形变随时间缓慢变化的地区，因为任何快速的形变会在最后的时间序列分析中被平滑掉。

3）基于数学模型的大气校准方法

大气影响中的紊流混合分量在空间上随机分布，所以可以通过 Stacking InSAR 多幅干涉图或 InSAR 时间序列分析方法（Ferretti *et al.*，2001）加以有效去除（Zebker *et al.*，1997）。大气的垂直分层信号具有一阶效应，在一些区域单次 LOS 向路径延迟就可达 10cm/km（Doin *et al.*，2009）。而垂直分层延迟呈现出季节性的波动，因此即使在大量的雷达数据情况下，也很难通过 Stacking InSAR 或者时间域滤波加以去除。在许多 InSAR 时序分析方法中，通常的做法是利用一个与高程相关的相位模型来模拟垂直分层大气延迟，然后与轨道误差改正和形变速率同时从干涉相位里系统地估计。

与高程相关的相位模型可以用一次线性模型，二次、三次模型，指数或四叉树模型

（*Liang et al.*，2019）来模拟，图 5.4 为指数模型模拟的与地形相关的大气误差。相比较，一次模型可以更加稳健的估计垂直分层延迟（Doin *et al.*，2009），因为其他模型更容易受到其他待估参数（形变、高程）、紊流成分、残余轨道误差的影响。基于相位模型的方法在干涉图中相干相位分布均匀且覆盖良好的情况下效果更佳，而当水汽垂直分布很复杂或空间上存在部分异质时，该方法往往会失效。在利用 InSAR 提取大范围构造形变时，观测区域往往达几百千米覆盖范围，简单的大气垂直延迟参数化模型很难准确模拟区域性大的横向气候差异，这时需要利用其他手段对大气延迟进行直接观测与估计，其中包括 GPS（Onn and Zebker，2006；Li *et al.*，2006b）、MODIS（Li *et al.*，2005），MERIS（Li *et al.*，2006a；Puysségur *et al.*，2007；Li *et al.*，2009）及中尺度大气模型（Foster *et al.*，2006；Jolivet *et al.*，2011；Yu *et al.*，2018）。

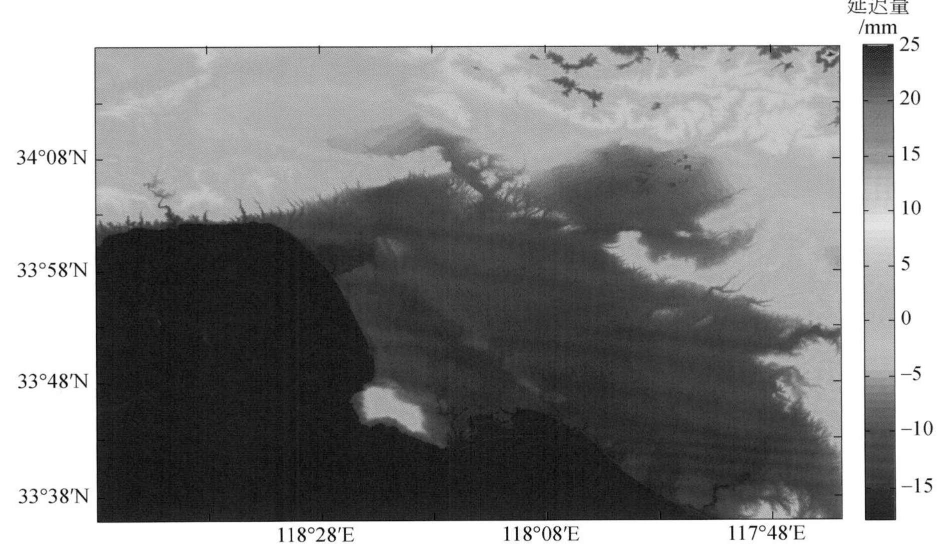

图 5.4　与高程相关的大气延迟改正图

2. 基于外部数据的校准

1）GPS

除了观测目标为点和面不同之外，InSAR 和 GPS 从机理来讲，它们有许多相似之处，如在传播途中信号都要受到各种物理过程的影响，因此它们观测到的相位都是几个分量的叠加，其中都包括大气分量。由于 InSAR 信号受大气影响与 GPS 相似，而 GPS 在探测大气方面的技术逐渐成熟和完善，所以很容易想到利用 GPS 数据估计的大气延迟来改正干涉测量中大气对观测值的影响。与 GPS 不一样的是，InSAR 中大气相位分量是两个影像获取时刻两种大气状态之差。

首先，需要通过高精度 GPS 处理，获取干涉图覆盖区域及周边内 GPS 点上的流体静力学延迟和湿延迟，通过时间上的内插得到主、辅 SAR 影像获取时刻的 GPS 延迟值；其次，利用空间内插方法对 GPS 延迟值进行内插，生成与主、辅 SAR 相对应的高分辨率大气延迟图（包括静力学延迟和湿延迟），并对两个时刻的延迟图进行差分计算，得到大气延迟差图；最后把延迟差图转换为雷达视线方向用于改正 InSAR 干涉图中的大气影响。

随着越来越多的地区级稠密 GPS 网络的建立，许多学者进行了 GPS 改正 InSAR 大气相位的研究（Zebker *et al.*，1997；Williams *et al.*，1998；Hanssen，1998；Emardson *et al.*，2003；Li *et al.*，2006b；宋小刚等，2009），总体结果表明，GPS 和 InSAR 所获取的大气湿延迟之间有很好的相关性（图 5.5），低密度的 GPS 数据非常适合用来改正大气相位中的长波成分，而大气改正效果主要取决于两个因素：①GPS 站网空间分辨率；②有效的空间内插估计方法。考虑了地形因素的内插方法效果明显优于一般的内插算子（Li *et al.*，2006b；宋小刚等，2009）。

GPS 大气改正法的优点是不受云覆盖和时间的影响。然而实际上像南加利福尼亚州 GPS 站分布如此密集的地区很少，大部分地区的 GPS 站点分布稀疏，尤其是对于中国境内的断层运动监测，一般都在西部无人区，GPS 站点更为稀疏，这种情况下利用内插 GPS 站点延迟量来改正 InSAR 干涉图中的大气影响往往无法取得满意的效果。

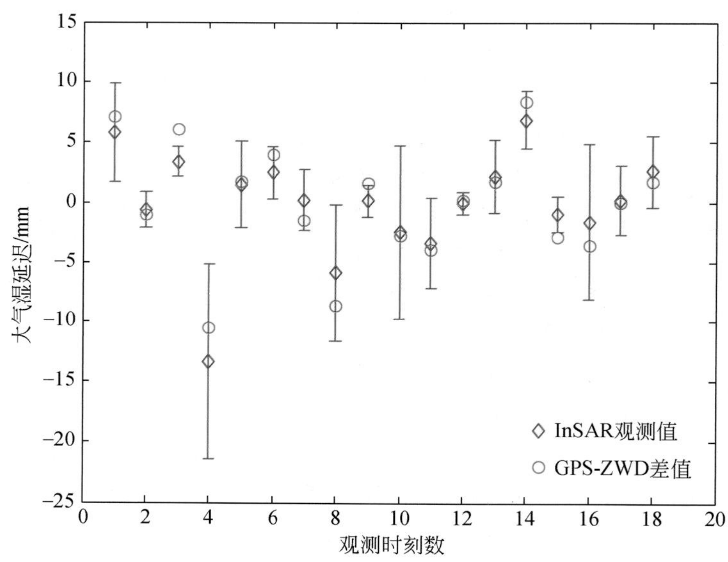

图 5.5　GPS-ZWD 差值与 InSAR 大气湿延迟观测值（上海地区）的对比图

2）星载成像光谱（辐射）仪

星载遥感技术是获取全球高空间分辨率大气水汽分布最有效的途径。装载在 Terra 和 Aqua 卫星上的中尺度分辨率成像光谱辐射仪（MODIS）是一种被动的遥感系统，太阳辐射穿过大气传输到地面，由地面反射后再次穿过大气到达传感器而被接收，这一过程中，水汽会吸收部分的太阳辐射，而 MODIS 正是基于探测水汽对这种太阳反射辐射的吸收而完成对水汽的遥感。MODIS 有 36 个通道，中心波长位于 0.905μm、0.936μm 和 0.94μm 的三个通道是对水汽的吸收比较大，称为水汽吸收通道，而中心波长位于 0.865μm 和 1.24μm 的两个大气窗口通道，对水汽的吸收非常少，MODIS 就是利用吸收带和其他非吸收带之间的辐射比来获取水汽信息，推导出垂直方向上总的水汽量。MODIS 水汽数据产品有两种：来自 Terra 平台的 MOD05_L2 和来自 Aqua 平台的 MYD05_L2。产品中包括了像元级的柱体水汽量和相关的质量保证参数，这些参数给出了一些与水汽产品相关的信息，如每个像元的大地经纬度、太阳天顶角、传感器方位角、水汽改正因子和云掩膜产品等。其中云掩膜产品非常重要，因为 InSAR 应用中感兴趣的是陆地上的水汽值而不是云上的，所以我们需要云的掩膜产品来判断出陆地区域上的水汽值。

利用 MODIS 水汽数据校正 InSAR 干涉影像大气影响的思想是由李振洪博士（Li *et al.*, 2005）首先提出并实现的，即 GPS/MODIS 集成大气校正方法。他利用 GPS 和 MODIS 结合的方法对 SCIGN 地区的三幅 ERS 干涉图进行了大气效应去除的研究，结果表明，即使 MODIS 和 ERS 的过境时间差 1h，这种 GPS 和 MODIS 结合的方法不仅可以帮助区分水汽和地球物理信号，而且可以较大程度地减少干涉图中的水汽影响。GPS/MODIS 集成大气校正方法具体步骤如下：

（1）利用观测区域内的 GPS 站点获取的延迟数据与 MODIS 水汽数据进行比较分析，并构建相应的校准模型。

（2）利用校准模型对该数据块内的 MODIS 水汽数据进行校准，生成一校准后的水汽场。

（3）对水汽场进行内插和重采样，使其与干涉图的分辨率和像素位置对应，同时也填补因云存在而造成的数据漏洞。

（4）对与形成干涉图的两幅影像获取时间相对应的水汽场数据进行差分，得到两个时刻上的差分水汽分布图，转化为延迟量后，得到差分延迟量改正图，用来改正对应干涉图上的大气效应。

另外，与 MODIS 相似，搭载在 ENVISAT 卫星上的 MERIS 也可以获取相应的水汽产品，用来对 ASAR 数据的干涉产品进行大气改正。由于 MERIS 和 ASAR 传感器一同搭载在 ENVISAT 卫星平台上，可以同时获取数据，所以比起 MODIS 数据来说，它与 ASAR 数据更有时间一致性的优势。MERIS 共有 15 个波段，其中两个近红外光谱可用于水汽遥感，其空间分辨率有两类：完整分辨率为 300m，简化分辨率为 1200m；与 GPS/MODIS 集成大气校正方法相比较而言，基于 MERIS 的 ASAR 大气校正模型具有更高的空间分辨率、零时差等优点（Li *et al.*, 2006a, 2006b），所以改正效果更明显，图 5.6 为我们利用 MERIS 数据改正青藏高原东北缘海原断裂带 ASAR 干涉图中的大气效应实例，通过比较大气改正前后的干涉相位图可以看出，干涉图底部区域（图中红色圆圈所示区域）内局部的大气影响被很好地改正，使得改正后的干涉相位分布更趋近一线性趋势面，即与线性轨道误差分布更为相近，说明利用 MERIS 进行 InSAR 大气改正能够获得良好的效果。在南加州的实验表明，利用 MODIS 或 MERIS 削弱 InSAR 干涉影像的水汽影响后，InSAR 得出的形变量与 GPS 形变量之间的中误差由校正前的约 1.0cm 降低到约 0.5cm（Li *et al.*, 2005, 2006a）。基于星载成像光谱（辐射）仪的大气水汽校正方法最明显的优点是高空间分辨率，其缺陷是只能在白天无云或少云的条件下进行。MODIS 和 MERIS 对云的敏感性限制了这种校正方法的应用范围，但是对于少云或无云频率很高的地区，可以很好地应用（吴云孙等, 2006）。

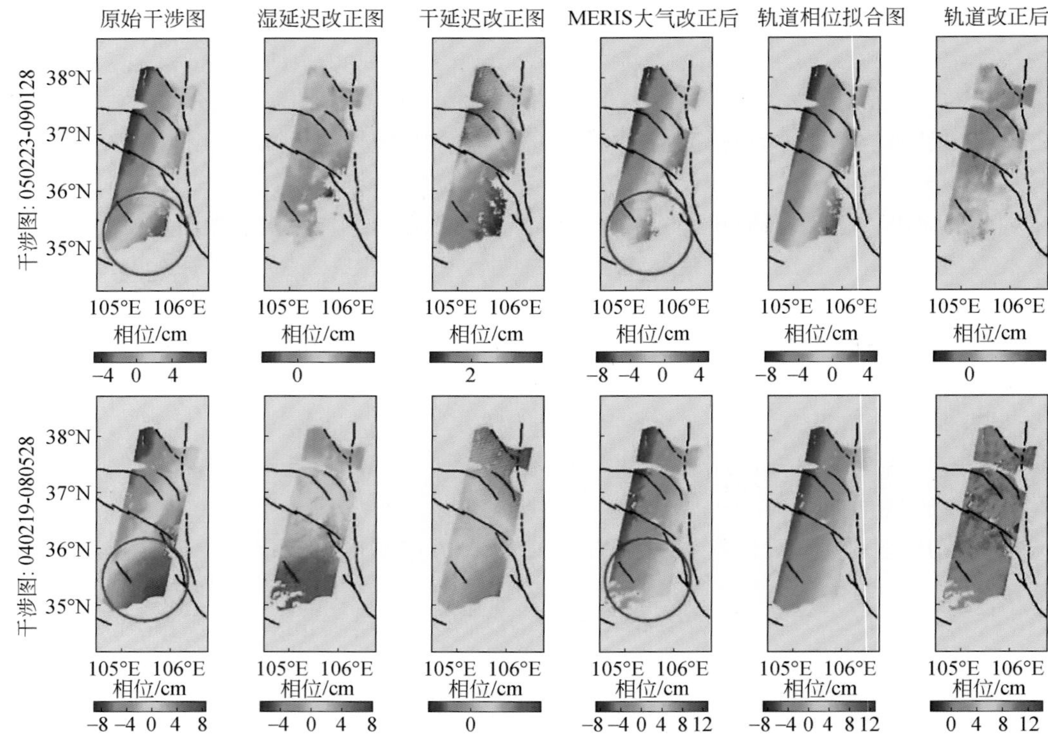

图 5.6　两个利用 MERIS 数据改正 ASAR 干涉图的实例

从红色圆圈所示范围可以看出，MERIS 的改正效果非常明显，大气改正后的干涉相位分布更趋于一线性趋势面（即轨道误差面）

3）全球大气模型

全球大气模型（global atmospheric model，GAM）是利用地表数据和卫星同化数据，通过数值模型计算得到的气象参数的估值。目前常用的 GAM 有美国的 NCEP/NCAR 再分析资料、NCEP/DOE 再分析资料、NCEP/CFSR 再分析资料、MERRA 再分析资料，日本的 JRA-25 再分析资料和欧洲的 ERA-Interim 再分析资料（即 ECMWF 大气模型），以及近几年英国纽卡斯尔大学发布的 GACOS 大气模型资料。许多研究者在利用大气模型数据进行 InSAR 大气改正时取得了很好的结果（Doin *et al.*，2009；Elliot，2009；Jolivet *et al.*，2014；Yu *et al.*，2018），我们在青藏高原东北缘海原断裂区域进行了 ECMWF 和 MERIS 延迟数据的比较（图 5.7），结果发现两者之间有很好的相关性，平均相关系数达到了 0.79，平均均方根误差为 1cm（Song *et al.*，2019），说明 ECMWF 在该区域具有很好的 InSAR 大气改正能力，最终的改正效果比较理想（详见第 7 章）。

基于大气模型的校正方法优点是实用性较强，不受云的限制，可以得到任何时刻、任何地点的大气延迟数据；缺点是分辨率较低，对大气信号重现的能力有限，所以对随机性较强的湍流混合分量的改正有限，而对长期稳定的垂直分层分量改正明显。模型计算的大气延迟精度依赖于观测区域的地形和气候条件，我们的实验结果表明，基于大气模型数据的 InSAR 大气改正在干旱的西北地区具有较好的改正效果（Song *et al.*，2019a），而在地形起伏较大、气候湿润的川滇地区改正作用有限（Song *et al.*，2019b）。

5.4.2 震间形变信号提取中的轨道误差校准

不准确的卫星轨道信息是造成轨道误差的主要原因（Shirzaei and Walter，2011；Bähr and Hanssen，2012）。ERS 雷达卫星的轨道误差声称几个厘米（Doornbo and Scharroo，2005），干涉图中在视线向上能转换成 1 ~ 2 个干涉条纹。关于卫星轨道精度的研究表明，ERS 和 ENVISAT 的方位向不确定度约为 1.5mm/(a · 100km)，而 TerraSAR-X 和 Sentinel-1 的方位向不确定度约为 0.8mm/(a · 100km)（Fattahi and Amelung，2014）。一般来说，对于 ERS 和 ASAR 短条带的干涉图（小于 300km），线性估计已经足够准确来描述轨道误差，二次项信号的弯曲量非常微弱（Hanssen，2001）。

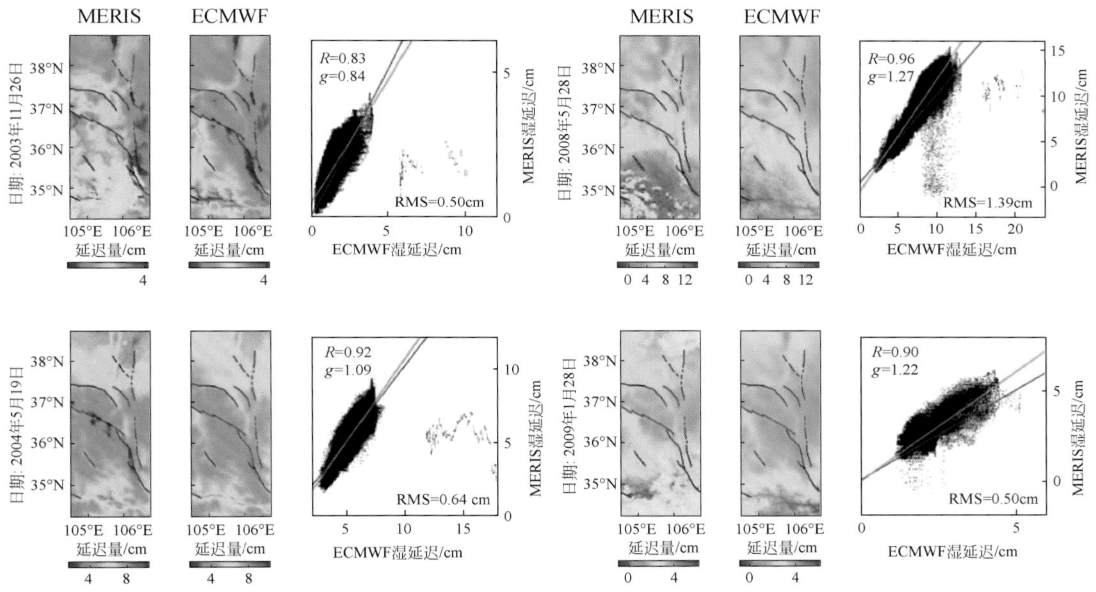

图 5.7 青藏高原东北缘海原断裂区域四个 SAR 获取时刻的 MERIS 和 ECMWF 湿延迟比较

R 为最佳拟合线（绿色）给出的相关系数；*g* 为斜率。红色线为两种延迟量 1 : 1 的对应关系线

与火山、冰川等活动产生的局部形变不同，活动断层震间活动产生的形变影响范围非常广泛，如一条走滑断层在地表引起的震间形变场的跨断层剖线可以用反正切曲线表示，所以整体上是一种长波信号，而轨道误差也是一种长波信号，二者非常强的耦合度使得轨道误差成为 InSAR 震间形变获取中一个非常重要的误差源（Massonnet and Feigl，1998）。在利用干涉相位进行轨道模型拟合时，需要谨慎选择用来拟合模型的数据范围，因为近断层几十千米范围内的形变变化会对轨道模型的拟合产生很大的影响。我们可以通过一个模拟实验再现这种影响。

首先我们构建一个走滑断层运动引起的理论 InSAR 形变场：以海原断裂为例，由现今 GPS 观测量可知其断层的闭锁深度和滑动速率近似可取 $d_r = 13$km 和 $s_r = 6$mm/a，断层活动引起的地面形变速度场可以由 arctan 理论模型（Savage and Burford，1973）生成：

$$u(x) = (s/\pi) \times \arctan(x/d) \tag{5.46}$$

式中，u 为地表形变速率；x 为地面点到断层的距离；s 为断层滑动速率；d 为闭锁深度。

然后加入轨道误差，轨道误差设计为一线性趋势面，理论参数的选取来自 Biggs 等（2007）的研究结果 $a_r = 0.0003\text{mm/km}$，$b_r = 0.0007\text{mm/km}$。图 5.8 展示了上述假设的断层位置、模拟的理论形变相位、模拟的理论轨道相位，以及两者之和。

基于带有轨道误差的 InSAR 模拟形变场［图 5.8（c）］，我们使用远场（断层两侧远离断层 30km）和全场形变数据重新拟合轨道平面，结果分别如图 5.9（a）、（d）所示，两者与理论轨道面之间的残差如图 5.9（b）、（e）所示，可以看出基于远场数据拟合的轨道平面明显比基于全场相位拟合的结果残差更小，所得到的残余形变相位图 5.9（c）比图 5.9（f）更符合理论形变场［图 5.8（a）］，即能够更好地把形变和轨道信号分离。

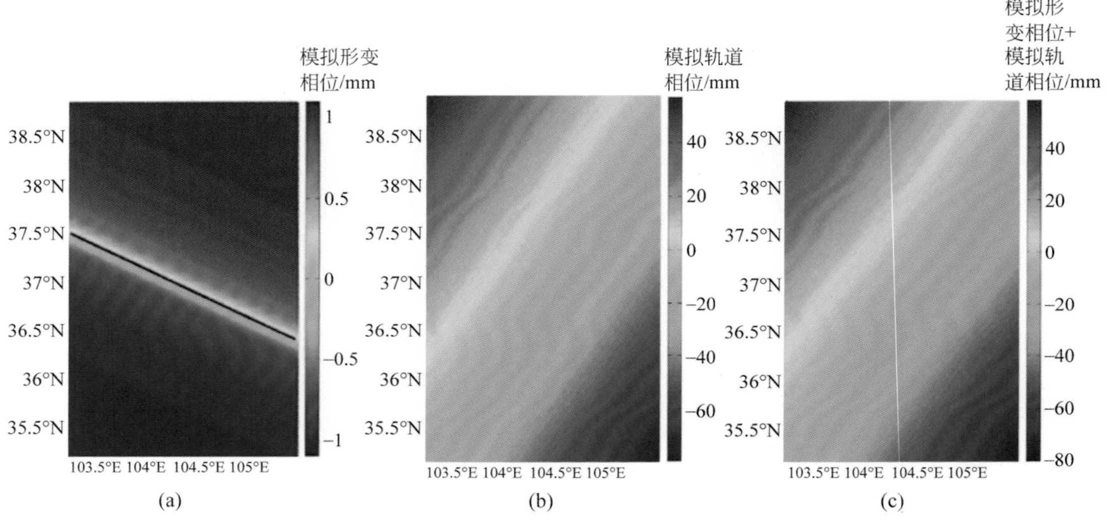

图 5.8　走滑断层运动引起的理论 InSAR 形变场模拟

（a）模拟的走滑断层的震间形变场；（b）模拟的线性轨道相位；

（c）（a）与（b）之和在视线向的投影（即带有轨道误差的 InSAR 模拟形变场）

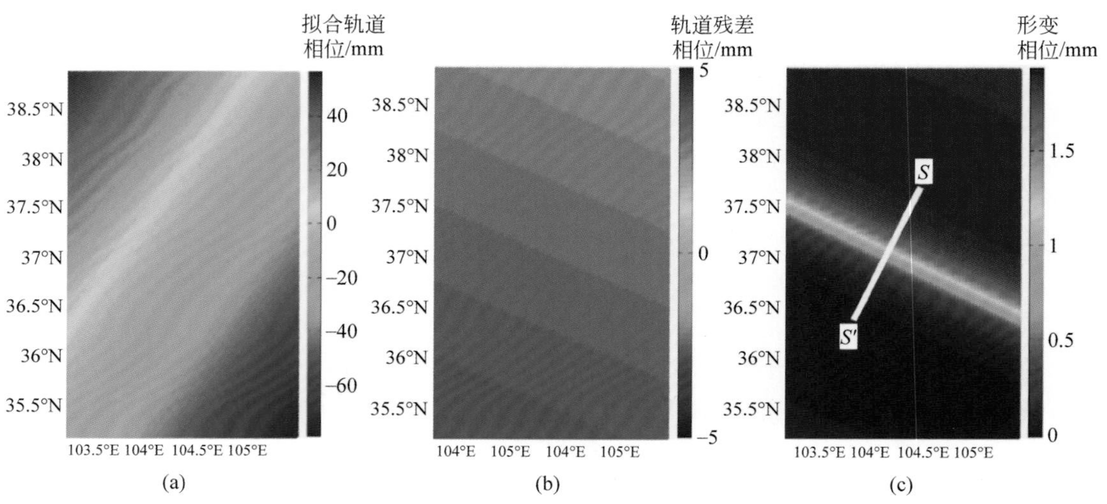

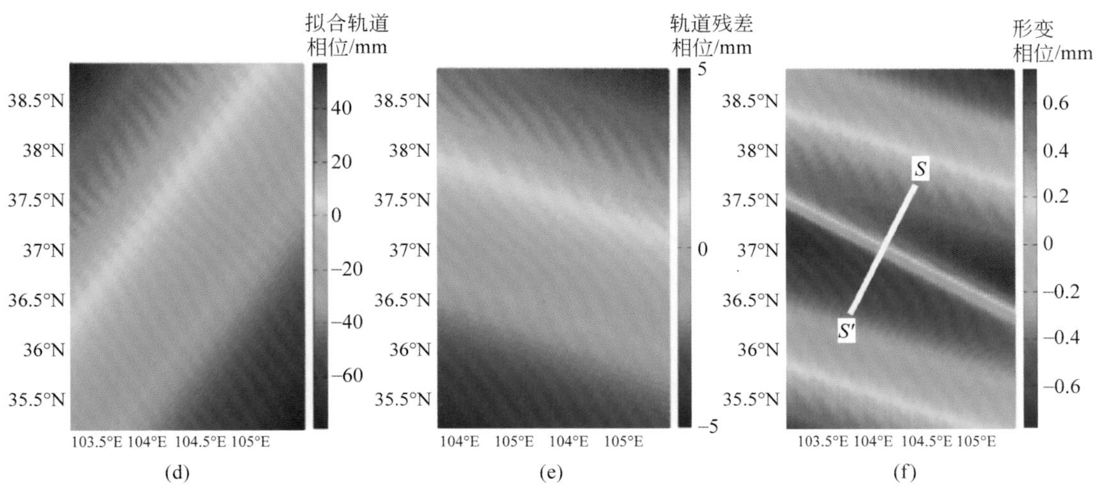

图 5.9　基于 InSAR 模拟形变场的轨道误差校正方法比较

（a）、（d）利用远场和全场相位拟合所得的轨道趋势面；（b）、（e）轨道残差相位，（a）、（d）分别与图 5.4（b）相减的结果；（c）、（f）形变相位

综上，模拟实验结果表明，震间形变信号中近断层几十千米范围内的形变梯度变化对轨道模型的拟合有很大的影响，我们在利用 InSAR 监测断层震间微小形变时，轨道误差拟合时，要把近断层几十千米范围内的数据掩膜掉，否则轨道模型误差会严重影响最终形变结果的准确度。

参 考 文 献

高洋. 2011. WRF 模式对 2008 年 1 月我国南方冻雨极端天气过程的数值模拟研究. 北京:中国气象科学研究院硕士研究生学位论文

姜宇. 2017. InSAR 大气校正技术研究及其在地震震间形变监测中的应用. 青岛:中国石油大学(华东)硕士研究生学位论文

卢丽君. 2008. 基于时序 SAR 影像的地表形变检测方法及其应用. 武汉:武汉大学博士研究生学位论文

宋小刚. 2008. 基于 GPS 和 MODIS 的 ASAR 数据干涉测量中大气改正方法研究. 武汉:武汉大学博士研究生学位论文

宋小刚,李德仁,单新建,等. 2009. 基于 GPS 和 MODIS 的 ENVISATASAR 数据干涉测量中大气改正方法研究. 地球物理学报,52(6):1457 ~ 1464

宋小刚,王尚,席广永. 2007. InSAR 中的误差分析和可靠性理论. 工程勘察,(2):57 ~ 60

吴云孙,李振洪,刘经南,等. 2006. InSAR 观测值大气改正方法的研究进展. 武汉大学学报-信息科学版,31(10):862 ~ 867

张红. 2002. D-InSAR 与 POLinSAR 的方法与应用研究. 北京:中国科学院遥感应用研究所博士研究生学位论文

Agnew D C. 1992. The time-domain behaviour of power-law noises. Geophysical Research Letters, 19 (4): 333 ~ 336

Baby H B, Golé P, Lavergnat J. 1988. A model for the tropospheric excess path length of radio waves from surface meteorological measurement. Radio Science, 23(6):1023 ~ 1038

Bähr H, Hanssen R F. 2012. Reliable estimation of orbit errors in spaceborne SAR interferometry. Journal of Geodesy, 86(12): 1147 ~ 1164

Berardino P, Fornaro G, Lanari R, *et al.* 2002. A new algorithm for surface deformation monitoring based on small baseline differential SAR interferograms. IEEE Transactions on Geoscience and Remote Sensing, 40(11): 2375 ~ 2383

Bevis M, Businger S, Herring T A, *et al.* 1992. GPS Meteorology: remote sensing of atmospheric water vapor using the global positioning system. Journal of Geophysical Research, 97(D14): 15787 ~ 15801

Biggs J, Wright T, Lu Z, *et al.* 2007. Multi-interferogram method for measuring interseismic deformation: Denali fault, Alaska. Geophysical Journal International, 170(3): 1165 ~ 1179

Colesanti C, Ferretti A, Novali F, *et al.* 2003. SAR monitoring of progressive and seasonal ground deformation using the permanent scatterers technique. IEEE Transactions on Geoscience and Remote Sensing, 41(7): 1685 ~ 1701

Coulman C E, Vernin J. 1991. Significance of anisotropy and the outer scale of turbulence for optical and radio seeing. Applied Optics, 30(1): 118 ~ 126

Doin M P, Lasserre C, Peltzer G, *et al.* 2009. Corrections of stratified tropospheric delays in SAR interferometry: validation with global atmospheric models. Journal of Applied Geophysics, 69(1): 35 ~ 50

Done J L, Leung R, Davis C, *et al.* 2005. Understanding the value of high resolution regional climate modeling. Symp on Living with a Limited Water Supply and the 19th Conf on Hydrology, San Diego, CA, Amer Meteor Soc, CD-ROM, 5.1

Doornbos E, Scharroo R. 2005. Improved ERS and ENVISAT precise orbit determination. ENVISAT & ERS Symposium, 572

Elgered G, Davis J, Herring T, *et al.* 1991. Geodesy by radio interferometry: water vapor radiometry for estimation of the wet delay. Journal of Geophysical Research, 96(B4): 6541 ~ 6555

Emardson T R, Simons M, Webb F H. 2003. Neutral atmospheric delay in interferometric synthetic aperture radar applications: statistical description and mitigation. Journal of Geophysical Research, 108 (B5): 2231

Fattahi H, Amelung F. 2014. InSAR uncertainty due to orbital errors. Geophysical Journal International, 199(1): 549 ~ 560

Ferretti A, Fumagalli A, Novali F, *et al.* 2011. A new algorithm for processing interferometric data- stacks: SqueeSAR. IEEE Transactions on Geoscience and Remote Sensing, 49(9): 3460 ~ 3470

Ferretti A, Prati C, Rocca F. 2001. Permanent scatterers in SAR interferometry. IEEE Transactions on Geoscience and Remote Sensing, 39(1): 8 ~ 20

Fialko Y. 2006. Interseismic strain accumulation and the earthquake potential on the southern San Andreas fault system. Nature, 441(7096): 968 ~ 971

Foster J, Brooks B, Cherubini T, *et al.* 2006. Mitigating atmospheric noise for InSAR using a high resolution weather model. Geophysical Research Letters, 33(16): L16304

Goldstein R M. 1995. Atmospheric limitations of repeat-track radar interferometry. Geophysical Research Letters, 22(18): 2517 ~ 2120

Hanssen R F. 1998. Atmospheric Heterogeneities in ERS Tandem SAR Interferometry. DEOS Report No 98.1, Delft: Delft University Press

Hanssen R F. 2001. Radar Interferometry: Data Interpretation and Error Analysis. Dordrecht, Boston: Kluwer Academic

Hanssen R F, Liu S. 2009. The Atmospheric Phase Screen; Characteristics and Estimatio. Pasadena, CA: TIGIR Workshop

Hooper A, Zebker H, Segall P, *et al*. 2004. A new method for measuring deformation on volcanoes and other natural terrains using InSAR persistent scatterers. Geophysical Research Letters, 31(23): L23611

Ishimaru A. 1978. Wave Propagation and Scattering in Random Media, Vol. 2. New York: Academic Press

Jolivet R, Agram P S, Lin N Y, *et al*. 2014. Improving InSAR geodesy using global atmospheric models. Journal of Geophysical Research: Solid Earth, 119(3): 2324 ~ 2341

Jolivet R, Grandin R, Lasserre C, *et al*. 2011. Systematic InSAR tropospheric phase delay corrections from global meteorological reanalysis data. Geophysical Research Letters, 38(17): L17311

Leung L R, Done J, Dudhia J, *et al*. 2005. Preliminary results of WRF for regional climate simulations. Workshop on Research Needs and Directions of Regional Climate Modeling Using WRF and CCSM

Li Z H, Fielding E J, Cross P, *et al*. 2006a. Interferometric synthetic aperture radar atmospheric correction: medium resolution imaging spectrometer and advanced synthetic aperture radar integration. Geophysical Research Letters, 33(6): L06816

Li Z H, Fielding E J, Cross P, *et al*. 2006b. Interferometric synthetic aperture radar atmospheric correction: GPS topography-dependent turbulence model. Journal of Geophysical Research, 111(B2): B02404

Li Z H, Fielding E J, Cross P, *et al*. 2009. Advanced InSAR atmospheric correction: MERIS/MODIS combination and stacked water vapour models, International Journal of Remote Sensing, 30(13): 3343 ~ 3363

Li Z H, Muller J-P, Cross P, *et al*. 2005. Interferometric synthetic aperture radar (InSAR) atmospheric correction: GPS, moderate resolution imaging spectroradiometer (MODIS), and InSAR integration. Journal of Geophysical Research, 110(B3): B03410

Liang H Y, Zhang L, Ding X L, *et al*. 2019. Toward mitigating stratified tropospheric delays in multitemporal InSAR: a quadtree aided joint model. IEEE Transactions on Geoscience & Remote Sensing, 57(1): 291 ~ 303

Liu G X. 2003. Mapping of earth deformations with satellite SAR interferometry: a study of its accuracy and reliability performances. PhD Thesis, Hong Kong: Hong Kong Polytechnic University

Marini J W, Murray C W. 1974. Correction of radio range tracking data for atmospheric refraction at elevations above 10 degrees. unpublished memorandum

Massonnet D, Feigl K L. 1998. Radar interferometry and its application to changes in the Earth's surface. Reviews of Geophysics, 36(4): 441 ~ 500

Monin A S, Yaglom A M, Lumley J L. 1975. Statistical Fluid Mechanics: Mechanics of Turbulence, Vol. 2. Cambridge: MIT Press

Nico G, Tome R, Catalao J, *et al*. 2011. On the use of the WRF model to mitigate tropospheric phase delay effects in SAR interferograms. IEEE Transactions on Geoscience and Remote Sensing, 49(12): 4970 ~ 4976

Niell A E, Coster A J, Solheim F S, *et al*. 2001. Comparison of measurements of atmospheric wet delay by radiosonde, water vapor radiometer, GPS, and VLBI. Journal of Atmospheric and Oceanic Technology, 18(6): 830 ~ 850

Onn F, Zebker H. 2006. Correction for interferometric synthetic aperture radar atmospheric phase artifacts using time series of zenith wet delay observations from a GPS network. Journal of Geophysical Research: Solid Earth, 111(B9): B09102

Peltzer G, Crampé F, Hensley S, *et al*. 2001. Transient strain accumulation and fault interaction in the Eastern California shear zone. Geology, 29(11): 975 ~ 978

Puysségur B, Michel R, Avouac J-P. 2007. Tropospheric phase delay in interferometric synthetic aperture radar estimated from meteorological model and multispectral imagery. Journal of Geophysical Research, 112(B5): B05419

Ruf C S, Beus S E. 1997. Retrieval of tropospheric water vapor scale height from horizontal turbulence structure.

IEEE Transactions on Geoscience and Remote Sensing,35(2):203 ~ 211

Sandwell D T, Price E J. 1998. Phase gradient approach to stacking interferograms. Journal of Geophysical Research,103(B12):30183 ~ 30204

Savage J C,Burford R O. 1973. Geodetic determination of relative plate motion in central California. Journal of Geophysical Research,78(5):832 ~ 845

Scharroo R, Visser P. 1998. Precise orbit determination and gravity field improvement for the ERS satellites, Journal of Geophysical Research,103(C4):8113 ~ 8127

Schmidt D A,Bürgmann R. 2003. Time-dependent land uplift and subsidence in the Santa Clara valley,California, from a large interferometric synthetic aperture radar data set. Journal of Geophysical Research,108(B9):2416

Shirzaei M,Walter T R. 2011. Estimating the effect of satellite orbital error using wavelet-based robust regression applied to InSAR deformation data. IEEE Transactions on Geoscience and Remote Sensing,49(11):4600 ~ 4605

Song X,Jiang Y,Shan X,*et al.* 2019a. A fine velocity and strain rate field of present-day crustal motion of the northeastern Tibetan Plateau inverted jointly by InSAR and GPS. Remote Sensing,11(4):435

Song X, Shan X, Qu C. 2019b. Interseismic strain accumulation across the Zemuhe-Daliangshan fault zone in heavily-vegetated southwestern China,from ALOS-2 interferometric observation. IGARSS 2019 Proceeding,Japan

Tatarski V I. 1961. Wave Propagation in A Turbulent Medium. New York:McGraw-Hill

Thompson A R,Moran J M,Swenson G W. 1986. Interferometry and Synthesis in Radio Astronomy. New York: Wiley-Interscience

Tong X,Sandwell D T,Smith-Konter B. 2013. High-resolution interseismic velocity data along the San Andreas fault from GPS and InSAR. Journal of Geophysical Research:Solid Earth,118(1):369 ~ 389

Treuhaft R N,Lanyi G E. 1987. The effect of the dynamic wet troposphere on radio interferometric measurements. Radio Science,22(2):251 ~ 265

Visser P N, Scharroo R, Floberghagen R, *et al.* 1997. Impact of PRARE on ERS-2 orbit determination. Proceedings of 12th International Symposium on "Space Flight Dynamics", Darmstadt, Germany, SP3-403: 115 ~ 120

Wang H,Wright T J. 2012. Satellite geodetic imaging reveals internal deformation of western Tibet. Geophysical Research Letters,39(7):L07303

Wei M,Sandwell D,Smith-Konter B. 2010. Optimal combination of InSAR and GPS for measuring interseismic crustal deformation. Advances in Space Research,46(2):236 ~ 249

Williams S, Bock Y, Fang P. 1998. Integrated satellite interferometry: tropospheric noise, gps estimates and implications for interferometric synthetic aperture radar products. Journal of Geophysical Research,103(B11): 27051 ~ 27067

Wright T,Parsons B,England P,*et al.* 2004. InSAR observations of low slip rates on the major faults of western Tibet. Science,305(5681):236 ~ 239

Wright T,Parsons B,Fielding E. 2001. Measurement of interseismic strain accumulation across the North Anatolian fault by satellite radar interferometry. Geophysical Research Letters,28(10):2117 ~ 2120

Yu C,Li Z H,Penna N T,*et al.* 2018. Generic atmospheric correction model for interferometric synthetic aperture radar observations. Journal of Geophysical Research:Solid Earth,123(10):9202 ~ 9222

Zebker H A,Rosen P A,Hensley S. 1997. Atmospheric effects in interferometric synthetic aperture radar surface deformation and topographic maps. Journal of Geophysical Research,102(B4):7547 ~ 7563

第 6 章　地震周期形变模拟与断层参数反演方法

已知断层位错推导其所导致的地表位移，是正演问题；已知地表位移或形变，估算断层滑动及其震源参数，则是反演问题。本书前述几章详细阐明了利用 InSAR 及 GNSS 等测量手段获取地震地表形变的原理和方法。本章则从对断层与地震相关基本概念的解剖入手，来重点阐述地震形变数据模拟的基本原理与方法，然后详细阐述利用地震地表形变测量数据反演获得断层同震滑动分布、闭锁深度及其介质流变学属性等的基本方法与步骤。

6.1　基 本 概 念

6.1.1　断层及其主要类型

断层是地壳岩石在构造应力作用下达到其屈服强度而发生破裂，并沿破裂面有明显相对位移的构造。由断裂面分隔开并沿断裂面发生相对位移的两侧岩块称为断层的两盘，其中位于断层面上方的岩块称为上盘、下方的岩块称为下盘（图 6.1）。断层在地壳中的几何形态称为断层产状，包括断层的走向、倾向和倾角，其中①断层走向是指断层面的水平延伸方向；②倾角是断层面与水平面的夹角；③倾向是断层面法线指向天空的方向（图 6.1）。断层运动性质则采用滑动角 λ 进行描述，其定义为断层面内滑动矢量与断层走向平行线之间的夹角，顺时针为正（图 6.1）。根据断层两盘的相对运动可以将断层划分成正断层（normal fault，$\lambda=-90°$）、逆断层（reverse fault，$\lambda=90°$）和走滑断层（strike-slip fault，$\lambda=0°$或 $\lambda=180°$）三种典型类型（图 6.1）。正断层上盘下降、下盘抬升；逆断层上盘抬升、下盘下降；两盘发生相对水平运动的为走滑断层或平移断层。正断层和逆断层以垂直运动为主又称为倾滑断层（dip-slip fault）。真实的断层运动往往是兼具垂直和水平位移的复杂斜滑运动形式。断层的规模大小不等，大者沿走向延长可达上千千米，向下可切穿地壳，通常由许多子断层组成，称为断裂带。断层广泛发育于地壳介质中，是地壳中最重要的构造类型之一。构造应力作用下积累的大量应变能在达到一定程度时导致断层发生突然破裂位移，称为断层位错；地震的发生是断层错动的结果（Aki and Richards，1980）。

断层运动的基本特点是两盘沿断层面的剪切滑动，因此，断层面作为剪切面与其形成时的应力状态密切相关。Anderson 的断层作用理论简要说明了两者的关系，该理论认为地面与空气间无剪应力作用，所以形成断层的三轴应力状态中的一个主应力趋于与地面垂直，其余两个应力轴呈水平状态。可以依据断层形成时三个主应力的作用方向和大小，来描述三种基本断层类型，即正断层、逆断层和走滑断层，如图 6.2 所示。通常认为，断层

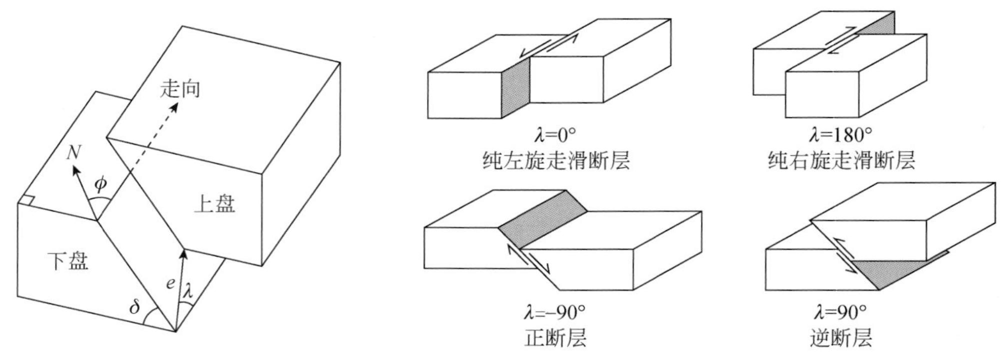

图 6.1　断层要素及典型断层类型

面是一个剪裂面，与两剪裂面的锐角平分线一致，表示最大主压应力；与两剪裂面的钝角平分线一致，表示最小主压应力或最大拉应力；断层两盘向垂直于 σ_2 方向滑动，表示中间主应力（图 6.2）。

1. *正断层*

最大主应力 σ_1 垂直于地面，中间主应力 σ_2 和最小主应力 σ_3 平行于地面，σ_2 与断层走向一致，破裂面与垂线成 θ 角，$0° < \theta < 45°$。此时，σ_1 在垂直方向上逐渐增大或 σ_3 在水平方向上逐渐减小，断层滑动方向为断层上盘沿断层倾向向下滑动，$\lambda = -90°$ 或 $\lambda = 270°$，这种断层称正断层。正断层倾角一般较陡，通常在 45°以上。一些研究发现，一些正断层的倾角也很低缓，尤其是一些大型正断层，往往地下变缓，总体呈铲状或犁式。

2. *逆断层*

最小主应力 σ_3 垂直于地面，最大主应力 σ_1 和中间主应力 σ_2 与地面平行；同时，σ_2 与断层走向 ϕ_s 平行，并与 σ_1 成 θ 角，$0° < \theta < 45°$。如果最大主应力 σ_1 在水平方向上逐渐增大，或最小主应力 σ_3 在垂直方向上逐渐减小，断层滑动方向为上盘沿断层倾向向上滑动，$\lambda = 90°$，这种断层叫逆断层。根据断层倾角 δ 大小，逆断层可以分为两类：断层面 $\delta > 45°$，其断层线比较平直，称高角度逆冲断层；$\delta < 45°$，称为低角度逆掩断层。

3. *走滑断层*

中间主应力 σ_2 是直立的，最大主应力 σ_1 和最小主应力 σ_3 均与地面平行，σ_2 垂直于断层走向，两个共轭的断层面都与 σ_1 成 θ 角，$0° < \theta < 45°$。此时，断层沿最大剪切面发育，断层滑动方向为上、下两盘沿断层走向水平滑动，$\lambda = 0°$ 或 $\lambda = \pm 180°$，这种断层称作走滑断层［图 6.2（c）］。走滑断层分为左旋走滑断层（$\lambda = 0°$）和右旋走滑断层（$\lambda = \pm 180°$），走滑断层面倾角常接近于 90°。

另外，正断层和逆断层统称为倾滑断层。实际情况中，断层上、下两盘的运动情况较为复杂，断层两盘不是完全沿断层面倾斜滑动或顺走向滑动，而是斜交走向滑动，此时断层兼有走滑和倾滑两种分量。如果断层面上的倾滑和走滑分量都比较明显，则称这种断层为斜滑断层（oblique fault）。

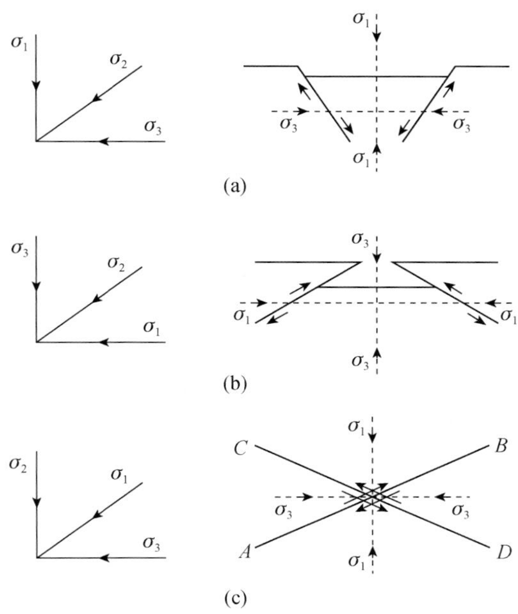

图 6.2　典型断层类型及其所处的构造应力状态

（a）正断层；（b）逆断层；（c）走滑断层

6.1.2　地震与形变周期

1. 地震震源时间函数

一次地震滑动事件可以简化为一个平面内的剪切位错，即断层位错；当应力积累至超过静态滑动摩擦强度时，断层面就产生滑动，即地震发生。可以看出，断层是地震的载体，而地震则是断层位错的结果。地震可以持续十几秒至几百秒不等的时间，是一个动态的过程；可以采用震源时间函数与断层位错函数将断层与地震的关系进行定量描述（图 6.3）。首先，记 $A(r, t)$ 为产生位错的断层面积函数，$S(r, t)$ 为断层位错函数；它

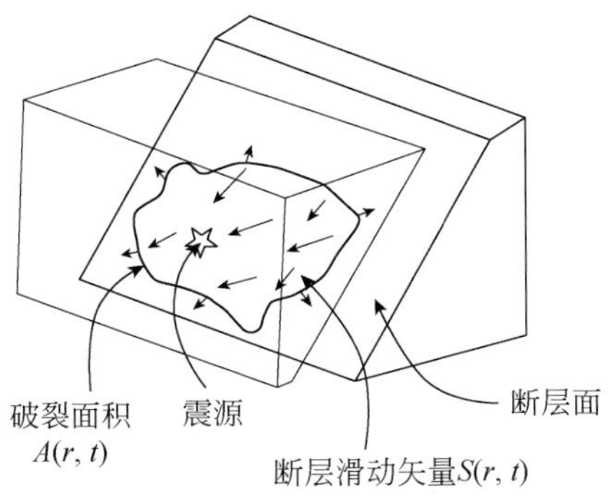

图 6.3　破裂沿断层面传播示意图（据 Lay and Wallace，1995 修改）

们都是与时间、空间相关的函数（Stein and Wysession，2003）：

$$M(r,\ t)=\mu A(r,\ t)S(r,\ t) \tag{6.1}$$

式中，$M(r,\ t)$ 为地震矩，用来描述地震释放能量的大小，对 $M(r,\ t)$ 时间求导，则可以获得地震矩率，或称为震源时间函数（source time function，STF）。式（6.1）将断层位错与地震释放能量有效连接起来。

一般而言，地震的震源时间函数（STF）是极其不规则的，研究人员经常利用一个简单的斜坡函数来对随时间变化的地表位移进行简化（图 6.4）。InSAR 或传统 GNSS 所获得的是断层静态地表形变，地震波数据获取的则是断层错动产生的瞬态位移（图 6.4）。震源时间函数表示的是地震矩随时间释放的过程，因而是断层位错及震源破裂过程反演的主要求解对象。

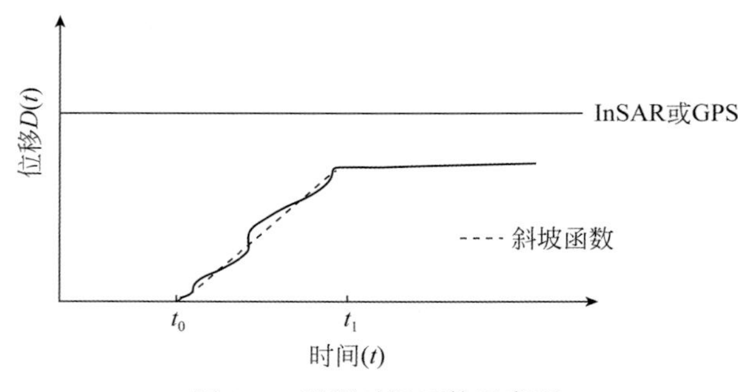

图 6.4　震源时间函数示意图

2. 地震形变周期

一个完整的地震周期可以划分为三个典型发展阶段，如图 6.5 所示，即震间、同震及震后阶段；它们各自具有内在的典型物理特性，如震间阶段往往具有准静态的（quasi-static）特征，同震阶段可以近似看作是静态的（static），而震后阶段则往往是瞬态的（transient）。地震周期特征可简要描述为：当断层带应力积累至超过静态滑动摩擦强度时，剪切滑动（即地震）就发生了；两次地震事件之间的震间阶段，断层处于闭锁状态，两盘介质仅在远场发生相对运动；最终，又一次大的地震发生，应力释放，断层发生破裂，两盘介质再次发生相对错动。可以看出，早期的地震周期概念模型把震后阶段当作是具有瞬态特征的早期震间阶段，而并不包含单独的震后阶段；而随着观测手段，尤其是空间对地观测技术如 InSAR、GNSS 等的深入应用，震后阶段的独特性逐渐被发掘。

现代地震观测研究表明，形变是地震孕育与发生过程中最为直接的伴随现象之一。地震周期的各个阶段均伴随有断层形变，如由于构造应力持续作用于断层使得其处于闭锁状态，产生震间形变；又如断层突然失稳引发地震，产生同震静态形变。目前的研究发现，震后形变成因则相对较为复杂，典型机制如应力驱动的震后余滑模型、孔隙回弹及黏弹性应力松弛效应等。可以想见，地震发生后，导致断层在震间期累积的巨大能量集中释放，使得周边块体介质、深部及邻近断层顿时承载较大的应力扰动（stress perturbation），无论是上述哪一种应力机制对突发的应力扰动进行“消化”，都必然使得震后形变阶段明显有别于长期准静态应力加载的震间阶段，呈现某种加速变化特征。从而，基于高精度震后形变数据的模拟及研究，对地球内部介质属性和应力、应变状态的探测与分析，具有独特意义。同时，同震地表形变数据反演可以获取强震的发震断层结构与震源时空破裂过程；震间形变数据模拟及研究可以分析断层摩擦系数空间分布及其闭锁深度等。总之，地震周期各阶段所伴随的形变现象各自具有其内在特征，可以反演及模拟地震发震机制及其孕震环境的应力、应变状态。以下几个章节将分别介绍地震周期三个典型阶段形变模拟的具体算法基础、操作流程等，从而为后续的断层及震例研究提供理论借鉴。

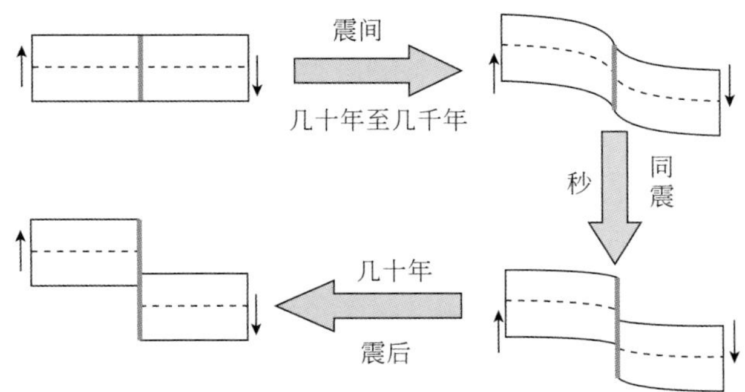

图6.5　以走滑断层为例演示地震周期的弹性回弹理论（据 Walters，2012）
两个矩形表示两个块体，灰色粗线表示断层迹，两个块体在交界处应力作用下产生相对运动，即断裂带

1）断层震间形变

1910年，Reid比较了19世纪60年代和80年代获取的圣安德烈亚斯断层的三角测量结果，首次使用大地测量方法发现了横跨走滑断层的震间形变。震间形变发生在两次地震之间，反映了地壳相对稳定的运动（图6.6）。在这个阶段，断层在上地壳发震区的部分发生闭锁，但是在下地壳和地幔发生持续的构造运动，使上地壳也发生活动，形变场的空间分布揭示了上地壳的闭锁深度及影响范围。根据 Thatcher（2009）和 Meade 等（2013）的研究表明，利用大地测量手段得到的形变速度与地质测量的结果相吻合。这表明震间形变速度随时间变化并不大，也就意味着我们可以使用大地测量手段获取的短期滑动速率来估计断层的长期滑动速率。在获取了断层震间形变场之后，6.2节将介绍利用震间断层形变模拟及流程，从而对断层闭锁深度、长期滑动速率等进行估计，为更进一步的地震危险

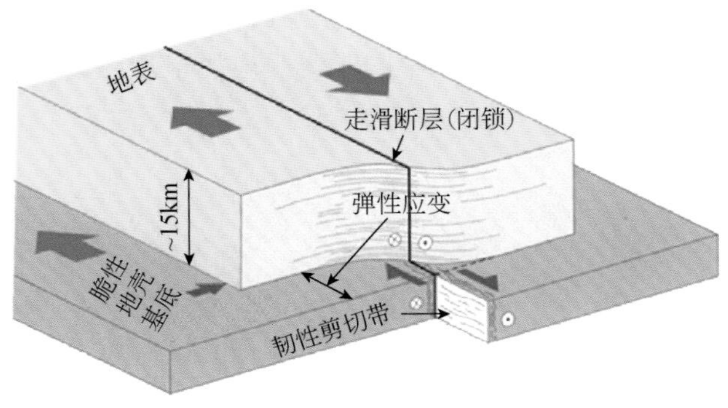

图6.6　以走滑断层为例展示震间阶段的弹性应变累积（据 http://funnel.sfsu.edu/creep 修改）
上地壳沿断层的弹性应变是由下地壳韧性剪切带的持续、无震的断层运动造成

性分析等研究提供基础依据。

2）断层同震形变

当震间阶段的累积应力超过断层的摩擦力时，积累的弹性应力就会被释放，激发地震波，导致断层破裂带周围地表产生永久位移。全球地震测震台站可以记录到中等（M>4.5级）及以上地震的地震波，有助于反演确定地震的震源破裂过程；而 InSAR 同震形变场则提供了地震过程中地表形变的空间分布，进一步有助于确定震源几何形状和断层滑动分布。另外值得一提的是，InSAR 同震形变可反演非常精确的震源位置信息和相对其他大地测量方法更为可靠的断层滑动分布，特别对于震源深度较浅的地震。6.3 节将介绍断层同震破裂与滑动反演相关理论和过程。

3）断层震后形变

Okada 和 Nagata（1953）在日本 1946 年 Nankaido 地震后，使用水准仪首次观测到震后形变。从时间上来看，震后形变通常发生在震后的几个小时到几年，是地壳和地幔对同震应力变化的调整，为岩石圈的流变性提供了重要的约束。目前已经有大约 25 个关于震后形变的震例研究，Wright 等（2013）做了相关的统计，从空间位置上来看，发现大约 60% 地震的震后形变发生在靠近断层破裂带的位置，表明了震后形变可能是一个浅层的形变过程；75% 地震的震后形变发生在断层面附近一定宽度的区域内，表明了震后活动的位置应该是靠近发震断层。针对震后形变的成因机制，目前有三种解释，分别是震后余滑、黏弹性松弛和孔隙回弹。但是，三种机制之间并不是完全独立的，而是互相联系着的。6.4 节将介绍断层震后形变模拟相关算法与流程。

6.2　震间断层形变模型

6.2.1　反正切模型

一般认为，下地壳及上地幔的岩石层所处的环境是高温高压并且缺乏摩擦力的，断层可以发生稳定滑动，而不能发生应力累积。同时，下地壳产生的稳定滑动将会造成中上地壳的应力积累，使得上地壳断层在震间阶段发生闭锁。基于上述假设，Savage 和 Burford（1973）提出了 arctan 模型，是目前最简单同时也是应用最广泛的计算震间断层的跨断层速度场的模型。

$$v = \frac{s}{\pi}\arctan\left(\frac{x}{d}\right) \tag{6.2}$$

式中，s 为断层远场长期速率；d 为断层的闭锁深度；x 为离开断层的垂直距离；v 为距离断层 x 处的滑动速度，图 6.7 给出了简单的断层运动产生的剪切应变和地表走滑位移示意图。断层存在闭锁时，闭锁深度（d）以下可以自由滑动，闭锁区域不存在相对滑动；断层附近产生剪切应变积累，且靠近断层应变值变大；断层两侧运动呈反正切曲线。

大地震引起的断层面滑动一般是以每秒钟几千米的速度前进，在几秒至几分钟内结束。与此相对应，有些断层的滑动速度却十分缓慢，以每天数毫米至数厘米的速度滑动，

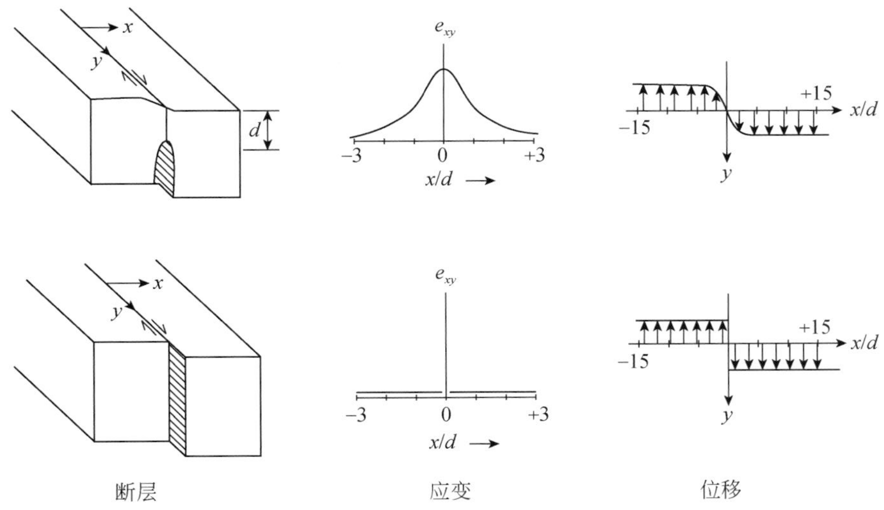

图 6.7　断层运动、剪切应变及地表位移示意图（据 Savage，1983 修改）

持续时间从数小时至数十年不等，这种现象称为蠕变。蠕变发生的位置有深有浅，本书关注的是浅部的断层蠕变。图 6.7 展示了考虑断层蠕变的 arctan 模型。浅层蠕变对于评估地震灾害非常重要，曾被认为是地震前兆（图 6.8；Bakun and Llindh，1985）；一个经典案例是，在 1966 年帕克菲尔德地震前发生了破裂的管道和新鲜的裂纹，一个解释是震前存在可探测的无震滑移，可用来预测未来的地震，因此美国在圣安德烈亚斯断层建立了非常密集的大地观测网络。尽管 Geller（1997）回顾前人研究后得出的结论是使用浅层蠕变来预测即将到来的大地震是不可能的，但是从长期来看蠕变速率对于地震危险性评估的重要意义依然毋庸置疑。总的来说，相对于不发生蠕变的断层，发生蠕变的断层释放了部分应力，降低了未来大地震的震级；同时，蠕变速率的时间变化可能反映了断层上由局部地震产生的应力变化，这些变化可能提前或者延缓未来地震的发生（Wei，2011）。

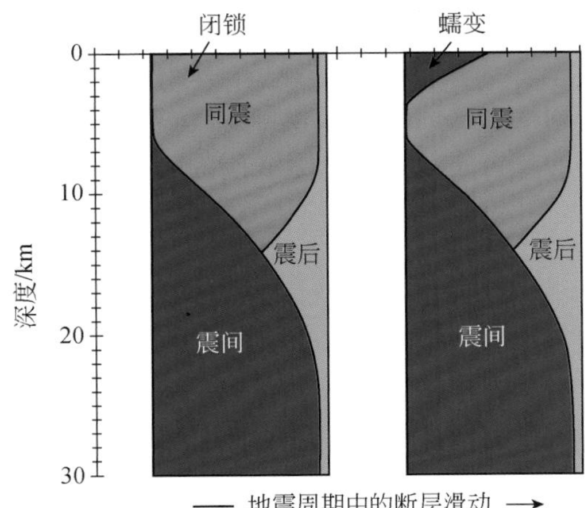

图 6.8　断层同时存在弹性应变和浅层蠕变（据 Wei，2011 修改）

6.2.2　负位错模型——Defnode/TDefnode

Matsu'ura 等（1986）在研究加利福尼亚霍利斯特地区断层震间构造形变时提出负位错模型（图 6.9）。由于断层闭锁，断层的震间形变等于其两侧块体的相对运动减去断层闭锁（或部分闭锁）效应产生的回滑效应（back-slip）。在此模型分析的基础上，他推断了圣安德烈亚斯断层上两处最有可能发生中强震的段落。

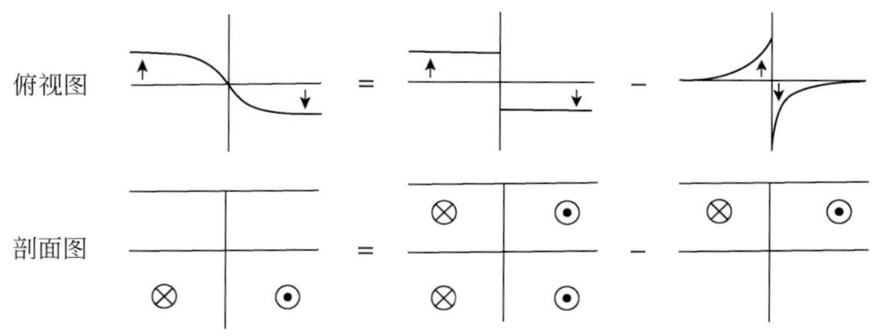

图 6.9　负位错模型示意图（据 Matsu'ura *et al.*，1986 修改）

McCaffrey（1996，2002，2005）延续了这种思想，并提供了一种能综合利用 GPS 速度场、地震、地质等多种资料，同时反演块体旋转和变形、断裂同震位移或震间闭锁系数的方法，并以开源程序（Defnode）予以实现，同时引入耦合系数（或滑动速率比值）（ϕ）的概念，用以表征断裂带闭锁区域的耦合程度（McCaffrey and Wallace，2004；McCaffrey *et al.*，2007）。随着 GPS 连续观测站的投入，由微地震、震后余滑、慢滑移事件及火山源等引起的地表"瞬时"形变被精确地捕捉，而这些"瞬时"形变破坏了地壳的"稳态"线性运动。为将"瞬时"形变进行分离，McCaffrey（2009）改进 Defnode 程序为 TDefnode，保留了原程序震间形变反演的模块，同时将数据源扩大，引入了连续 GPS 站时间序列及 InSAR 形变数据。以下对该模型的反演方法做简要介绍。

不同于 Savage 等（Savage and Burford，1973；Savage，1983）和 Matsu'ura 等（1986）对断层闭锁的描述，Defnode/TDefnode 中假设断层闭锁区域与自由滑动区域是连续分布的，因此引入无量纲值 ϕ（耦合系数）来表示断层的闭锁程度。

$$\phi(\Sigma) = \sum^{-1} \int_{\Sigma} [1 - V_c(s)/V(s)] \mathrm{d}s \tag{6.3}$$

式中，$V(s)$ 表示断层长期滑动速率；$V_c(s)$ 代表短期滑动速率；Σ 为断层面上确定的网格区域。对整个断层面进行运算，可以得到 ϕ 的连续分布，即断层面的闭锁程度。当 $\phi=0$ 时，表示断层处于完全蠕滑状态，断层两盘的相对运动不产生应变能的积累；当 $\phi=1$ 时，表示断层处于完全闭锁状态，断层两盘的相对运动将完全转化为应变能在断层面累积；ϕ 处于 0 和 1 之间时，表示断层处于部分闭锁状态，断层两盘的相对运动以闭锁比例转化为应变能累（McCaffrey，2002；Li *et al.*，2016；赵静等，2012）。

在 Defnode/TDefnode 中，断层面以三维节点方式进行表示，节点位置由经纬度及相应深度确定。节点在断层走向上沿等深线分布，在垂向上依次排列（图 6.10）。实际反演中，模型利用模拟退火法和格网搜索法拟合每个节点处的闭锁系数（ϕ），而相邻节点间断层面再以微小格网的方式被分割，利用双线性插值得到每个微小格网处的闭锁系数，从而得到了断层面上近似连续的闭锁分布。模型同时反演了每个块体的欧拉矢量，以此计算分割块体的断层的滑动矢量 V；将断层面上微小格网的闭锁系数 ϕ 与滑动矢量 V 相乘，即得到了断层面滑动亏损速率的近似连续分布。模型反演的条件方程如下：

$$V_k(X) = [{}_R\Omega_G \times X]_k + [{}_R\Omega_B \times X]_k + e_{kk}DX_k + e_{kl}DX_l + \sum_{j=1,2}\sum_{i=1}^{N}[{}_H\Omega_F \times Q_i]_j \phi_i G_{jk}(X,Q_i) \tag{6.4}$$

式中，X 为地表观测点坐标；k 为速度分量（x，y，z）；${}_R\Omega_B$ 为包含观测点的块体相对于参考框架的角速度；${}_R\Omega_G$ 为 GPS 速度场相对于参考框架的角速度；e 为应变率参数；DX 为应变率的偏移量；${}_H\Omega_F$ 为断层面下盘相对于上盘的欧拉极；N 为沿断层走向节点数，Q_i 为第 i 个节点的坐标；ϕ_i 为节点处的闭锁系数；$G_{jk}(X, Q_i)$ 为格林函数，表示断层面上 Q_i 节点的 j 方向的单位滑动速率引起地表观测点 X 处的 i 方向速度分量（McCaffrey, 2002）。

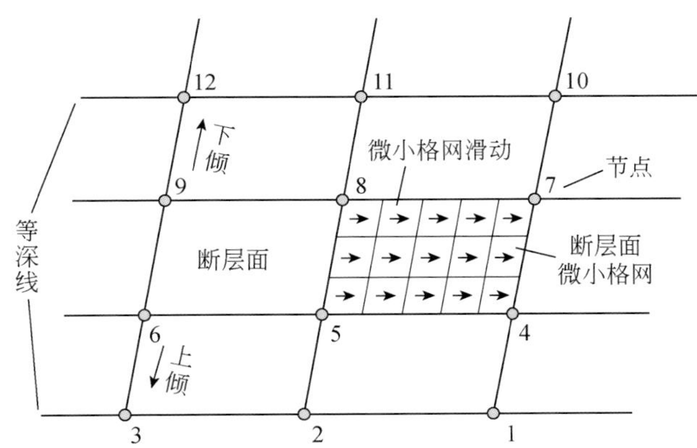

图 6.10　断层面节点分布示意图（据 McCaffrey，2002 修改）

数据拟合的好坏由卡方值（χ^2）（卡方总和除以自由度）来判断：

$$\chi_r^2 = \sum_1^n (r_i/\sigma_i)^2/(n-m) \tag{6.5}$$

式中，r_i 为数据残差；σ_i 为残差标准差；n 为观测数；m 为待估参数个数。当 χ^2 趋近于 1 时，认为模型最佳拟合观测数据（McCaffrey，2002）。此外，对模型拟合残差分布及块体内部应变残差的统计分析，也是判定模型反演好坏的重要标准（Li *et al.*，2016）。

6.2.3　Smith3D 位错模型

目前，库仑应力破裂准则被大多数学者认同，该准则认为，当断裂面上库仑应力超过了断裂能承受的临界应力，地壳就会破裂、发生地震（傅征祥等，2001；张培震等，2003，2013；崔笃信等，2009；邓起东等，2014；Parsons，2006；Parsons *et al.*，2006）。虽然库仑应力的绝对值很难确定，但通过一些途径可以计算库仑应力积累率，这涉及求解断层滑动速率和闭锁深度等几何参数（崔笃信等，2009；Smith and Sandwell，2003，2004）。

Smith 和 Sandwell（2003，2004）提出三维弹性模型半空间形变分析的方法（Smith3D）用于计算直立（高角度）断层的库仑应力积累率。该方法与 Okada（1985，1992）位错模型的主要区别是：前者将断层远场的块体位移转换为地面下一定深度上的体力矢量，而后者则认为地面位移是由断层的位错引起的；此外，Smith 模型不是解析解，而是在波数域解弹性方程，然后进行傅里叶逆变换得到空间域的解，该方法在保持计算精度和数值解一致的前提下，大大地提高了计算效率（崔笃信等，2009），并且在分析美国圣安德烈亚斯整条断层系时取得了很好的结果（Smith and Sandwell，2003）。在半无限空间的基础上，该模型进一步发展为考虑地壳分层结构的黏弹性模型，用于分析地震复发周期（Smith and Sandwell，2004）。下面对 Smith3D 原理进行简单介绍。

Smith3D 模型如图 6. 11 所示，在均匀各向同性的弹性介质中，得到直立断层体力矢量（F_x，F_y，F_z）作用于断层下界 d_1 和上界 d_2 引起的位移公式，任一深度 z 处的位移为源部分、像部分和 Boussinesq 改正三项之和：

$$\begin{bmatrix} U_x(k) \\ U_y(k) \\ U_z(k) \end{bmatrix} = [\boldsymbol{U}^s(k,\ z-d_2) - \boldsymbol{U}^s(k,\ z-d_1)] \begin{bmatrix} F_x \\ F_y \\ F_z \end{bmatrix} + [\boldsymbol{U}^i(k,\ z+d_2) - \boldsymbol{U}^i(k,\ z+d_1)] \begin{bmatrix} F_x \\ F_y \\ F_z \end{bmatrix} + \begin{bmatrix} U_B \\ V_B \\ W_B \end{bmatrix} \tag{6.6}$$

式中，$\boldsymbol{U}^s$、$\boldsymbol{U}^i$ 分别代表源矩阵和镜像矩阵，具体可表示为

$$\boldsymbol{U}^s(k,\ z) = \begin{bmatrix} U_x & U_y & U_z \\ U_y & V_y & V_z \\ U_z & V_z & W_z \end{bmatrix}$$

$$\boldsymbol{U}^i(k,\ z) = \begin{bmatrix} U_x & U_y & U_z \\ U_y & V_y & V_z \\ -U_z & -V_z & -W_z \end{bmatrix} \tag{6.7}$$

该模型有浅部模型和深部模型两种模式，前者表示断层滑动发生在浅部矩形断裂面内，该模型与 Okada（1985）模型一致，后者假设断层下界面无限深，断层滑动发生在深部，该模型与负位错模型相似（图 6. 12；Smith and Sandwell，2003；崔笃信等，2009）。

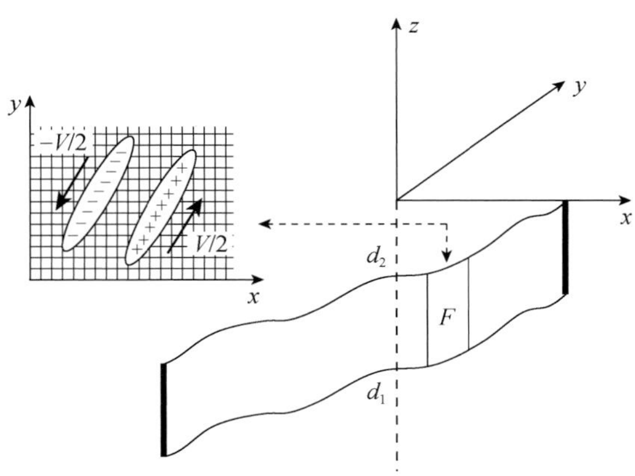

图 6.11　Smith3D 半空间断层示意图（据 Smith and Sandwell，2003 修改）

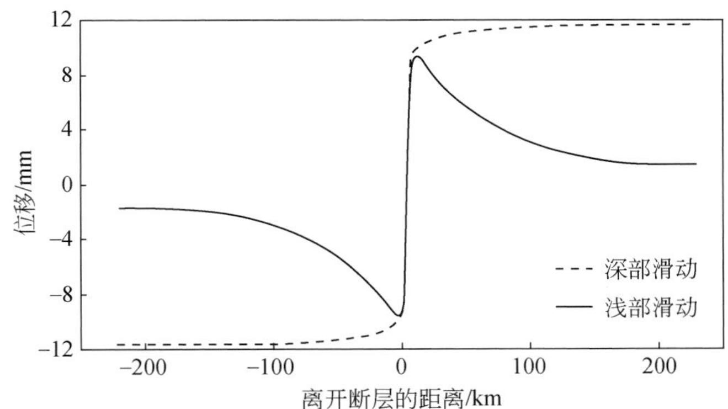

图 6.12　断层走滑位移与断层距离关系示意图（据 Smith and Sandwell，2003 修改）

6.3　同震断层破裂模拟

本节将介绍基于空间对地观测数据（GNSS、InSAR 等）与地震波数据单独或联合反演的公式、算法及具体操作流程。其中，空间对地观测技术获取的同震地表形变数据（GNSS、InSAR 等），是地震造成的最终静态位移，其数学表达式主要由 Okada（1992）、Savage（1980）、Wang 等（2003）推导完成。地震波数据则是对地震震源破裂过程的时空描述，可以对地震造成的动态位移进行近似表达。本节将首先介绍同震位错的静态模型，即断层发生位错造成地表形变的正演模拟公式；然后再介绍同震破裂动态过程模型，即断层破裂过程地表和台站位移随时间变化过程等；最终阐述利用空间对地观测的形变数据与地震波数据获取地震断层滑动分布与震源破裂过程的反演算法、流程等。

6.3.1 断层同震位错静态模型

弹性同震形变场建模方法的发展和广泛应用起始于 20 世纪 50 年代至 60 年代。Steketee 于 1958 年最早将位错理论引入地震形变场的研究当中，并导出了泊松体内点源位错产生的地表位移场模型。与此同时，Rongved 和 Frasier（1958）也进行了开拓性的研究。此后，许多学者对地球弹性半空间介质位错模型进行了深入研究，包括地球曲率影响，地层影响等。日本学者 Yukinori Okada 于 1985 年分析了前人在弹性半空间剪切断层导致地表形变方面的研究结果，推导出弹性半空间下断层位错在地表产生的应变和倾斜的通用解析表达式。与以前的位错模型比较，Okada 弹性半空间位错模型计算量小，方便计算机编程实现，适用于各类空间展布的发震断层，从而为地震地球物理学提供了一个通用的定量计算框架，在诸多领域具有重要的地球物理应用。Okada 模型包含了点源模型和矩形源模型两部分，点源模型将地震破裂近似为一个质点上的运动，可以运用到浅源小地震、火山、核爆与地下水开采引起的地表塌陷等研究中；相比点源模型，矩形源模型使用矩形滑动面代表断层面，与真实断层面的几何形态更为接近，因此被广泛应用到断层面滑动分布与几何参数的反演当中。

Okada 模型可以对近场及远场测量的数据给出较为满意的解释，一直被国内外地震及地球物理学界广泛采用。随着现代大地测量手段监测地表形变的广泛应用，地震同震形变场的大地测量数据变得可靠而丰富，因此基于 Okada 位错模型的 GNSS 和 InSAR 联合反演获取同震破裂模型，也已经成为研究地震破裂性质、评价地震危险性的重要手段。在近 30 年以来，几乎所有的破坏性地震震例研究都使用了 Okada 模型。

图 6.13 给出了 Okada 模型的坐标空间及其所建立的同震破裂与地表观测之间的空间位置关系。本小节主要介绍 Okada 模型解析表达式，以方便读者了解无限半空间内由断层运动引起的地表形变的数学表达，从而深入理解断层参数与大地测量地表观测数据之间的关系。

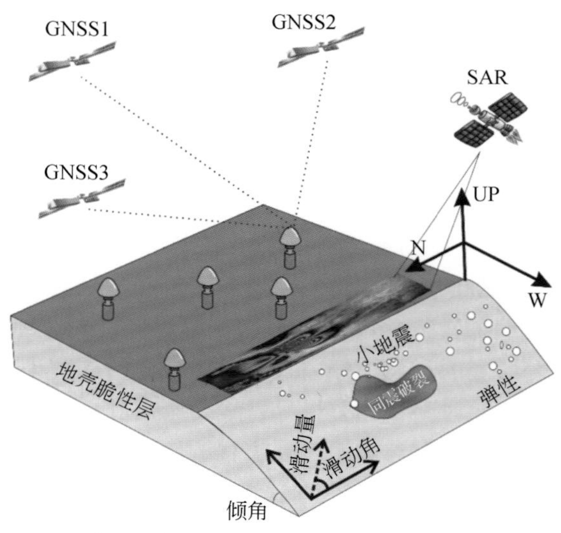

图 6.13　Okada 模型坐标空间及同震破裂与地表观测之间的空间关系

1. 点源模型

如果将震源视为点源，则假设 $\xi_1=\xi_2=0$，$\xi_3=-d$，根据 Okada 位错理论（Okada，1985），在（0，0，$-d$）处，同类型震源机制地震引起的地表位移场可以表示为

（1）走滑断层引起的地表位移分量：

$$\begin{cases} u_x^0=-\dfrac{U_1}{2\pi}\left[\dfrac{3x^2q}{R^5}+I_1^0\sin\delta\right]\Delta\Sigma \\ u_y^0=-\dfrac{U_1}{2\pi}\left[\dfrac{3xyq}{R^5}+I_2^0\sin\delta\right]\Delta\Sigma \\ u_z^0=-\dfrac{U_1}{2\pi}\left[\dfrac{3dxq}{R^5}+I_4^0\sin\delta\right]\Delta\Sigma \end{cases} \tag{6.8}$$

（2）倾滑断层引起的地表位移分量：

$$\begin{cases} u_x^0=-\dfrac{U_2}{2\pi}\left[\dfrac{3xpq}{R^5}-I_3^0\sin\delta\cos\delta\right]\Delta\Sigma \\ u_y^0=-\dfrac{U_2}{2\pi}\left[\dfrac{3ypq}{R^5}-I_1^0\sin\delta\cos\delta\right]\Delta\Sigma \\ u_z^0=-\dfrac{U_2}{2\pi}\left[\dfrac{3dpq}{R^5}-I_5^0\sin\delta\cos\delta\right]\Delta\Sigma \end{cases} \tag{6.9}$$

（3）张性断层引起的地表位移分量：

$$\begin{cases} u_x^0=\dfrac{U_3}{2\pi}\left[\dfrac{3q^2}{R^5}-I_3^0\sin^2\delta\right]\Delta\Sigma \\ u_y^0=\dfrac{U_3}{2\pi}\left[\dfrac{3yq^2}{R^5}-I_1^0\sin^2\delta\right]\Delta\Sigma \\ u_z^0=\dfrac{U_3}{2\pi}\left[\dfrac{3dq^2}{R^5}-I_5^0\sin^2\delta\right]\Delta\Sigma \end{cases} \tag{6.10}$$

式中，

$$\begin{cases} I_1^0=\dfrac{\mu}{\lambda+\mu}y\left[\dfrac{1}{R(R+d)^2}-\dfrac{3R+d}{R^3(R+d)^3}x^2\right] \\ I_2^0=\dfrac{\mu}{\lambda+\mu}x\left[\dfrac{1}{R(R+d)^2}-\dfrac{3R+d}{R^3(R+d)^3}y^2\right] \\ I_3^0=\dfrac{\mu}{\lambda+\mu}\left[\dfrac{x}{R^3}\right]-I_2^0 \\ I_4^0=\dfrac{\mu}{\lambda+\mu}\left[-xy\dfrac{2R+d}{R^3(R+d)^2}\right] \\ I_5^0=\dfrac{\mu}{\lambda+\mu}\left[\dfrac{1}{R(R+d)}-\dfrac{2R+d}{R^3(R+d)^2}x^2\right] \end{cases} \tag{6.11}$$

$$\begin{cases} p=y\cos\delta+d\sin\delta \\ q=y\sin\delta-d\cos\delta \\ R^2=x^2+y^2+d^2=x^2+p^2+q^2 \end{cases}$$

2. 有限矩形模型

对于确定长 L、宽 W 的有限矩形断层模型，可以看作点源模型的组合，其位移场可通过矩形面内各点的点源位错公式积分获取。假设矩形面内任意一点的坐标值（ξ'，η'），以 $x-\xi'$、$y-\eta' cos\delta$、$d-\eta' cos\delta$ 分别代替 x、y、d，沿断层走向（长度）和倾向（宽度）积分，则有

$$\int_0^L \mathrm{d}\xi' \int_0^W \mathrm{d}\eta' \tag{6.12}$$

将坐标（ξ'，η'）转换为（ξ，η），即

$$\begin{cases} \xi = x - \xi' \\ \eta = p - \eta' \end{cases} \tag{6.13}$$

式中，$p=y\cos\delta+d\sin\delta$，则地表位移场的积分变为

$$\int_x^{x-L} \mathrm{d}\xi \int_p^{p-W} \mathrm{d}\eta \tag{6.14}$$

最终的地表位移结果可以通过 Chinnery 的运算符 ‖ 简化表示为

$$f(\xi,\ \eta)\ \| = f(x,\ p) - f(x,\ p-W) - f(x-L,\ p) + f(x-L,\ p-W) \tag{6.15}$$

基于有限断层模型，不同类型地震引起的地表位移可分别表示为：

（1）走滑位错引起的地表位移场分量：

$$\begin{cases} u_x = -\dfrac{U_1}{2\pi}\left[\dfrac{\xi q}{R(R+\eta)} + \tan^{-1}\dfrac{\xi\eta}{qR} + I_1\sin\delta\right] \| \\ u_y = -\dfrac{U_1}{2\pi}\left[\dfrac{\tilde{y}q}{R(R+\eta)} + \dfrac{q\cos\delta}{R+\eta} + I_2\sin\delta\right] \| \\ u_z = -\dfrac{U_1}{2\pi}\left[\dfrac{\tilde{d}q}{R(R+\eta)} + \dfrac{q\sin\delta}{R+\eta} + I_4\sin\delta\right] \| \end{cases} \tag{6.16}$$

（2）倾滑位错引起的地表位移场分量：

$$\begin{cases} u_x = -\dfrac{U_2}{2\pi}\left[\dfrac{q}{R} - I_3\sin\delta\cos\delta\right] \| \\ u_y = -\dfrac{U_2}{2\pi}\left[\dfrac{\tilde{y}q}{R(R+\xi)} + \cos\delta\tan^{-1}\dfrac{\xi\eta}{qR} - I_1\sin\delta\cos\delta\right] \| \\ u_z = -\dfrac{U_2}{2\pi}\left[\dfrac{\tilde{d}q}{R(R+\xi)} + \sin\delta\tan^{-1}\dfrac{\xi\eta}{qR} - I_5\sin\delta\cos\delta\right] \| \end{cases} \tag{6.17}$$

（3）张性位错引起的地表位移场分量：

$$\begin{cases} u_x = \dfrac{U_3}{2\pi}\left[\dfrac{q^2}{R(R+\eta)} - I_3\sin^2\delta\right] \| \\ u_y = \dfrac{U_3}{2\pi}\left[\dfrac{-\tilde{d}q}{R(R+\xi)} - \sin\delta\left\{\dfrac{\xi}{R(R+\eta)} - \tan^{-1}\dfrac{\xi\eta}{qR}\right\} - I_1\sin^2\delta\right] \| \\ u_z = \dfrac{U_3}{2\pi}\left[\dfrac{\tilde{y}q}{R(R+\xi)} + \cos\delta\left\{\dfrac{\xi}{R(R+\eta)} - \tan^{-1}\dfrac{\xi\eta}{qR}\right\} - I_5\sin^2\delta\right] \| \end{cases} \tag{6.18}$$

当 $\cos\delta \neq 0$ 时，上述三个公式中的相关参数分别为

$$
\begin{cases}
I_1 = \dfrac{\mu}{\lambda+\mu}\left[\dfrac{-1}{\cos\delta}\dfrac{\xi}{R+\tilde{d}}\right] - \dfrac{\sin\delta}{\cos\delta}I_5 \\
I_2 = \dfrac{\mu}{\lambda+\mu}[-\ln(R+\eta)] - I_3 \\
I_3 = \dfrac{\mu}{\lambda+\mu}\left[\dfrac{-1}{\cos\delta}\dfrac{\tilde{y}}{R+\tilde{d}} - \ln(R+\eta)\right] + \dfrac{\sin\delta}{\cos\delta}I_4 \\
I_4 = \dfrac{\mu}{\lambda+\mu}\dfrac{1}{\cos\delta}[\ln(R+\tilde{d}) - \sin\delta\ln(R+\eta)] \\
I_5 = \dfrac{\mu}{\lambda+\mu}\dfrac{2}{\cos\delta}\tan^{-1}\dfrac{\eta(X+q\cos\delta)+X(R+X)\sin\delta}{\xi(R+X)\cos\delta}
\end{cases}
\tag{6.19}
$$

当断层倾角为90°时，即 $\cos\delta=0$ 时，则有

$$
\begin{cases}
I_1 = -\dfrac{\mu}{2(\lambda+\mu)}\dfrac{\xi q}{(R+\tilde{d})^2} \\
I_2 = \dfrac{\mu}{2(\lambda+\mu)}\left[\dfrac{\eta}{R+\tilde{d}} + \dfrac{\tilde{y}q}{(R+\tilde{d})^2} - \ln(R+\eta)\right] \\
I_4 = -\dfrac{\mu}{\lambda+\mu}\dfrac{q}{R+\tilde{d}} \\
I_5 = -\dfrac{\mu}{\lambda+\mu}\dfrac{\xi\sin\delta}{R+\tilde{d}}
\end{cases}
\tag{6.20}
$$

式中，

$$
\begin{cases}
p = y\cos\delta + d\sin\delta \\
q = y\sin\delta - d\cos\delta \\
\tilde{y} = \eta\cos\delta + q\sin\delta \\
\tilde{d} = \eta\sin\delta - q\cos\delta \\
R^2 = \xi^2 + \tilde{y}^2 + \tilde{d}^2 \\
X^2 = \xi^2 + q^2
\end{cases}
\tag{6.21}
$$

地震发生时，断层的滑动往往同时包含了走滑、倾滑和张性三个分量，实际计算过程中，同一地面点的不同位错分量引起的地表位移场是可以进行线性叠加的。以上公式显示，计算断层模型错动引起的地表形变，需要以下参数：断层长度 L 、断层宽度 W 、断层底部深度 d、断层倾角 δ 及断层滑动矢量（U_1，U_2，U_3）。

6.3.2　断层同震动态破裂模型

本节介绍基于点源（双力偶）模型或有限断层模型，地震所激发的瞬态位移（空间

位置与时间的函数）及其方程离散化的数学表达式。

由断层面错动产生的位移如下（Aki and Richard，1980）：

$$u_j(\boldsymbol{m},\ \tau) = \int_0^t \mathrm{d}t \iint_{\Sigma} G_{ij}(\boldsymbol{m},\ \boldsymbol{x},\ \tau,\ t)\, s^i(\boldsymbol{x},\ t)\, \mathrm{d}\Sigma \tag{6.22}$$

式中，$u_j(\boldsymbol{m},\ \tau)$ 为在位于 $\boldsymbol{m}$ 的台站及时间 τ 的方向 j 分量；G_{ij} 为 t 时刻 x 处发生的位移对 $\boldsymbol{m}$ 处介质的格林函数响应；s^i 为断层面内 i 方向上的滑动；Σ 为断层面。由式（6.22）可知，引入我们观测到的地表某一点某个方向（如 j 方向）的位移，且将介质近似为弹性性质，计算出其格林函数，那断层面内任意点、任意时刻的滑动及震源参数（s^i）就能据此估算。

为便于进行计算机处理，将式（6.22）中的积分形式改写为离散求和式，物理意义则等效于将有限断层离散化为一系列的子断层（图 6.14）。采用空间域内的多时间窗技术（Olson and Apsel，1982），则

$$s(\boldsymbol{x},\ \tau) = \sum_{n=1}^{N} X_n(\boldsymbol{x}) \sum_{k=0}^{K} \boldsymbol{s}_{nk}\, P_k(\boldsymbol{x},\ \tau) \tag{6.23}$$

式中，N 为离散化后的断层单元数（子断层或等效点源模型）；$\boldsymbol{s}_{nk}$ 为第 n 个子断层在 k 时刻的滑动矢量；当 $\boldsymbol{x}$ 位于第 n 个子断层内时，$X_n(\boldsymbol{x})$ 为 1，否则为 0；$P_k(\boldsymbol{x},\ \tau)$ 包含了与时间相关的滑动信息；每个子断层允许在 K+1 连续时间进行滑动（间隔为 δt）。即

$$P_k(\boldsymbol{x},\ \tau) = F(\tau + k\delta t) \tag{6.24}$$

由此将式（6.23）改写为

$$u_j(\boldsymbol{m},\ \tau) = \sum_{n=1}^{N} \sum_{k=0}^{K} \boldsymbol{s}_{nk}\, g_{nj}(\boldsymbol{m},\ \tau + k\delta t) \tag{6.25}$$

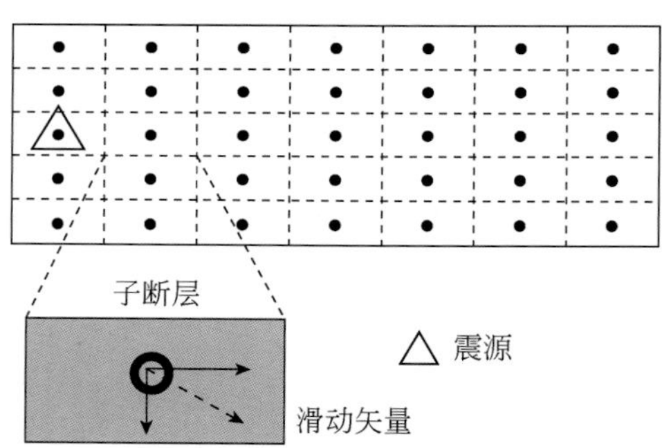

图 6.14　断层离散化示意图

式中，$g_{nj}(\cdot)$ 为格林函数，建立第 n 个子断层在 j 时刻断层面与地表位移之间的关系。式（6.25）是用来进行震源破裂过程反演的基本方程式，若忽略时间过程，则静态永久形变的表达式可简化为

$$u_j(\boldsymbol{m}) = \sum_{n=1}^{N} \boldsymbol{s}_n\, g_{nj}(\boldsymbol{m}) \tag{6.26}$$

式（6.26）是用来模拟地表永久形变场的公式，与前述 Okada 公式等价。

为求解 $\boldsymbol{s}_{nk}$ 或 $\boldsymbol{s}_n$，只需计算格林函数 g。对于地震波数据，采用射线理论基本原理，并运用 Nabelek（1984）等发展的方法进行格林函数计算；对于 InSAR 或 GPS 数据，采用

Okada 或汪荣江等发展的方法进行计算。基于最小二乘算法或其他优化算法如模拟退火算法等，就能求解得到拟合效果最佳的 $u_j(\boldsymbol{m})$ 逆矩阵，从而可反演获得断层滑动分布及震源破裂过程。

6.3.3　同震形变与地震波联合反演与模拟流程

形变与地震波数据的正演与模拟公式是反演问题的基础。利用上述离散化的数学表达式等，以及反演优化算法（如最小二乘法、模拟退火算法等），就可以求解目标变量，即断层位错函数及震源时间函数，从而研究断层的发震机制等。在前两节的基础上，本节主要介绍基于线弹性位错理论对形变与地震波数据进行联合反演的算法、断层几何模型及数据采样处理步骤等。

1. InSAR 形变数据下采样

对所有的 InSAR 数据点位进行最小二乘拟合是不现实的，也是不必要的，因而需要对冗余形变数据进行下采样（down sampling）。原因在于，首先，对于动辄百万量级的数据点位而言，现有的计算系统不能承受，系数矩阵将至少高达百亿个维度；其次，InSAR 数据点位之间是高度相关的，且存在一定程度的系统误差如大气水汽干扰等，不重采样的数据反演难以收敛。一般采用两个步骤对 InSAR 数据进行下采样，目的是减少数据点位，获得最终能为反演系统所接受、可操作的数据集。第一步，对整个形变场进行平均下采样，这一步骤使得整体的数据点位可以由亿量级减少至百万量级；进一步的平均下采样将不可避免损失形变场分辨率，尤其是对近场数据（断层两侧离断层距离小于 50km 的区域；Simons *et al.*，2002）；第二步，选用四叉树下采样算法对形变场再次下采样（Jonsson *et al.*，2002），这一算法利用视线向形变量变化梯度值为目标函数，定义为待采样区域内形变最大值与最小值之差的绝对值。经过试错可以确定形变梯度的阈值，如选用 0.1 作为形变梯度阈值时，表示当区域内形变梯度大于 0.1 时将区域分割成四个小分块，直到各区域、各小区域内的形变梯度小于 0.1 为止。在最终的不可分割分块内部，形变值及其地理坐标均为该分块所包含数据点位的平均值，这在一定程度上有利于降低数据噪声。值得一提的是，每个震例的形变梯度阈值可能各不相同。数据下采样的目标是获取的反演数据最终具有可近似恢复到原始数据的分辨率，同时又能具有可操作性的点位数量级；一般而言，一个 InSAR 条带数据下采样后应包含 5000 左右点位数据。

2. 断层几何模型建立

可以利用六个参数描述断层几何模型，包括断层走向、倾角、起始点经纬度、断层长度与宽度等。基于线弹性位错模型同时反演断层几何模型和断层位错函数 $s(r, t)$ 是一个高度非线性的问题（Yukitoshi and Wright，2008）。因而，为解决类似的非线性问题，一般将其转换为线性问题进行求解。首先，分析利用外部数据如遥感影像、偏移量像素级追踪或野外地质调查等对断层分段模型进行简化，获取较为精确的断层位置及分段，包括经纬度、断层长度、走向等。相对于断层地表位置与分段，断层倾角更难确定。一般而言，可以运用余震精定位结果进行发震断层构造解译。在缺少余震精定位结果或定位结果不理想的情形下，也可以采用与反演断层位错模型类似的优化搜索方法：假设在整个破裂面内，断层位错函数沿断层走向及倾向方向都不发生变化，即断层位错函数的均匀滑动假设；然后定义加权归一化均方根（weighted normalized root mean square，WNRMS）函数，利用网格搜索算法对每个分段的断层倾角进行测试。搜索过程中，保持其他所有参数不变。以 InSAR 与 GPS 数据为例，WNRMS 表达式为

$$\mathrm{WNRMS}=\frac{W_{\mathrm{InSAR}}\mathrm{RMS}_{\mathrm{InSAR}}+W_{\mathrm{GPS}}\mathrm{RMS}_{\mathrm{GPS}}}{W_{\mathrm{InSAR}}+W_{\mathrm{GPS}}} \tag{6.27}$$

式中，W_{InSAR}为 InSAR 数据权重；W_{GPS}为 GPS 数据权重；$\mathrm{RMS}_{\mathrm{InSAR}}$为 InSAR 数据均方根误差；$\mathrm{RMS}_{\mathrm{GPS}}$为 GPS 数据均方根误差。

3. 反演优化及其参数设置

反演就是要求得一组参数，使得理论值与观测值之间的残差最小。一般使用均方根（root mean square，RMS）对残差进行定量分析。下面主要通过介绍最小二乘算法流程来描述反演的具体过程。采用限制性的最小二乘算法对断层位错函数 $s(r,\ t)$ 进行拟合，即在经典的最小二乘法之上施加光滑约束限制。将均方根函数 RMS 定义为观测值与模拟值拟合效果的量度；同时将观测值与模拟值之间的线性相关度定义为模型拟合度。为避免滑动分布的非物理性跳跃（unphysical fluctuation），在最小二乘拟合残差函数中加入了光滑约束条件，并通过在数据拟合残差与光滑粗糙度之间寻找折中。另外，由于 InSAR 解缠起始点设置的不同，各条带之间存在一个偏移量，因而反演中对每个数据集求取一个偏移量并对观测数据集进行校正。具体的数学表达式如下：

$$f(s)=\sum_{i=1}^{2}U_iW_{i,\mathrm{ratio}}\ \|d_i-d_i^0-M_is\|^2+\beta^2\ \|Hs\|^2\rightarrow\min \tag{6.28}$$

式中，i 为观测数据种类，如 GPS、InSAR 或地震波等；U_i 和 $W_{i,\mathrm{ratio}}$ 分别为观测数据的中误差和 GPS 与 InSAR 数据间的相对权重；s 为断层位错函数；d_i为观测数据；d_i^0 为 InSAR 数据静态偏移量，d^0为 InSAR 数据集的静态偏移量；M 为描述模拟值与观测值的格林函数，包括均匀弹性半空间与分层的弹性半空间两大类，对于均匀的弹性半空间模型，假定泊松比为 0.25，采用 Okada 于 1992 年所推导的解析解公式进行计算（Okada，1992），对于分层的弹性半空间模型则采用汪荣江等开发的程序 EDGRN 进行计算（Wang *et al.*，2003）；β^2 为光滑因子；H 为拉普拉斯算子；$\|Hs\|^2$ 为对滑动粗糙度的量度；$W_{i,\mathrm{ratio}}$ 为数据相对权重，目前尚无较为实用的定量确定方案，主要依据经验进行主观推断。

在我们的研究中，为了获得较为理想的权重方案，选用了数据拟合误差作为量度来对相对权重进行选择。基本思路就是选用能使得数据拟合残差最小的权重方案。InSAR 或地震波权重为 0 时，则代表该类型数据不参与反演，联合反演就变成形变或地震波数据单独反演。

6.4　震后断层形变模型

震后断层形变机制主要包括三大类，即震后余滑、孔隙回弹与黏弹性应力松弛机制

等。震后余滑机制模型又可以分为应力驱动模型与断层运动学模型（即基于线弹性位错模型的扩展）。孔隙回弹模型一般是火山岩浆或近地表地下流体、油气开采等区域的主导机制，不是本书所关注的重点。因而，本节将介绍重点介绍震后余滑及黏弹性应力松弛模型。

6.4.1　黏弹性应力松弛模型

同震破裂在中下地壳及上地幔产生的应力扰动（stress perturbation）最终会通过黏弹性物质流动（viscous flow）释放掉；而这种深部介质的“流动”会对上部弹性盖层（中上地壳）产生持续的应力加载，导致断层处于应力加载和闭锁状态；并作用于近地表介质，使之产生地表形变。反过来，当在地表观测到形变和位移时，就可以反推断层位错与介质黏弹性流变学模型。

描述介质线黏弹性流变结构（linear viscoelastic rheology）的两类基本模型是麦克斯韦体（Maxwell body）和开尔文体（Kelvin body）；而标准线性体（standard linear solid）和伯格斯体（Burgers body）等都是麦克斯韦体和开尔文体的线性组合（Bürgmann and Dresen，2008）。线性黏弹性是指黏弹性完全符合胡克定律的理想弹性体和符合牛顿定律的理想黏性体的性质。任何的线黏弹性结构都会表现两种行为：应力松弛（应变不变，stress relaxation）和蠕变（固定应力，creep）。黏滞系数是描述流体应力与应变率关系的参数，剪切模量是描述弹性体应力与应变关系的参数，因此松弛时间是模型中同时存在黏性和弹性的结果。

首先介绍两大类基本震后形变模拟的流变结构单元。

1. 麦克斯韦体

麦克斯韦体是由一个弹性胡克体和一个黏性牛顿体串联而成［图 6.15（a）］，即一个弹性的弹簧和一个黏性的气缸串联组成。

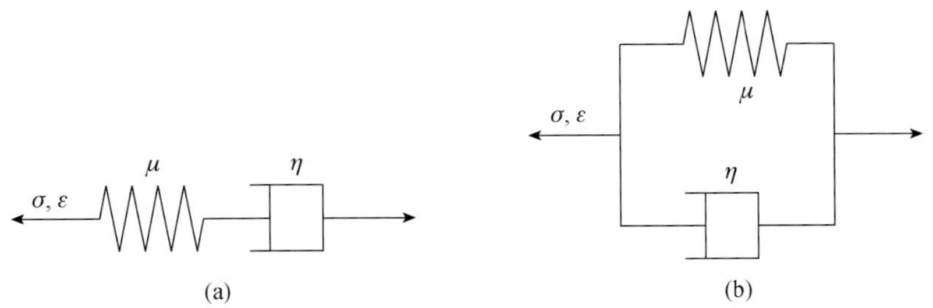

图 6.15　麦克斯韦体（a）及开尔文体（b）结构示意图

麦克斯韦体的松弛时间为

$$\tau_m = \frac{\eta}{\mu}$$

式中，η 为黏滞系数；μ 为弹性模量。

由串联关系得

$$\sigma = \sigma_1 = \sigma_2 \\ \varepsilon = \varepsilon_1 + \varepsilon_2 \tag{6.29}$$

所以麦克斯韦体的本构方程为

$$\dot{\varepsilon} = \dot{\varepsilon_1} + \dot{\varepsilon_2} = \frac{\dot{\sigma}}{\mu} + \frac{\sigma}{\eta} \tag{6.30}$$

设系统有恒定载荷 σ_0 ，那么 $\frac{d\sigma}{dt} = 0$，解得麦克斯韦体的蠕变方程如下：

$$\varepsilon = \frac{\sigma_0}{\eta}t + \frac{\sigma_0}{u} \tag{6.31}$$

式（6.31）为麦克斯韦体的蠕变方程，反映出三个性质（图 6.16）：

（1）系统恒定应力下，麦克斯韦体有瞬时应变；

（2）应变随着时间呈线性增大的趋势；

（3）蠕变方程反映的是麦克斯韦体的等速蠕变，速度与初始应力和黏滞系数有关。

设系统保持应变 ε 不变，则 $\dot{\varepsilon} = 0$，此时麦克斯韦体的本构方程为

$$\frac{\dot{\sigma}}{\mu} + \frac{\sigma}{\eta} = 0 \tag{6.32}$$

解上述微分方程得

$$\sigma = \sigma_0 e^{\frac{-\mu}{\eta}t} \tag{6.33}$$

或者，

$$\sigma = \sigma_0 e^{\frac{-t}{\tau}} \tag{6.34}$$

式（6.34）为麦克斯韦体的松弛方程，表示应变不变时，应力随时间呈指数衰减的过程，说明麦克斯韦体有松弛效应，当时间 t 趋于无穷大时，应力衰减为 0，有效剪切长度为 0（图 6.17）。

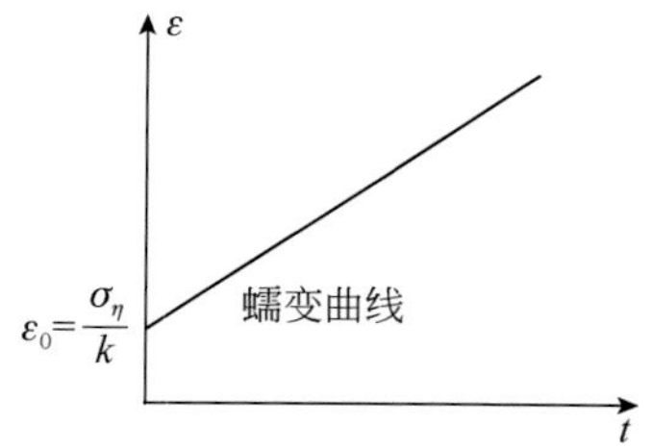

图 6.16　麦克斯韦体的蠕变曲线

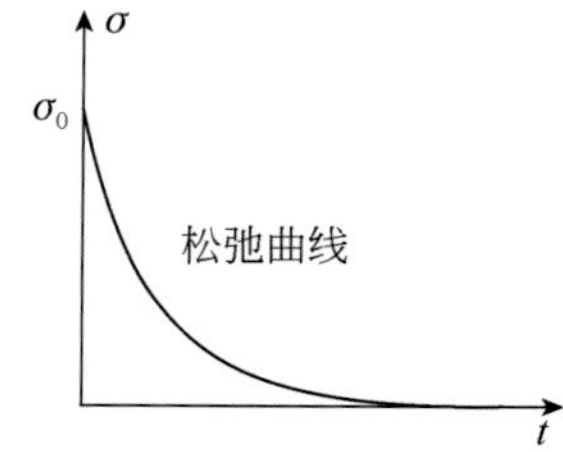

图 6.17　麦克斯韦体的松弛曲线（据 Savage，1983 修改）

2. 开尔文体

开尔文体是另一类基本的黏弹性体，由一个胡克体和一个牛顿体并联而成［图 6.15（b）］。由二元并联关系可以得出

$$\sigma = \sigma_1 + \sigma_2 \\ \varepsilon = \varepsilon_1 = \varepsilon_2 \tag{6.35}$$

其中，

$$\begin{aligned}\sigma_1 &= \mu\varepsilon_1 = \mu\varepsilon \\ \sigma_2 &= \eta\dot{\varepsilon}_2 = \eta\dot{\varepsilon}\end{aligned} \tag{6.36}$$

所以开尔文体的本构方程为

$$\sigma = \mu\varepsilon + \eta\dot{\varepsilon} \tag{6.37}$$

设开尔文体在 $t=0$ 时，受到一个固定的加载 σ_0，解本构方程可得

$$\varepsilon = \frac{1}{\mu}\sigma_0 + A\mathrm{e}^{\frac{-\mu}{\eta}t} \tag{6.38}$$

式中，A 为积分常数。当 $t=0$ 时，施加固定加载 σ_0 后，由于牛顿体的惰性，开尔文体没有瞬时应变，所以 $\varepsilon=0$，$A=-\frac{1}{\mu}\sigma_0$，即

$$\varepsilon = \frac{1}{\mu}\sigma_0\left(1 - \mathrm{e}^{\frac{-\mu}{\eta}t}\right) \tag{6.39}$$

从式（6.39）可以看出，当时间 t 趋于无穷大时，开尔文体趋于弹簧的应变 $\frac{1}{\mu}\sigma_0$，说明开尔文体具有稳定蠕滑的特点（图 6.18）。

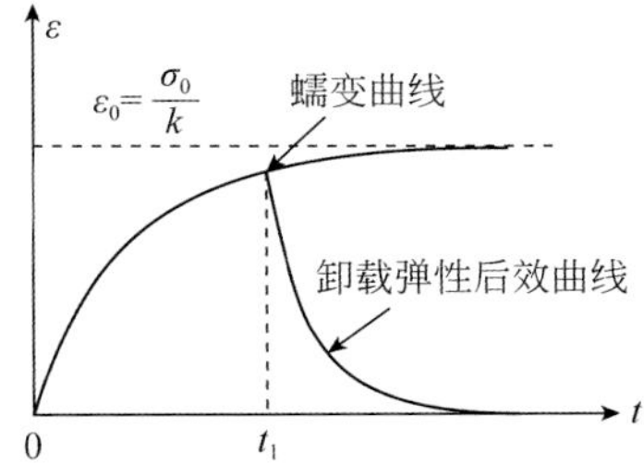

图 6.18　开尔文体的加载和卸载曲线（据 Wei，2011 修改）

进而可以得到开尔文体的卸载方程：

$$\varepsilon = \frac{1}{\mu}\sigma_0\left(\mathrm{e}^{\frac{-\mu}{\eta}t_1} - 1\right)\mathrm{e}^{\frac{-\mu}{\eta}t} \tag{6.40}$$

从式（6.40）可以看出，当 $t=t_1$ 时，应力 σ 为 0，但系统的应变 ε 不为零，当时间继续增加并且趋于无穷大时，应变趋于零，表明牛顿体在胡克体的收缩作用下，可以恢复变形，表明开尔文体具有弹性后效的性质。

另外，当开尔文体的应变保持不变时，系统的本构方程为

$$\sigma = \mu\varepsilon \tag{6.41}$$

式（6.41）说明当应变保持不变时，应力也保持不变，证明开尔文体没有应力松弛的效应。

接下来介绍两类扩展的震后形变模拟流变结构单元。

3. 标准线性体

标准线性体由一个弹性体和黏性体并联［图 6.19（a）］，再和一个弹性体串联。

弹簧和开尔文体的本构方程为

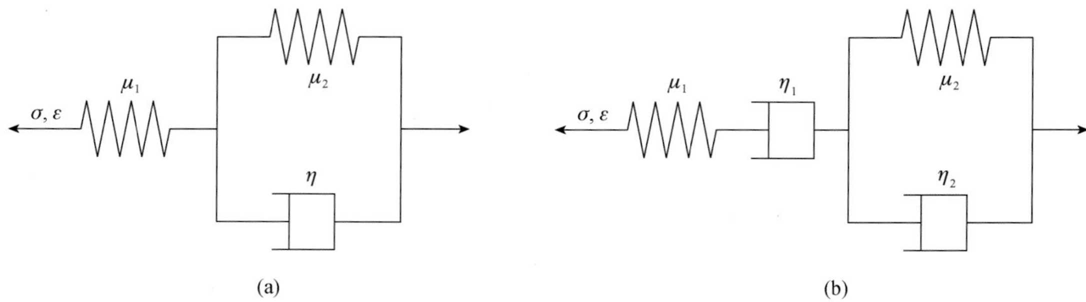

图 6.19　标准线性体（a）及伯格斯体（b）结构示意图

$$
\begin{aligned}
&\sigma_1 = \mu_1 \varepsilon_1 (\text{弹簧}) \\
&\sigma_2 = \mu_2 \varepsilon_2 + \eta_2 \dot{\varepsilon}_2 (\text{开尔文体}) \\
&\sigma = \sigma_1 = \sigma_2,\ \varepsilon = \varepsilon_1 + \varepsilon_2 (\text{串联性质})
\end{aligned}
\tag{6.42}
$$

由式（6.42）得

$$\sigma = \mu_2 \left(\varepsilon - \frac{\sigma}{E_1} \right) + \eta_2 \left(\dot{\varepsilon} - \frac{\dot{\sigma}}{\mu_1} \right) \tag{6.43}$$

式（6.43）化简得

$$(\mu_1 + \mu_2)\sigma + \eta_2 \dot{\sigma} = \mu_1 \mu_2 \varepsilon + \mu_1 \eta_2 \dot{\varepsilon} \tag{6.44}$$

式（6.44）可以写为更加一般的形式：

$$\sigma + p_1 \dot{\sigma} = q_0 \varepsilon + q_1 \dot{\varepsilon} \tag{6.45}$$

其中，

$$
\begin{cases}
p_1 = \dfrac{\eta_2}{\mu_1 + \mu_2} \\
q_0 = \dfrac{\mu_1 \mu_2}{\mu_1 + \mu_2} \\
q_1 = \dfrac{\mu_1 \eta_2}{\mu_1 + \mu_2}
\end{cases}
\tag{6.46}
$$

图 6.20 给出了标准线性体应变随时间变化过程示意图。标准线性体的蠕变方程为

$$\varepsilon(t) = \frac{\sigma_0}{q_0} \left[1 - \left(1 - \frac{p_1 q_0}{q_1} \right) e^{\frac{-t}{\tau}} \right] \tag{6.47}$$

图 6.21 给出了标准线性体应力随时间变化过程示意图。

由于标准线性体具有两个弹性模量，当 $t=0$ 时，存在一个冲击弹性模量 E_1，当 t 为无穷大时，存在一个渐进弹性模量 $q_0 = \dfrac{\mu_1 E \mu_2}{\mu_1 + \mu_2}$。初始时刻，只有串联的弹簧承受应变和应力，当 t 为无穷大时，活塞的作用消失，相当于串联的两个弹簧承受应变和应力。

标准线性体的松弛方程为

$$\sigma(t) = \varepsilon_0 q_0 \left[1 + \left(\frac{q_1}{p_1 q_0} - 1 \right) e^{\frac{-t}{p_1}} \right] \tag{6.48}$$

因为标准线性体存在两个弹性模量，对应的便有两个松弛时间，分别为

$$\tau_1 = \frac{\eta}{\mu_1}$$
$$\tau_2 = p_1 = \frac{\eta}{\mu_1 + \mu_2} \tag{6.49}$$

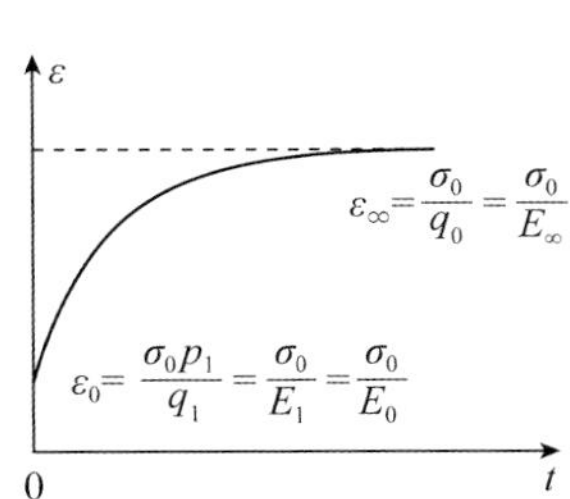

图 6.20　标准线性体应变随时间变化关系

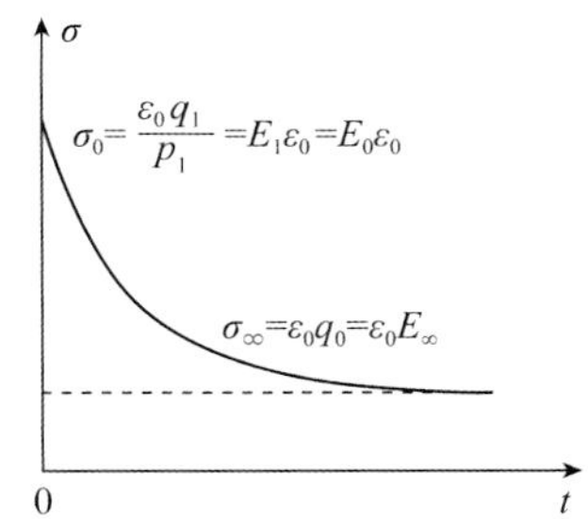

图 6.21　标准线性体应力随时间变化关系

4. 伯格斯体

伯格斯体由一个开尔文体与一个麦克斯韦体串联而成［图 6.19（b）］，因而具有两种蠕变黏滞效应，分别是来自麦克斯韦体的稳定黏滞性（steady state viscosity）及来自开尔文体的瞬变黏滞性（transient viscosity）。

Burgers 模型本构关系为

$$\ddot{\sigma} + \left(\frac{\mu_1}{\eta_2} + \frac{\mu_1}{\eta_1} + \frac{\mu_2}{\eta_2}\right)\dot{\sigma} + \frac{\mu_1 \mu_2}{\eta_1 \eta_2}\sigma = \mu_1 \ddot{\varepsilon} + \frac{\mu_1 \mu_2}{\eta_2}\dot{\varepsilon} \tag{6.50}$$

式中，$\dot{\sigma}$ 为应力一阶导数；$\ddot{\sigma}$ 为应力二阶导数；$\dot{\varepsilon}$ 为应变一阶导数；$\ddot{\varepsilon}$ 为应变二阶导数；μ_i 为剪切模量，$i = 1, 2$；η_i 为黏滞系数，$i = 1, 2$。

6.4.2　应力驱动的震后余滑模型

震后余滑机制模型又分为应力驱动模型与断层运动学模型（Johnson *et al.*，2016）。后者与断层同震破裂模型一致，都是基于线弹性位错理论；同时，也都是基于观测数据（如 InSAR 或 GNSS 等震后形变数据）的断层震后余滑参数反演优化过程，详细过程参见本书 5.2 节，在此不再赘述。本节简要介绍基于应力驱动的震后余滑模型。

断层形变的应力驱动力源归根结底是构造加载，控制因素为断层面的摩擦性质。要介绍应力驱动的震后余滑模型，就必须要阐述断层面的摩擦本构关系。经典的岩石物理实验与数值模拟研究表明，断层面摩擦本构关系遵循的是速度与状态依赖方程（Dieterich，1979；Ruina，1983），即

$$\tau = \left[\mu_0 + a\ln\left(\frac{V}{V_0}\right) + b\ln\left(\frac{V_0\theta}{D_c}\right)\right]\bar{\sigma}$$
$$\frac{d\theta}{dt} = 1 - \frac{\theta V}{D_c} \tag{6.51}$$

式中，τ 为切应力；$\bar{\sigma}$ 为有效正应力；V 为滑动速度；V_0 为参考速度；μ_0 为 $V = V_0$ 时的摩擦系数，即稳态摩擦系数；a、b 为材料属性参数；D_c 为临界滑动距离；θ 为状态变量。

上述关系式准确描述了摩擦实验中观测结果：当滑块保持滑动速度为 V_0 时，摩擦系数为 μ_0；当突然将滑动速度增加至 eV_0 时，摩擦系数瞬间增加到 $\mu_0 + a$，而后逐渐降低至 $\mu_0 + a - b$；再突然将滑动速度恢复至 V_0 时，摩擦系数瞬间降低至 $\mu_0 - b$，而后再逐渐恢复至 μ_0（图 6.22）。

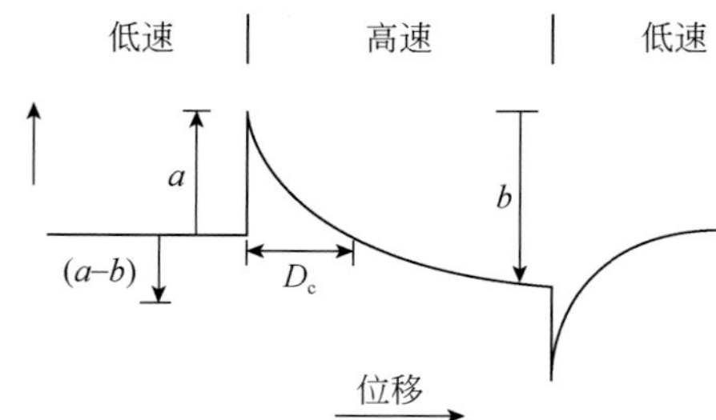

图 6.22　摩擦系数随滑动速度演化模式图

需要说明的是，a、b 是由岩石属性决定的，且随不同温压状态演化，是决定断层摩擦稳定性的重要参数。当 $(a - b) > 0$ 时，摩擦系数会随滑动速度的增大而增加（滑动距离大于临界滑动距离），称为速度强化（velocity strengthening）现象，无动态弱化情况下速度强化区有利于同震滑动速度减小并趋于终止同震破裂，但低速滑动时可维持较小的摩擦系数，从而有利于发生稳定的蠕滑，被称为稳定区；当 $(a - b) < 0$ 时，摩擦系数会随滑动速度的增大而减小（滑动距离大于临界滑动距离），称为速度弱化现象，当滑动速度超过一定的临界值便会导致速度弱化区的加速滑动，趋于发生同震破裂，被称为非稳定区，其中 a–b 接近于 0 的过渡区为条件性非稳定区，由于震间滑动速度小（滑动距离小于临界滑动距离），速度弱化区由于较高的摩擦系数保持较高的闭锁程度。数值模拟研究中，可利用 a 和 b 有效正应力组合的空间变化，描述断层面上凹凸体的空间分布，控制断层的摩擦（破裂）行为（Kilgore *et al.*，2017）。

该模型提出后被成功运用于解释、模拟地震周期中的各类实验、观测数据及理论模型，如震前预滑、地震成核及同震破裂、余震及震后余滑、摩擦恢复、震间应力积累、地震的时空分布及频率–震级关系、流体–热对摩擦行为及地震周期的影响、弹性动态破裂过程及波的模拟等各方面研究（Marone，1998）。

利用式（6.51）可以模拟 InSAR 或 GNSS 所获取的震后地表形变场，从而通过将模拟的震后形变与观测结果进行对比分析，获取对观测数据拟合最佳的断层面摩擦强度分布。

6.4.3　震后形变机制综合模拟一般流程

一般而言，震后形变成因复杂，往往是多种成因机制共同控制且存在不同机制间的应力相互作用（Bürgmann and Dresen，2008）。不同地震的震后形变机制模拟流程往往有较大差别，但是可以分为以下几个关键步骤：

1. 运动学反演震后余滑

基于线弹性位错模型对震后余滑的运动学模型反演获得震后余滑分布、滑动量级及滑动机制等。这个步骤可以单独进行，也可以配合后续的断层面摩擦强度模拟联合开展；若是后者，震后余滑运动学反演可以为断层面摩擦强度模拟提供速度强化区域或速度弱化区域分布的大致参考和对比依据。另外值得一提的是，震后余滑区域一般都是同震滑动区域的扩展，因而建模过程中需要对断层面沿走向及倾向适当加长加宽。

2. 介质分层结构及其速度模型建立

由于介质分层结构、速度模型及黏滞系数等之间存在较强的折中关系，无法同时确定。因而，基于黏弹性应力松弛或应力驱动震后余滑模型模拟震后形变数据，需要事先确定分层介质的厚度、速度等模型参数；然后再调整介质黏滞系数或断层面摩擦强度。一般而言，可以依据地震波层析成像模型、深地震反射实验等来确定分层介质的厚度、S 波速度、P 波速度及密度等介质参数，如图 6.23 所示，给出的是青藏高原东北缘地球介质速度结构模型。在获取了上述参数之后，可以利用式（6.52）计算剪切模量（Aki and Richards，1980）：

$$\mu = \rho V_{\mathrm{S}}^2 \approx \frac{1}{3}\rho V_{\mathrm{P}}^2 \tag{6.52}$$

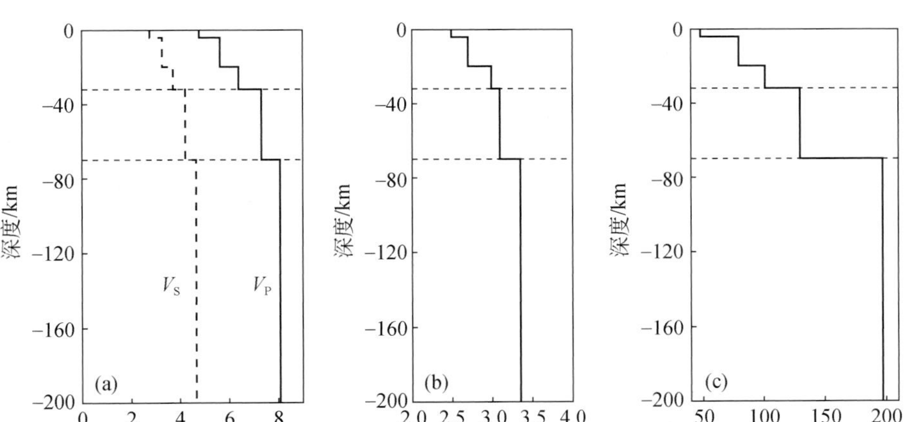

图 6.23　青藏高原东北缘地球分层模型（据吴建功等，1991）

（a）地震波速度；（b）地球介质密度；（c）剪切模量

1）介质黏滞系数优化搜索

震后黏弹性应力松弛模拟需要解决的关键问题是：介质黏滞系数与观测数据相匹配的流变元；地层结构与黏弹性参数之间的折中关系（Ryder *et al.*，2011）。依据介质分层的精细化程度，可能包含以下几个主要介质单元：中地壳、下地壳及上地幔等。根据黏弹性应力松弛模型，选取相应的基本介质类型，如麦克斯韦体、开尔文体、伯格斯体或标准线性体等；然后通过网格搜索算法，就可以获取拟合震后观测数据的各单元最佳黏滞系数，如图 6.24 所示，给出了青藏高原东北缘上地幔和下地壳黏滞系数搜索拟合效果图。另外，当区域介质结构存在明显的横向差异时，建模过程中就需要考虑介质的横向不均匀性。

2）断层面摩擦强度调整

断层面摩擦强度分布，亦即断层面的强化或弱化区域，对于断层未来的地震危险性分析具有指标意义。在运用速度–状态依赖方程对震后余滑进行模拟时，一般假设余滑发生在速度强化区域［即（a–b）>0 区域］；因而震后余滑模型又称为状态强化模型。依据速度与状态依赖本构方程，模拟震后余滑的速度强化模型可以改写为（Barbot *et al.*，2012）

$$V = 2\dot{\gamma}_0 \sinh \frac{\Delta\tau}{(a-b)\sigma} \tag{6.53}$$

式中，V 为断层震后余滑速率，具有与时间、空间相关属性，在震后形变模拟模型中属于已知的观测量；$\Delta\tau$ 为地震同震剪切应力降；a–b 为岩石摩擦状态参数；σ 为断层面有效正应力；$\dot{\gamma}_0$ 为参考的断层滑动速率。一般而言，a–b 具有一定的取值范围，可以依据不同类型岩石及其不同加载条件的物理实验来获取。

通过与震后余滑反演结果联合分析，可以首先对断层面区域进行分区（具体操作与断层滑动分布反演的离散化类似），然后再依据与岩石物理实验匹配的取值范围进行网格搜索，获取震后形变拟合最佳时的 a–b 或（a–b）σ 和 $\dot{\gamma}_0$。

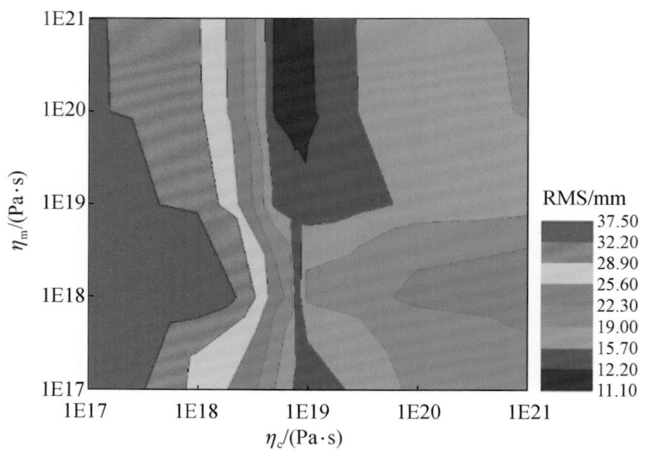

图 6.24　青藏高原东北缘上地幔和下地壳黏滞系数搜索的 RMS 变化示例图

η_c 为下地壳黏滞系数；η_m 为上地幔黏滞系数

参考文献

崔笃信,胡亚轩,王文萍,等. 2009. 海原断裂带库仑应力积累. 地球科学:中国地质大学学报,34(4):641～650

邓起东,程绍平,马冀,等. 2014. 青藏高原地震活动特征及当前地震活动形势. 地球物理学报,2014(7):2025～2042

傅征祥,刘桂萍,陈棋福. 2001. 青藏高原北缘海原、古浪、冒马大地震间相互作用的动力学分析. 地震地质,23(1):35～42

吴建功,高锐,余钦范,等. 2001. 青藏高原"亚东—格尔木地学断面"综合地球物理调查与研究. 地球物理学报,34(5):552～562

张培震,邓起东,张国民,等. 2003. 中国大陆的强震活动与活动地块. 中国科学D辑:地球科学,33(B04):12～20

张培震,邓起东,张竹琪,等. 2013. 中国大陆的活动断裂、地震灾害及其动力过程. 中国科学:地球科学,43(10):1607～1620

赵静,江在森,武艳强,等. 2012. 汶川地震前龙门山断裂带闭锁程度和滑动亏损分布研究. 地球物理学报,55(9):2963～2972

Aki K, Richards P G. 1980. Quantitative Seismology: Theory and Methods (2nd Edition). San Francisco: WH Freeman and Company

Bakun W H, Lindh A G. 1985. The Parkfield, California, earthquake prediction experiment. Science, 1229(4714):619～624

Barbot S, Lapusta N, Avouac J P. 2012. Under the hood of the earthquake machine: toward predictive modeling of the seismic cycle. Science, 336(6082):707～710

Bürgmann R, Dresen G. 2008. Rheology of the lower crust and upper mantle: evidence from rock mechanics, geodesy, and field observations. Annual Review of Earth and Planetary Sciences, 36(1):531～567

Dieterich J H. 1979. Modelling of rock friction: 1. experimental results and constitutive equations. Journal of Geophysical Research, 84(B5):2161～2168

Fukahata Y, Wright T J. 2008. A non-linear geodetic data inversion using ABIC for slip distribution on a fault with an unknown dip angle. Geophysical Journal International, 173(2):353～364

Huang M H, Bürgmann R, Freed A M. 2014. Probing the lithospheric rheology across the eastern margin of the Tibetan Plateau. Earth and Planetary Science Letters, 396(2014):88～96

Johnson K M, Bürgmann R, Larson K M. 2006. Frictional properties on the San Andreas fault near Parkfield, California, inferred from models of afterslip following the 2004 earthquake. Bulletin of the Seismological Society of America, 96(4B):S321～S338

Jonsson S, Zebker H, Segall P, *et al.* 2002. Fault slip distribution of the 1999 M_W 7.1 Hector Mine, California, earthquake, estimated from satellite radar and GPS measurements. Bulletin of the Seismological Society of America, 92(4):1377～1389

Kilgore B, Beeler N M, Lozos J, *et al.* 2017. Rock friction under variable normal stress. Journal of Geophysical Research: Solid Earth, 122(9):7042～7075

Lay T, Wallace T C. 1995. Modern Global Seismology. San Diego: Academic Press

Li Y, Shan X, Qu C, *et al.* 2016. Fault locking and slip rate deficit of the Haiyuan-Liupanshan fault zone in the northeastern margin of the Tibetan Plateau. Journal of Geodynamics, 102:47～57

Marone C. 1998. Laboratory-derived friction laws and their application to seismic faulting. Annual Review of Earth and Planetary Sciences,26(1):643 ~ 696

Matsu'ura M, Jackson D D, Cheng A. 1986. Dislocation model for aseismic crustal deformation at Hollister, California. Journal of Geophysical Research:Solid Earth,91(B12):12661 ~ 12674

McCaffrey R. 1996. Slip partitioning at convergent plate boundaries of SE Asia. Geological Society of London, 1996(1):3 ~ 18

McCaffrey R. 2002. Crustal block rotations and plate coupling. Plate Boundary Zones,30:101 ~ 122

McCaffrey R. 2005. Block kinematics of the pacific-north America plate boundary in the southwestern United States from inversion of GPS, seismological, and geologic data. Journal of Geophysical Research, 110(B7):B07401

McCaffrey R. 2009. Time-dependent inversion of three-component continuous GPS for steady and transient sources in northern Cascadia. Geophysical Research Letters,36(36):251 ~ 254

McCaffrey R,Wallace L M. 2004. A comparison of geodetic and paleomagnetic estimates of block rotation rates in deforming zones. AGU Fall Meeting Abstracts

McCaffrey R,Qamar A I,King R W,*et al.* 2007. Fault locking,block rotation and crustal deformation in the Pacific Northwest. Geophysical Journal International,169(3):1315 ~ 1340

Meade B J, Klinger Y, Hetland E A. 2013. Inference of multiple earthquake-cycle relaxation timescales from irregular geodetic sampling of interseismic deformation. Bulletin of the Seismological Society of America, 103(5):2824 ~ 2835

Nabelek J. 1984. Determination of earthquake fault parameters from inversion of body waves. PhD Thesis, Cambridge:Massachusetts Institute of Technology

Okada Y. 1985. Surface deformation due to shear and tensile faults in a half-space. Bulletin of the Seismological Society of America,75(4):1135 ~ 1154

Okada Y. 1992. Internal deformation due to shear and tensile fault in a half-space,Bulletin of the Seismological Society of America,82(2):1018 ~ 1040

Okada A, Nagata T. 1953. Land deformation of the neighborhood of Muroto Point after the Nankaido great earthquake in 1946. Bull Earthq Res Inst,31:169 ~ 177

Olson A H, Aspel R J. 1982. Finite fault and inverse theory with applications to the 1979 Imperial Valley earthquake. Bulletin of the Seismological Society of America,72(6A):1969 ~ 2001

Parsons T. 2006. Tectonic stressing in California modeled from GPS observations. Journal of Geophysical Research,111(B3):B03407

Parsons T,Yeats R S, Yagi Y,*et al.* 2006. Static stress change from the 8 October,2005 $M = 7.6$ Kashmir earthquake. Geophysical Research Letters,33(6):429 ~ 453

Reid H F. 1910. The mechanics of the earthquake in the California earthquake of 18 April 1906. Report of the State Investigation Commission,Carnegie Institution of Washington,Washington DC

Ruina A L. 1983. Slip instability and state variable friction laws. Journal of Geophysical Research,88(B12): 10359 ~ 10370

Ryder I,Bürgmann R,Pollitz F. 2011. Lower crustal relaxation beneath the Tibetan Plateau and Qaidam basin following the 2001 Kokoxili earthquake. Geophysical Journal International,187(2):613 ~ 630

Savage J C. 1980. Dislocations in seismology//Navarro F R N (ed). Dislocations in Solids. Amsterdam:Moving Dislocations,3:251 ~ 339

Savage J C. 1983. A dislocation model of strain accumulation and release at a subduction zone. Journal of Geophysical Research:Solid Earth,88(B6):4984 ~ 4996

Savage J C, Burford R O. 1973. Geodetic determination of relative plate motion in central California. Journal of Geophysical Research, 78(5): 832 ~ 845

Simons M, Fialko Y, Rivera L. 2002. Coseismic deformation from the 1999 M_W 7.1 Hector Mine, California, earthquake as inferred from InSAR and GPS observations. Bulletin of the Seismological Society of America, 92(4): 1390 ~ 1402

Smith B, Sandwell D. 2003. Coulomb stress accumulation along the San Andreas fault system. Journal of Geophysical Research: Solid Earth, 108(B6): 2296

Smith B, Sandwell D. 2004. A 3-D semi-analytic viscoelastic model for time-dependent analysis of the earthquake cycle. Journal of Geophysical Research Atmospheres, 109(B12): B12401

Stein S, Wysession M. 2003. An introduction to seismology, earthquakes and earth structure. New Jersey: Blackwell Publishing.

Steketee J A. 1958. On Volterra's dislocation in a semi-infinite elastic medium. Canadian Journal of Physics, 36(2): 192 ~ 205

Thatcher W. 2009. How the continents deform: the evidence from tectonic geodesy. Annual Review of Earth and Planetary Sciences, 37: 237 ~ 262

Walters R J. 2012. Geodetic observation and modelling of continental deformation in Iran and Turkey. PhD Thesis, Oxford: University of Oxford

Wang R J, Martín F L, Roth F. 2003. Computation of deformation induced by earthquakes in a multi-layered elastic crust-FORTRAN programs EDGRN/EDCMP. Computers & Geosciences, 29(2): 195 ~ 207

Wei M. 2011. Observations and modeling of shallow fault creep along the San Andreas fault system. PhD Thesis, San Diego: University of California

Wright T J, Elliott J R, Wang H, *et al*. 2013. Earthquake cycle deformation and the Moho: implications for the rheology of continental lithosphere. Tectonophysics, 609(1): 504 ~ 523

Zhai G, Shirzaei M, Manga M, *et al*. 2019. Pore-pressure diffusion, enhanced by poroelastic stresses, controls induced seismicity in Oklahoma. Proceedings of the National Academy of Sciences, 116(33): 16228 ~ 16233

Zhao B, Bürgmann R, Wang D, *et al*. 2017. Dominant controls of downdip afterslip and viscous relaxation on the postseismic displacements following the M_W 7.9 Gorkha, Nepal, earthquake. Journal of Geophysical Research: Solid Earth, 122(10): 8376 ~ 8401

第 7 章　InSAR 同震、震后形变震例分析

7.1　汶 川 地 震

7.1.1　汶川地震构造背景

2008 年 5 月 12 日在位于青藏高原东缘的龙门山逆冲断裂带发生了震惊世界的汶川 M_S 8.0 级地震，震中为 96°E、33.3°N，震源深度为 14km，持时为 80s，地震造成超过 80000 人丧生，超过 20000 人失踪，是自 1976 年唐山地震以来中国大陆遭受的最严重的地震。地震造成两条地表破裂带。发震断裂位于松潘–甘孜地块与四川盆地所在的杨子地台的接合部位，既是青藏高原的东界，又是现今龙门山山前盆地的西界，属于松潘–甘孜褶皱带的前缘冲断带（许志琴，1992；骆耀南等，1998；李勇和周荣军，2006），是印度板块与欧亚板块碰撞及其向北推挤的作用下在青藏高原东缘的产物（张培震等，2008）。从地形地貌上讲，龙门山断裂带不仅是青藏高原东缘地形的陡变梯度带，在小于 50km 的范围内地形梯度从 500m 陡变至 5km，而且控制了青藏高原东缘高原地貌与四川盆地的分界。从地质结构上讲，该构造带显示为中国大陆东、西构造差异演化与深部过程的中轴交接转换带，是一个重要的复合式构造系统（张国伟等，2004；闫亮等，2011）。从三维空间上看，龙门山断裂带地处松潘–甘孜地块东南缘的上地壳内，并被推覆到扬子地台上，在垂直向上形成“吞噬”扬子地块的“鳄鱼嘴”式结构（徐杰等，2010；李鹏，2013）。龙门山构造带地质现象丰富多样，在国际地学界享有“打开造山带机制的金钥匙”和“大陆动力学理论形成的天然实验室”之美誉，它不仅是研究青藏高原与盆地动力学的典型区域，而且是验证青藏高原是以地壳加厚还是左行挤出为主要运动模式的关键部位，同时也是研究青藏高原边缘活动断层和潜在的地震灾害的关键地区（刘树根等，2008；李勇和周荣军，2006；赵亮，2011）（图 7.1）。

龙门山断裂带北端起于四川广元，南端止于天全，总长约 500km，宽约 30 ~ 50km，总体走向 N45°E，倾角为 50°~ 70°，倾向北西，自北西向南东主要由后山断裂、中央断裂、前山断裂及山前隐伏断裂等一系列叠瓦状冲断带组成，分别对应于汶川–茂县断裂、映秀–北川断裂、彭县–灌县断裂和广元–大邑断裂。四条主干断裂在空间上呈现南北分段、东西分带、上下分层的特征，构造形式具备多期叠加的特点，表现出典型的逆冲推覆构造特征，发育模式为前展式，为中国最典型的逆冲推覆构造之一（刘池洋等，2009；闫亮等，2011）。

总而言之，龙门山构造带地质构造复杂多变，发育有褶皱、陡立地层和倒转地层，主要以北西倾向的叠瓦状逆冲推覆构造为代表，具有北西-南东分带、北东-南西分段的构造特征，其逆冲推覆作用时间尺度上呈幕式活动，空间尺度上呈前展式渐进推覆。自晚新生代以来，此构造的走滑运动方向表现为右旋走滑的特征（闫亮等，2011）。龙门山褶皱-冲断带变形特征总体表现为自北西向南东的挤压逆冲，伴随叠置滑覆构造，变形强度自北西向南东由强变弱，韧性递减，层次渐浅（林茂炳和吴山，1991；李勇和周荣军，2006；李敬波，2015）。

自汶川地震发生以来的十多年间，国内外学者针对此次地震的活动构造、震源机制与同震地表破裂、构造运动学和动力学机制等方面进行了研究，并取得了一系列重要的成果。但由于发震构造几何形态和内部结构的复杂性及反演模型的多解性，尽管选用相同类型的数据，但采用不同约束得到的破裂过程往往存在差异。因此，仍需开展震源破裂过程的联合反演研究工作，以期在汶川地震的地表形变特征、发震机理等方面得到更为可靠的认识。

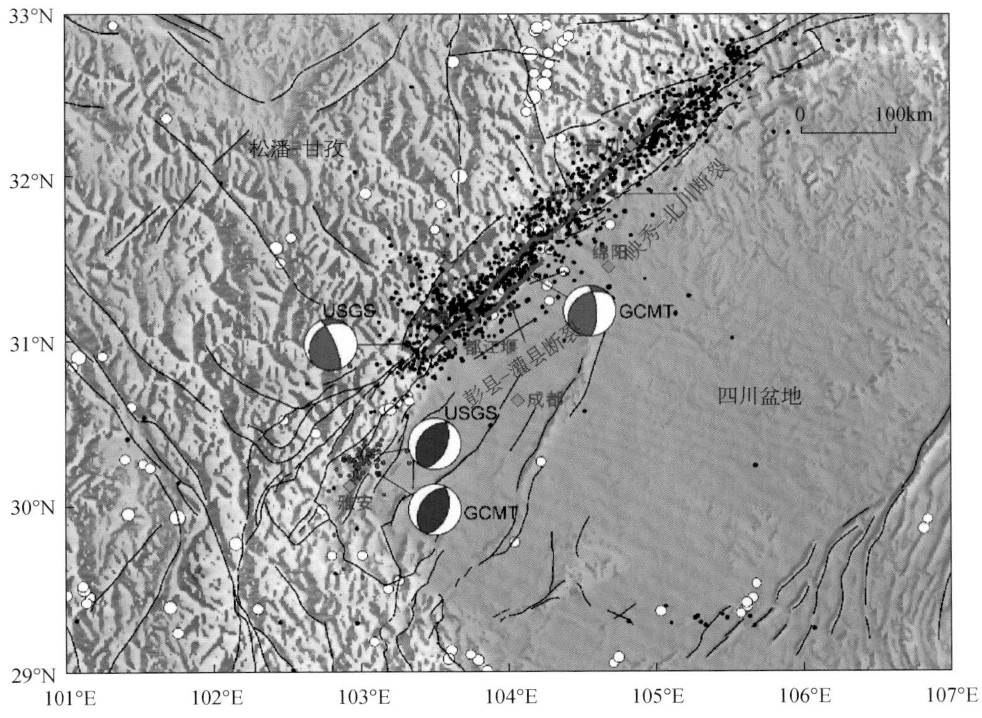

图7.1　汶川地震区域构造背景图

红色震源机制解为2008年汶川地震；蓝色震源机制解为2013年芦山地震；黑色圆点为汶川地震余震；白色圆点为5级以上历史地震

7.1.2 汶川地震 InASR 同震形变场特征

基于差分合成孔径雷达干涉测量（D-InSAR）技术，利用七个条带共 112 景日本 ALOS/PALSAR 1.0 级 raw 格式雷达数据（表 7.1），采用两通差分干涉处理模式，获取了 2008 年 5 月 12 日四川汶川 M_S 8.0 级地震的同震干涉形变场（图 7.2），七个条带的干涉图覆盖了汶川地震主破裂带及其外围约 450km×500km 的大片区域，涵盖了青川、北川、茂县、汶川及映秀等所有重灾区，客观揭示了汶川地震地表形变场的全貌、发震断层的位置、地震地表破裂带的范围及同震形变场的空间分布形态与变化特征。图 7.2 表明汶川地震造成的地表形变场沿映秀–北川断裂带北东向分布，形变范围很大，但主要集中在发震断层南北两侧各约 100km 的近场区，其中断层附近由西向东宽约 35 ~ 10km（西南宽东北窄），长约 250km 的区域干涉条纹破碎不可辨，这是由于形变梯度过大而导致的非相干带（图 7.2），是本次地震中变形最强烈并伴有地表破裂发生的区域。在非相干带两侧宽度各约 70km，具有清晰可辨连续并向发震断层收敛的包络状干涉条纹区域是次级形变区，距离发震断层越近，形变梯度和形变幅度越大，其视线向位移为北盘沉降、南盘抬升。北盘最大累积沉降量约 110 ~ 120cm，出现于汶川和茂县东北。南盘最大累积抬升量约 120 ~ 135cm，出现在映秀西侧震中区，都江堰北及北川附近。南北两盘之间的相对最大 LOS 形变量约 240cm，出现在映秀西侧震中附近及都江堰北。在发震断层两侧外围远场区，干涉条纹稀少，形变量很小，仅在±10cm 以下。整体上，映秀–北川断裂西南段的变形幅度和变形宽度均大于东北段，说明断层破裂是由西南段开始向东北段扩展传递。余震分布和波形数据反演结果也是如此。同时上盘形变梯度差异大，变形非均匀性突出，沿映秀–北川断裂带至少出现了三个形变中心，如理县以南、汶川及茂县东北等，而下盘形变过程相对平稳。这些形变差异反映了断层活动的非均匀性及逆断层变形的复杂性。

表 7.1 选取 ALOS/PALSAR 雷达数据的空间垂直基线距与时间间隔

条带号	477	476	475	474	473	472	471
时相 1	20080610	20080524	20080622	20080605	20080519	20080617	20080531
时相 2	20080425	20080408	20071221	20080305	20080217	20070128	20080229
时间间隔/天	46	46	184	92	92	552	92
垂直基线距/m	77	190	909	285	252	184	120

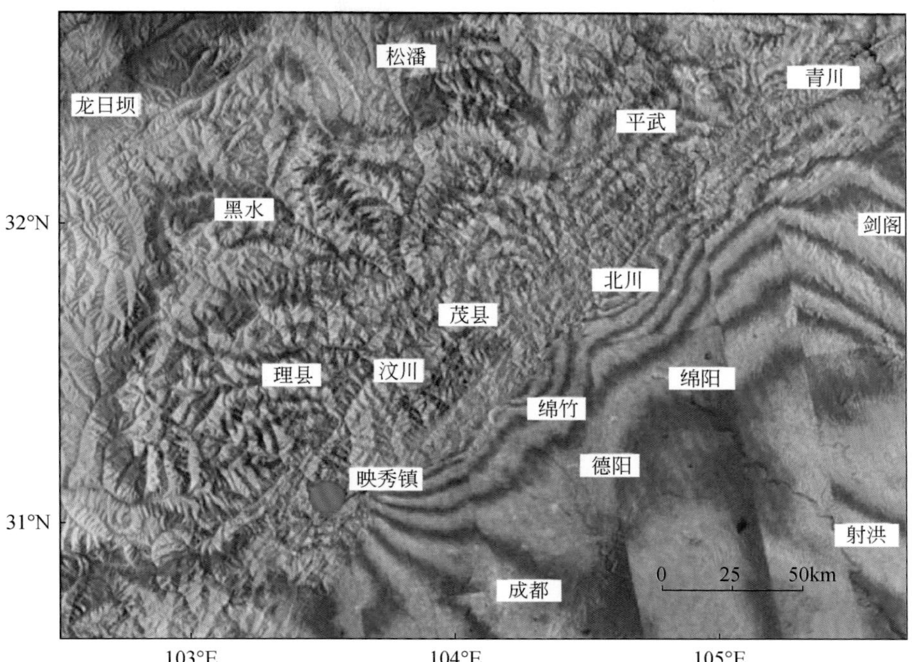

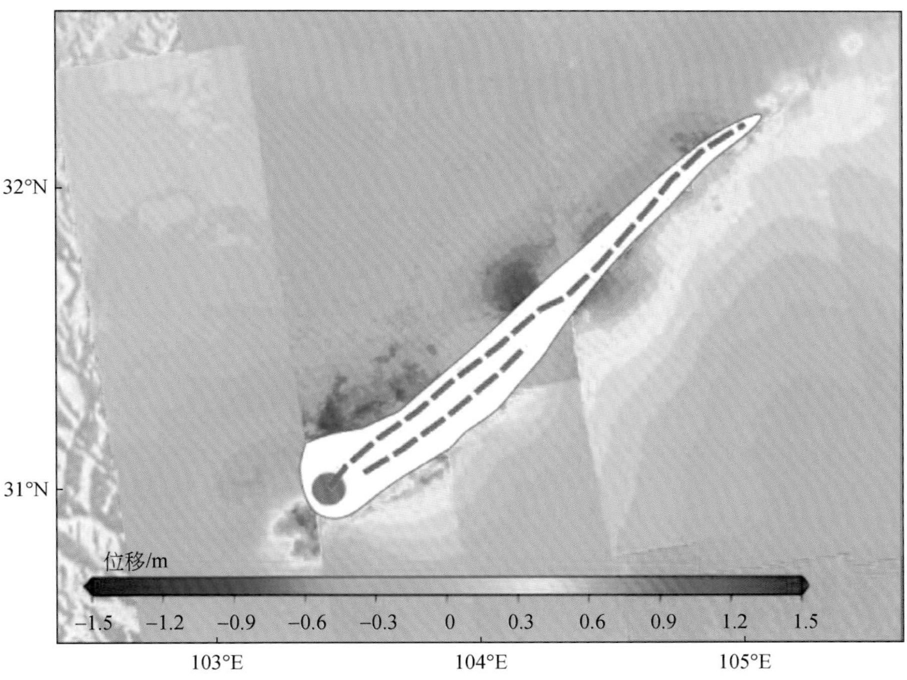

图 7.2　汶川地震同震干涉条纹图和解缠干涉形变场

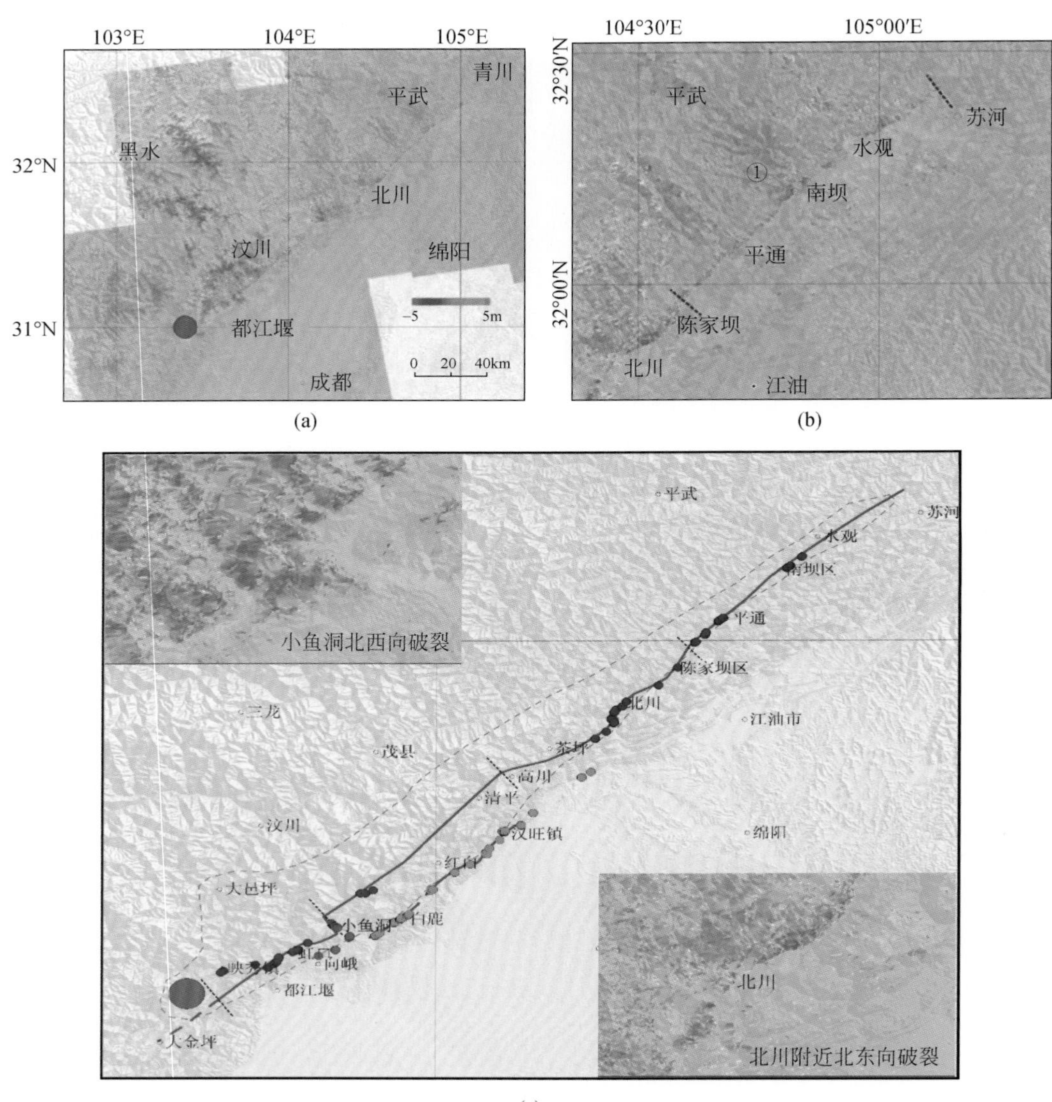

图 7.3　利用 Offset-tracking 方法获得的极震区地表位移与破裂迹线及其与野外实测破裂点的对比

红色实线为地表破裂迹线；红色虚线为破裂迹线不明显段落；黑色虚线为破裂带分段界线；蓝、绿、粉红色圆点分别表示映秀-北川、灌县-江邮及小鱼洞断裂上的野外考察点位（据徐锡伟等，2008）；粉红色大圆点为2008 年5 月12 日汶川 M_S 8.0 级地震震中

7.1.3　地表破裂迹线及其位移分布特征

1. 地表破裂迹线空间展布及分段特征

汶川地震 InSAR 同震形变场图像中（图 7.2）最突出的特点是出现在图幅中部的北东向非相干带，其内部干涉条纹紊乱破碎，提取不到可用相位信息，而此处正是地震地表破

裂带出露、同震位移最大及地震灾害最严重的极震区所在位置。在InSAR干涉测量中，造成非相干的原因有多种，如有效空间基线太长、成像期间散射特性的变化及强烈的几何畸变或形变梯度超出InSAR的观测能力等都会造成非相干。图7.2中沿龙门山断裂带的非相干带是由于形变梯度过大所致。为了获得断裂带附近断层破裂与形变的详细信息，我们采用像元偏移量跟踪的方法（Offset-tracking）计算了距离向和方位向位移，揭示出断层破裂迹线的真实形态和分段变化特征，获取了断层附近几米量级的大位移量。

图7.3（a）为利用像元偏移量跟踪方法得到的汶川地震极震区距离向偏移量位移分布图，在此图上，沿映秀-北川断裂的地表破裂迹线清晰可见，显示为一条醒目的近乎笔直的北东向色变带。西起映秀西侧约26km处的大金坪，东至青川县苏河北约7km处，总长度约238km。根据破裂迹线的平直性、完整性、连续性及其两侧形变带的宽度，可以将整个地表破裂带划分成明显不同的五段，由东北至西南依次称为平通—南坝段、北川—茶坪段、清平—经堂段、虹口—映秀段及映秀以西段。各段划分的经纬度坐标及概略特征如表7.2所示。其中，平通—南坝段是从苏河至陈家坝，长度约75km，破裂迹线北东向平直延伸，破裂宽度很窄，走向近乎直线，形如刀劈。显示这段的破裂过程沿走向是均匀分布的。但在断层南盘显示较宽的弱变形带。北川—茶坪段是从陈家坝至高川，长度约50km，破裂迹线破碎不平直，破裂宽度和位移量都比较大，宽度大约从2km至8km不等。在茶坪附近、擂鼓西南和北川东北分别出现4～6m的局部视线向沉降形变，个别点上位移达6～9m，显示破裂过程复杂，沿破裂迹线位移变化梯度较大。这些局部沉降区域位于断层北盘，说明北盘向东运动，即右旋滑动。清平—经堂段是从高川至小鱼洞，长度约61.5km，破裂迹线清晰平直，断层北盘变形宽度较大，约15～20km。显示这一段的变形也是相对均匀的。虹口—映秀段是从小鱼洞至映秀，长度约29.5km，在断层北盘形变带较宽，破裂迹线也比较清晰，但沿破裂迹线有明显的形变起伏，在小鱼洞西侧有一北西走向，长宽约8km×5km、形变幅度约3m的强烈变形区域，将整个破裂迹线左旋错断，显示这一段的变形过程也是很复杂的。映秀以西段是从映秀至大金坪，长度约27km，破裂迹线模糊不明显，仅显示轻微色变，形变量也比较小，在1m以下。我们推测这一段可能没有发生明显的地表破裂，这也意味着同震形变向映秀西侧衰减很快，传播距离很近。总体看来，北川—清平段（陈家坝至高川）和虹口—映秀段（小鱼洞至映秀）是两个复杂破裂的段落。

另外，在映秀-北川断裂的地表破裂迹线南侧约12km处沿汉望镇—红白镇—白鹿—向峨有一条明显的色带，这是灌县-江郎断裂地表破裂的反映，长度约66km。但没有显示出明显的破裂迹线，只是显示出一个宽约1.5～6km不等、形变幅度约2m的距离向隆起形变带，形变方向与其北侧映秀-北川断裂段南盘的形变方向一致。这一结果与野外调查发现的灌县-江郎断裂上72km长的地表破裂带基本一致。

图7.3（b）为从破裂迹线图上勾画出的地震地表破裂带及其与震后野外调查的地表破裂观测点（徐锡伟等，2008）的对比。图7.3（b）中红色粗线为我们勾画的地表破裂带，红色虚线为破裂迹线不明显的段落，这些段落可能没有破裂，或破裂未贯穿到地表。蓝、绿、粉红小圆点为根据徐锡伟等的野外考察数据绘制的地表破裂点。可以看出二者非常吻合。但野外考察仅限于部分断层段上，而偏移量追踪则可以反映破裂带的整体情况，包括整个破裂带分布的位置、沿走向的形态变化、连续性、分段性等。综合利用这两种观

测结果，优势互补，我们可以构建更为真实的断层模型，进而对汶川地震的复杂破裂过程有更深入的了解。

表 7.2　根据破裂迹线得到的汶川地震地表破裂带空间位置及分段特征

分段编号	分段名称与端点坐标	概略位置	破裂迹线特征与形变特征	备注
1-1	平通—南坝段，105.130°E、32.425°N，104.577°E、31.966°N	苏河至陈家坝	长约 75km，破裂迹线平直，破裂宽度很窄，走向近乎直线，形如刀劈。北侧位移幅度大于南侧，但在南盘显示较宽的弱变形带	均匀破裂段
1-2	北川—茶坪段，104.577°E、31.966°N，104.159°E、31.627°N	陈家坝至高川	长约 50km，破裂迹线起伏不平直，破裂宽度和位移量都比较大，宽度大约从 2km 至 8km 不等。在茶坪、擂鼓西南和北川东北分别出现 4 ~ 6m 的沉降形变，个别地方位移达 6 ~ 9m	复杂破裂段
1-3	清平—经堂段，104.159°E、31.627°N，103.720°E、31.213°N	高川至小鱼洞	长约 61.5km，破裂迹线平直，北东向延伸，上盘变形宽度比较大，约 15 ~ 20km	均匀破裂段
1-4	虹口—映秀段，103.720°E、31.213°N，103.460°E、30.993°N	小鱼洞至映秀	长约 29.5km，破裂迹线起伏弯曲，在小鱼洞西侧，虹口和映秀等地有 3 ~ 5m，个别地方达 6m 的局部形变。断层上盘形变带较宽	复杂破裂段
1-5	映秀以西段，103.460°E、30.993°N，103.344°E、30.874°N	映秀至大金坪	长约 27km，显示出明显的色变条带，但未见清晰地破裂迹线，形变量也比较小，约在 1m 以下	破裂迹线不明显
2	灌县-江邮断裂，104.186°E、31.491°N，103.703°E、31.070°N	汉望至向鹅	在映秀-北川断裂地表破裂迹线的南侧约 12km 处，沿汉望镇—红白镇—白鹿—向峨有一条明显的色带，显示灌县-江邮断裂地表破裂，长度约 66km，而且显示的形变方向与其北侧的映秀-北川断裂南盘一致，但无清晰破裂迹线	破裂迹线不明显

2. 破裂迹线附近的地表形变特征

为进一步清晰地反映破裂迹线附近的大位移量及其变化趋势，我们在映秀-北川断裂破裂迹线两侧紧邻破裂迹线均匀选取若干个位移值，绘制位移分布柱状图（图 7.4）。同时在变形复杂的北川和都江堰附近分别绘制跨断层位移剖面（图 7.5）。其中，图 7.4 为破裂迹线北侧 198 个采样点的位移分布，表明在整个破裂带上位移分布很复杂，沿走向起伏变化，平均位移幅度约 2.95m，优势位移在 2 ~ 3.5m，少数位移在 4 ~ 6m，还有极少数点的位移达 7 ~ 9m，其中 6m 以上的大位移量主要出现在北川附近。破裂迹线南侧平均位移约 1.75m，优势位移为 1 ~ 2m，很少一部分点的位移达到 3 ~ 4m。在破裂迹线南侧形变相对均匀，形变幅度也比较小，而在破裂迹线北侧形变非均匀性突出，而且形变量大。图 7.5 为都江堰附近和北川附近的位移剖面，剖面长度约 50km，破裂带位于剖面中部，其表明都江堰附近在破裂带北侧形变宽度较大，位移在 2m 左右的形变带至少有 25km 宽，而在北川附近，破裂带北侧形变宽度相对较小，位移在 1m 左右的形变带约 15km 宽。北川附近虽然位移幅度大，但主要集中在破裂迹线附近，所以大形变量出现的宽度窄于都江堰附近。若以 6m 以上位移点出现的频率来衡量，整个破裂带上最大位移出现在北川附近。而且大的位移量主要发生在破裂迹线北侧，说明断层的上盘是主动盘，这正符合逆冲断层的变形特征。

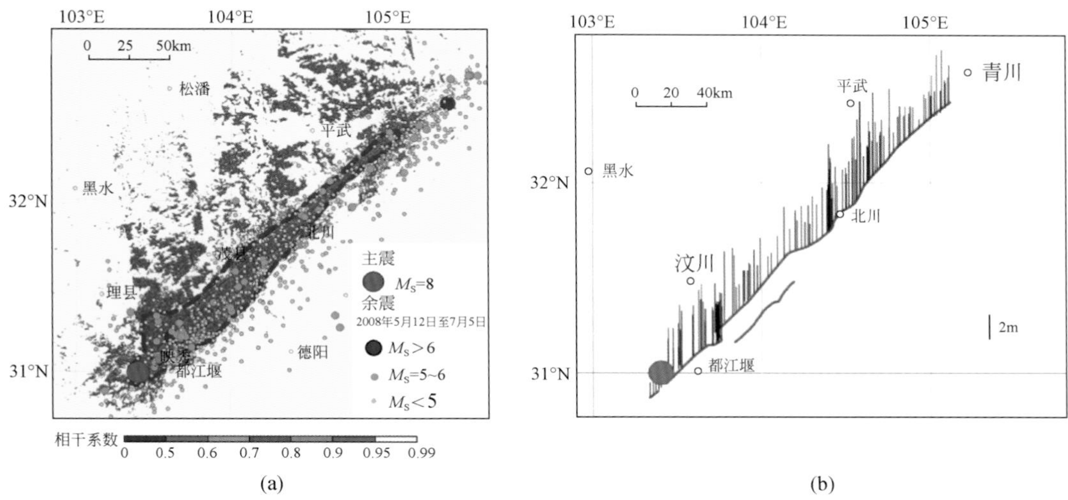

图 7.4　（a）汶川地震震区干涉相干图及余震分布及（b）沿地表破裂迹线北侧的位移分布

粉红色圆点为汶川震震中；蓝色圆点为 6 级以上余震；浅蓝色圆点为 5 ~ 6 级余震；黄色小圆点为 5 级以下余震

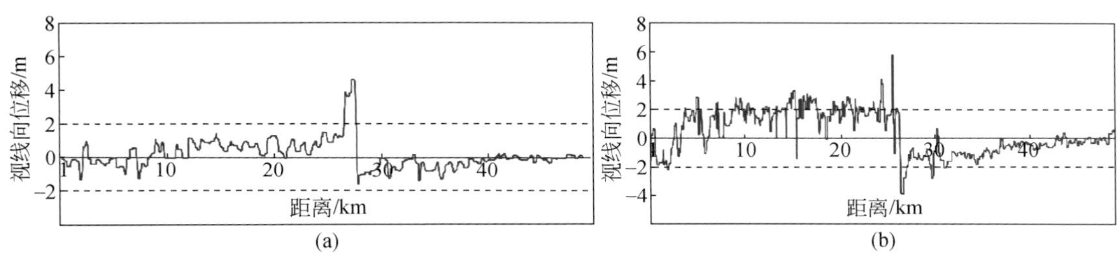

图 7.5　跨汶川地震地表破裂迹线的位移剖面

（a）北川附近；（b）都江堰附近

7.1.4　联合 InSAR 与 GPS 获取的三维同震形变场

InSAR 具有空间分辨率高、监测范围广、费用低廉等优点，已经成为监测地表形变的主要方法之一。然而在很多的研究中往往由于数据的限制，只能利用单一轨道 SAR 数据进行干涉测量，得到的结果是地表各个方向的形变在雷达视线方向上的投影，而无法获取研究区真实的三维位移场。GPS 可以精确测定地表三维方向上的形变，但是 GPS 站点受环境条件和成本的限制，往往分布稀疏、空间分辨率有限。如何将高空间分辨率的 InSAR 观测结果与高时间分辨率的 GPS 观测结果有效的融合国内外很多学者开展了研究（Ge *et al.*, 2000；Gudmundsson *et al.*, 2002；Samsonov and Tiampo, 2006；Samsonov *et al.* , 2007；Guglielmino *et al.*, 2011；Hu *et al.*, 2012，2013）。纵观这些研究，在融合 InSAR 和 GPS 恢复三维形变场过程中存在两个问题：①如何突破 GPS 站点密度的制约；②如何合理分配 InSAR 和 GPS 权重。

中国境内大地震一般发生在西部的断层系统上，如汶川地震，那里的 GPS 站点密度非常稀疏（大于 50km），不足以同时恢复出大地震引起的大尺度和小尺度形变信号，这会在 InSAR 和 GPS 集成时的第一步——GPS 内插中会导致很大的偏差，特别是对于发震断层近场那些大梯度形变区域。这里我们提出利用断层位错模型反演少量的 GPS 观测值来恢复一个合理、可靠的初始三维同震形变场，然后利用最优二次无偏估计（best quadratic unbiased estimation，BQUE；Sjöberg，1983）方法估计方差分量，从而避免由于负方差问题引起的计算中断。

我们结合已有的 GPS 观测资料（Wang *et al.*，2011）和 InSAR 观测资料（Qu *et al.*，2008）对我国四川汶川 M_S 8.0 级地震展开联合研究，首先利用精度较高的 GPS 数据对 InSAR 数据进行了校正，然后利用少量 GPS 数据结合断层位错模型来实现 GPS 的空间内插，给出一个合理的初值，再通过 BQUE 方法为 GPS 和 InSAR 数据合理定权，最后利用加权最小二乘平差来融合两种类型的观测数据获得了汶川地震三维形变场，并对融合结果和野外近断层实测数据进行比较和精度验证，结果表明该方法能够同时兼顾断层近场和远场形变的合理估计，得到精度较高的同震三维形变场。考虑到 InSAR 观测量中由于各种误差的影响，它的随机模型不会严格满足正态分布，存在一定的粗差。因此一种名叫 IGG（Zhou，1989）稳健估计的方法也被测试，用来替代 BQUE 方法，以减少粗差的影响。

1. 三维形变解算方法

假设地震引起的形变场被离散化为一个 $m\times n$ 的网格。首先把 InSAR 和 GPS 数据内插到该网络上。对于每一个网络节点，InSAR 视线向观测值 d_{LOS} 可以通过下面的模型表达为真实的三维形变 $[D_{\mathrm{EW}}\quad D_{\mathrm{SN}}\quad D_{\mathrm{UD}}]$：

$$d_{\mathrm{LOS}}+V_{\mathrm{LOS}}=(\cos\alpha\sin\theta\quad -\sin\alpha\sin\theta\quad -\cos\theta)\cdot[D_{\mathrm{EW}}\quad D_{\mathrm{SN}}\quad D_{\mathrm{UD}}]^{\mathrm{T}} \tag{7.1}$$

式中，α 为方位角；θ 为入射角；V_{LOS} 为 InSAR 观测量的残差。内插得到的 GPS 三维观测量 $[x_{\mathrm{GPS}}\quad y_{\mathrm{GPS}}\quad z_{\mathrm{GPS}}]^{\mathrm{T}}$ 与真实的三维形变可以用下式表示：

$$[x_{\mathrm{GPS}}\quad y_{\mathrm{GPS}}\quad z_{\mathrm{GPS}}]^{\mathrm{T}}+V_{\mathrm{GPS}}=[D_{\mathrm{EW}}\quad D_{\mathrm{SN}}\quad D_{\mathrm{UD}}]^{\mathrm{T}} \tag{7.2}$$

然后，就可以形成如下观测方程，利用最小二乘平差估计出三维形变场。

$$\boldsymbol{L}_{4mn\times1}=\boldsymbol{D}_{4mn\times3mn}\boldsymbol{X}_{3mn\times1}+\boldsymbol{V}_{4mn\times1} \tag{7.3}$$

式中，$\boldsymbol{X}=[D_{\mathrm{EW}}\quad D_{\mathrm{SN}}\quad D_{\mathrm{UD}}]^{\mathrm{T}}$ 为每个网格点上的形变未知量；$\boldsymbol{L}=[x_{\mathrm{GPS}}\,y_{\mathrm{GPS}}\,z_{\mathrm{GPS}}\,d_{\mathrm{LOS}}]^{\mathrm{T}}$ 为 GPS 和 InSAR 观测量；$\boldsymbol{V}$ 为观测值残差；$\boldsymbol{D}$ 为设计矩阵。基于式（7.3），对内插的 GPS 和 InSAR 观测值进行加权最小二乘平差，求解出最优的三维形变场。算法中关键的步骤包括：①如何恰当地内插稀疏的 GPS 数据；②观测量加权机制的确定（后验方差估计）。这里，我们利用断层位错模型和少量的 GPS 数据来生成一个合理的初始三维形变场（Song *et al.*，2017），然后通过后续与 InSAR 数据的融合来进一步改善。而对于观测值的权重分配，采用了 BQUE 和 IGG 算法（Song *et al.*，2017）。我们比较了这两种方法的结果，利用野外观测值进行了精度评价，整个处理流程见图 7.6。

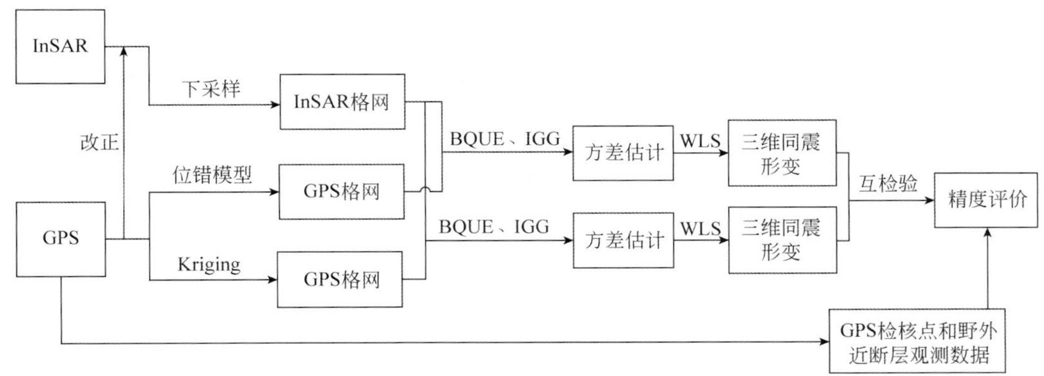

图7.6 联合InSAR和GPS获取三维同震形变场的处理流程

WLS. 加权最小二乘平差；BQUE. 最优二次无偏估计；IGG. 一种稳健估计法

2. 三维形变解算结果

利用上一节所述的算法流程，我们对汶川地震的数据进行了处理。由于在断层处，两盘的形变数据梯度变化较大，我们分上下两盘分别处理，处理完毕后拼接在一起。主要的处理步骤包括：

（1）InSAR数据降采样。选取InSAR和GPS覆盖的公共区域作为研究区，利用GPS数据校正每个条带的InSAR数据。把研究区进行格网化（间距为0.2°），然后利用双线性内插法把改正后的InSAR数据降采样到规则格网上。

（2）构建汶川地震的断层模型。利用Offset-tracking技术获取的形变的偏移量场清楚地显示出了断层在地表的迹线。基于该偏移量场，我们确定了断层的一些几何参数，例如每一段的位置、长度和走向。断层倾角和滑动角来自主震的震源机制解和余震定位结果（Zhang *et al.*，2011a）。

（3）GPS内插。基于构建的初始断层模型，利用SDM模拟程序（Wang *et al.*，2009）反演少量稀疏的GPS观测数据，获取断层面上的滑动分布。同时对GPS站点的密度进行测试，目的是利用尽可能少的GPS点得到一个稳定的解。基于反演的滑动分布和断层参数，正演出三维同震形变场。

（4）InSAR和GPS融合。分别对上下盘的InSAR和GPS数据进行加权最小二乘平差，利用BQUE和IGG算法进行权重分配，平差后再把上下盘的结果进行融合。最后利用额外的10个GPS点对结果进行精度评价。

我们结合不同的内插和加权方法形成四种方案用来相互比较（表7.3）。遵循上述的处理步骤，我们对每一种方案计算了三维同震形变场及相应的均方根误差（root mean squared error，RMSE）。

表7.3 不同内插和加权方法的结合

方案	内插方法	加权方法
I	位错模型	IGG
II	位错模型	BQUE

续表

方案	内插方法	加权方法
III	Kriging	IGG
IV	Kriging	BQUE

图 7.7 给出了四种方案利用 80 个 GPS 点计算的三维形变场。需要注意的是每次反演和精度评价中所用的 GPS 点应该是均匀分布在形变区域内，这样可以最小化 GPS 站点分布对结果的影响。如图 7.7 所示，相比较于方案 III 和方案 IV，方案 I 和方案 II 的形变场

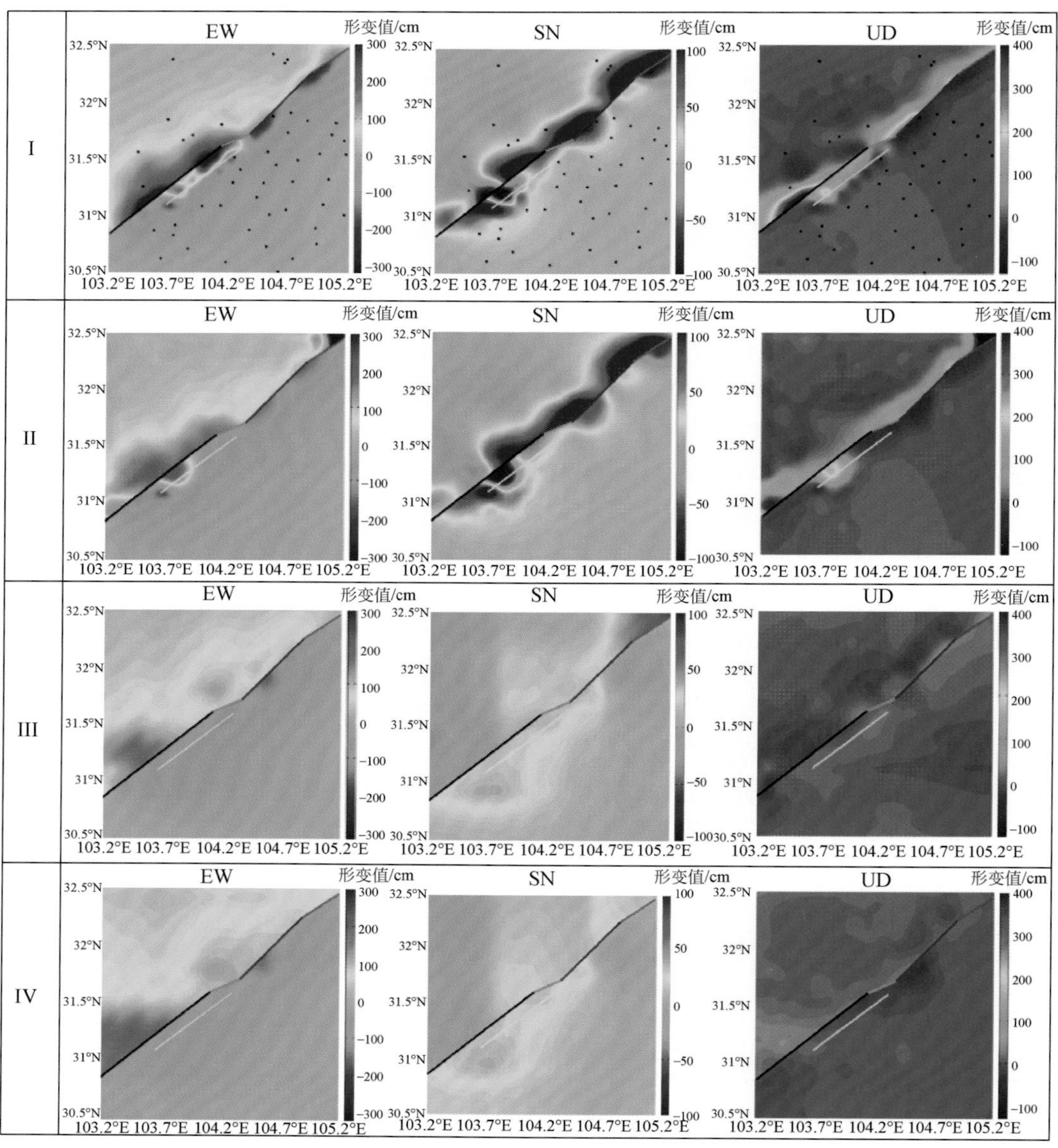

图 7.7　基于四种方案（表 7.3）计算的汶川地震三维同震形变

结果给出了更多的细节，且对于 GPS 站点数依赖较小。那是因为 Kriging 法对于内插的每一种量都需要有一个合适的理论半方差函数模型，这是地理统计方法中的一个关键问题。但是对于汶川地震引起的大形变区域，想要通过 Kriging 方法，利用几十个 GPS 数据点去表达整个形变区域，数据量远远不够。但是对于方案 I 和方案 II，由于使用断层位错模型，考虑了介质属性和形变机制，给出了合理而稳定的结果。

为了定量评价几种方案的精度，我们利用 Xu 等（2008）给出的野外破裂带实测数据进行 RMSE 的计算。平行和垂直于断层的野外实测位错量转化为东西、南北和垂直形变量（假设断测走向北东 45°）。图 7.8 给出了野外观测值和计算值的比较，方案 I（位错模型+IGG）和方案 II（位错模型+BQUE）在使用了 80 个 GPS 点的时候，东西（EW）、南北（SN）和垂直（UD）方向上的 RMSE 分别是 47.8cm、18.3cm、21.5cm 和 64.8cm、49.8cm、73.7cm，相比较于“Kriging+IGG”的结果（113.9cm、65.3cm、202.5cm），精度有了明显的提高。这表明，相比传统的 Kriging 方法，集成了位错模型的方法对于近场形变给出了更好的估计。考虑到这次地震断层上最大的位错超过 5m，小于 50cm 的精度是比较满意的结果。

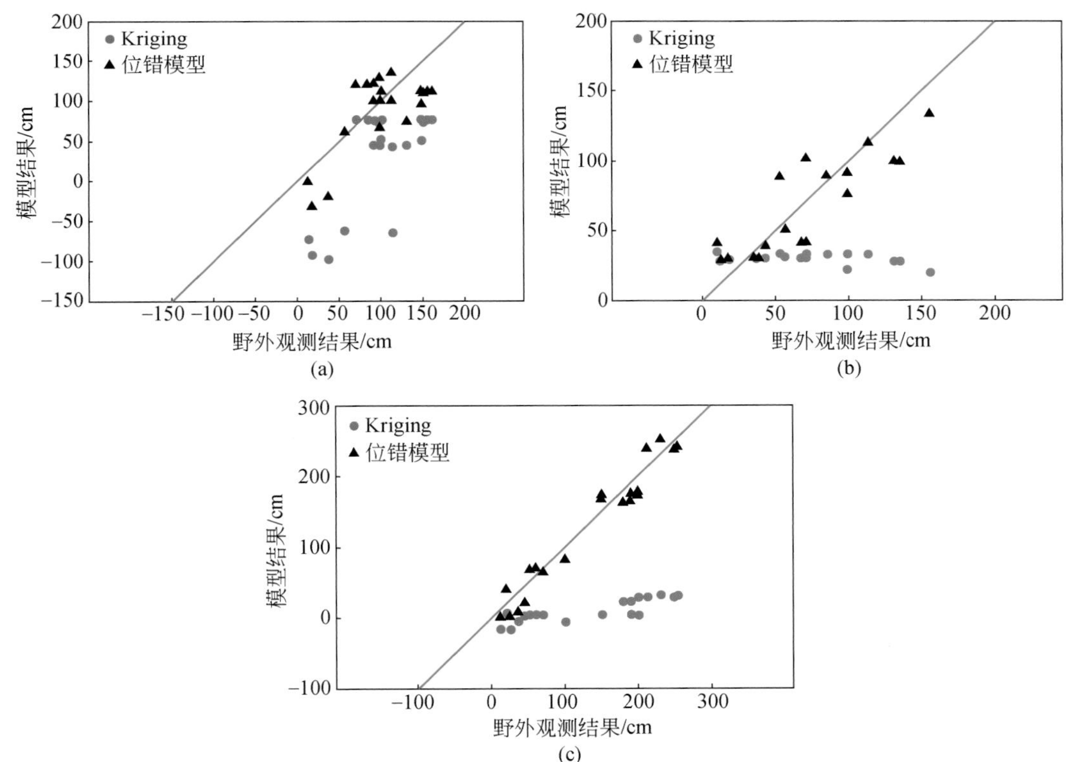

图 7.8　东西、南北和垂直形变结果的野外观测与计算结果比较

（a）东西向；（b）南北向；（c）垂直向。黑色三角为野外观测与方案 I（位错模型+IGG），三个分量的 RMSE 分别是 47.8cm、18.3cm 和 21.5cm；绿色圆点为野外观测与方案 III（Kriging+IGG），所用 GPS 点数为 80 个，三个分量的 RMSE 分别是 113.9cm、65.3cm 和 202.5cm；红线为 $y=x$

就加权方法来说，从 RMSE 可以看出，IGG 的效果比 BQUE 好，差别在于 BQUE 假设误差服从正态分布，而 IGG 没有。结果 BQUE 很容易受粗差的影响，因此需要事先进行粗差剔除。IGG 显示出了很好的抗粗差能力，在汶川地震的计算中显示出了优势。

实验结果表明，利用断层位错模型进行 GPS 数据的“内插”具有很大的优势，它只需要少量的 GPS 站点，这对于许多 GPS 站点稀疏的活动构造区非常有用。为了测试方法对 GPS 站点密度的敏感性，我们在滑动分布反演中不断变化 GPS 点数（从 10 个到 80 个）。相应的 RMSE 曲线显示（图 7.9），当所使用的 GPS 点超过 20 个，方案 I 和方案 II 的 RMSE 开始保持稳定，而对于方案 III 和方案 IV，只有当 GPS 数达到 80 个以上，RMSE 才能和方案 I 和方案 II 相当。这表明当我们使用断层位错模型时，可以大大地减少 GPS 的点数，但是可以获得 Kriging 方法使用 80 个点的效果。对于汶川地震引起的 500km×500km 的大形变区域，20 个均匀分布的 GPS 点已经足够满足要求。这对于那些 GPS 稀疏的构造活动区提供了一种经济适用的方法。

另外，从图 7.9 我们也注意到，当 GPS 点数从 10 个增加到 30 个的时候，方案 III 和方案 IV 的 RMSE 先增后减。我们认为对于 Kriging 方法，少量的 GPS 不足以表达汶川地震引起的大范围形变场，这种情况下，在计算 RMSE 时，参与计算的点与精度评价点之间的距离起到了关键作用，这时 RMSE 已经失去了它的统计意义。当我们增加评价点的个数到 30 个时，这种波动没有出现，这是因为多点的参与减少了对点位分布的依赖。

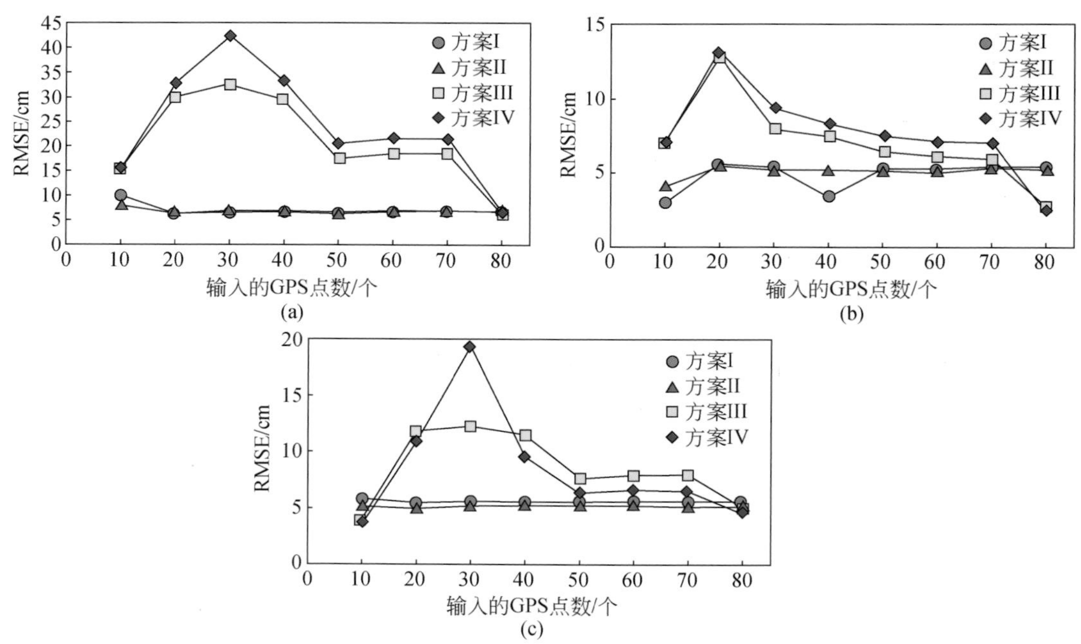

图 7.9　三个分量形变 RMSE 随所用的 GPS 站点数量的变化曲线

（a）东西向；（b）南北向；（c）垂直向。RMSE 是利用 10 个检查点计算所得

7.1.5　汶川地震断层静态滑动分布反演

1. 断层破裂模型与反演算法

InSAR 同震形变场数据反演中一个重要步骤是建立断层几何模型。当断层地表几何破裂关系未知时，此类反演问题是高度非线性的。汶川地震发生于四川盆地与巴颜喀拉块体交接处；尽管地表野外考察已获得较好的地表破裂线迹，但在具体的模拟分析中采用何种断层分段与每段的断层倾角如何设置，及其对反演造成的不确定性影响，需要进行综合测试分析。本节内容就是我们对此类问题进行思考和研究的结果。

我们知道，汶川地震的时空破裂过程较为复杂，尽管震后极短时间内便有研究人员公布了基于单断层模型和远场地震波形记录的汶川地震震源破裂过程及断层面滑动分布，但由于远场波形反演存在滑动定位和破裂过程之间的折中，更为精细的空间破裂分布需通过反演具有较高空间分辨率的地表形变数据（如 InSAR、GPS 等）来获得。因而，我们首先利用 ALOS 卫星 PALSAR 数据获取了高精度的 InSAR 同震形变场，随后反演了汶川地震的断层非均匀滑动分布和震源参数，试图进一步加深对汶川地震发震机理和震源破裂过程的认识。

首先，采用单断层模型对汶川地震震源参数进行初级描述。由于此次地震震级大，断层破裂几乎在所有分段均到达地表，这一点已被野外地质考察所证实，因而模型中假设断层破裂出露地表。其次，利用八个参数来描述断层位错模型，即断层的走向、倾角、滑动量、滑动角、起始点经度、起始点纬度、长度、深度等。反演的整体形变剩余较大，主要原因有以下两个方面：①断层模型为单断层，较为简单；②由于地震学及野外地质考察研究结果均显示，汶川地震在震源破裂过程中震源机制随着时间和空间均在发生变化，包含多个破裂子事件、多个破裂阶段和多个破裂带。因此，为进一步从 InSAR 数据中获得更为精细的断层滑动分布及震源的空间破裂参数等，必须考虑采用多断层分段模型模拟 InSAR 形变数据；建立更为真实的地表破裂几何模型以寻求与观测数据的最佳拟合，成为解决问题的必然途径。

从 InSAR 干涉形变场特征分析，在形变图像中央梯度最密集的区域显示一条线性分布的狭长条带，这是由于地震导致地表破裂而产生的非相关条带，可以揭示断层在地表的线性几何分布。通过对比分析野外地质考察研究结果、地震学研究结果及 InSAR 形变场非相干性线性特征等资料，建立了五段断层地表几何破裂分段模型（图 7.10，表 7.4）。该断层分段模型在多数地方与野外地质考察的地表破裂情况一致，但断层破裂的北东端点较之最早公布的野外地质考察结果更远 30km。

表 7.4　断层几何模型参数

断层分段	经度(°E)	纬度(°N)	走向/(°)	倾角/(°)	长度/km	宽度/km	备注
F1	104.13206	31.587597	222	47	120	48	映秀–北川断裂（YBF）
F2	104.35537	31.694962	240	60	24	48	
F3	105.27070	32.600929	220	78	132	48	
F4	104.18613	31.478706	222	33	60	24	灌县–江油断裂（GJF）

在确定好断层分段模型后，另外一个重要的问题是确定每一分段的断层倾角。相对于断层地表位置与分段，断层倾角更难确定。一方面，余震精定位是地震断层构造解译最为直接的方法，但在汶川地震的前期研究中，这类解译结果似乎不能给出严格意义上的地震断层倾角；另一方面，现有的地质剖面也尚不能对断层的几何结构进行三维刻画。因而，我们在引入 GPS 同震数据后，定义加权归一化均方根（WNRMS）函数，利用网格搜索算法对每个分段的断层倾角进行不确定性测试，找出数据分辨率与断层倾角间的对应关系见式（6.27）。

研究结果如图 7.11 所示，各分段的断层倾角可被确定位于 40°~80°。我们也对铲状断层进行了测试反演；没有发现 WNRMS 的明显降低，同时断层滑动的空间分布相较于均匀断层倾角也没有表现出大的差别。综合以上我们可以认为，现有的 InSAR 形变场与零星分布的 GPS 观测数据对断层倾角随深度变化的特性并不敏感，无法从这类数据中获得高精度的断层倾角数据。最终我们的断层模型在西南段具有较为平缓的倾角（47°），并且沿北东向逐渐变陡峭，在最北端的分段甚至接近于垂直（78°）。这一断层模型与前人已有的研究结果基本吻合（陈九辉等，2009；万永革等，2009；Tong *et al.*，2010）。具体的断层参数见表 7.4。至此，我们确定了所有断层分段几何模型。

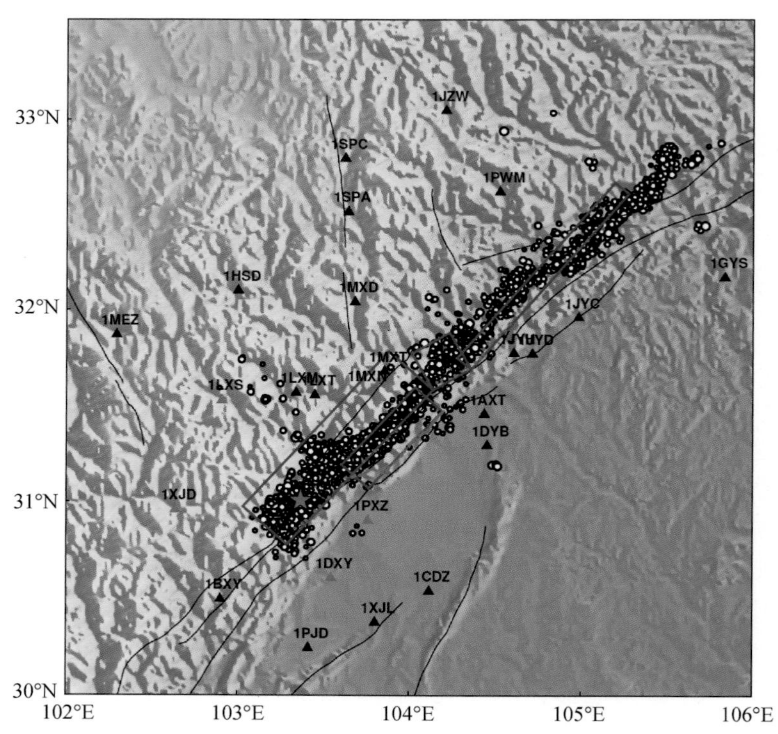

图 7.10　强震动台站分布、断层几何模型地表投影与余震分布

红色五角星为汶川地震震中；红色点线为汶川地震地表破裂带；白心原点为汶川地震余震；黑色三角形为强震台；红色三角形为选定用于波形比对的强震台；蓝色矩形框为断层模型

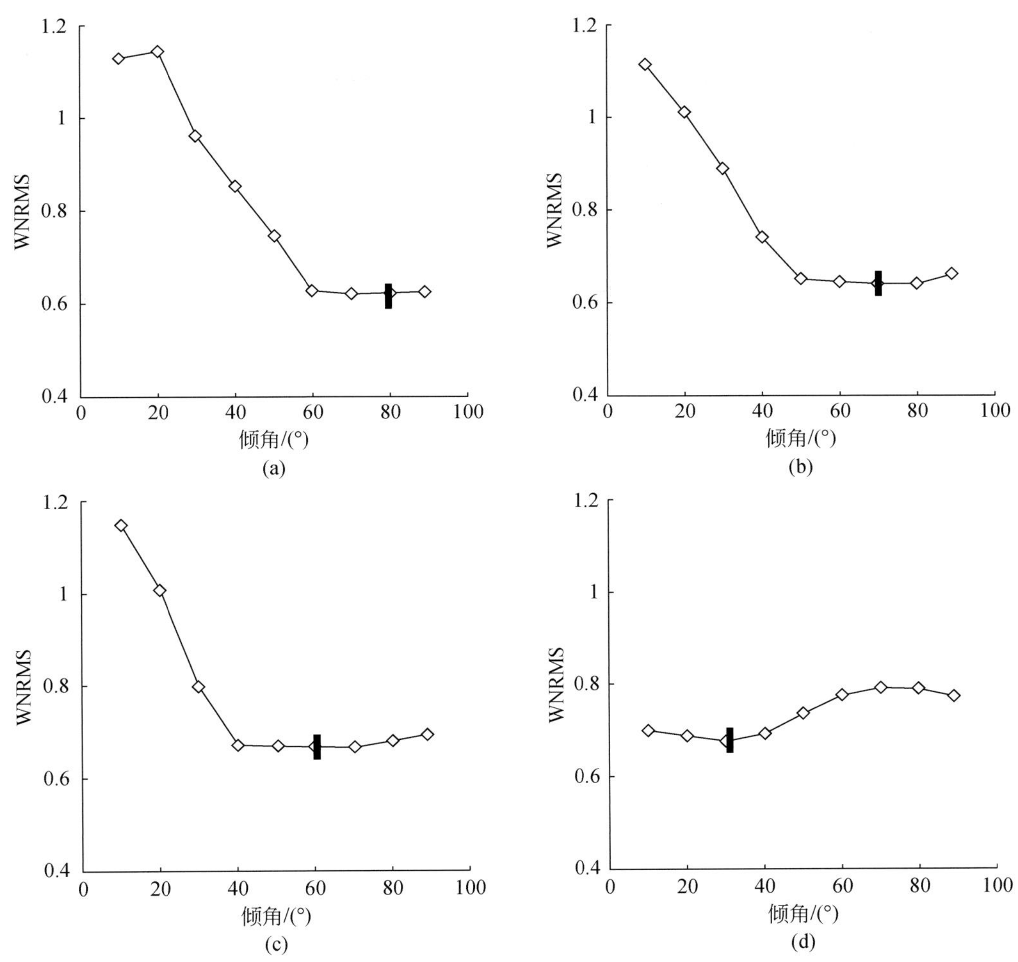

图 7.11　断层倾角与加权均一化的均方根曲线

每段断层的倾角搜索步长为 10°，在搜索其中一段时，其余参数均保持不变；黑色竖线指示了最终断层模型所采取的倾角值。(a)、(b) 和 (c) 分别为映秀-北川断裂北段、中段和南段；(d) 灌县-江油断裂

2. 静态滑动分布反演分析

图 7.12 为反演获得的断层静态滑动分布。断层面滑动分布主要集中 0 ~ 20km 深度。从震源位置出发到达汶川及映秀等地区，形成了较大的滑动分布集中区，最高可达 8m，滑动方式为具有较大的逆冲分量和一定的右旋走滑分量，平均滑动角为 97°；以纯右旋走滑的运动形式沿南西-北东方向发展，在 5 ~ 30km 深度处形成了分布较广且滑动量平均可达 2 ~ 4m 的区域，这与在该地区的断层地表位错右旋分量较大较为一致；继续沿南西-北东方向，之前的纯右旋走滑运动形式逐渐转化为强烈逆冲兼右旋走滑或逆冲兼右旋走滑的运动方式，且分别在北川、青川等地区形成了分布较广、滑动量巨大的区域，其中北川最高滑动量可达 10m，平均滑动角为 119°；青川地区最高滑动量可达 7m，平均滑动角为 138°。反演获得的矩张量为 7.7×10^{20} N · m，依据 Kanamori 等震级计算公式，汶川地震的矩震级达 M_W 7.9 级。

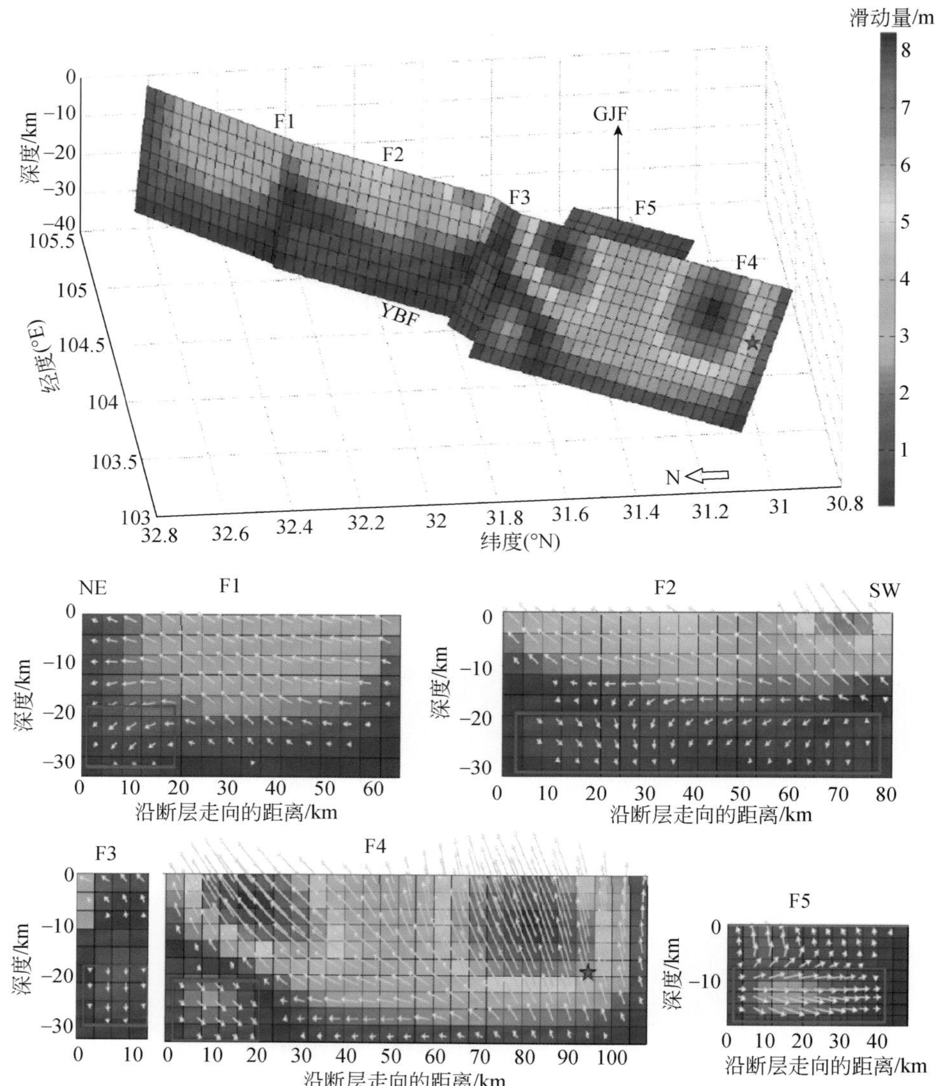

图 7.12　汶川地震断层静态滑动分布模型

GJF. 灌县-江油断裂；YBF. 映秀-北川断裂

7.1.6　汶川地震震源破裂过程联合反演

1. *反演数据*

1）强震动数据

2006 年以来，“中国数字地震网络观测项目”和“中国地震背景场探测项目”共建强震台 1390 个，并实现了实时和准实时传输，为强震观测提供了基础数据。尤其是汶川 8.0 级特大地震获取了 420 个台站的 1400 余条高质量主震加速度记录，为研究震源特征、地震效应和地震动衰减规律提供了基础研究数据。此外，近场强震动数据具有高时间分辨率、大动态范围特点，其频率范围为 100 ~ 200Hz，最大量程为±2g，而且强震台站分布于震中近场，可以更精细地刻画出地震特征。综合考虑数据高信噪比及台站在震中方位均匀覆盖的情况下，选取了距离震中 20 ~ 120km 的 26 个台站，共计 73 个分量加速度数据，其中 21 个台站包含三个分量数据，五个台站只有两个分量可用，对 73 个加速度记录进行滤波处理，其中高频截止频率为 0. 1Hz，目的是去除长周期趋势和基线漂移的影响；依据台站记录的加速度噪声水平及数据质量，低频截止频率的范围在 0. 008 ~ 0. 025Hz。

2）InSAR 数据

利用日本 ALOS/PALSAR L 波段数据基于“二轨法”获取汶川地震地表同震形变场。处理过程中利用外部 SRTM3 去除地形效应，同时采用精密卫星轨道数据消除轨道误差的影响。由于 InSAR 获取的形变场是连续的，其点位间高度相关，且过多的观测数据不仅不能提供更多的细节信息，而且是普通计算系统所不能承受的，同时也可能出现计算结果无法收敛的问题。因此，必须对形变场进行四叉树采样。四叉树采样步骤在第 6 章中已介绍，这里不赘述。

3）GPS 数据

我们所采用的 GPS 数据主要有三个来源：①国家重大科学工程“中国地壳运动观测网络”和国家重点基础研究发展计划项目“活动地块边界带的动力过程与强震预测”项目组布设在龙门山断裂带两侧的以流动观测为主的 GPS 观测点，2007 年 4 ~ 7 月完成震前最后一期观测，每期观测持续时间 3 ~ 4 天，震后，中国地震局立即对每个 GPS 点进行了 2 ~ 3 天的复测；②四川省地震局和重庆市建设的以 RTK 服务为主的 GPS 连续观测网络的数据；③国家测绘局布设的不同等级的测绘控制点的数据，这些数据在震前按等级的差异有过 1 ~ 4 天的观测数据，震后都进行了 1 天的复测。基于 GAMIT/GLOBK 软件，选取最邻近地震的震前观测数据和震后观测数据统一处理，数据处理的细节参见张培震等（2008）的基于 GPS 测定汶川 M_S 8. 0 级地震的同震形变场。图 7. 13 为联合反演中所用数据及断层模型在地表的投影。

2. 不同类型数据反演分辨率测试

基于不同类型数据单独反演所获得的结果分析不尽相同，利用观测数据进行反演之前，我们应该如何认识不同类型的数据对滑动分布反演的分辨率成为反演的关键问题。基于检测板的合成数据分辨率测试是评判数据分辨能力的有效手段。具体思路为：首先，建立已知的滑动分布模型，前向模拟出观测点位上的合成数据；然后，利用合成数据集进行滑动分布的单独或联合反演，分析反演结果与所构建的滑动分布模型之间的差异，从而分析确定单一数据集反演断层滑动分布能力的优势与劣势，以及不同数据集联合反演的优势。图 7. 14 给出了各类合成数据独立及联合反演的分辨率测试结果，清晰显示出单独反演的局限性及联合反演的优势。

InSAR 数据的优势空间分辨率范围主要集中于近地表，在小于 20km 深度范围内其分辨率随深度增加急剧降低。此外，主断层数据分辨率在南北两段存在一定的差异，具体表现为断层东北段分辨率较高；而在断层西南段即极震区映秀镇附近分辨率较低，分析认为这可能是地震引起的地表位错使得 InSAR 数据失相干严重，进而造成了近断层处存在大量数据空洞。由于数据点位稀疏，GPS 数据的整体分辨率在各类数据中最低。强震动数据的分辨率在

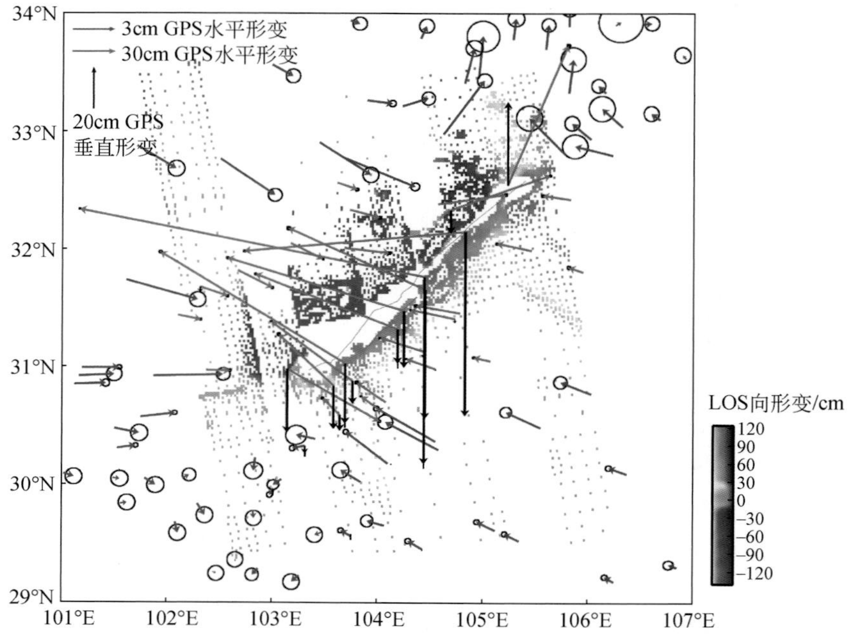

图 7.13　四叉树下采样后汶川地震 InSAR 形变量与 GPS 同震形变场

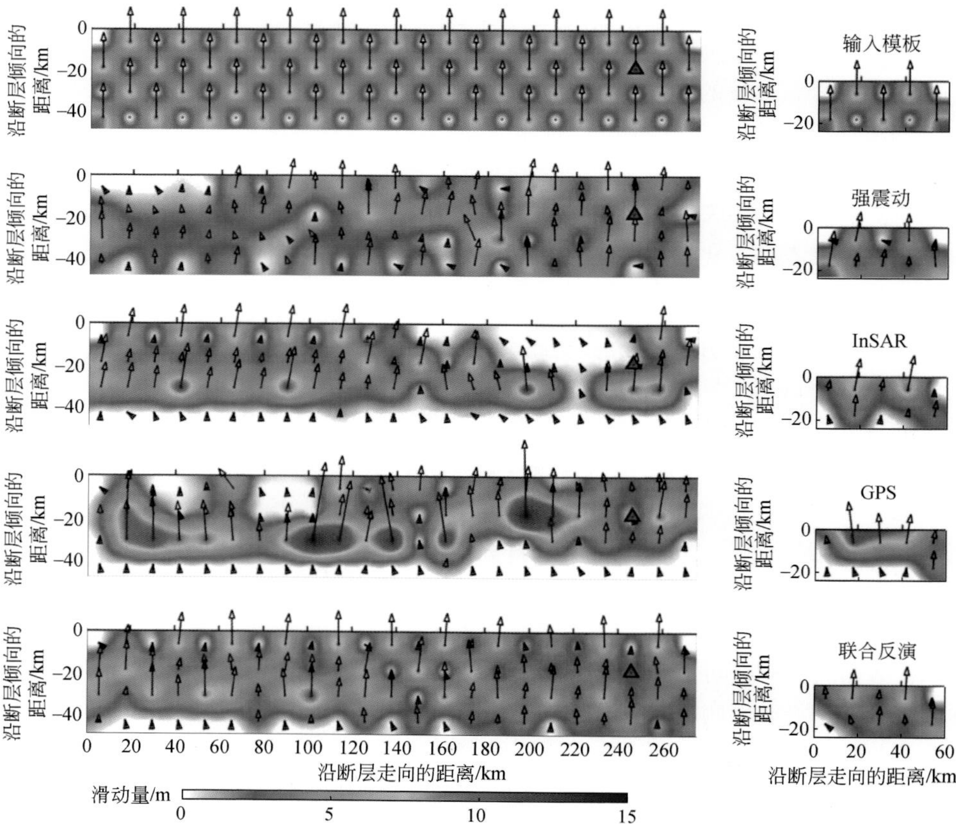

图 7.14　基于检测板的各类合成数据单独反演及联合反演分辨率测试

近地表和震源深度附近较好，同时，在断层西南段及深部均有较好的分辨率，而在断层东北段则分辨率较差，因此，强震动数据与 InSAR 数据形成了较好的空间互补性分辨率特征。联合反演的分辨率优势特征最为明显，不仅在浅地表，且在断层一定深度（20km 以内）均具有较好的分辨率，在主破裂映秀–北川断裂的西南段和东北段分辨率均非常好，次破裂灌县–江油断裂上分辨率，最低分辨率处则位于主破裂映秀–北川断裂深部的东北段附近。值得注意的是，三类数据单独反演和联合反演均不能很好地恢复深部的断层滑动，即在深部 20km 以下数据分辨率极低，这可能与反演过程中矩张量最小约束及断层几何结构参数有关。

3. 震源破裂过程反演结果分析

从数据分辨率测试结果我们知道，基于 InSAR、GPS 及强震动联合反演震源破裂过程比单独反演具有显著的优势。联合反演结果显示（图 7.15），破裂持续时间约 110s，最终的滑动分布存在三个明显的滑动分布集中区，分别位于发震主断裂西南段极震区映秀镇、中段茂县及北川附近，最大滑动量高达 15m；在断层东北段平武至青川附近地表以下深度约 20km 则具有中等滑动量，最大可达 5m 左右；得到的总的地震矩张量为 9.4×10^{20} N · m，相当于矩震级 M_W 7.9 级（表 7.5）。总体上看，断层的运动特征整体上表现为在断层西南段以逆冲为主，中段则以逆冲为主，兼有一定的右旋走滑量，到断层东北段是以右旋走滑运动为主。从震源破裂整个过程来看（图 7.15），汶川地震主要呈现单侧破裂特征，从震源破裂起始点开始以平均滑动 3km/s 速率沿北东向逆冲至地表，并形成很大的地表位错；同时，我们发现，位于震中映秀镇北东向 20 ~ 50km 范围内最为主要的滑动分布集中区存在破裂延迟现象，即在震源破裂开始后的前 20s 内，该区域内部几乎没有产生任何破裂，而是在外围发生中等破裂；然而在 20s 后的十几秒时间内迅速破裂，并达到破裂最大值（Zhang *et al.*, 2012）。

表 7.5　断层几何模型参数

反演类型	反演数据	NRMS	地震矩张量/(N · m)	矩震级(M_W)
联合反演	InSAR	0.49	9.4×10^{20}	7.9
	GPS	0.27		
	强震动	0.50		

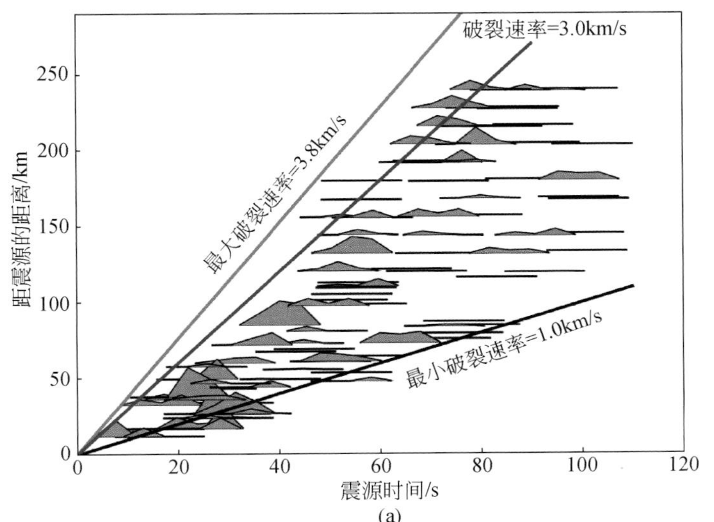

(a)

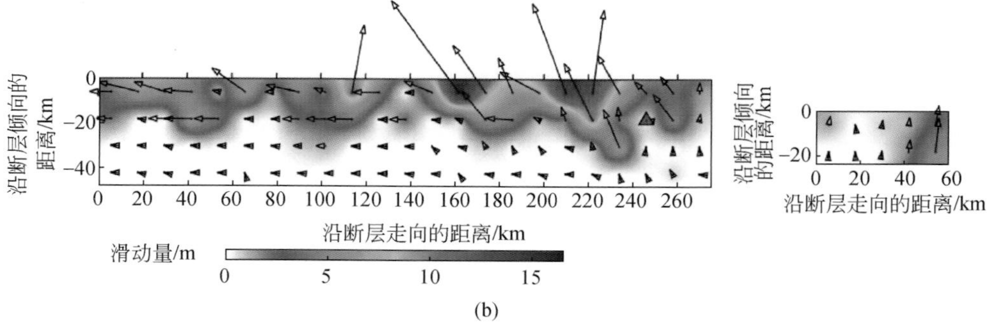

图 7.15　基于 GPS、InSAR 与强震动数据联合反演的汶川地震震源能量释放时间-空间变化过程及断层最终滑动分布

（a）中红色与黑色实线分别为反演过程当中所设定的破裂速率最大值与最小值，蓝色实线为反演所获得的破裂平均速率；（b）为断层最终滑动分布

此外，从联合反演的数据拟合度分析发现，InSAR 数据的拟合残差为 0.49，模拟的 InSAR 形变场与观测数据形态上较为一致；GPS 数据拟合残差的为 0.27，模拟 GPS 的同震形变场与观测数据在量级上基本一致，方向存在一定偏差（图 7.16）；强震动数据的拟合残差为 0.50，从波形拟合情况看，大部分台站的波形拟合度高（图 7.17）。整体上，近断层残差较大，这可能是由于近场形变的复杂性、早期震后余滑作用及过于简化的断层模型和地震波速度模型等综合作用的结果，与真实情况存在一定的差异，拟合残差水平在可接受的范围内。

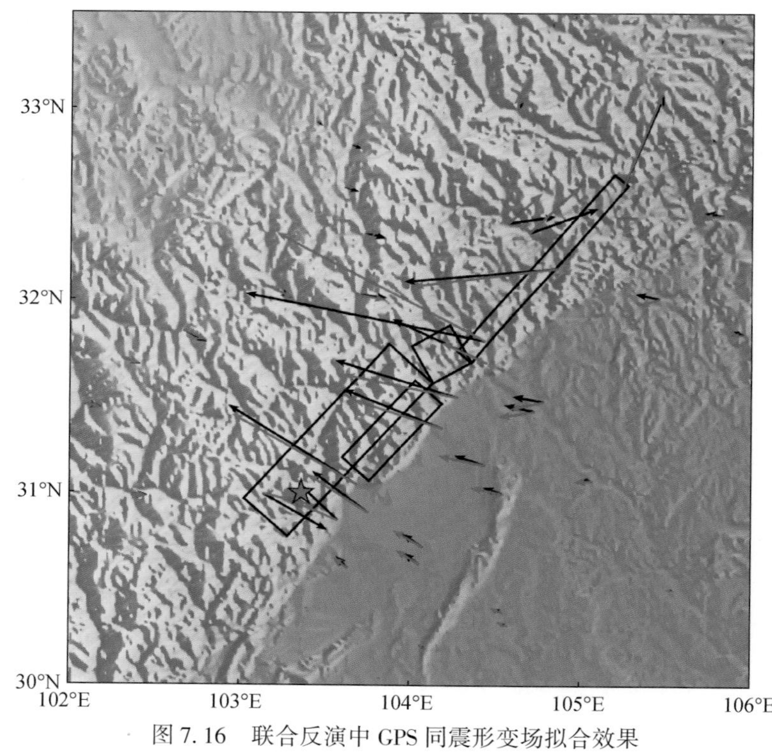

图 7.16　联合反演中 GPS 同震形变场拟合效果

黑色与红色箭头分别表示 GPS 站点观测与模拟结果

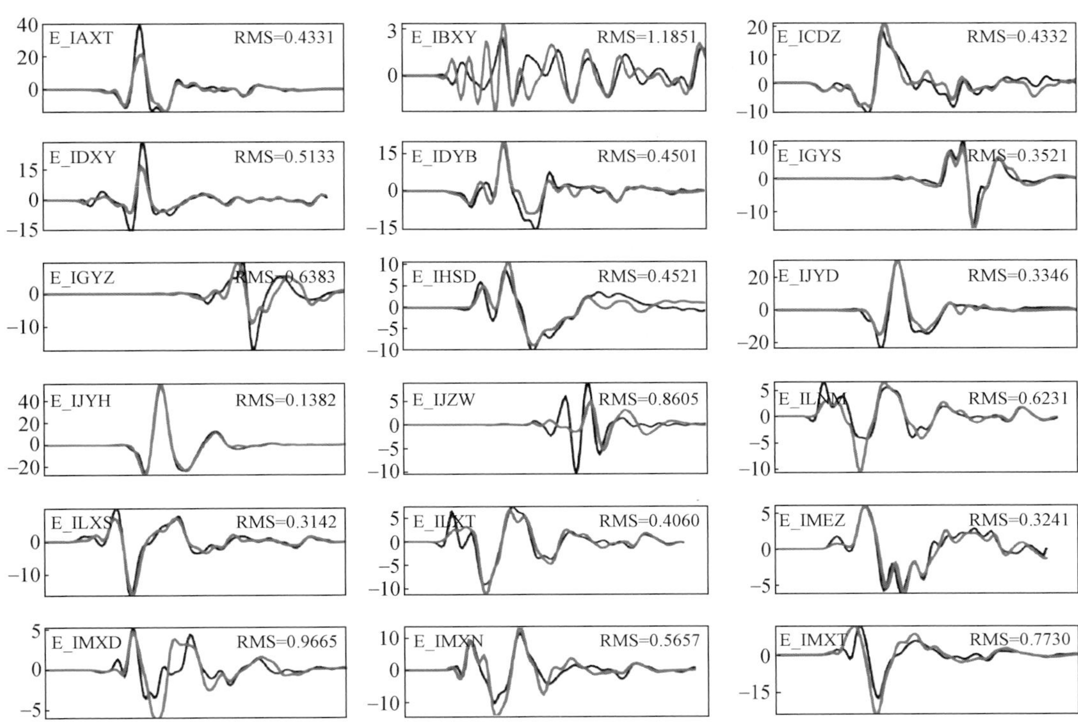

图 7.17　强震动数据联合反演波形拟合结果

黑色实线为观测波形；红色实线为模拟波形；左上角大写字母表示台站编号

4. 汶川地震震源破裂过程动力学模型

前人对汶川地震力学成因给出几种不同的模型，引发了力学成因模型的持久争论。这是由于实际断层面上介质几何不连续性、破裂强度（摩擦强度）与应力状态的不均匀性，断层面上的实际状态往往很难用统一的力学模型来描述。汶川地震发生时及发生过程中，断层面上究竟是怎样的一个状态？我们基于 GPS、InSAR 及强震动数据联合反演的汶川地震震源破裂过程时空演化细节信息，初步探讨了汶川地震震源破裂的两种动力学模式，即 Asperity（凹凸体）与 Barrier（障碍体）模型（图 7.18）。

首先我们简单比较一下两类现有的破裂模型异同。Barrier 模型和 Asperity 模型，通常称为障碍体模型和凹凸体模型（Das and Aki，1977；Kahamori，2013；图 7.18）。较为形象地说明了这两个模型的基本概念和区别，断层面上存在尺度不同和强度各异的几何体，图 7.18 的阴影区域，其代表速度强化区。障碍体模型认为在强度高的区域断层几乎不发生滑动，而在强度弱的区域发生的断层滑动量较大；而凹凸体模型与这个正好相反，在强度高的区域滑动量大，强度小的区域滑动量小。这里所说的强度是一个动力学概念，强度高一般是指屈服应力大，根据断层摩擦观点，克服岩石的摩擦而产生滑动所需要的力越大。这个动力学的概念如果引入到运动学分析当中可以灵活运用，实质上，障碍体和凹凸体在滑动破裂过程的不同阶段是可以互相转换的。

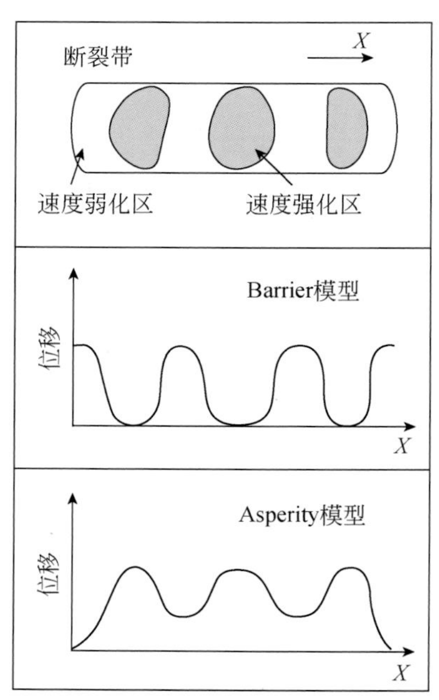

图 7.18　障碍体（Barrier）模型与凹凸体（Asperity）模型比较示意图（据 Beck *et al.*，1984 修改）

汶川地震破裂过程联合反演结果显示，汶川地震在震源破裂的前 20s 符合障碍体模型，即由于障碍体内部强度大而阻碍着破裂在障碍体内部的扩展，反而在其周边发生破裂，这时的障碍体起到破裂“制动器”的作用；尔后随着时间的推移，或是地震所产生的应力扰动在障碍体内部不断积累，或是震中区应力进一步调整，提高了未破裂障碍体的应力集中水平并达到障碍体强度，最终导致障碍体破裂，并在其内部迅速发生最大的滑动，从而成为地震能量释放的最主要来源。此时障碍体由于遭到破坏，强度急剧降低而转换为凹凸体，此时的障碍体起到破裂“发生器”和应力“集中器”的作用（黄福明，2013）。汶川地震就是这样一个过程，总体可以归纳为：由于断层面存在一个形状不规则的高强度障碍体，阻碍了滑动在沿破裂前缘的发展，使得汶川地震同震破裂过程存在障碍体破裂延迟现象，即破裂沿前缘扩展时，在障碍体周边产生中等的滑动量，而障碍体内部并没有发生任何滑动；随着应力持续积累，应力水平达到这一高强度障碍体的破裂极限，主要的滑动分布在障碍体内部迅速形成，并成为汶川地震能量释放的主要来源。基于 GPS、InSAR 及强震动数据联合反演获取的汶川地震震源破裂过程保持了强震动数据单独反演的障碍体延迟破裂现象（Zhang *et al.*，2012）。另外，从震源破裂过程总体分析认为，灌县-江油断裂的破裂原因可能是由于汶川地震产生的动态应力触发结果导致，即汶川地震震源处开始向北东方向传播过程中，其产生的地震波尤其是面波导致与主断裂间隔 10km 左右的彭县-灌县断裂上应力的持续加载，进而触发了彭县-灌县断裂的破裂。

7.1.7　汶川地震前后龙门山断裂闭锁特征及地震危险性

2008 年汶川地震发生后，龙门山断裂南段是否会再次发生地震成为国内外众多学者关注的热点（Parsons *et al.*，2008；Toda *et al.*，2008）。2013 年 4 月 20 日，在龙门山断裂南段上、四川省雅安市芦山县发生了 M_W 6.6 级地震（称为芦山地震），震中位置为 103.0°E、30.3°N，震源深度为 13km。芦山地震在一定程度上填补了龙门山断裂南段的破裂空白，但在两个地震破裂段之间却留下了长约 60km 的“破裂空区”（图 7.1；陈运泰等，2013）。有研究认为汶川地震和芦山地震之间的“破裂空区”地震危险性依然较高（陈运泰等，2013；Liu *et al.*，2014，2015），也有部分研究持相反的观点（Li *et al.*，2013；Dong *et al.*，2017），这段长达 60km 的“破裂空区”的危险性如何，是地学工作者所关注的问题。此外，由于两个地震在时间上和空间上非常接近，围绕两者之间的关系也引发了一系列科学问题讨论，如有的学者认为芦山地震是汶川地震的余震（陈运泰等，2013；Zhu，2016），也有部分学者持否定的观点（Xu *et al.*，2013；Li *et al.*，2014）。上述科学问题的争论仍在进行，围绕这些问题，我们采用 2008 年汶川地震前后的 GPS 速度场（分别为 1999 ~ 2007 年和 2009 ~ 2011 年的速度场）来对龙门山断裂震前和震后的闭锁状态进行反演，以期探索汶川地震对芦山地震孕育和发生的可能影响，并对龙门山断裂的中长期地震危险性做出分析。

1. 汶川地震前后龙门山断裂构造区 GPS 速度场

2008 年汶川地震前 GPS 数据主要由“中国地壳运动观测网络”和“中国大陆构造环境监测网络”GPS 测站获得，2008 年汶川地震后的 GPS 数据主要由流动测站组成，分别于 2009 年和 2011 年进行了观测，数据处理采用 GAMIT/GLOBK-10.60 软件进行，GPS 载波数据的处理同前。值得注意的是，震前 GPS 速度场代表的是青藏高原“稳态”的震间形变信息，而震后 GPS 速度场不仅包含了震间形变信息，同时也包含了“瞬态”的震后形变信号。为了尽可能消除两期 GPS 速度场之间的非构造差异（由数据处理策略、参考框架的选择、时间跨度等因素引起），我们选取了位于汶川地震远场（震中距大于 500km）的 117 个重合的 GPS 测站作为参考点，将震后 GPS 速度场旋转至震前 GPS 速度场所在的框架中，以便在统一的参考框架下，用 GPS 速度值相减分离出与汶川地震震后效应相关的形变场。

图 7.19 给出了 2008 年汶川地震前和地震后相对于欧亚参考框架的 GPS 速度场。整体来看，GPS 速度呈现由西向东逐渐减小的分布特征，反映了青藏块体东缘整体构造形变背景，即青藏块体向东挤压的同时受到四川盆地坚硬地壳的阻挡；同时，GPS 速度场在龙门山断裂南段表现为近垂直断裂带，而在北段则表现为与断裂近平行的分布，表明龙门山断裂南段为逆冲运动、北段为右旋走滑运动。2008 年汶川地震前，跨龙门山断裂带 GPS 速度值表现为较平滑的过度，这与地震地质的研究结果是一致的，即龙门山断裂构造活动较弱；2008 年汶川地震后，跨龙门山断裂的 GPS 速度值表现为较大的梯度，表明由于断裂的解耦作用，巴颜喀拉块体在向东加速运动。

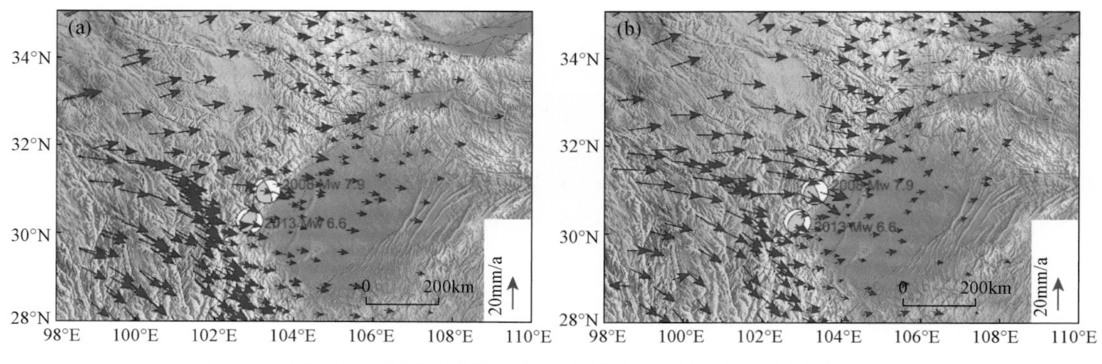

图 7.19　汶川地震前后龙门山断裂构造区 GPS 速度场

(a) 汶川地震前；(b) 汶川地震后。沙滩球表示 GCMT 发布的 2008 年汶川地震和 2013 年芦山地震的震源机制解

2. 汶川地震前后龙门山断裂带的闭锁特征

基于弹性块体运动学模型，我们分别反演了 2008 年汶川地震前后龙门山断裂的闭锁分布（图 7.20）。可以看出，汶川地震前龙门山断裂中北段处于强闭锁状态，断层闭锁深度约 22km，断层平均闭锁系数在 5 ~ 20km 大于 0.9；汶川地震震中位于断层闭锁系数高梯度带，该区域也是应力及应变高梯度带，应变能积累的不均衡可能导致了断层失稳破裂（Li *et al.*，2016）。2008 年汶川地震的同震滑动发生于断层强闭锁区域，主要滑动区域释放的地震矩约占此次地震全部释放能量的 83%；断层面上未发生同震破裂的强闭锁区域，累积的能量可能通过余震和震后形变的形式予以释放（Huang *et al.*，2014）。

若假设龙门山断裂的滑动亏损速率是稳态的，迭代计算断层面上的地震矩积累率，可得到在整个龙门山断裂上的地震矩积累率为 1.4×10^{18}(N · m)/a，断裂中北段地震矩积累率为 6.2×10^{17}(N · m)/a，中北段大地震的复发周期约为 1200 ~ 3200 年（Shen *et al.*，2009），这与 Ran 等（2013）根据古地震得到的 3000 年大震复发周期的结论是一致的。从震前龙门山断裂的闭锁分布图中［图 7.20（a）］也可以看出，汶川地震震中南侧（即"破裂空区"）表现为浅闭锁，该段闭锁深度不足 5km，深部基本处于解耦状态，断层在 5 ~ 20km 处于黏弹性蠕滑状态。而龙门山断裂南段在约 10km 以内处于强闭锁状态，在深部基本处于完全蠕滑状态；此外，在 2008 年以前，2013 年芦山 M_W 6.6 级地震震中位置并未形成闭锁。

图 7.20（b）给出了 2008 年汶川地震后至 2013 年芦山地震前龙门山断裂的闭锁分布。可以看出，2008 年汶川地震后，龙门山断裂中北段基本处于完全解耦的状态，断层在 5 ~ 20km 深度平均闭锁系数约为 0.1，表明闭锁区域的能量几乎在此次地震中全部释放。此外，位于 2008 年汶川地震和 2013 年芦山地震之间的"地震破裂空区"断层也发生了解耦，5 ~ 20km 深度的平均闭锁系数由 0.5 降低为 0.2，意味着此断裂段的地震潜能减小。而龙门山断裂南段断层的闭锁性质发生了显著变化，闭锁深度由震前的约 5km 变为约 20km，2013 年芦山地震震中区域形成了闭锁，而且芦山地震的同震破裂区域与断层闭锁区域重合。值得注意的是，芦山地震的同震破裂并没有覆盖整个龙门山断裂南段的闭锁区

域，在芦山地震南西侧仍有长约 24km 的断裂未发生破裂，也就意味着该段仍有发生地震破裂的可能性。

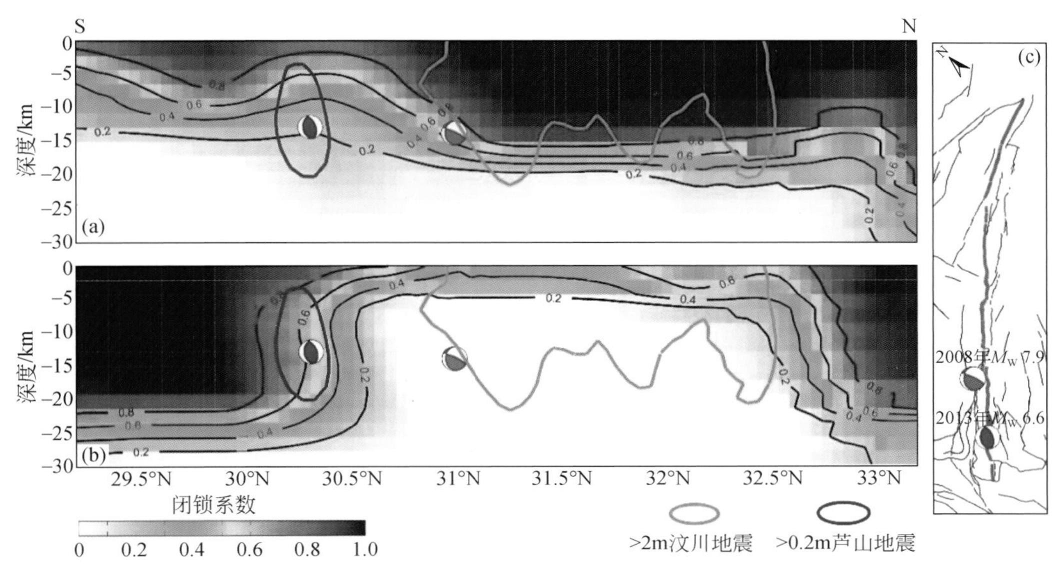

图 7.20　龙门山断裂带在汶川地震前后的闭锁程度

(a) 2008 汶川地震前的闭锁分布；(b) 2008 年汶川地震后至 2013 年芦山地震前的闭锁分布；(c) 龙门山断裂带几何展布。红色和蓝色沙滩球分别表示汶川地震和芦山地震的震源机制解；浅蓝色多边形和蓝色椭圆分别表示汶川同震和芦山地震断层滑动破裂区域；(c) 中粉红色线表示龙门山断裂

3. 汶川地震与芦山地震的关系

对 2013 年芦山地震发生的机制，多数研究（Parsons *et al.*, 2008；Wang *et al.*, 2014；Li *et al.*, 2014）认为 2008 年汶川地震同震和震后库仑应力变化对芦山地震起到触发作用，也是导致芦山地震得以发生的原因。但在库仑应力的计算模型中，仅考虑了接收断层的走向和倾角（Toda *et al.*, 2005），并没有将断层的形变和应变状态加以考虑，因此仅利用库仑应力触发来解释芦山地震的发生，仍显单薄（Li *et al.*, 2013）。从上述对龙门山断裂 2008 年汶川地震前后的闭锁状态反演结果来看，2013 年芦山地震震中位置在 2008 年以前处于弱闭锁（蠕滑或黏弹性蠕滑）状态［图 7.20（a）］，断层面上不能够积累应变能量，因此也就不能孕育地震；而汶川地震后，芦山地震震中区域已经形成闭锁，应变能能够在该区域形成累积，这也就提供了芦山地震释放能量的直接来源。从能量积累和释放的角度来看，汶川地震后龙门山南段断层地震矩积累率为 1.35×10^{18}(N · m) /a，五年内累积地震矩为 6.76×10^{18} N · m，相当于 M_W 6.5 级地震，约占芦山地震释放总能量的 71%（剩余的 29% 则来源于 2008 年汶川地震震前断层面上积累的应变能）。从区域地壳形变的角度来看（图 7.21），汶川地震导致龙门山断裂破裂解耦，进而引起龙门山断裂上盘（即巴颜喀拉块体）持续向东运动，断裂南段挤压应变持续加强，同时断裂上盘地壳运动的不均衡也导致剪切应变在断层面上持续加强，从而使断层在深部形成闭锁并积累能量。

综合上述分析，我们认为 2008 年汶川地震后，由于龙门山断裂解耦和持续的震后效应，巴颜喀拉块体东缘快速地向东运动造成龙门山南段挤压和剪切应力同时增强，断层在深部形成闭锁并积累应变能，最终导致了芦山地震的发生；而汶川地震引起的区域库仑应力触发效应，在一定程度上使芦山地震的发生得以提前，但却不是其发生的直接原因。

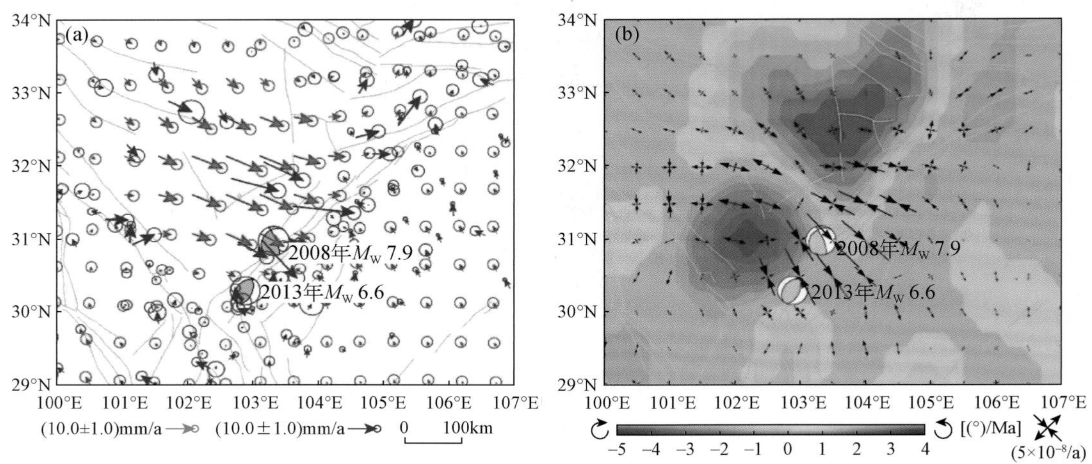

图 7.21　汶川地震后龙门山断裂带的 GPS 速度场和应变率场

对于芦山地震是否为汶川地震的余震，前人的研究（Zhu，2016；Li *et al.*，2014）也存在一些不同的观点。Xu 等（2013）通过对芦山地震野外考察，推测芦山地震的发震断层为一条未出露地表的盲逆断层，且此次地震的余震空间分布、地震破裂过程、深浅构造关系等与汶川地震存在差异，认为芦山地震是独立于汶川地震的一次破裂事件；Li 等（2014）利用石油勘探地震剖面数据重构龙门山断裂中南段的断层三维结构，结合余震分布对汶川地震和芦山地震的关系进行研究和分析，也得到了相似的结论。而 Zhu（2016）则通过对汶川地震余震序列的统计分析，利用三个统计余震的经验性公式进行验证，得出芦山地震可以看作汶川地震余震的结论；Wang 等（2014）通过汶川地震对芦山地震的库仑应力触发作用，推测芦山地震在 85% 的概率上可以看作汶川地震引发的延迟余震；Chen 等（2013）通过分析两个地震的破裂过程、地震构造和余震活动规律，也得到了与此一致的结论。

通过上述对芦山地震孕育和发生原因的分析，我们认为芦山地震是在汶川地震震后效应影响下，龙门山断裂南段应变迅速加载并最终破裂的结果，芦山地震的孕育和发生与我们通常认为的地震周期过程是一致的，即震间期断层形成闭锁并积累能量，同震时断层发生破裂并释放能量（Savage and Prescott，1978），与传统意义上的主震和余震的关系并非一致（Scholz，2002），因此，我们认为不能把 2013 年芦山地震看作 2008 年汶川地震的余震。

4. *龙门山断裂带地震危险性分析*

芦山地震发生后，研究者们对于 2008 年汶川地震和 2013 年芦山地震之间的“破裂空段”是否能够再次发生破裂也持截然不同的观点。例如，Chen 等（2013）在分析芦山地震和汶川地震破裂过程的基础上，认为芦山地震并没有满足汶川地震后最大余震的量级，“破裂空段”的地震危险性依然较大，具有发生 M_W 6.6 级地震的能力；Liu 等（2015）通过限定青藏高原和四川盆地地壳流变学结构来模拟龙门山断裂的震间形变积累，认为“破裂空区”没能释放震间积累的应变能，仍具有较大的地震危险性；Liu 等（2014）基于汶川地震前 GPS 速度场，对比同震地震矩释放，导出龙门山断裂地震矩亏损状态，推测“破裂空区”具备发生 M_W 8.7 级地震的潜能；Li 等（2014）通过对两次地震产生的同震库仑应力分布的研究，对“破裂空区”地震危险性得到的结论与上述是一致的。与上述观点相反，Dong 等（2017）在“破裂空区”开挖了一个探槽，通过对古地震事件的分析认为该段地震危险性较弱，在近期内不会发生大地震；Wang 等（2015）利用地震层析成像技术，分析了青藏高原东缘地壳介质的 P 波、S 波和泊松比，认为地壳介质显示为高泊松比的“破裂空区”，弹性应变能不能够积累，相应的地震危险性也较低；Li 等（2013）采用与 Wang 等（2015）相似的方法，得到的研究结论也是支持“破裂空区”地震危险性较低。

我们的研究结果表明，汶川地震前，“破裂空区”断层闭锁深度约为 5km，深部处于黏弹性蠕滑状态（即弱闭锁），地震矩积累率仅为 1.35×10^{16}(N · m)/a，仅占龙门山断裂 2008 年前平均地震矩积累率的 1%；而汶川地震后，“破裂空区”断层基本处于完全解耦的状态，也就意味着断层目前处于蠕滑状态，断层面上不能够积累应变能，相应的地震危险性较低，发生破裂的可能性较小。值得注意的是，尽管我们认为“破裂空区”的地震危险性较低，但龙门山断裂南段断层在汶川地震后形成闭锁并积累应变能，虽然通过芦山地震进行了部分释放，但从能量守恒的角度来看，断层面积累的地震矩为 2.96×10^{20} N · m（假设时间尺度为 1000 年），芦山地震只释放了 1/30 的能量，仍有相当于 M_W 8.6 级地震的能量未释放。因此，我们推测，龙门山断裂南段地震危险性仍然较大，尤其是未发生破裂的段落，即芦山地震破裂以南的断裂。

7.2　大柴旦地震

柴达木盆地地处青藏高原东北缘，东北部是祁连地块，西北部是塔里木地块，南邻巴颜喀拉块体，地质构造背景十分复杂，具有特殊的盆山构造格局和地球动力学背景（张西娟，2007）。2008 年 11 月 10 日和 2009 年 8 月 28 日在柴达木盆地东北缘分别发生了两次 M_W 6.3 级地震，在如此短时间内在同一地区发生两次 M_W 6.3 级地震，其发震机制值得我们深入研究。2008 ~ 2009 年大柴旦地震发生于柴达木盆地北缘活动断裂系，该断裂系位于柴达木盆地东北缘与祁连山交接的区域，区域内发育多条北西西走向首尾错列的活动褶皱与活动断裂带（图 7.22）。

大柴旦地区人类活动少、气候干燥、植被覆盖率低、地形起伏小且时空基线较为理想，保证了 InSAR 数据具有良好的相干性，对形变场的提取与精度提高十分有利。因此，采用 InSAR 技术研究大柴旦 2008 年、2009 年地震形变场为该区内活动断裂的深入研究提供良好契机，而且对于揭示柴达木盆地地下结构和青藏高原东北缘的构造变形机制具有重要的科学意义。

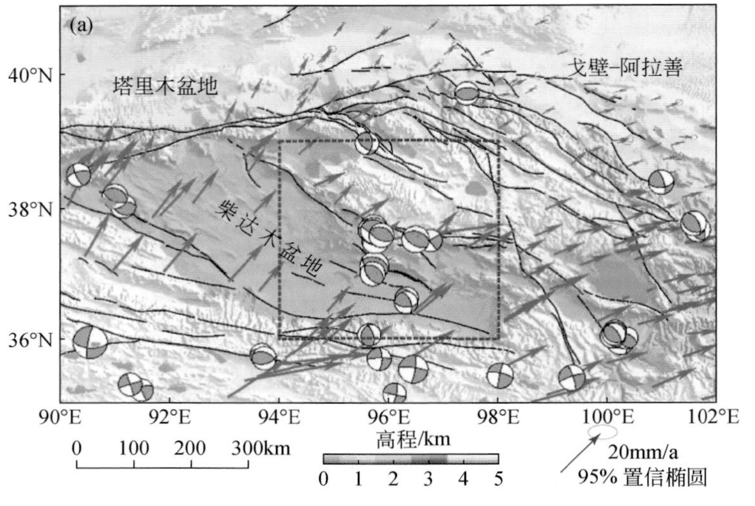

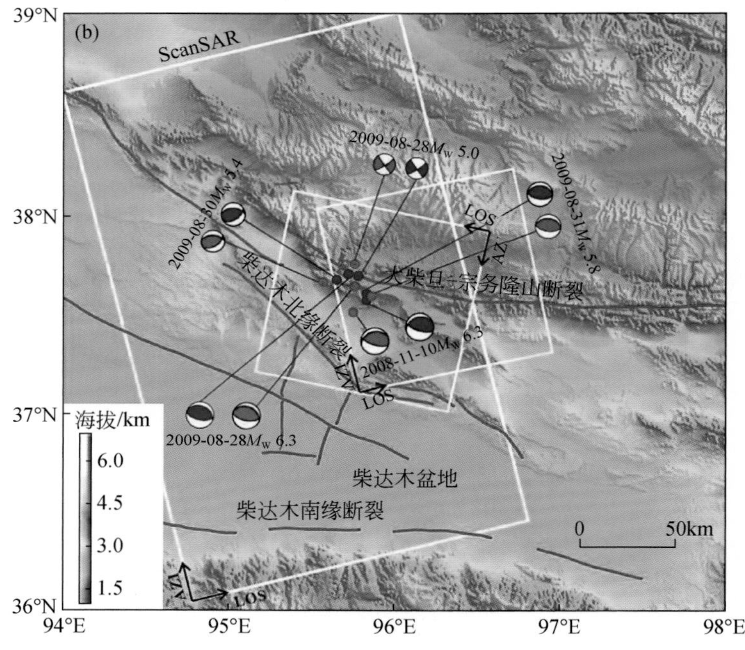

图 7.22　大柴旦地震区域构造背景图

（a）区域构造背景。黑色线条为活动断层；灰色沙滩球为 M_W 5.2 级以上的历史地震，数据来自 GCMT；浅蓝色箭头为 GPS 速度场，数据来自 Liang *et al.*, 2013；红色方框为图（b）的范围。（b）震中区域断裂构造与地形。彩色背景为 SRTM 数字高程；红色、蓝色沙滩球分别为 USGS 和 GCMT 给出的震源机制解；AZ. 方位向；LOS. 视线向

7.2.1　大柴旦地震 InSAR 同震形变场

我们选用 ENVISAT/ASAR 的升轨 IS2、降轨 IS2 及升轨宽幅（ScanSAR）模式数据来研究 2008 年、2009 年两次大柴旦地震的形变场与震源断层破裂特征。所用 ASAR 数据及其干

涉对的时空基线见表 7.6。由表 7.6 可知，构成干涉对的主、辅影像垂直空间基线都在 300m 以内，远远小于 1000m 的临界值。同时，时间间隔也都在 10 个月以内，较小的时空基线可以有效地降低时空失相干对形变场获取结果的影响。ASAR 数据采用波长为 5.6cm 的 C 波段，对形变的敏感度很好。ASAR IS2 数据距离向分辨率为 20m，方位向分辨率为 4m，极化方式为 VV。宽幅 ASAR 数据幅宽为 405km×405km，空间分辨率为 150m，极化方式为 VV 或 HH。降轨 IS2 和升轨宽幅（ScanSAR）模式数据公共区域完全覆盖了同震形变场的影响范围，而升轨 IS2 模式数据由于轨道位置的变化，仅覆盖了同震形变区域的二分之一（图 7.23）。

表 7.6　大柴旦地震研究所用 ASAR 数据基本参数

发震时间（年-月-日）	轨道类型	轨道号	起止时间（年-月-日）	入射角/(°)	方位角/(°)	垂直基线距/m	时间间隔/天
2008-11-10	降轨	319	2008-11-05—2009-01-14	22.7948	-167.95	113	69
	升轨	455	2008-09-05—2009-04-03	22.7559	-12.05	-240	208
	升轨宽幅	226	2008-10-29—2009-01-07	23.9619	-13.82	-78	68
2009-08-28	降轨	319	2009-01-14—2009-09-16	22.7948	-167.95	235	242
	升轨	455	2009-05-08—2009-10-30	22.7559	-12.05	149	142
	升轨宽幅	226	2009-07-01—2009-09-16	23.9619	-13.82	-80	71

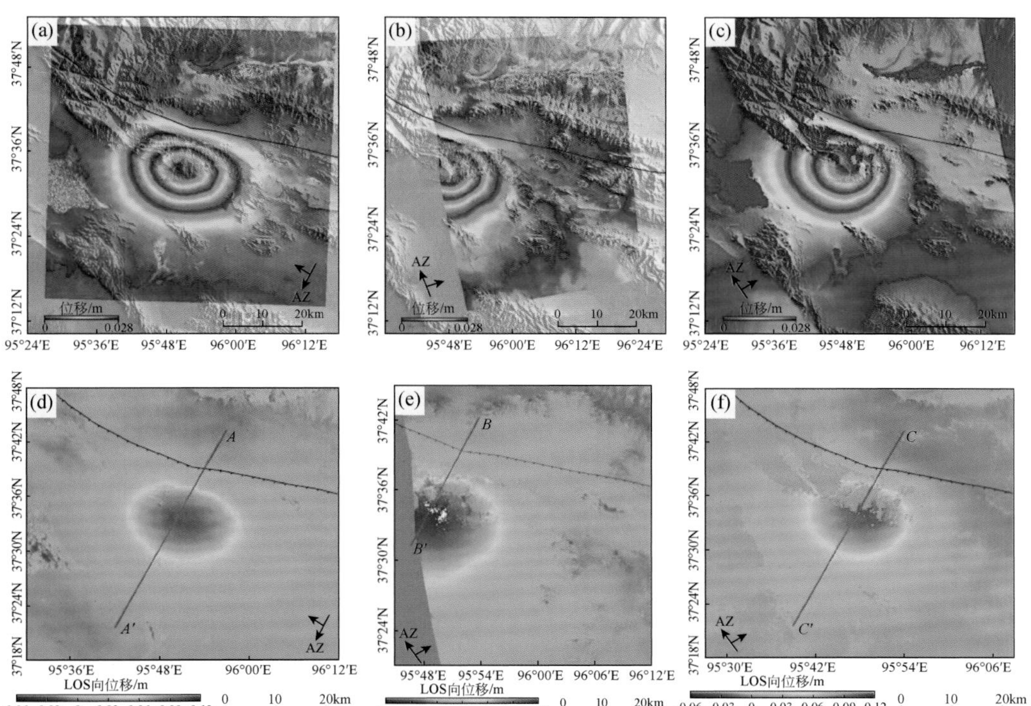

图 7.23　2008 年大柴旦 M_W 6.3 级地震同震形变场

（a）、（b）、（c）分别为升轨 IS2、降轨 IS2 及升轨宽幅模式的干涉条纹图，一个色周代表 2.8cm；（d）、（e）、（f）分别为对应的解缠 LOS 向形变场。黑色实线表示大柴旦-宗务隆山断裂；红色实线为剖面线；AZ. 方位向由于受轨道误差的影响，ASAR 数据处理过程中可能会出现趋势性条纹。因此，在差分干涉处理前，我们首先采用欧洲航天局发布的 DORIS 精轨数据对 ASAR 数据进行轨道误差矫正，然后利用“二轨法”进行差分干涉处理。其中，升轨 IS2、降轨 IS2 数据处理采用 GAMMA 软件完成，而升轨宽幅数据处理是基于 ROI_PAC 软件完成。最后分别获取了 2008 年、2009 年大柴旦地震升轨 IS2、降轨 IS2 及升轨宽幅模式的同震形变场（图 7.23、图 7.24）。

图 7.24　2009 年大柴旦地震同震形变场

（a）、（b）、（c）分别为升轨 IS2、降轨 IS2 及升轨宽幅模式的干涉条纹图，一个色周代表 2.8cm；（d）、（e）、（f）分别为对应的解缠 LOS 向形变场。黑色实线表示大柴旦-宗务隆山断裂；红色实线为剖面线；AZ. 方位向

1. 2008 年大柴旦地震同震形变场

图 7.23 给出了 2008 年地震升轨 IS2、降轨 IS2 和升轨宽幅模式的同震形变场。从干涉条纹图分布格局可以看出，三种不同模式不同视角数据获取的三个同震形变场基本类似，均显示为由三个条纹组成的椭圆形干涉条纹图，且条纹色序一致反映的形变方向均为视线向隆升，形变场主要分布在大柴旦-宗务隆山断裂的南部，断层南盘干涉条纹清晰平滑，北盘未形成明显条纹，这意味着地震引起的地表形变主要发生在断层南盘，且以垂直隆升形变为主，揭示出地震断层的逆冲运动及南盘为主动盘的形变特征。升轨 IS2、降轨 IS2 和升轨宽幅三种观测模式下获得的最大视线向抬升形变量分别约为 0.127m、0.097m、0.09m。

图 7.25（a）给出了不同观测模式下 2008 年地震的跨断层视线向形变剖面图，降轨 IS2 模式和升轨宽幅模式下形变场特征较为一致，整体表现为视线向隆升形变（地面点向靠近卫星方向运动），最大形变量所在位置距离大柴旦-宗务隆山断裂约 20km。升轨 IS2 模式下形变区覆盖不完全，且受噪声的影响较为明显，但依然呈现出以视线

向隆升为主的形变特点。三种观测模式下同一位置的跨断层形变剖面也存在明显差异［图 7.25（a）］，特别是升轨 IS2 模式形变场与另外两种模式的结果偏差较大，且形变曲线锯齿状起伏变化，考虑到升轨 IS2 模式形变场震前、震后 SAR 影像的成像时间间隔较大，且震后影像获取的时间比其他两种模式下的晚，因此，分析认为形变特征的差异可能主要是由于卫星观测视角、影像时间失相关及震后形变等因素的影响造成的。

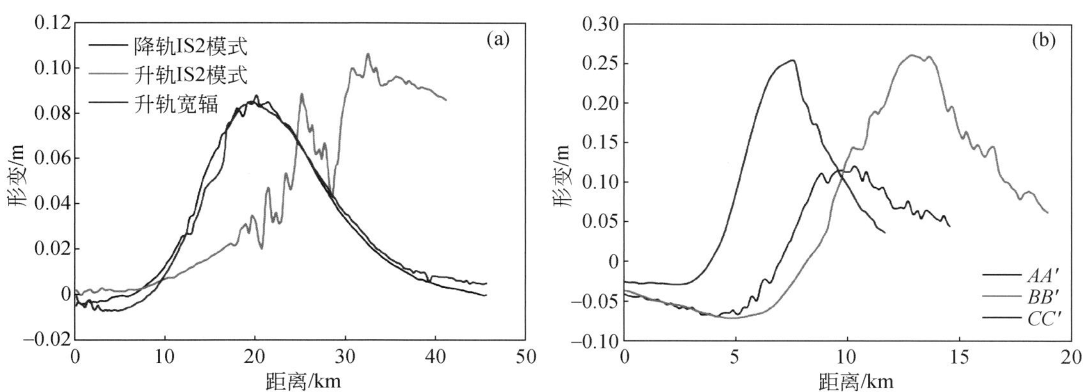

图 7.25　不同观测模式下 2008 年、2009 年两次大柴旦地震的视线向形变剖面

（a）2008 年地震的跨断层形变剖面，剖面位置见图 7.23；（b）2009 年地震的跨断层形变剖面，剖面位置见图 7.24

2. 2009 年大柴旦地震同震形变场

图 7.24 为利用升轨 IS2、降轨 IS2 和升轨宽幅（ScanSAR）模式三种数据获取的 2009 年地震干涉条纹图和解缠后的视线向形变场，从图中可以看出升轨 IS2 模式数据覆盖了完整的地震形变场［图 7.24（a）］，整个形变场不对称地分布于大柴旦-宗务隆山断裂两侧，其中断层南盘条纹密集，最大视线向隆升量约为 0.42m；而北盘条纹稀疏，最大视线向沉降量约为-0.1m，说明地震形变主要发生在断层南盘，即南盘为主动盘。在断层南盘沿走向可以识别出三个较显著的形变中心，通过这三个形变中心的跨断层位移剖面显示中间剖线的形变量最大，东侧剖线次之，而西侧剖面形变量最小［图 7.24（d）］。降轨 IS2 模式数据获取的干涉条纹图仅覆盖了同震形变场的东部［图 7.24（b）］，但显示的条纹形态与升轨 IS2 数据类似，也是南盘密集、北盘稀疏。升轨宽幅（ScanSAR）模式数据获取的同震形变场［图 7.24（c）］失相干严重，造成形变数据的大量缺失，故未做详细分析。

3. 两次大柴旦地震 InSAR 同震形变场特征分析

对比分析利用 ENVISAT/ASAR 升轨 IS2、降轨 IS2 和升轨宽幅三种不同模式数据获取的 2008 年和 2009 年两次大柴旦地震同震形变场（图 7.23、图 7.24），可以发现两次地震的同震形变场均以发生在大柴旦-宗务隆山断裂南侧的隆升形变为主，而分布于断裂北侧的沉降形变微弱，反映出这两次大柴旦地震均具有逆冲断层的破裂特征，发震断层应是走向近东西的大柴旦-宗务隆山断裂，倾向西南方向，这与 USGS、GCMT 等机构给出的逆断型地震震源机制解相吻合。另一方面，2008 年和 2009 年两次地震虽然震级相当，断层破裂运动性质也均以逆冲为主，而且主要形变场的位置也大致重合，但两次地震造成的地表位移量和位移梯度存在显著差异，2008 年地震造成的形变场位移量级小、变化梯度缓，而 2009 年地震形变场位移量级大、变化梯度陡，2008 年地震地表视线向形变量仅约为 2009 年的 0. 4 倍，这可能意味着两次地震是发生在同一断层段上深浅不同的破裂事件，2009 年地震震源深度比 2008 年地震浅。7. 2. 2 节我们将通过反演两次地震的震源破裂模型与滑动分布做深入分析。

7. 2. 2　大柴旦地震静态滑动分布反演

1. InSAR 数据重采样和反演参数设置

InSAR 技术获取的是数据点密集分布的大面积连续形变场，在反演之前需要对干涉形变场进行降采样，以期在尽可能保留形变场特征信息的前提下，减少数据点数，提高计算效率和反演的收敛性。我们采用四叉树采样方法和均匀采样方法对原始 InSAR 同震形变场进行降采样，并在采样前利用相干系数对整个形变场进行掩膜处理，忽略相关系数小于设定阈值的数据点，以确保反演数据的可信度。反演所需断层模型主要依据 2008 年、2009 年两次大柴旦地震的 InSAR 同震形变场干涉条纹形态及跨断层形变值的变化来确定。考虑到在发震断层迹线两侧同震形变方向相反，因此我们沿断层走向搜索形变值正负转折的一系列点集，勾画出发震断层在地表出露的真实位置，进而确定断层模型。由于 2008 年地震形变场仅有一个椭圆状形变中心，而 2009 年地震则显示出三个长轴沿走向变化的椭圆状形变中心，因此，在断层滑动分布反演中，2008 年地震采用用单分段断层模型，而 2009 年地震采用三分段断层模型。

2. 两次大柴旦地震静态滑动分布反演

基于均匀介质的弹性半空间断层模型，采用附有约束条件的最小二乘法反演两次地震的断层面滑动参数。图 7. 26 为 2008 年地震的断层面滑动分布。此结果在断层面上显示出一个近圆形的滑动分布集中区，表明震源破裂主要发生在断层下倾方向 12 ~ 30km 范围内，对应于 9 ~ 23km 深度，平均滑动角约为 89°，平均滑动量为 0. 07m，最大滑动量为 0. 53m，出现于约 15km 深处，相应的地震矩张量约为 3.16×10^{18}N · m，矩震级为 M_W 6. 3 级。图 7. 27 为 2009 年地震的断层面静态滑动分布，可以看出这次地震在断层面上造成三个近椭圆状的滑动集中区，其长轴方向沿着断层走向变化明显，尤其是西段与中、东段滑动分布区域的长轴方向差异显著，而中段与西段的长轴方向较为一致；震源破裂滑动主要集中在沿断层面方向约 2. 5 ~ 17. 5km 范围内，对应于深度为 1. 7 ~ 16km；最大滑动量为 1. 42m 位于中段，对应深度约在 4. 7 ~ 5. 8km。计算的地震矩约为 3.76×10^{18}N · m，矩震级为 M_W 6. 35 级。表 7. 7 和表 7. 8 分别给出了 2008 年和 2009 年两次大柴旦地震震源参数反演结果。总体来看，两次地震均以逆冲为主兼微量左旋走滑运动，同震破裂均未达到地表，符合柴达木盆地北缘活动断裂系垂向逆冲、水平向左旋走滑的运动特征（王根厚等，2001）。但是两次地震的破裂深度不同，2008 年地震在深部破裂，而 2009 年地震则在浅部破裂。

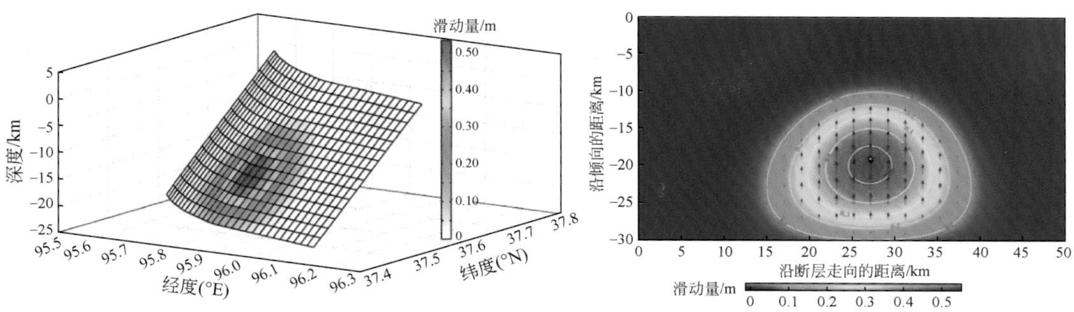

图 7.26　2008 年地震的断层面滑动分布

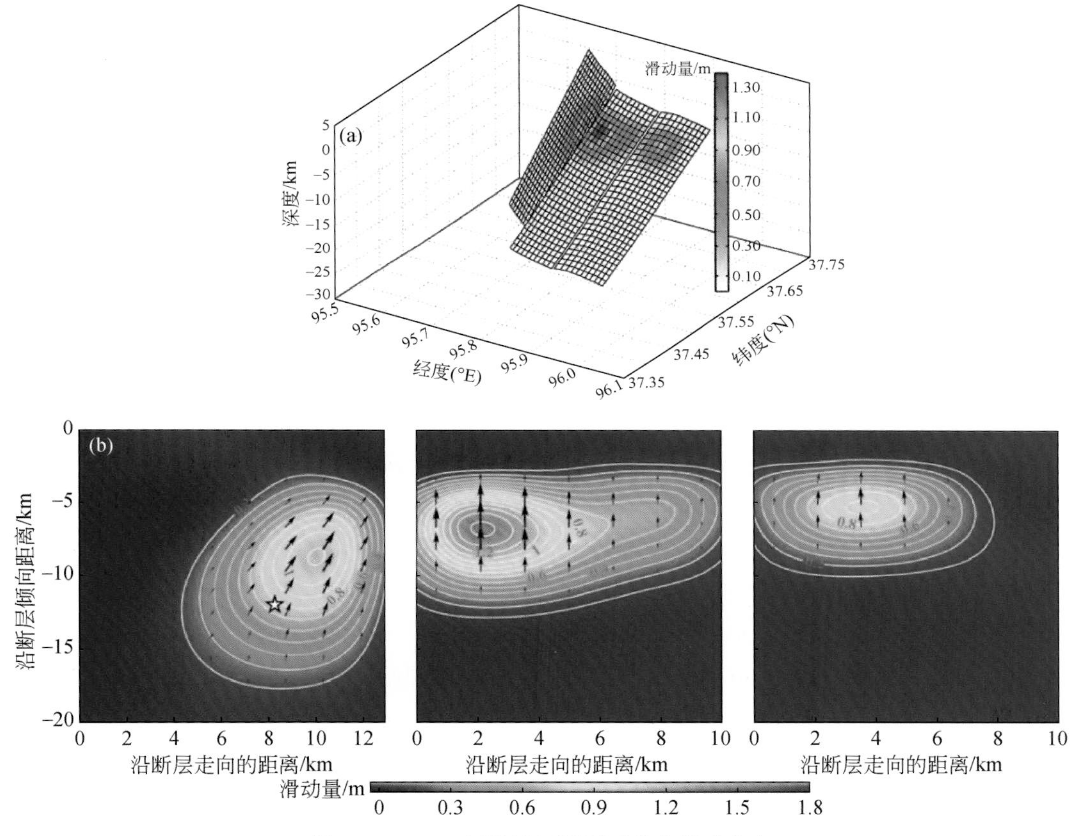

图 7.27　2009 年地震的断层面静态滑动分布

（a）、（b）分别为四叉树采样反演得到的断层面三维滑动分布、二维滑动分布

表 7.7　2008 年地震 InSAR 同震反演断层参数

模型	起始点纬度(°N)	起始点经度(°E)	长度/km	宽度/km	平均走向/(°)	倾角/(°)	平均滑动角/(°)	最大滑动量/m	平均残差中误差/mm	M_W
单段	37.766	95.596	56	30	107.7	50	89	0.50	4.93	6.26
							89	0.53	6.27	6.3

表 7.8　2009 年地震 InSAR 同震反演断层参数

模型	起始点纬度（°N）	起始点经度（°E）	长度/km	宽度/km	平均走向/（°）	倾角/（°）	平均滑动角/（°）	最大滑动量/m
西段	37.748	95.650	13	30	125.1	66	65	1.14
中段	37.673	95.778	10	30	106.3	50	89.9	1.42
东段	37.646	95.892	10	30	97.1	42	85.1	0.95
平均	—	—	—	30	109.5	53	80	1.17

7.2.3　大柴旦地震震源破裂过程联合反演

大地测量数据（InSAR 数据）与地震波联合反演，既考虑了高分辨率近场形变信息，又考虑了远场地震波时间信息，可以得到地震持续时间、地震矩大小、断层滑动分布、震源区空间尺度等信息，对于发震断层几何结构和震源性质具有更强的约束是定量认识震源运动学过程的重要途径，对于认识地震孕育、发生、发展演化及致灾机理具有重要的意义。分辨率测试结果表明，与大地测量数据独立反演滑动分布相比，地震波形数据的引入不仅可以得到具有时间属性信息的滑动分布，而且提高模型的垂直分辨率，更好地识别震源区附近滑动分布的细节特征。这一节我们利用升、降轨 InSAR 形变数据与地震波数据联合反演大柴旦地震震源破裂过程，并试图利用多源数据对断层模型进行约束，从而获得随时间变化的、细节更加丰富的滑动破裂过程，最终结合区域构造特征确定发震断层。

1. 联合反演数据及断层模型

地震波数据来源于 IRIS 和 GEOSCOPE 国际观测台网。选取震中距为 30°～90°范围内的台站数据。综合考虑数据信噪比高和台站在震中方位的均匀分布因素后，2008 年地震选取了其中 20 个台站的 P 波数据和 13 个台站的 S 波数据，而 2009 年地震 S 波的信噪比差，仅选取了 11 个台站的 P 波数据，台站分布情况如图 7.28 所示。具体处理流程：①对原始记录波形进行去除仪器响应和去卷积等处理，获得位移随时间的变化过程；②将数据归一化处理，使之具有相同的倍率和一致的震中距；③对数据进行低通滤波处理。我们模拟地震波的低频波段信息，选取 P 波 0.01～0.8Hz 的前 35s 和 SH 波 0.01～0.4Hz 的前 68s。InSAR 数据为四叉树采样后的升、降轨形变场观测数据。联合反演断层几何模型依据大柴旦地震 InSAR 同震形变场形态及静态滑动分布反演得到的断层几何参数共同确定。

2. 两次大柴旦地震震源破裂过程联合反演

图 7.29 为联合反演所得的 2008 年和 2009 年两次大柴旦地震的震源断层破裂过程，其中图 7.29（a）显示的 2008 年地震破裂过程表明，1s 后便在破裂起始点附近形成一个滑动分布集中区，滑动量约 0.2m；其后的 7s 内，破裂同时沿断层走向方向向西北和东南两个方向传播；7～9s 时，破裂主要沿东南方向传播。破裂的传播形式整体表现为沿断层倾向方向向上的单侧破裂，但破裂并未到达地表，破裂持续时间较短，大约为 9s。同震滑动分布主要分布在 10～23km 深度范围内，最大滑动量约为 0.94m，平均滑动角为 81°，震源特征表现为以逆冲为主兼微量左旋走滑分量。联合反演得到的矩张量为 4.57×10^{18} N · m，矩震级约 M_W 6.41 级。

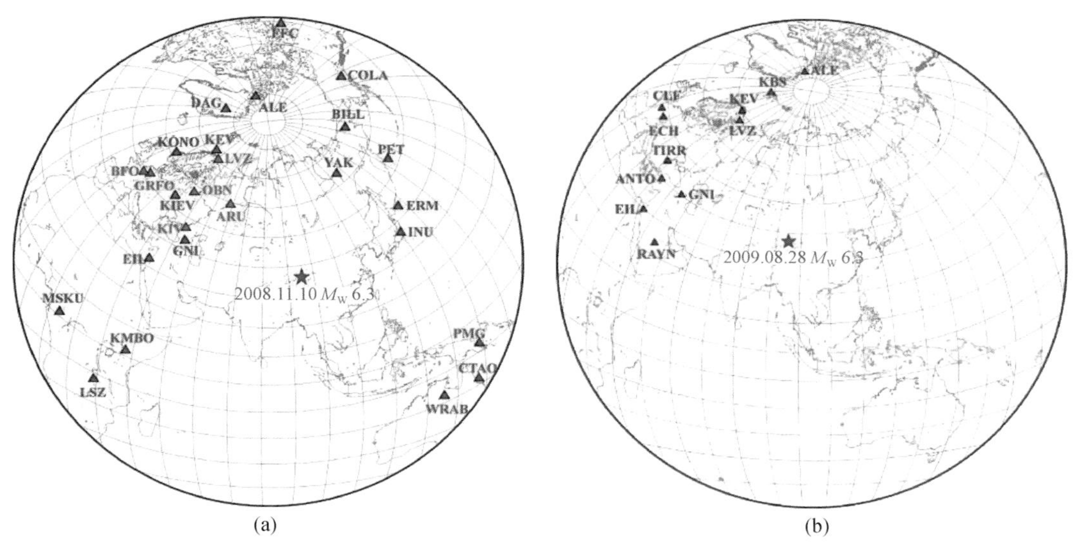

图 7.28　大柴旦地震联合反演所用地震波数据台站分布

（a）2008 年地震；（b）2009 年地震。红色三角形为 P 波台站；绿色三角形为 P 波和 S 波台站；蓝色三角形为 S 波台站

图 7.29（b）显示的 2009 年地震破裂过程表明，1s 时间内在破裂起始点周围约 6km 范围内形成一个弱滑动分布，最大滑动量约 0.7m；其后的 1 ~ 7s 内，滑动同时沿断层倾向方向和东南方向传播，并形成两个滑动集中区；在 7s 至 21s 时间段内，滑动主要沿东南方向传播，并在断层的东南段形成第三个滑动集中区，较前两个滑动集中区，此集中区的滑动量相对较小。总体上看，破裂的传播形式整体表现为沿断层倾向方向向下、沿断层走向向东南的单侧破裂的特征，且破裂并未到达地表，破裂持续时间大约为 21s。断层同震滑动分布主要分布在沿断层面 2.5 ~ 10km 范围内，对应的深度范围约 2.2 ~ 8.2km，西段、中段、东段的最大滑动量分别约 1.37m、1.49m、1.20m，对应的平均滑动角分别为 56°、81°、79°，破裂在西段的左旋分量较中段和东段稍大，但滑动量小于 3cm，破裂自西向东整体呈现出以逆冲为主兼少量左旋走滑分量，这与大柴旦-宗务隆山断裂的性质相符。联合反演得到的矩张量为 3.82×10^{18} N · m，矩震级约 M_W 6.35 级。

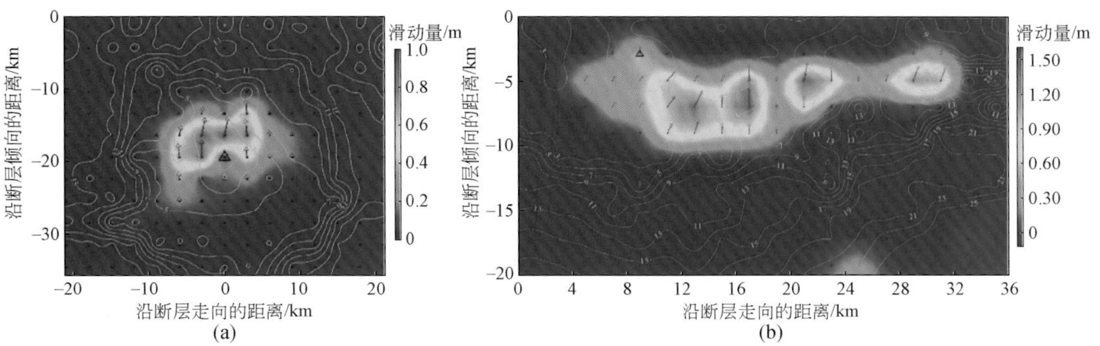

图 7.29　2008 年（a）和 2009 年（b）两次大柴旦地震的震源断层破裂过程

等值线表示滑动破裂时间（单位：s）；箭头表示滑动方向；黑色三角形表示滑动破裂起始点

综合分析认为，两次大柴旦地震的发震断层为西南倾向的大柴旦-宗务隆山断裂，震源性质均以逆冲为主，兼少量左旋走滑分量，而现有的震中区域 GPS 速度场和构造地震学的相关研究成果表明，大柴旦-宗务隆山断裂带整体受来自印度板块北东向挤压的作用表现出以逆冲运动为主、左旋走滑为辅的断裂性质，我们的研究成果与震区区域构造背景吻合。此外，汶川地震后青藏高原东北缘出现中等地震分区、丛集活动的特征，反映出应力、应变能的积累—释放过程（张辉等，2013），GPS 结果分析认为汶川地震后青藏高原东北缘震后短期地壳运动变化可能是由震后块体运动调整引起的（李强等，2013）。以逆冲性质为主的大柴旦地震可能是汶川 8.0 级地震在青藏高原内部区域应力持续调整的产物，也是青藏高原东北缘仍然处于北东向挤压作用下隆升活动中的继承性构造活动表现。

7.2.4 两次大柴旦地震发震机制分析

2008 年和 2009 年两次大柴旦地震发震时间间隔不到 10 个月，如此短的时间内在同一地区发生两次中强地震，其发震机制值得深入探讨。已有研究表明，中强地震的发生会引起发震断层和震源区附近其他断层上的应力变化，进而影响区域地震活动性并触发地震（Pinar *et al.*，2001）。上述分析表明两次大柴旦地震的发震断层均为倾向西南的大柴旦-宗务隆山断裂带，为了研究这两次地震间的关系，我们采用 Toda 等（2005）开发的 Coulomb 3.3 软件计算 2008 年地震引起的 2009 年发震断层面上的库仑应力变化。计算过程中假设剪切模量为 3.2×10^4MPa，泊松比为 0.25，等效摩擦系数为 0.4，以 2008 年大柴旦地震的滑动分布为源数据，2009 年大柴旦地震的发震断层几何模型为接收断层。计算结果如图 7.30 所示，不同深度库仑应力变化的水平剖面及垂直剖面均显示，2009 年地震震中处于应力加载区域，且应力加载量远高于 0.5bar（1bar = 0.1MPa = 100kPa），具有显著的库仑应力触发效应。根据库仑应力触发理论，地震发生后，若库仑破裂应力变化为正，则该应力变化有利于后续地震的发生，因此，分析认为 2008 年地震的发生促进断层破裂，从而“触发”2009 年地震。

依据两次地震的静态滑动分布关系可以看出，2008 年地震发生在深部，滑动分布主要集中在沿断层面 10 ~ 23km 范围内；2009 年地震发生在浅部，滑动分布主要集中在 2.5 ~ 10km 范围内，两次地震叠加几乎贯穿了距离近地表约 23km 的上地壳；从滑动分布空间关系和静态库仑应力变化综合分析认为，2008 年地震发生后，破裂在沿断层面上倾方向向上传播过程中，可能受到北东倾向南宗务隆山断裂带或高强度障碍体的阻挡而停止，造成断层上部存在“同震滑动亏损”；而 2009 年地震位于 2008 年地震引起的库仑应力加载区域，随着时间的推移，应力在上部持续累积，进而克服摩擦导致相隔不到 10 个月的 2009 年地震在浅部发生，即 2008 年地震触发了 2009 年地震。大柴旦地震震区特有的花状构造分布有利于形成浅部滑动亏损，短期内级联发生破坏性地震的可能性较大，因此，大柴旦地震的研究为此类地区未来地震危险性评估提供重要的经验。

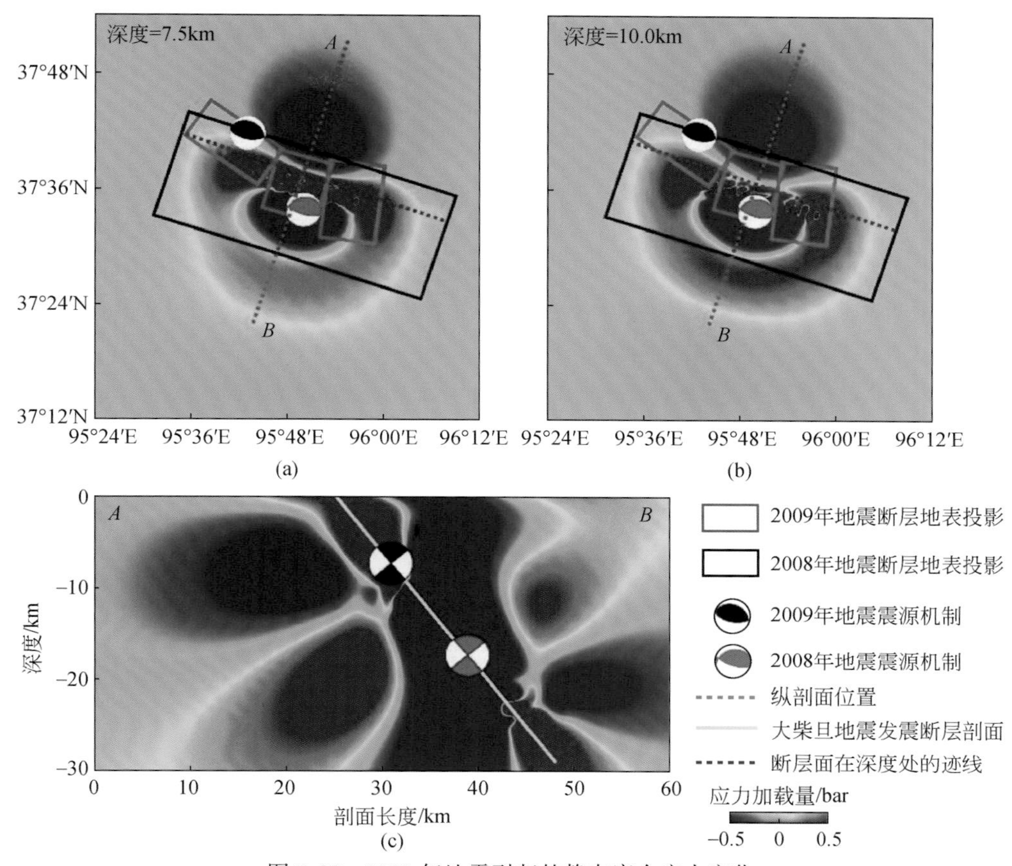

图7.30　2008年地震引起的静态库仑应力变化

(a)、(b) 不同深度上库仑应力变化的水平剖面；(c) 库仑应力变化垂直剖面

7.3　于田地震

据中国地震台网（China Earthquake Networks Center，CENC）测定，2008年3月21日在新疆维吾尔自治区和田地区于田县发生 M_S 7.1级地震（震中81.54°E、35.64°N）。震中在距于田县城约110km，和田县城约220km的山区，该地区平均海拔约5000m，属人烟稀少地区。于田地震是继2001年11月青海与新疆交界昆仑山口西 M_S 8.1级地震后，中国大陆发生的最大一次7级以上地震，打破了中国大陆7级以上地震平静六年多的现象。由于地震发生于青藏高原，人类活动影响较小，且大气水汽干扰较小，有利于InSAR技术的应用。我们利用InSAR技术获取了ENVISAT数据同震形变场，然后以形变场作为约束，进行震源参数模拟和滑动分布反演研究。

7.3.1　于田地震区域构造背景

2008年3月21日新疆于田 M_S 7.3级地震发生在西昆仑断裂带和阿尔金山断裂带的交

汇部位。据中国地震台网中心测定，震中位于阿什库勒盆地南缘并靠近左旋走滑的阿尔金断裂西南端。震中恰好处于北东向左旋走滑的阿尔金断裂与北西向右旋走滑的康西瓦断裂的过渡带，地震构造较复杂。阿尔金断裂西南端有三个分支（尹光华等，2008），呈向西撒开的“帚状”构造，北面一支分布在硝尔库勒盆地，中间一支分布在阿什库勒盆地，是这次地震主要的发震断裂，南面一支一直延伸到郭扎错盆地，限制了余震的分布范围。美国国家地震信息中心（National Earthquake Information Center，NEIC）震源机制解的结果说明于田地震破裂是以拉张为主略带走滑的正破裂，是阿尔金深断裂左旋扭错的结果（陈学忠等，2008），断层走向为近南北向。

于田地震是自 2005 年以来，青藏高原的一系列正断层破裂中震级最强的一次地震事件（图 7.31）是青藏高原板块内部在重力作用下东西向扩张的结果之一（Elliott *et al.*，2010）。

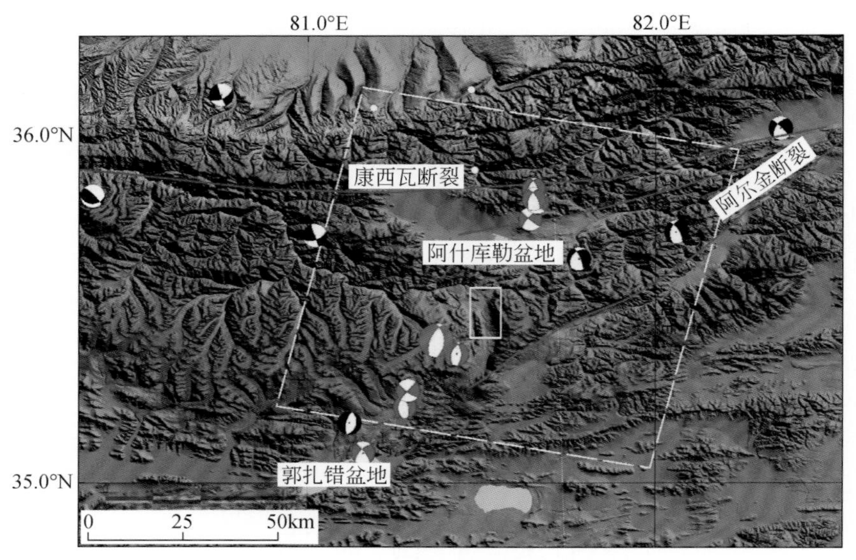

图 7.31　于田地震区地震构造图

红色线条为阿尔金断裂尾端分支断裂；粉红色沙滩球为于田地震主震的 GCMT 震源机制；红色沙滩球为余震的 GCMT 震源机制；黑色沙滩球为 1976～2008 年 M_S>5.0 级的 GCMT 震源机制；白色虚线框为 InSAR 数据覆盖范围；白色实线框为 Quickbird 光学图像覆盖范围

7.3.2　地表破裂带的高分辨率卫星影像特征

我们选取了研究区两个时相的 Quickbird 卫星图像，覆盖范围如图 7.31 中白色实线框所示。从影像中可以看出（图 7.32），地表破裂带位于三面环山的山间盆地里，地表破裂带在山前冲洪积台地上沿近南北向分布。盆地东侧和南侧为海拔 6700m、终年积雪的山峰，多条冰舌清晰可见。盆地西侧为海拔 6400m 的山脉。山间盆地呈南高北低地貌形态，海拔变化为 5000～5500m。多条河流和冲沟沿南北向分布，在下游形成湖泊和季节性湖泊。

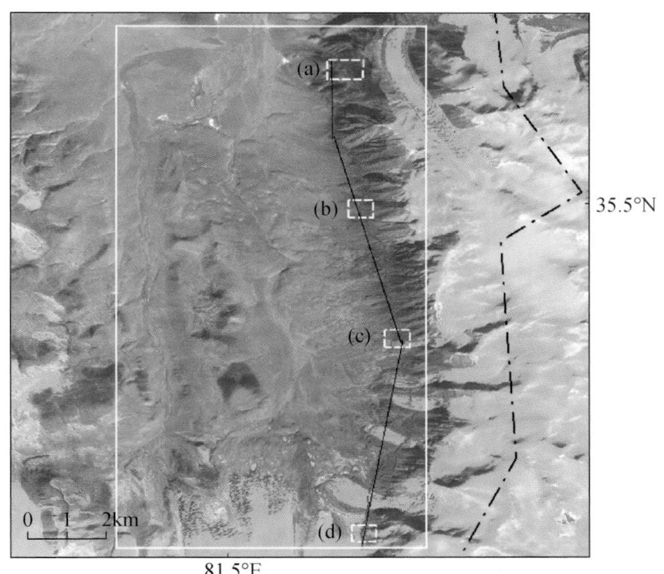

图 7.32　高分辨率卫星影像揭示的于田地震同震地表位错分布

底图使用了 ETM 卫星影像；白色方框为 Quickbird 影像覆盖范围，其中（a）~（d）虚线白色方框给出了图 7.33（a）~（d）的位置；红色虚线为解译出的地表位错分布；黑色线条为反演所使用的三分段简化断层模型；黑色虚线为县级行政区划界限

我们选取了四个重点区域［图 7.32 中白色小虚线框（a）~（d）］进行了详细解译。图 7.33 给出了图 7.32 中（a）~（d）的放大图像。图 7.33（a）中地表破裂带形态较为复杂，位于山前冲洪积台地上，由于沉积物比较松软，造成地表破裂带在遥感影像上的连续性非常好，在影像上呈淡色特征。地表破裂带由两条裂缝组成，走向 N30°W，两条之间的宽度在 30 ~ 50m。图 7.33（b）显示出一条走向 N10°W 的张裂缝带，由五条次级裂缝组成，裂缝带宽度约为 70m，可见拉张裂缝形成的断块，显示出发震断层为正断层性质。图 7.33（c）清楚地显示出一条走向 N30°W 的张性地表破裂带，在主破裂带两侧，分布着一些张裂隙。图 7.33（d）该段位于山间盆地南侧冰舌上，强烈的同震张性运动造成了冰川的 N11°E 张性裂缝，最大裂缝宽度为 3m，显示出地震具有强烈的东西向拉张运动特征。我们在 Quickbird 卫星影像上清楚地识别出地震裂缝、地震陡坎、地震塌陷、地震断块等地震地表破裂带单个形迹，最后解译出整个地表破裂带的空间展布（图 7.32 中红色线条）。

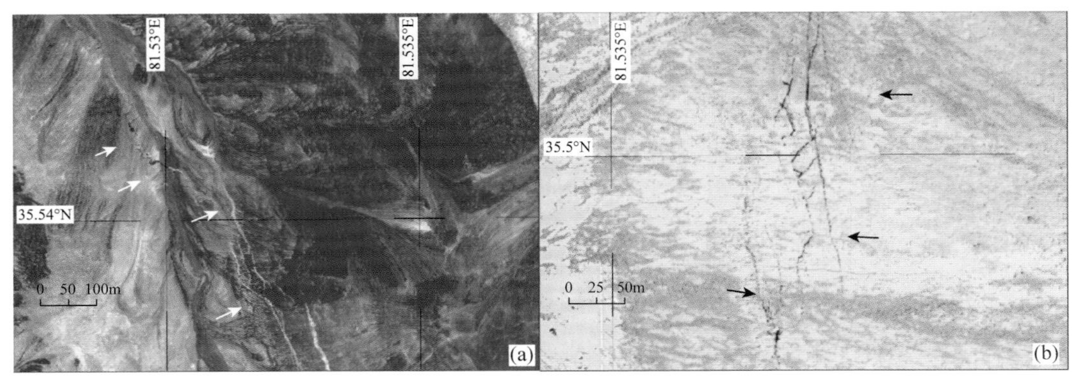

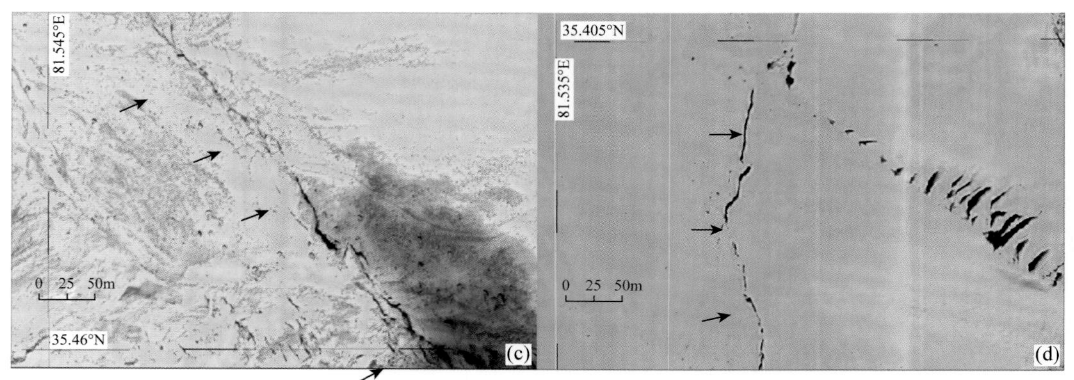

图 7.33　于田地震震区 Quickbird 卫星影像

(a) 地表破裂带形态较为复杂，位于山前冲洪积台地上，地震裂缝、地震陡坎、地震崩塌等清晰可见；(b) 破裂带由五条次级裂缝组成，可以清楚地看见拉张裂缝形成的多个断块，显示出发震断层为正断层性质；(c) 清晰显示出局部地区地表破裂带走向变为北西向；(d) 显示出冰舌体南北向拉张的地表破裂特征。(a) 2008 年 7 月 30 日拍摄；其余均为 2008 年 5 月 11 日拍摄

7.3.3　于田地震同震形变场及其特征分析

于田地震震中区气候干燥，植被稀少，现代湖泊、盆地发育，适合利用 D-InSAR 技术提取地表同震形变场。但同时震区内冰川、山脉纵横，地形复杂，也给 InSAR 的局部地区相干性带来了一定的影响。我们选用了地震前后二景欧洲航天局 ENVISAT/ASAR IS2 模式降轨数据（表 7.9），覆盖范围：80.91°E ~ 82.23°E、35.04°N ~ 36.19°N。从表 7.9 可以看出，降轨模式主副图像时间间隔为 385 天，垂直基线距为 126m，满足干涉处理的要求。

表 7.9　覆盖于田地震地表形变区域的 ENVISAT 数据

模式	日期	轨道号	条带号	景号	垂直基线距/m	模糊高/m
降轨	2007-04-01（主）	26583	2477	2889	126	69m
降轨	2008-04-20（辅）	32094	2477	2889		

D-InSAR 处理采用了 2 通+外部 DEM 差分干涉算法，选用 3rad SRTM DEM 消除地形影响。3rad SRTM DEM 数据垂直精度为 16m，在地形平坦区域精度更高。表 7.9 给出的模糊高程为 69m，即 69m 的 DEM 变化才能引起一个干涉条纹的变化。因此，可以大致估算出在研究区，地形误差引起的地形相位误差不会超过半个条纹，在估算较大的同震形变变化时，可以忽略地形误差引起的相位变化。

通过对地震前后两景 SAR 图像的处理，得到了地表同震干涉形变场（图 7.34）。图 7.34（a）清晰地反映出于田地震地表同震形变场分布，其中相干性较差的区域，均被剔除。整个干涉条纹以北北东向发震断层为中心呈基本对称分布，干涉条纹呈包络发震断层分布，显示出正断层干涉条纹特征。距离断层越近，条纹越细密，形变量变化梯度越大，反之，梯度就越小。整个同震形变场影响范围东西-南北尺度为 100km×40km。比较干涉条纹分布与背景的 SRTM 高程起伏，可以发现，相干性较差的被剔除区域均为海拔在 5500m 以上常年积雪的山峰。图 7. 34 （a） 中白色虚线椭圆区域为一山间盆地区域，从理论上该区域应该具有相干性，会产生干涉条纹，但实际上是无干涉条纹的非相干区。从整个干涉条纹图的分布特征可以看出，该区域为左右两瓣干涉条纹的对称轴区域，也即发震断层所在区域。对比图 7. 32 中从 Quickbird 影像上解译的地表破裂带空间位置，恰好位于该椭圆的长轴位置。因此，该非相干区域的产生可能是由于发震断层附近两侧形变梯度较大引起的。这进一步说明了从图 7. 34 判断出的地表破裂的位置与 Quickbird 影像上解译出的地表破裂带空间位置一致。从干涉条纹的分布格局可以看出，图像右上部条纹向北东方向发散，左下部条纹向南西向发散，形成左旋扭动势态，显示出发震断层具有微弱的左旋走滑分量。

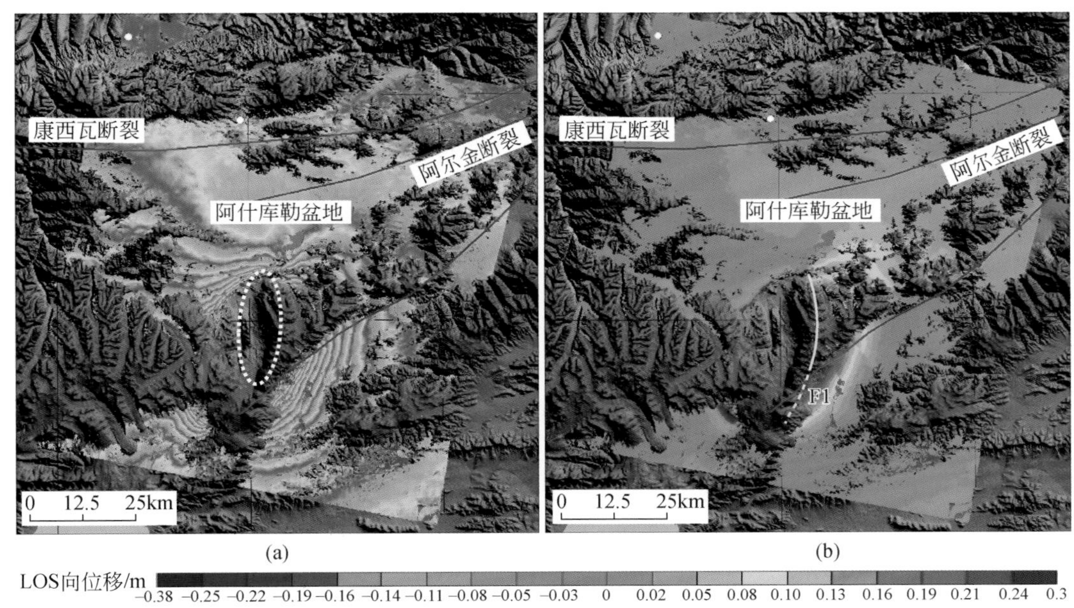

图 7. 34　于田地震 InSAR 同震形变场

（a） 同震形变场干涉条纹图；（b） 解缠后的同震 LOS 向形变场

通过相位解缠便可以得到于田地震地表同震斜距向形变场分布 ［图 7. 34 （b）］。由于震后 Quickbird 影像没有完全覆盖发震断层，因此，图 7. 34 （b） 中黄色线条 F1 为地表破裂带，其中黄实线是根据 Quickbird 影像解译出的地表破裂带，而黄虚线是根据正断层形变场对称性质及震源机制向南延伸推测出的地表破裂带，因此，F1 可以作为反演断层参数的初始模型。从图 7. 34 （b） 可以看出，发震断层西盘为沉降盘，东盘为抬升盘，断层面倾向西，主动盘为东盘。在阿什库勒南东 10km 处，有一块向北东向延伸趋势的抬升区域，抬升位移量约为 10cm。这也解释了发震断层具有微弱的左旋走滑分量，这与表 7. 10 中给出的震源机制解相符。由于发震断层附近相干性较差，只能解译出远离发震断层区域的斜距向形变量分布，因此，要得到完整的同震形变场分布，必须通过建立断层模型来获取模拟形变场分布和发震断层参数。

7.3.4　于田地震断层滑动分布反演

1. 形变场观测数据重采样

从理论上讲，InSAR 获得的地表形变场图像中每个像素点都有一个形变值，但过密的形变栅格点数据不仅不能提供更多的信息，而且增加了反演计算量，甚至不能进行计算。因而在反演前必须对形变场观测数据进行重采样，以降低形变场图像的分辨率。这里我们采用的四叉树采样方法，其原理是采样密度随形变场梯度的不同而不同，形变场梯度大的区域采样密度高，反之就小，该方法既降低了形变场的空间分辨率，同时又保证了对形变场变化的精细刻画。处理步骤为：首先对图 7.34（b）斜距向形变场图像抽稀为 512×512 行列的图像，然后再采用四叉树采样方法（Jonsson *et al.*，2002）对形变场图像重采样。在重采样过程中，设定采样的形变梯度阈值为 0.05m，即形变梯度大于 0.05m 时进行四叉树划分，如果划分后其子区形变梯度仍然大于 0.05m，则再对子区进行四叉树划分，如此类推，直到形变梯度小于 0.05m。对于没有形变值的非相干区域，则不进行采样。重采样后得到了 3133 个采样点，这作为地面形变控制点来讲，与其他手段相比已具有相当高的观测数据密度。

2. 发震断层模型确立

在对发震断层参数反演前，需要建立断层初始模型，涉及的参数包括断层起始点经纬度，断层长度、深度、走向、倾角、滑动量、滑动角等。断层起始点经纬度、长度和走向可以由图 7.34（b）的黄线 F1 来确定，黄实线是根据 Quickbird 影像（图 7.32）解译出的地表破裂带，而黄虚线是根据正断层形变场对称性质及震源机制向南延伸推测出的地表破裂带，两者总长度为 42km。地表破裂带呈弧形特征，走向由 N174°变为 N231°。Harvard 给出的震源深度为 12km，这里我们初步取断层宽度（W）为 20km。根据震源机制解，取初始倾角为 52°，滑动角取为 -89°到 -60°之间。Harvard 给出的标量地震矩（M_0）为 5.43×10^{19}N · m。剪切模量（μ）取 33GPa。在统一计量单位后，由 $M_0=\mu ULW$，可求出发震断层面上平均滑动量（U）约为 1.9m 左右。

通过给定的断层初始模型，调整个别不确定参数，使模拟同震形变场与 InSAR 观测形变场拟合均方差达到最小，从而可以获得了发震断层滑动量的非均匀分布及发震断层参数。在模拟过程中，我们反复调整了断层初始模型中倾角、断层宽度两个参数，以及采用不同走向的弧形结构来代替了直线型断层走向。表 7.10 给出了几个残差范围较小的有代表性的发震断层参数模拟结果。

从表 7.10 可以看出，虽然平均残差均为 0.03m，但从最大最小残差范围可以看出，直线型断层模型的残差范围都很大。直线型单倾角断层模型（line single dip model，LSDM）残差范围在 -0.19 ~ 0.09m。如果换成直线型变倾角断层模型（line multi-dip model，LMDM），倾角从地表 70°变到深部为 52°，残差范围仍然较大，范围在 -0.15 ~ 0.1m。从图 7.34（b）中可以看出，发震断层的地表破裂带实际上呈弧形状，整个地表破裂带从北到南，方位角由 174°变为 231°。若采用弧线型断层模型，残差范围明显变小。

弧线型单倾角断层模型（arc single dip model，ASDM）残差范围在-0.08～0.09m，弧线型变倾角断层模型（arc multi-dip model，AMDM）残差范围在-0.07～0.09m。可以看出，弧线型变倾角断层模型（AMDM）残差范围最小，这样我们就认为AMDM是最为接近实际发震断层，从而得到了断层的一系列参数。

表7.10　发震断层模型

断层模型	经度(°E)	纬度(°N)	走向/(°)	倾向/(°)	长度/km	宽度/km	平均滑动角/(°)	平均滑动量/m	M_W	残差范围/m	平均残差/m
LSDM	81.5483	35.5879	203	52	42	20	-69.3	1.13	6.9	-0.19～0.09	0.03
LMDM	81.5483	35.5879	203	70～52	42	20	-68.3	1.2	6.9	-0.15～0.1	0.03
ASDM	81.5483	35.5879	174～231	60	42	20	-63.2	0.9	6.8	-0.08～0.09	0.03
AMDM	81.5483	35.5879	174～231	70～52	42	20	-62.6	1.0	6.9	-0.07～0.09	0.03

注：LSDM. 直线型单倾角断层模型；LMDM. 直线型变倾角断层模型；ASDM. 弧线型单倾角断层模型；AMDM. 弧线型变倾角断层模型。

3. 断层滑动分布反演结果

利用弧线型变倾角断层模型（AMDM），模拟了于田地震同震干涉形变场［图7.35（a）］。模拟同震形变场沿北北东向发震断层对称分布，上盘（西盘）沉降、下盘（东盘）抬升，显示出正断层破裂性质。从图7.35（a）可以看出，上盘有向南西变形趋势，下盘有向北东变形趋势，显示出震源机制具有一定的左旋分量。整个模拟同震形变场影响范围东西-南北尺度为100km×40km，与实际观测同震形变场（图7.34）基本一致。地表同震视线向形变量由北向南沿断层逐渐减弱，最大沉降点为P点［图7.35（a）］，沉降量为-2.6m，最大抬升点为P_1点［图7.35（a）］，抬升量为1.2m，两盘相对最大卫星视线（LOS）向位错为3.8m。如果假设卫星视线向位错均由垂直形变造成，则两个区域的垂直相对最大形变达4.1m（垂直形变量=卫星视线向形变量/$\cos\theta$，θ为卫星本地入射角，对于ENVISAT卫星θ为23°），与Quickbird解译的位错量级一致。

从观测与模拟的残差分布图［图7.35（b）］可以看出，整个图像的残差范围在-0.07～0.09m，残差的产生可能与大气水汽、地形误差、震后弹性恢复等因素有关。但残差范围与2m量级的形变量相比，约占5%，在误差范围以内，因此模拟结果可以认为是可靠的。断层近场附近模拟结果非常好，残差更小，残差范围在0～0.04m。在远场区域，即图像北部地区，出现大面积残差区域，残差范围在0.05～0.09m，这可能与大气云层水汽影响有关，但这并不影响我们对米级同震近场形变的分析精度。

将断层沿走向（由北向南）与倾向深度分成20×20个子块，假定每个子块内部滑动均匀分布，最终由弧线型变倾角断层模型（AMDM）反演得到了断层面非均匀滑动量分布（图7.36）。发震断层由北向南呈弧形延伸42km，断层倾角从地表70°逐渐变到20km倾向深度处的52°。断层面滑动分布在地表至20km范围内，除破裂起始点有深度12km，滑动量3m的滑动区域外（见图7.36左下角），滑动主要集中分布于地表至8km深度的范围内，长约 30km，沿断层呈长条带状分布，有三个较大的滑动集中区域，深度较浅，约为 5km。最大滑动区域为 P_2 区域，滑动量为 10.5m，距破裂起始点在 10km 左右，与 Quickbird 解译出的最大地表位错位置基本一致。平均滑动角为−62.6°，显示出拉张兼走滑断层性质。

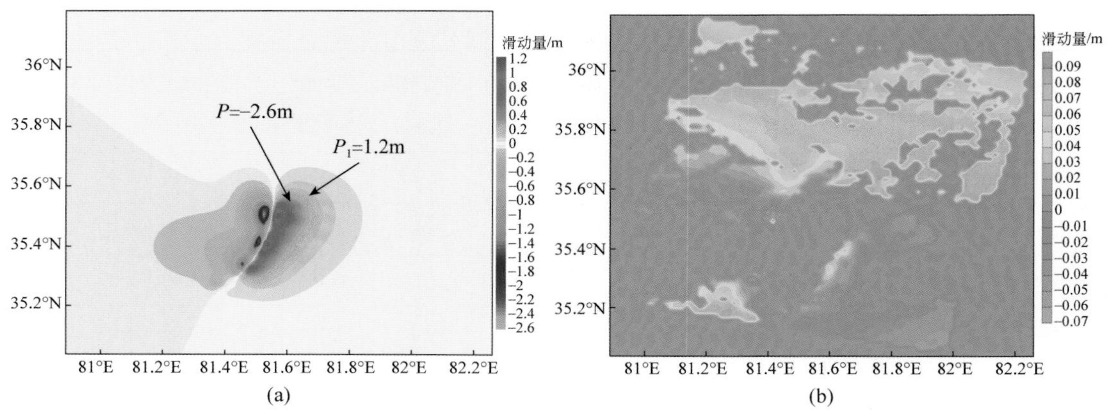

图 7.35　基于 AMDM 断层模型模拟的 InSAR 形变场及残差

(a) 模拟的同震形变场；(b) 观测与模拟的残差

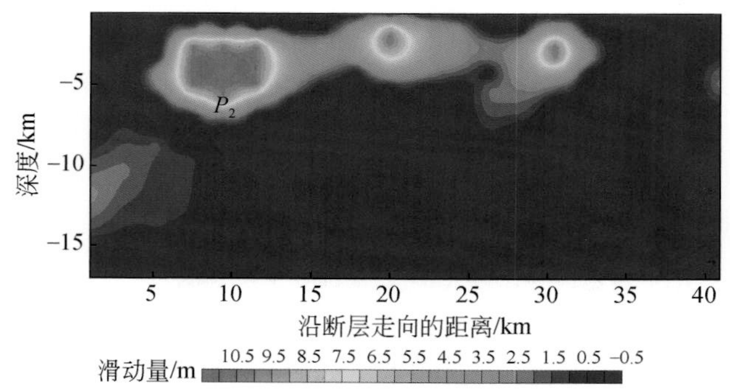

图 7.36　基于 AMDM 模型反演获取的断层滑动分布

7.3.5　小结

利用高分辨率遥感图像和干涉形变图像对于田地震地表破裂带的空间展布、几何形态、形变场特征等进行了研究，取得了以下认识：

(1) 于田地震地表破裂带位于三面环山的山间盆地里，在山前冲洪积台地上沿近南北走向，北起 81°31′53.6″E，35°34′39.5″N，在南端 81°32′11.0″E，35°24′0.3″N 处仍有清晰的地表破裂显示，整个地表破裂带长约 22km，主要位于策勒县界内。地表破裂带线性行迹清晰，破裂结构较为单一。按方向和连续性变化，具有明显分段特征，大致可为五段，每段走向变化较大，基本在 N45°W ~ N50°E。地表裂缝宽度在 1 ~ 3m，最大塌陷裂缝宽度为6.5m（位于81°31′59.1″E，35°32′15.6″N—81°32′51.4″E，35°27′38.9″N）。沿破裂带有最多五条次级破裂，多处可见地震塌陷和拉张形成的断块，断层拉张性质显著。在高分辨率光学影像上没有发现明显水平位错现象。这与震源机制解、余震分布基本一致。

（2）整个同震形变场影响范围东西-南北尺度为100km×40km。干涉条纹以北北东向发震断层为中心呈基本对称分布，干涉条纹呈包络发震断层分布，显示出正断层干涉条纹特征。从干涉条纹的分布格局可以看出，图像右上部条纹向北东向发散，左下部条纹向南西向发散，形成左旋扭动势态，显示出发震断层具有微弱的左旋走滑分量。干涉条纹中心对称轴（发震断层）区域与Quickbird影像上解译出的地表破裂带空间位置一致。

（3）发震断层西盘下沉、东盘抬升，断层面倾向西，东盘为主动盘。由模拟形变场可知，地表同震视线向位移由北向南沿断层逐渐减弱，最大沉降量为2.6m，最大抬升量为1.2m，两盘相对最大卫星视线向位错为3.8m，位于断层起始位置向南约10km处。如果假设卫星视线向位错均由垂直形变造成，则两个区域的垂直相对最大形变达4.1m，与Quickbird解译的位错量级一致。

（4）由弧线型变倾角断层模型（AMDM）反演得到了断层面非均匀滑动量分布显示，发震断层由北向南呈弧形延伸42km，断层倾角从地表为70°，变到20km深部为52°。断层面滑动分布在地表至15km范围内，较大滑动主要集中分布于地表至8km深度的范围内，长约30km，沿断层呈长条带状分布，有三个较大的滑动集中区域，深度较浅，约为5km。最大滑动量为10.5m，距破裂起始点10km左右，与Quickbird解译出的最大地表位错位置基本一致。平均滑动角为-62.6°，显示出拉张兼走滑断层性质。

7.4　玉树地震

2010年4月14日7时49分，在我国青海省玉树藏族自治州玉树县发生了M_S 7.1级强烈地震，造成2200多人遇难，结古镇超过80%的房屋被毁，是2008年汶川特大地震之后我国大陆遭受的又一次强烈破坏性地震。这两次地震分别发生在巴颜喀拉块体的东边界和南边界，这一系列强震体现出了巴颜喀拉块体正处于强烈活动期，对发生在其周边的大地震进行深入研究，将为研究该块体的运动状态及趋势提供依据。

7.4.1　玉树地震构造背景

据中国地震台网测定，玉树地震震中位置为96.6°E、33.2°N，震源深度为14km，属于浅源地震。地震发生后，陈运泰院士研究小组基于全球部分台站波形资料反演的震源破裂参数显示，发震断层为一条沿着走向119°近于直立（倾角为83°）的左旋走滑断层。据震后野外考察结果（陈立春等，2010），地震发生在青藏高原东部规模巨大的甘孜-玉树断裂带上，地震造成的地表破裂带总体走向为310°~320°，较连续的主破裂长约31km，由三条破裂左阶组成，运动性质为左旋走滑。加上仪器震中处长约2km的破裂，地表破裂总长度约51km。实测最大水平位错为1.8m，位于北段主破裂上。

玉树地震的发震构造是青藏高原东部规模巨大的甘孜-玉树断裂带，该断裂带东南起于四川甘孜附近，向北西方向延伸，进入青海玉树、结隆、当江一带，长度约 500km，总体走向呈 285°~315°弧形展布，倾向为北东，倾角为 60°~80°，是一条大型左旋走滑断裂带（闻学泽等，1985；周荣军等，1996，1997），与在其东南端羽列相接的鲜水河断裂一起构成青藏高原内部次级活动块体——巴颜喀拉地块的南边界（图 7.37）。该活动地块是印度板块向北推挤，青藏高原强烈隆升，同时高原内部物质向东侧向不均匀挤出而形成的次级活动块体之一，其北边界是昆仑山断裂带，东边界是龙门山断裂带。在其南边界甘孜-玉树断裂上，历史记载的破坏性地震并不完整，只有一个 7 级地震的历史记录，是 1896 年 3 月四川石渠县洛须-青海玉树间 7.0 级地震，震中位于此次玉树地震东南约 152km 的断裂带上，本次玉树地震正好填补了该断裂上 7 级以上的地震空缺。

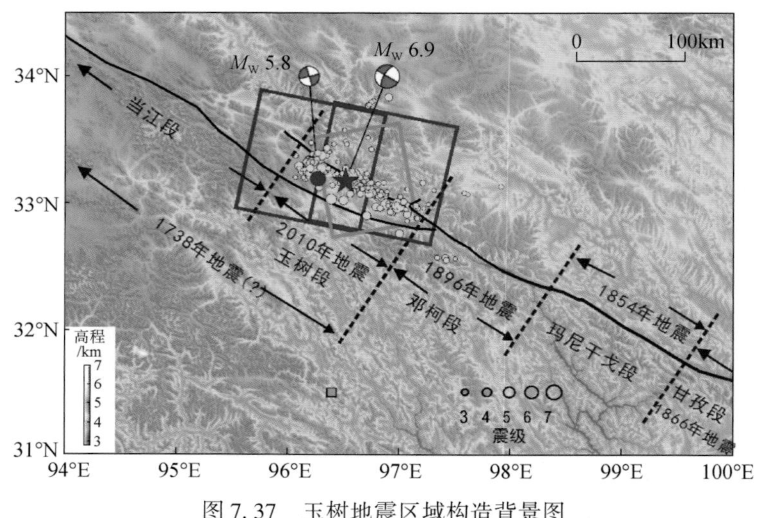

图 7.37　玉树地震区域构造背景图

黑色粗线为甘孜-玉树断裂带；黑色虚线为断裂分段界限；黄色圆点为玉树地震余震；蓝色方框为 ENVISAT/ASAR 数据覆盖范围；绿色方框为 ALOS/PALSAR 数据覆盖范围；蓝色五角星和圆点分别为玉树地震主震震中和最大余震震中

7.4.2　玉树地震 InASR 同震形变场

基于差分合成孔径雷达干涉测量（D-InSAR）技术，分别利用 C 波段 ENVISAT/ASAR 数据和 L 波段 ALOS/PALSAR 数据，采用两通差分干涉处理模式，获取了 2010 年 4 月 14 日青海玉树 M_S 7.1 级地震的同震形变场，并对两种形变场各自的特征和差异进行了对比研究。所用 ASAR 及 PALSAR 数据基本参数见表 7.11。可以看出，构成干涉对的主、辅影像垂直空间基线都远远小于临界基线值。同时，时间间隔也都在七个月以内，较小的时空基线可以有效地降低时空失相干对形变场获取结果的影响。另外，日本 ALOS 卫星搭载的 PALSAR 雷达传感器采用波长较长的 L 波段（波长为 23.6cm）进行成像，即便是在植被覆盖密集的地区也可确保整幅图像良好的相干性。

我们采用传统的两通干涉-差分方法和 GAMMA 软件平台对 SAR 原始数据进行处理，利用 SRTM3 作为外部 DEM 去除地形效应，同时运用卫星姿态数据对轨道几何误差进行去除，获得矫正后的干涉条纹图；然后利用MCF法（Werner *et al.*，2002）对干涉条纹图进行解缠。最后，对所获得的同震形变场进行地理编码，即从雷达坐标系到地理坐标系的转换，获得了InSAR观测的沿视线向的玉树地震同震形变场（图7.38、图7.39）。

表7.11 玉树地震InSAR数据参数

序号	SAR数据类型	震前影像日期（年-月-日）	震后影像日期（年-月-日）	垂直基线距/m	时间间隔/天	轨道类型	轨道号	模糊高/m
1	ENVISAT/ASAR	2009-11-03	2010-06-01	87	208	降轨	004	106.5
2	ALOS/PALSAR	2010-01-15	2010-04-17	693	92	升轨	487	93.8

C波段和L波段两种数据获取的玉树地震同震形变场（图7.38、图7.39）基本一致，但也存在明显差异。相同之处在于：首先，两种数据的反映形变场总体形态基本一致，都是围绕甘孜-玉树断裂北西向展布的椭圆状干涉条纹，而且条纹在断层两侧基本呈对称分布，反映断层两盘的形变梯度和形变量大体相当，没有明显形变突出的主动盘，这也正是高倾角剪切走滑断层运动所具有的形变场特征。其次，两种形变场均在西部微观震中处和东部结古镇附近观测到局部高梯度形变区域，显示密集条纹，而在这两个局部形变之间有一小段未发生地表破裂的弱形变区域。最后，两种结果反映的最大相对位移均出现在地面破坏最严重的结古镇附近，与野外考察结果一致。不同之处主要在于：首先，两种数据显示的断层两盘视线（LOS）向位移方向相反，但这只是相对于卫星升、降轨不同观测模式的视线向形变方向，并非断层的真实运动方向。在假设断层为纯剪切走滑运动的情况下，对升轨右视ALOS/PALSAR观测模式，北盘视线向隆升，表示北盘向西运动，南盘视线向沉降，表示南盘向东运动，反映的仍然是左旋走滑运动性质，与降轨右视观测模式的ASAR形变场方向及野外观测结果均一致。其次，两种数据反映的形变场范围、干

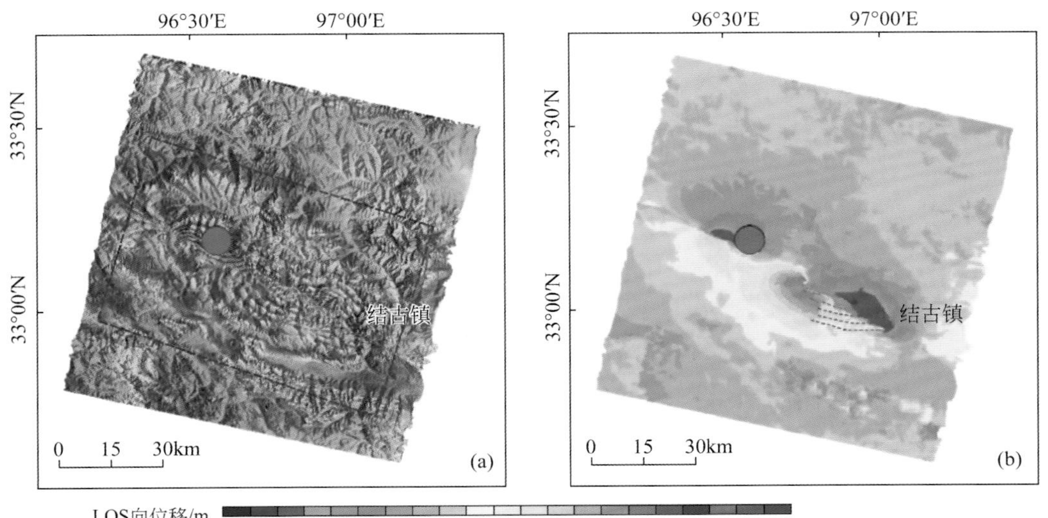

图7.38 C波段ENVISAT/ASAR数据获得的玉树地震InSAR同震形变场

（a）干涉条纹图，每个条纹代表2.8cm LOS向形变；（b）解缠后的LOS向形变场

涉条纹的疏密，视线向形变量大小及断层沿线形变场分布变化细节等均有不同。C 波段 ENVISAT/ASAR 数据反映的形变场空间分布范围（约 89km×59km）要明显大于 L 波段 ALOS/PALSAR 显示的形变场范围（约 77km×43km），尤其在垂直于断层的形变场宽度方向上，如图 7.38（a）、图 7.39（a）中的蓝色虚框所示。再者，ENVISAT/ASAR 形变场条纹相对密集，对形变梯度变化及局部形变细节反映得比较清晰，而 ALOS/PALSAR 形变场条纹稀疏，只能反映形变场总体形态，但其对结古镇附近断层迹线处的大形变量值反映得更完整。这主要是由于两种数据的波长不同，从而具有不同的相干特性和形变观测精度所致。

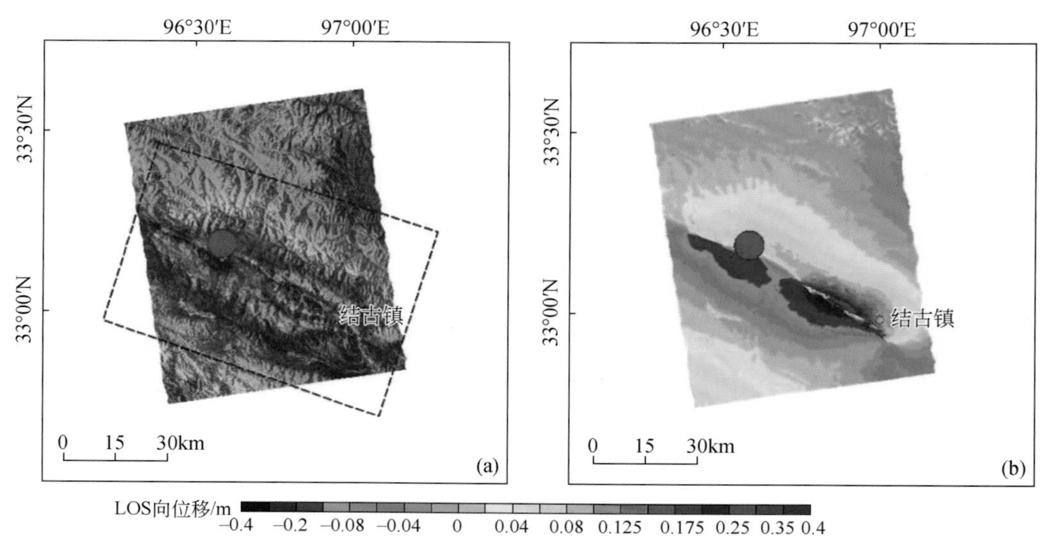

图 7.39　L 波段 ALOS/PALSAR 数据获得的玉树地震 InSAR 同震形变场

（a）干涉条纹图，每个条纹代表 11.8cm LOS 向形变；（b）解缠后的 LOS 向形变场

C 波段 ENVISAT/ASAR 数据对断层远场的小梯度形变敏感，能够获得反映形变场空间变化的详细干涉条纹，但在近场形变梯度大的地方易于失相干；L 波段 ALOS/PALSAR 数据能尽可能多地提取到近场大梯度形变量，但由于形变测量的敏感性整体偏低于 C 波段 ENVISAT/ASAR 数据，导致对远场小形变的监测能力有限。可见 InSAR 视线向形变观测结果与所用传感器升、降轨模式及观测波段等有关，将不同波段、不同观测模式的数据结合优势互补可获得更为真实可靠的地震形变场特征。

7.4.3　玉树地震静态滑动分布反演

1. InSAR 数据重采样和断层模型构建

为提高计算效率和反演的收敛性，可在尽可能保留形变场特征信息的前提下，使用重采样的方法来减少参与运算的数据点数。在此仍采用较常用的四叉树采样方案，首先对形变场数据进行 10×10 的下采样处理，使得数据总量由几千万量级变成百万量级。然后再对下采样后的数据进行四叉树重采样，设定采样的形变梯度阈值为 0.1，即形变梯度大于 0.1 时进行四叉树划分，而形变梯度小于 0.1 时则不进行划分，且对划分出的小块内部数据进行平均计算，以消除噪声的影响。考虑到在发震断层附近由于雷达数据的严重失相干性，形变值可能严重偏离实际，在形变场重采样中对相干性小于 0.5 的区域进行掩膜（masking）处理，形变反演过程中不予考虑此部分数据，以免影响反演结果。

断层几何模型的构建是滑动分布反演中的首要任务。玉树地震后不同机构及学者给出的震源机制解断层破裂面倾角都比较陡（83°~90°），而滑动角则比较小（-2°~32°），我们根据这一结果，同时结合野外考察的地表破裂模型及 InSAR 同震形变场特征，构建了三分段断层几何模型，每一段具有固定的走向和倾角，西段倾角取 75°，中段和东段的倾角分别取 80°、85°，滑动角范围设定为-7°±20°，与左旋走滑的破裂特性吻合，取断层的深度为地下 30km。我们将断层面沿走向和倾向划分成 4km×4km 的矩形块，每个矩形块上的滑动矢量通过弹性半空间位错理论反演分析估计得到，泊松比设定为 0.25。反演过程中，通过对不同观测形变场的最佳拟合，对初始断层模型进行了适当调整。最后得到的断层模型如表 7.12 所示。

表 7.12　2010 年玉树地震 InSAR 同震反演断层参数

模型	起始点经度(°E)	起始点纬度(°N)	长度/km	宽度/km	平均走向/(°)	倾角/(°)	滑动角范围/(°)	最大滑动量/m
西段	96.35	33.24	28	30	106	75	-7±20	1.14
中段	96.64	33.17	36	30	123	80	-7±20	1.42
东段	96.963	32.993	8	30	125	85	-7±20	0.95

2. 非均匀静态滑动分布反演

基于均匀介质的弹性半空间断层模型，分别以 ASAR、PALSAR 单独约束及联合约束的三种方式，采用附有约束条件的最小二乘法反演玉树地震的断层面静态滑动分布，并对反演结果进行比较。

采用表 7.12 的断层模型，首先在重新采样后 ASAR 数据点的单独约束下，反演玉树地震断层平面上的滑移分布，计算原始干涉图和模拟干涉图之间的残差，结果如图 7.40 所示。仅受 ASAR 数据约束的断层面滑移分布表现出两个变形集中区，其中一个位于东南段的玉树县结古镇附近，滑移主要分布在 10km 深的范围内，破裂达到地表，且滑动量达到最大，为 2.4m；另一个位于西段震中下方，面积较小，滑移主要分布在 8~14km 的深度范围内，最大滑动量为 1.8m，滑移分布最大深度达到地表以下 25km。模拟干涉图与观测到的干涉图拟合得很好，拟合度可达 97.46%，平均残差为 5cm。可能的误差来源包括地形的影响、模型的简化、低相干区的数据质量差及震后变形等。反演得到的矩震级为 M_W 6.9 级，反演得到滑动分布表现为左旋走滑运动，与野外现场考察和波形反演一致。

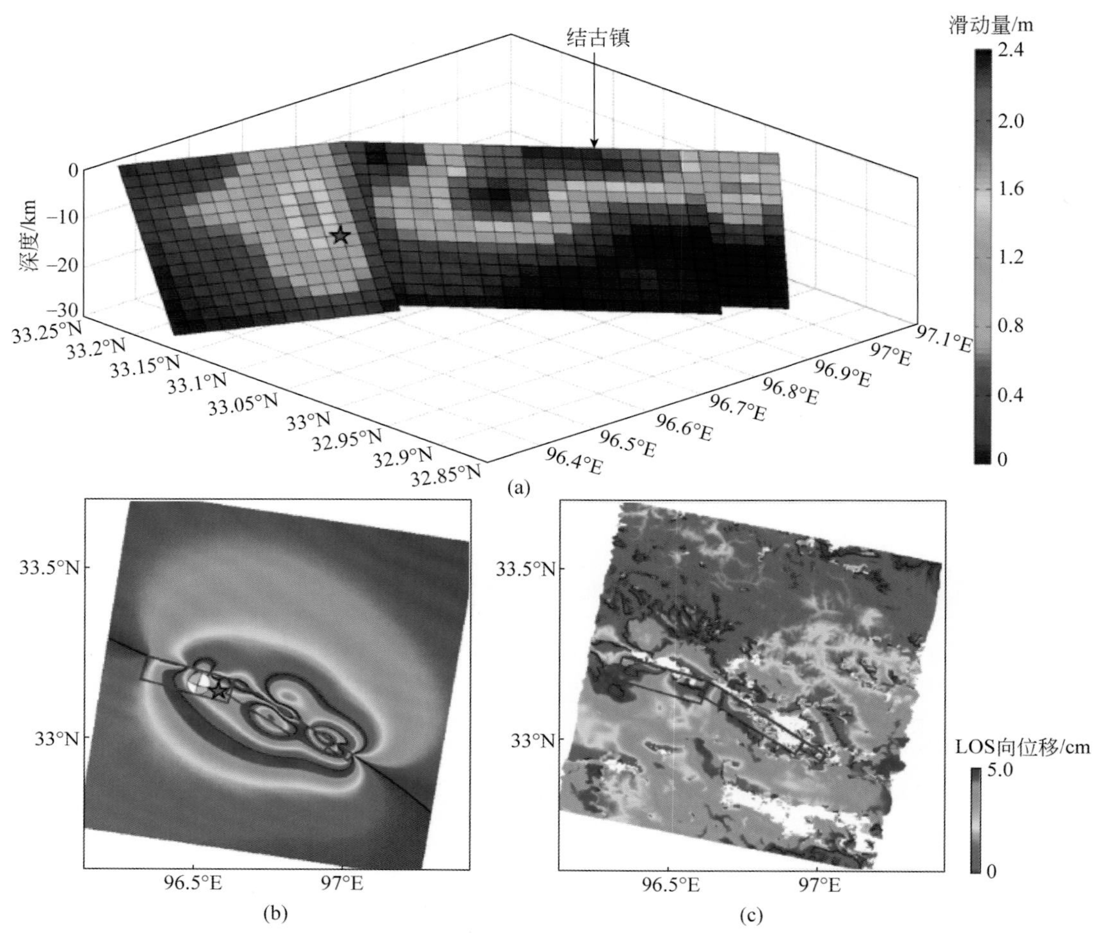

图 7.40　ASAR 数据单独约束反演的玉树地震同震滑动分布

(a) 断层面静态滑动分布；(b) 模拟干涉条纹图；(c) 拟合残差图。红色五角星为玉树地震震中

受 PALSAR 数据约束的断层滑移分布的反演结果（图 7.41）与以 ASAR 数据作为约束的反演结果非常相似。整个滑动模型显示了东南段结古镇附近和西北段震中区下方两个集中的滑移分布区域，但面积相对较小，滑移深度和滑动量也相对较小。东南滑移区域的最大值约为 2.2m，顶深为 6km，滑移的深度范围限制在 0 ~ 15km。西北滑移区滑移量较小，约为 1m，深度为 4 ~ 8km，滑移主要分布在不到 10km 的浅层。模拟和观测到的干涉图之间的残留量平均小于 3cm，沿断层稍大，最高可达 5.9cm。

在权重比为 1 : 1 的情况下，我们以 ASAR 和 PALSAR 数据为约束，联合进行断层滑移反演，结果如图 7.42 所示。断层滑移发生在地下 25km 以上的深度范围，主要集中在东南部，最大值为 2.4m。同时，大于 2.0m 的滑动量值只出现在 6km 深的结古镇附近，那里的地震破坏最为严重。联合反演模拟 ASAR 变形场［图 7.42（b）］明显地比仅使用 ASAR 数据反演和观测到的变形场更宽，而残差差别不大。联合反演模拟 PALSAR 变形场［图 7.42（d）］也比仅使用 PALSAR 数据的反演变形场更宽，其平均残差也会减少。

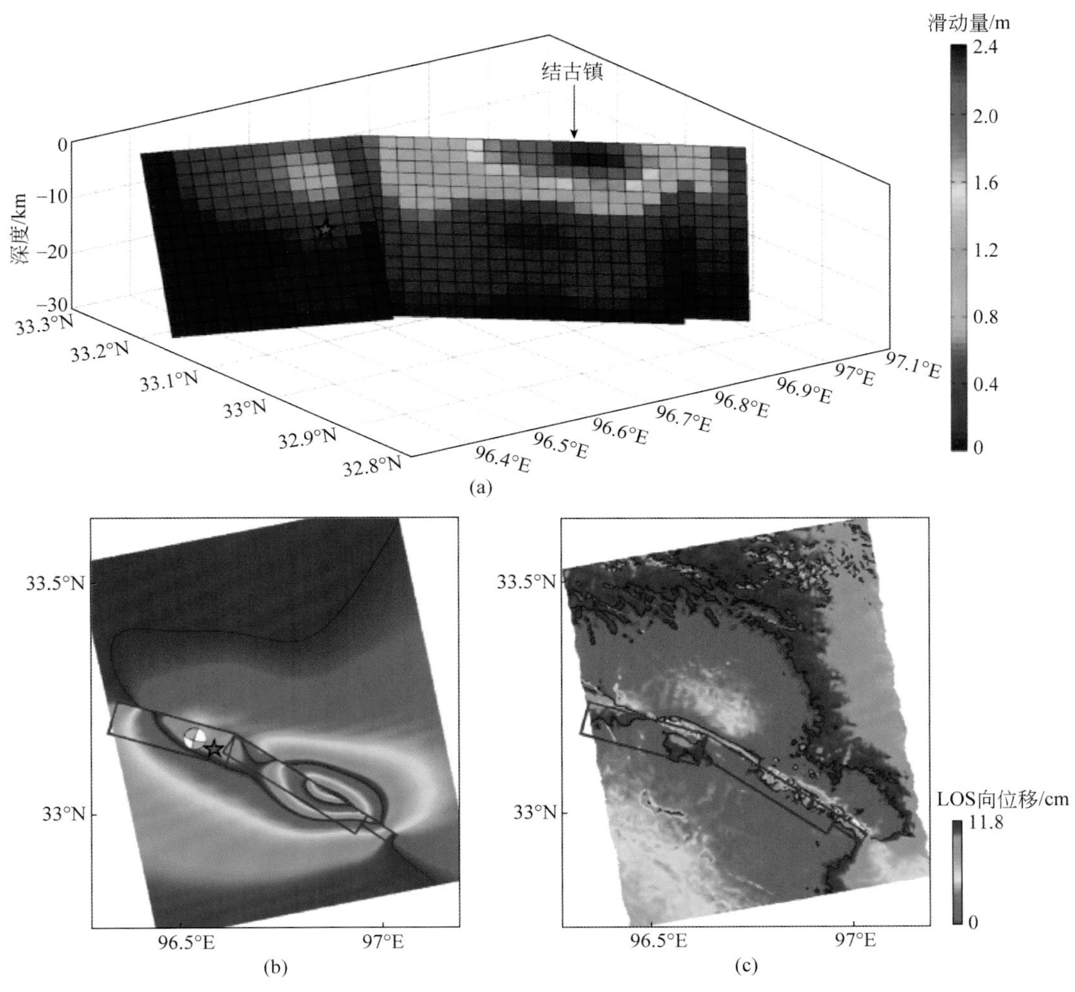

图 7.41　PALSAR 数据单独约束反演玉树地震同震滑动分布

（a）断层面静态滑动分布；（b）模拟干涉条纹图；（c）拟合残差图

玉树地震事件的断层滑移分布受不同数据集（ASAR、PALSAR、ASAR+PALSAR）的约束，具有相似性和差异性。共同点是从三个数据集的滑移分布都显示了两个滑移集中区，一个出现在东南段的结古镇，规模相对较大，另一个位于西北段面积较小。主要区别在于：仅使用 PALSAR 数据进行反演时，产生的滑移分布的规模、大小和深度都相对较小，最大滑移深度在 10km 以上，特别是西北滑移集中区域变得更弱。当反演是由 ASAR 数据单独或同时由 PALSAR 和 ASAR 数据共同约束时，东南和西北的滑移分布均达到地表，滑移深度可达 25km，这与野外观测和来自 InSAR 变形场数据分析一致。在仅使用 ASAR 数据的反演滑移分布中，东南部的滑移分布区域有两个位置，滑动量达到最大值。基于地震波形的反演（Zhang *et al.*，2010）表明，玉树地震的破裂过程持续了 20s，其中 10s 初，在震源附近产生了滑移集中区域，然后破裂沿断层传播，最后，在深度 10km 以上的断层东南段产生了较大的滑移集中面积。关于这一结果，我们认为，使用 ASAR+PALSAR 数据反演中的滑移分布似乎更有说服力。

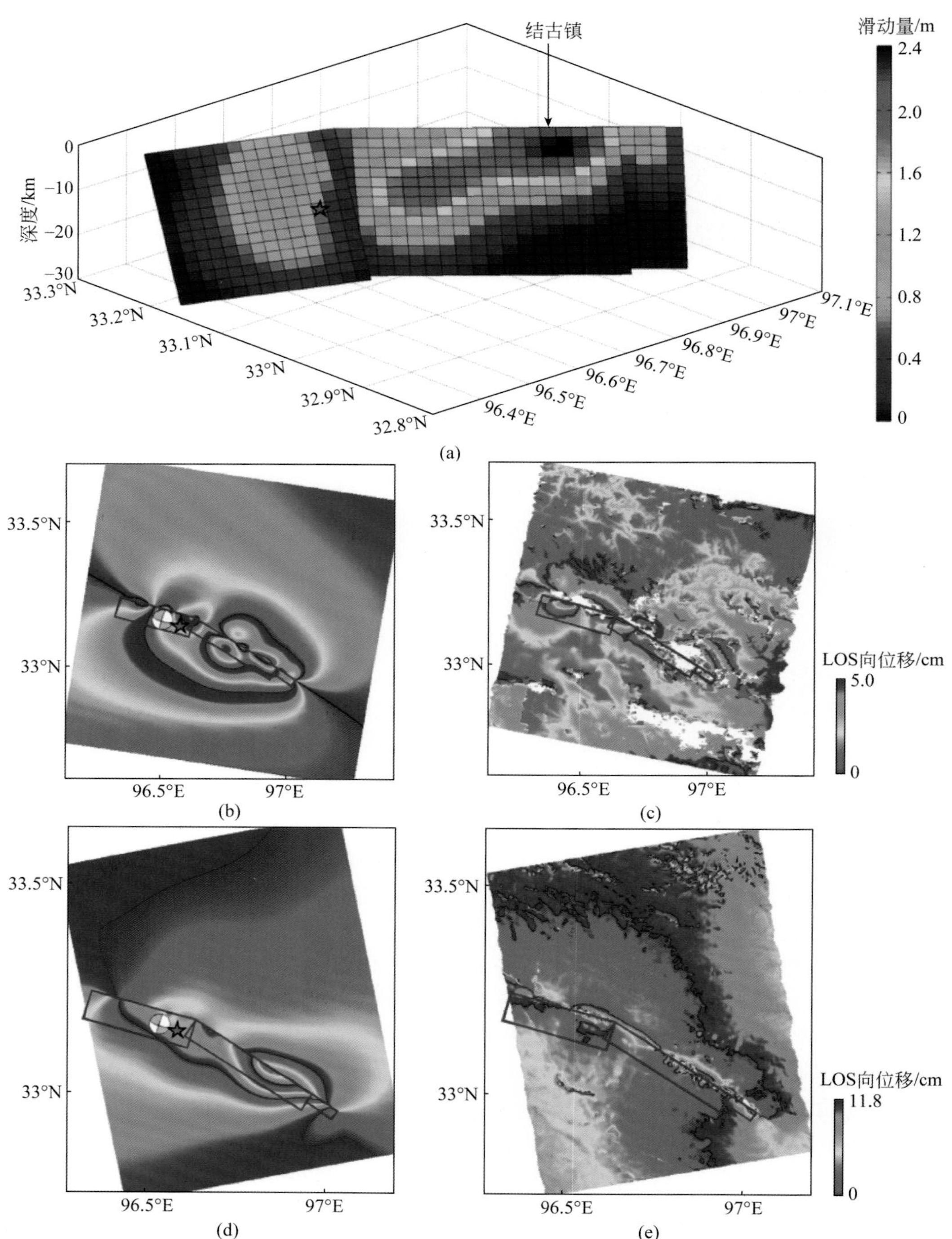

图 7.42　ASAR、PALSAR 数据联合约束反演玉树地震同震滑动分布

(a) 断层面静态滑动分布；(b) 模拟 ASAR 数据干涉条纹图；(c) 拟合 ASAR 残差图；(d) 模拟 PALSAR 数据干涉条纹图；(e) 拟合 PALSAR 残差图

综合以上，不同的 InSAR 数据集（ASAR、PALSAR、ASAR+PALSAR）限制的断层滑移分布总体上是相似的，每个区域都有两个滑移集中区，最大滑移量出现在结古镇附近，并表现出左旋走滑运动，这都与现场观测相一致。然而，不同数据集的反演结果在滑移范围、深度和数值上存在一定差异，而联合反演的滑移分布似乎更准确、更可靠。

7.4.4　玉树地震动态破裂过程反演

利用同震形变数据如 InSAR 或 GPS 等进行反演能获得具有更多破裂细节的滑动分布，然而却无法获得具有时间属性的滑动破裂过程。另一方面，利用地震波数据基于有限断层模型重建滑动破裂过程已成为人们理解地震发震机理及震源破裂过程的重要手段，然而存在的一个缺陷是反演时间过程与滑动定位之间的折中（Cohee and Beroza，1994）。结合形变数据与地震波数据进行联合反演，通过在拟合地震波数据的同时拟合 InSAR 形变场，是问题解决过程中的一个较佳解决方案（Delouis *et al.*，2002）。本节就是运用这一思路，综合利用 PALSAR 处理得到的 InSAR 数据（未使用 ASAR 结果）与远场地震波形记录，并结合野外地质考察所获得的地表位移分布对最浅层滑动进行约束，从而对 2010 年玉树地震震源破裂过程进行重建。

1. 联合反演数据及断层模型

对 InSAR 数据反演而言，一个特殊的步骤是对形变场数据进行下采样。原因在于 InSAR 获得的形变场是连续的，而将过多的数据参与反演并不可行。在本节中，我们对 PALSAR 数据采用均匀采样算法，每 10 个 InSAR 数据点取一个，用于反演的数据点位为 1280 个。最后，为使得滑动分布及破裂过程反映更多的地表位错分布细节，我们采用由陈立春等获取的野外断层位错数据，对断层滑动模型进行约束。共有五个点位的位错分布数据用于滑动分布反演约束。

地震波数据由 IRIS 和 GEOSCOPE 国际台网所获得且位于 30°~90°远场距离范围。在综合考虑数据信噪比较高和台站在震中方位的均匀分布后，选取了其中 11 个台站的 P 波和 11 个台站的 SH 波地震数据［图 7.43（b）］。首先对原始波形记录进行去卷积处理，获得位移随时间的变化，然后将数据归一化处理，使之具有相同的倍率和一致的震中距，最后对数据进行滤波处理。我们主要模拟地震波的低频波段，因而选取 P 波 0.01 ~0.8Hz 的前 40s 和 SH 波 0.01 ~0.4Hz 的前 85s。

断层分段可以直观地由 InSAR 干涉图或地表野外调查获得，包括经纬度、断层长度、走向等（图 7.38、图 7.39；陈立春等，2010）。这些数据在最终确定前需经过一些初步反演并进行调整，确保它们能较好反映数据特性且拟合残差不会太大。最后，我们用五段断层模型来模拟玉树地震的地表破裂分段（图 7.44）。东端三段断层模型与地表破裂模型及偏移量图解译结果吻合，而西端两段断层模型则主要依据偏移量图和 InSAR 干涉条纹图进行推测，同时利用初步反演的数据拟合结果进行调整。断层模型最终延伸至微观震中（仪器震中）以西 20km 左右。该区域断层破裂可能没有到达地表，却有一些余震分布。断层模型全长为 76km，宽度设为 32km。断层模型最终离散化为沿断层走向和倾向 4km×4km，总共有 152 个子断层单元。

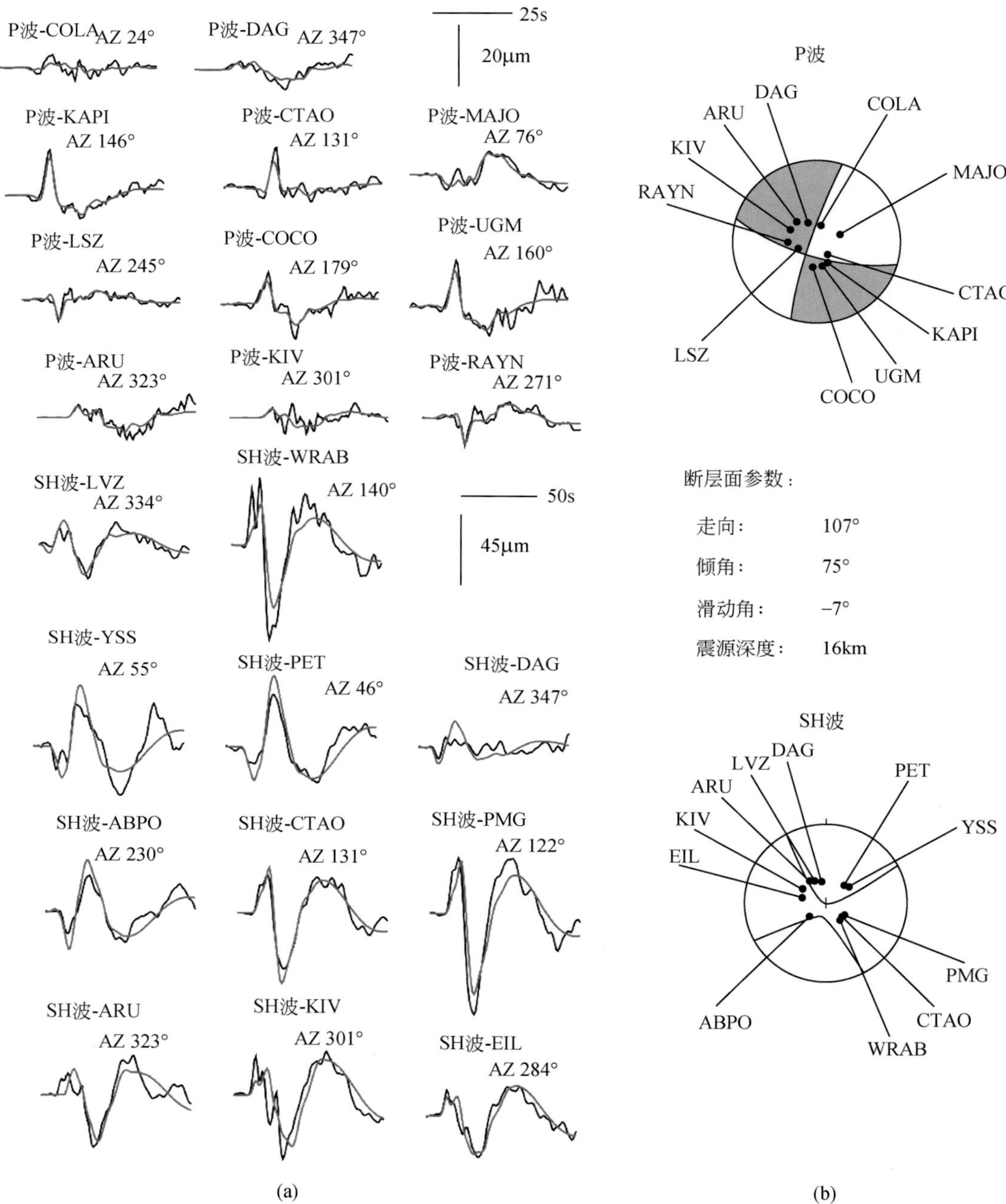

图 7.43　联合反演的地震波形记录拟合

(a) P 波与 SH 波的数据拟合情况。观测值为黑色线条，反演结果为红色线条；联合反演指的是 InSAR 与地震波并加上地表位错分布约束的反演；每个台站显示了其方位角，如 AZ 284°。(b) P 波与 SH 波的台站方位分布，同时也给出了点源模型获得的震源机制解及其断层参数

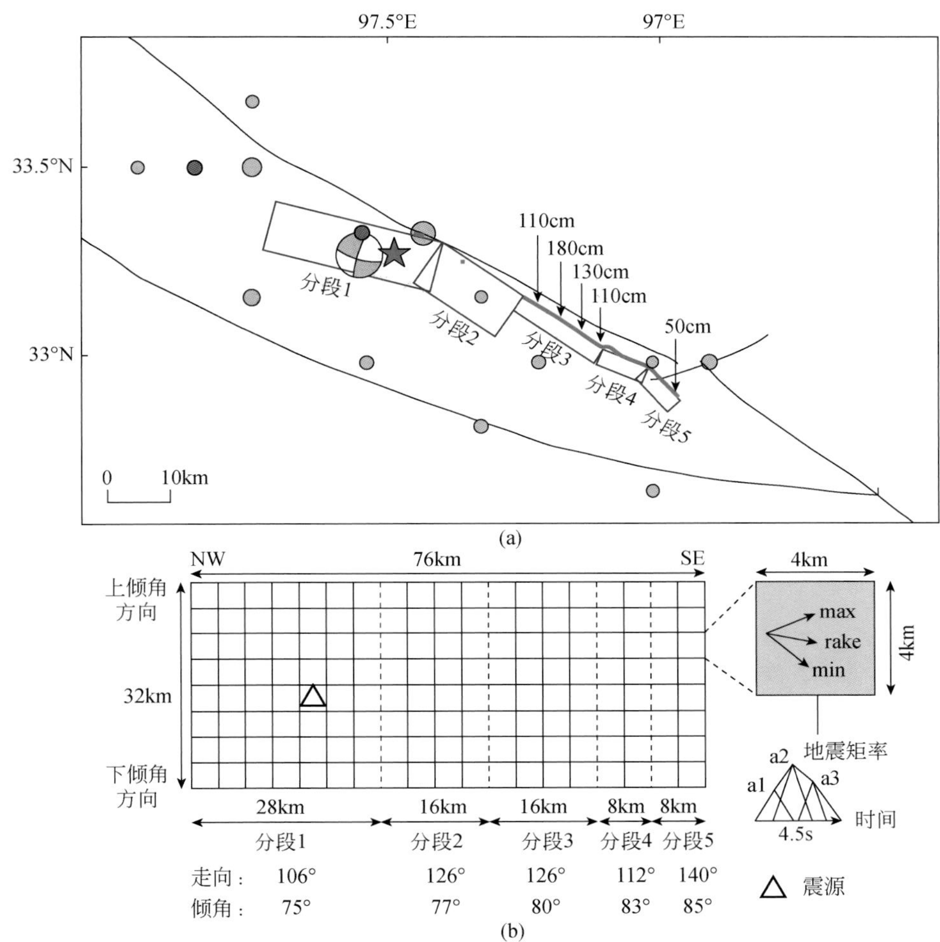

图 7.44　用于反演的断层模型示意、地震破裂位置及余震分布

(a) 蓝色长方形为断层模型示意。红色曲线为地震地表破裂分布，在其上则标识出了用于反演的位错分布数据；黑色曲线为地震前绘制的局部断层分布；灰色圆点为中国地震台网中心提供的 3 级以上余震分布；红色五角星为震中位置(微观震中)。(b) 断层单元示意。三角形为震源位置，虚线表示断层分段结合部，其下标识出各分段的走向、倾角等；断层单元参数及其地震矩率单元函数在右侧示出

2. 震源破裂过程联合反演

联合反演实质是在同一参数空间建立地震波数据与 InSAR 形变数据的联系，在拟合地震波数据的同时拟合 InSAR 形变场数据，从而成为真正意义上的联合反演。具体参数设定如下：利用三个持续时间为 1.5s 的三角形对每个断层单元的震源时间函数进行拟合；同时，设定破裂滑动速率范围为 2.0～3.5km/s。上述参数经过多次初步的反演并进行数据拟合最终确定。同时，依据所获得的震源机制解，设定断层滑动角变化范围为 $-7°\pm20°$，与左旋走滑的地震特性吻合。另外，由于 InSAR 提供的相对观测量，因而反演一个静态偏移量以对 InSAR 结果进行标定。

图 7.45 给出了 InSAR 与地震波进行联合反演所获得的地震破裂过程，同时将地表位

错数据对断层最浅部滑动进行限制。破裂过程从震源开始，在起先 5s 内便形成一个滑动分布集中区域。在其后的 5s 至 10s 内，滑动同时向西北和东南方向传播，并在西北段到达地表。随后，在 10s 至 20s 之间，破裂主要沿东南方向发展，并在断层的东南端形成第二个滑动分布集中区；较之第一个形成于震源深度的滑动区域，此滑动分布区域要大得多，

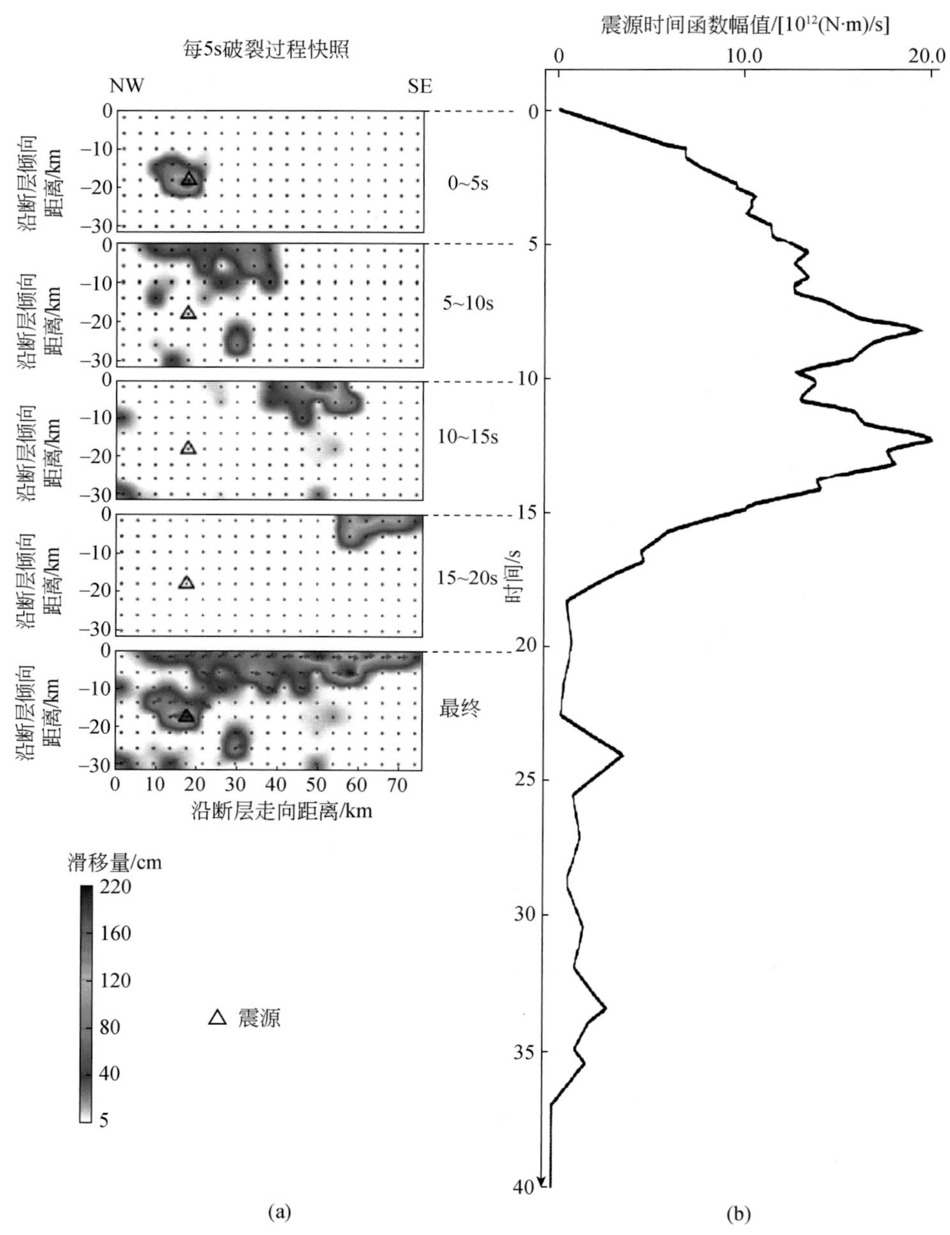

图 7.45　联合反演获得的玉树地震震源破裂过程

（a）以 5s 为单位的破裂过程快照。最低端为最终滑动分布；箭头表示滑动方向（滑动量大于 40cm）。（b）震源时间函数

且分布于地表下 10km 深度左右。主要破裂断裂均到达地表。由震源时间函数可知，尽管破裂时间可能长达近 40s，但 90% 左右的能量释放主要集中于前 20s 内；因而后 18s 我们认为可能无法很好反映数据特性。最终的滑动分布主要有两个滑动分布集中区。一个位于震源深度，最大值达 2.2m，分布于 10 ~ 20km 深度，面积相对较小；另一个则广泛分布于断层东段，分布面积较大，且主要集中于 0 ~ 10km 以内。另外，我们发现整个断层模型内，破裂几乎均到达地表。由于在反演中采用了较强的约束，滑动角显示左旋走滑运动特征，且在断层西段具有一定的逆冲分量，而断层东段则具有一定正断层运动特性。

联合反演的结果中，地震波数据拟合效果显示于图 7.43，InSAR 数据拟合效果显示于图 7.46。整体上，绝大部分地震波形记录拟合度较佳，SH 波的拟合效果较之于 P 波要稍好。拟合较差的 P 波记录局限于 ARU 台站与 KIV 台站等。地震波数据的拟合整体残差为 0.5，考虑到使用的断层模型和地震波传播速度模型存在一定程度的简化，残差水平可以接受。联合反演中，InSAR 的残差水平较低，为 0.19；模拟的 InSAR 形变场基本获得了观测形变场的全部条纹特征，拟合甚佳。

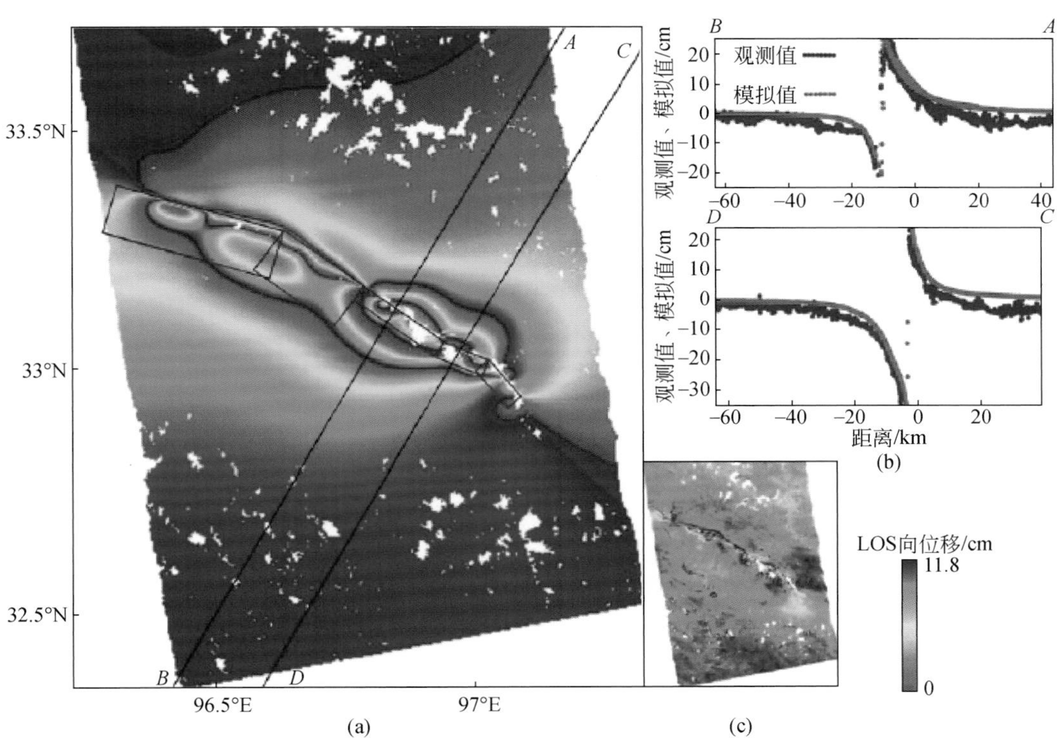

图 7.46　联合反演中获得的模拟 InSAR 形变场及其数据拟合

（a）联合反演所模拟的 InSAR 形变场，蓝色长方形为断层模型示意；（b）垂直断层走向的两条剖面线拟合；（c）反演的整体残差

7.4.5　震后形变与断层余滑反演

同震应力降在震后阶段会产生随时间变化的应力扰动，从而造成地表形变。InSAR 震

后形变及其断层余滑反演可以揭示应力的发展及应力如何影响未来地震灾害（Bie *et al.*, 2014）。在玉树地震的研究中，我们获取了震后大约五个月的形变场，震后累积形变量约 6cm；通过与同震形变场对比分析发现，震后形变与同震形变形成一定的空间互补关系，即在同震断层形变较大的东南段，震后形变较为微弱，而在西北段震后形变较为明显，而同震形变较小且破裂没有到达地表（图 7.47）。基于震后形变场及弹性位错模型，反演获取了玉树地震的震后余滑（图 7.48），结果显示，震后五个月累积形成两个主要的滑动分布集中区，其中一个位于断层北西段近地表浅部，另一个则位于断层东南段的深部。最大累积余滑量为 0.25m，累积释放的震后地震矩达 7.0×10^{17}N · m，约占同震地震矩的 5%。

震后余滑是对同震应力扰动的应力调整，一般具有与断层同震滑动分布的互补特征。在对玉树地震的同震滑动分布和震后余滑反演研究中，确实发现了同震滑动与震后余滑的空间互补特性（图 7.48）。在断层东南段，同震滑动分布显著，意味着震间累积的地震能量释放较为充分，因此震后余滑极其微弱。而在断层西北段，同震滑动较小，地震能量释放不充分，残余能量则以余滑方式在震后继续释放。

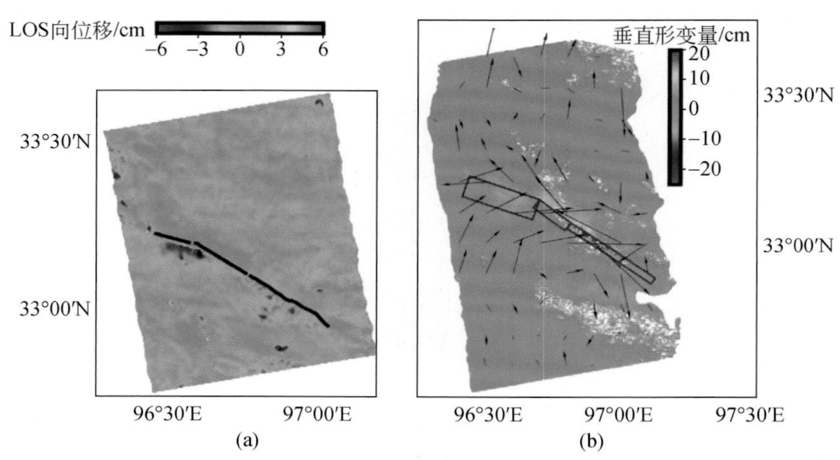

图 7.47　玉树地震震后形变场与同震三维形变场

（a）玉树地震震后约五个月的累积 LOS 向形变场；黑色线条为地表破裂带。（b）玉树地震三维形变场；箭头表示水平形变

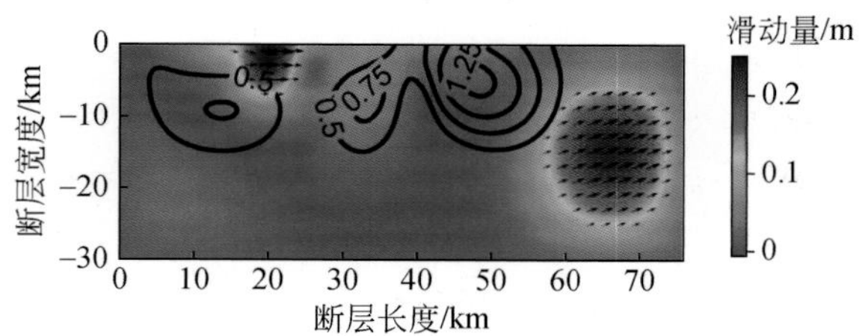

图 7.48　玉树地震断层震后余滑与同震滑动叠加显示图

背景颜色和箭头表示震后余滑量和滑动方向；黑色等值线为断层同震滑动分布

对断层同震滑动分布和震后余滑模式的联合分析，可以对后续地震危险性进行粗略估计。同震滑动较大的区域，意味着同震应力降较为显著，进一步推测其后续的地震危险性较低。与此类似，震后余滑较为显著的区域，应力释放水平较高，因而其地震危险性也较

低。对于 2010 年玉树地震而言，当联合考虑同震断层滑动和震后余滑时发现，在 20km 以上的弹性地壳厚度内，不存在滑动空区，整体的应力释放水平较高，因而可以推测其后续的地震危险性已经显著降低。但由于玉树地震是一次典型的左旋走滑型地震，在其断层两端即西北端和东南端，地震危险性则显著增加，如在玉树地震四年后发生的 2014 年康定地震，就位于玉树断裂的东南端。因而，应该对玉树地震后的发震断层西北端和东南端的地震活动性保持持续关注，并对区域的地震触发或迁移现象予以深入研究。

7.4.6　小结

玉树地震是最近一次发生于青藏高原内部、巴颜喀拉次级块体主要边界上的强震，其构造意义不言而喻。通过对震源破裂过程进行研究，能为估算同震库仑破裂应力变化及应力动态转移等提供基础数据，也能为地震复发周期计算提供参考，从而可进一步研究青藏高原板块及巴颜喀拉次级块体现今运动状态及趋势。本节内容先利用 InSAR 数据为约束，进行了断层面静态滑动分布反演，再用 InSAR 与地震波数据进行联合反演，获得了 2010 年玉树地震的震源破裂过程；同时在反演过程中运用地表位错数据对断层最浅部滑动进行约束。我们发现，由于地震波数据的局限性，在加入了 InSAR 数据进行联合反演后，破裂过程将更为可信。

就破裂过程反演而言，每类数据集均有其自身的优点与局限。InSAR 数据反演能获得较为可信的浅层滑动分布，不论是否运用地表位错数据限制；而 InSAR 数据的局限在于，它不能获得在震源区附近的或更深部的任何滑动。与之恰好相反的是，地震波数据能较好地获得震源区滑动分布，对深部滑动也有一定的分辨率；但其反演的滑动在整个断层模型内均匀分布，使得其可信度降低。因而，当所有数据集联合起来进行反演时，我们有理由期待更为可靠的结果。

从最终的联合反演结果可知，玉树地震的主要破裂过程持续了 20s，释放了约 90% 的总能量。在前 10s 内，一个滑动分布集中区形成于震源附近，其能量释放极值位于 8s 左右。随后的破裂主要沿断层走向往东南方向发展，并最终在断层东南段浅层 10km 内形成一个较大的滑动集中区，这一阶段的能量释放极值到达于 12s 左右。

玉树地震是巴颜喀拉山地块与川滇地块向东不均匀挤出产生的左旋走滑型地震，而汶川地震是巴颜喀拉山地块向东运动受到强硬四川盆地阻挡产生的褶皱-逆冲型地震。它们都是青藏高原东扩、地块边界应力积累和释放的结果。

7.5　尼泊尔地震

7.5.1　尼泊尔地震构造背景

2015 年 4 月 25 日，在尼泊尔首都加德满都北西部约 77km 处发生了 M_W 7.8 级强烈地震（震中位置为 84.7°E、28.2°N），震源深度为 20km（http://www.csi.ac.cn）。震中位于喜马拉雅构造带中段，是尼泊尔境内自 1934 年 8.0 级地震以来遭受的最强烈地震，也是自 1950 年西藏当雄 M_W 8.4 级地震以来喜马拉雅带上发生的最大震级地震。同震破裂向东南延伸 150km，且加德满都恰好位于极震区，造成超过 8000 人遇难和大量的建筑物倒塌。M_W 7.8 级主震之后，又相继发生 M_W 6.7 级、M_W 6.6 级两次较大的余震，并触发了一系列小地震群。5 月 12 日，即在主震发生 17 天后，其北东方向的破裂空区内发生了此次地震的最大一次余震，震级达到 M_W 7.3 级。

位于青藏高原南部的喜马拉雅地震带是新生代印度板块和欧亚板块陆–陆碰撞作用和板块汇聚的主要变形带。自约距今 55Ma 陆–陆碰撞以来，印度板块俯冲到欧亚板块之下，并以每年 45 ~ 50mm/a 的速率向北推挤，使高原隆升、地壳缩短、物质侧向挤出，造成青藏高原及周边地区强烈的地壳运动、构造变形和地震活动（邓起东等，2014；刘静等，2015；Lavé and Avouac，2000；Shen *et al.*，2005；张培震等，2008）。特别是青藏高原南缘吸收了近一半的板块汇聚速率，形成了当今世界上最为活跃的喜马拉雅构造带（强震带）。该构造带长约 2500km，宽为 300 ~ 500km，主要由一系列向南扩展的逆冲推覆构造体组成，由南向北依次包括：主前缘断裂（MFT）、主边界断裂（MBT）和主中央断裂（MCT），这些北倾断裂带在地壳深部汇聚于一个低角度喜马拉雅主断裂（MHT）面或滑脱面上（刘静等，2015；赵文津，2015）。这次地震就发生在喜马拉雅主逆冲断裂带上（图 7.49）。自 1800 年以来，已在该地震带发生了六次 8 级左右的大地震（刘静等，2015；苏小宁等，2015），其中发生在本次 M_W 7.8 级地震以西的有 1803 年 M_W 7.5 级、1905 年 M_W 7.8 级；发生在本次 M_W 7.8 级地震以东的有 1833 年 M_W 7.6 级、1897 年 M_W 8.1 级、1934 年 M_W 8.1 级和 1950 年 M_W 8.4 级。

2015 年 M_W 7.8 级地震是迄今为止唯一一次能够利用现代卫星大地测量技术（InSAR、GPS 等）进行精细研究的喜马拉雅地震带上的强震事件。这次地震所表现出的大范围地表形变场分布和变化信息不仅为认识发震断层运动变形模式和破裂机制等提供了大量数据，同时也为深入理解喜马拉雅地震带低角度逆冲断裂的孕震发震机制和运动变形特征提供了重要依据。震后多位学者利用 GPS 和 InSAR 技术获取了尼泊尔地震同震形变场，并开展了滑动分布和破裂机制的反演研究。GPS 研究结果（苏小宁等，2015；赵斌等，2015；单新建等，2015；Grandin *et al.*，2015）显示本次地震造成的同震形变场以南向水平运动最为突出，水平位移场表现出整体向南运动的特征，垂直位移不及水平位移显著，仅在少数几个站点上观测到垂直隆升和垂直沉降形变。同震位移最大的点位于加德满都南约 10km 的 KKN4 测站，其最大水平位移达到 1.89m，最大垂直位移达到 1.27m。基于 InSAR 技术获取的大范围空间连续覆盖同震形变场图像表明，不论是利用 Sentinel-1A 升、降轨数据还是 ALOS-2 升、降轨数据获得的尼泊尔主震同震形变场，其空间分布形态及位移幅度和形变方向都基本一致，均由南部隆升区和北部沉降区两个显著形变区域组成（Grandin *et al.*，2015；Feng *et al.*，2015；Lindsey *et al.*，2015；Wang *et al.*，2015；李永生等，2016；Elliott *et al.*，2016；屈春燕等，2017），直观显示出本次地震垂直形变显著，东西向形变微弱的运动变形特征。但由于 InSAR 观测对南北向相形变不敏感的自身局限性，使其对 GPS 观测到的显著南向位移几乎无法观测到。本节中我们利用不同平台升、降轨 InSAR 数据获得了多视线向同震形变场并融合解

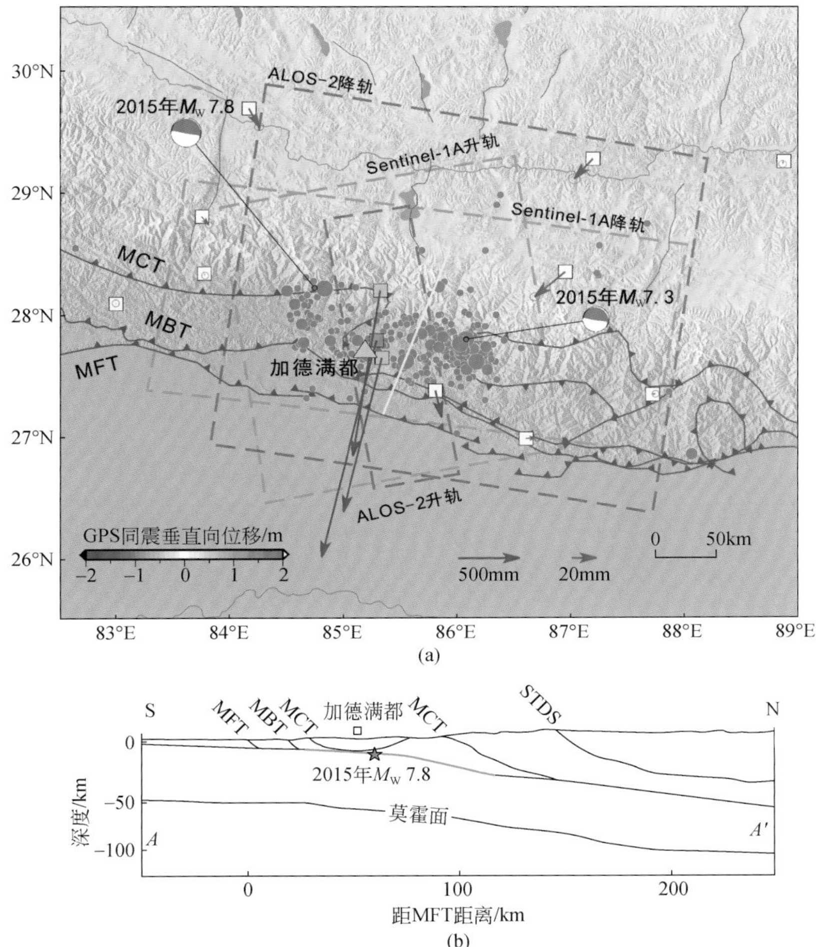

图 7.49 尼泊尔地震区域构造背景图

(a) 尼泊尔 M_W 7.8 级地震构造背景。红色圆点为 M_W 7.8 级主震和 M_W 7.3 级最大强余震震中；绿色圆点为 M_W 3.0 级以上余震分布；白色正方形为 GPS 台站位置；蓝色和紫色箭头为 GPS 水平位移；黑色齿线为喜马拉雅构造带的三条主断裂：MFT. 主前缘断裂，MBT. 主边界断裂，MCT. 主中央断裂；红色、蓝色虚线框分别为所用的 ALOS-2 和 Sentinel-1A 数据覆盖范围；黄线为剖面线。(b) 尼泊尔震区跨喜马拉雅地震带近南北向构造剖面。剖面位置见图 (a) 中黄线（据刘静等，2015 修改）；浅蓝色线条表示 M_W 7.8 级地震破裂范围

算三维形变，得到在东西、南北和垂直三个方向上的同震形变场空间分布变化图像，使我们能更准确地认识尼泊尔地震地表变形特征、断层滑动模式和破裂机制，为研究整个喜马拉雅地震带的构造变形和强震活动性提供重要信息。

7.5.2 尼泊尔地震 InASR 同震形变场

1. 数据及处理方法

我们选用 C 波段（波长 5.6cm）Sentinel-1A 升、降轨 TOPS 数据，以及 L 波段（波

长 23.6cm）ALOS-2 降轨 ScanSAR 数据和升轨 Swath 数据为数据源获取多视角尼泊尔地震同震形变场（表 7.13）。Sentinel-1A 升、降轨数据及 ALOS-2 降轨数据均完整覆盖了尼泊尔 M_W 7.8 级主震的同震形变场，ALOS-2 升轨数据覆盖了大部分形变场区域。所有主、辅图像垂直基线距均小于 300m，时间基线均小于 100 天，有效地降低了时空失相干对形变结果的影响。所有数据均基于 GAMMA 软件平台，采用传统 D-InSAR“二轨法”处理生成同震形变干涉图，并使用 SRTM 90m 分辨率的 DEM 数据消除地形相位的影响。为了压抑噪声和增强相干性，对生成的干涉图进行了 10×2（距离向×方位向）多视处理，并采用自适应滤波算法进行滤波。相位解缠使用最小费用流（MCF）法。值得注意的是，Sentinel-1A 降轨数据仅用单个轨道的数据并不能实现完整形变区域的覆盖。为了解决这一问题，我们在相位解缠之前先对四幅干涉图进行拼接，两个轨道重叠区域取二者的平均相位值。

表 7.13　尼泊尔地震 SAR 数据基本参数

数据	轨道及类型	成像模式	入射角范围/(°)	飞行方位角/(°)	主图像日期（年-月-日）	辅图像日期（年-月-日）	垂直基线/m
Sentinel-1A	Track19 降轨	TOPS	31.3~46.5	-167.45	2015-04-17	2015-04-29	37.7
							38.6
	Track21 降轨				2015-04-12	2015-05-06	154.0
					2015-04-24	2015-05-06	224.3
	Track85 升轨	TOPS	31.3~46.5	-12.52	2015-04-09	2015-05-03	-203.3
ALOS-2	Track048 降轨	ScanSAR	26.8~49.7	-169.95	2015-04-05	2015-05-03	4.3
	Track157 升轨	Swath	29.2~34.0	-10.87	2015-02-21	2015-05-02	-118.6

2. 多视线向同震形变场

我们利用 ALOS-2 和 Sentinel-1A 升、降轨数据获取的尼泊尔 M_W 7.8 级地震同震形变场如图 7.50 所示，可以看出四种不同平台不同升、降轨类型的 SAR 数据均获取了相干性良好、覆盖范围较完整的同震形变场，而且四个同震形变场的整体分布变化形态基本一致，均显示南北两个形变中心，南部区域视线（LOS）向隆升，北部区域视线向沉降。这意味着本次地震垂直形变显著，东西向形变微弱，否则会在升、降轨数据上呈现出反 LOS 向形变。其中 ALOS-2 和 Sentinel-1A 两种降轨数据干涉条纹形态［图 7.50（a）、（c）］和形变场［图 7.50（b）、（d）］显示出高度的一致性，南部区域最大隆升值约为 1.1m，北部区域最大沉降值约为 0.7m。同时，两种降轨形变场的隆升区在东侧均呈现出明显的凸起，向北嵌入形变场沉降区，显示出此次地震破裂的局部复杂性。ALOS-2 和 Sentinel-1A 两种升轨数据的干涉条纹形态［图 7.50（e）、（g）］和形变场［图 7.50（f）、（h）］也十分相似，南部区域最大隆升值达到 1.5m，北部区域最大沉降值约为 0.5m，并且形变场的隆升区在东侧也出现凸起现象。

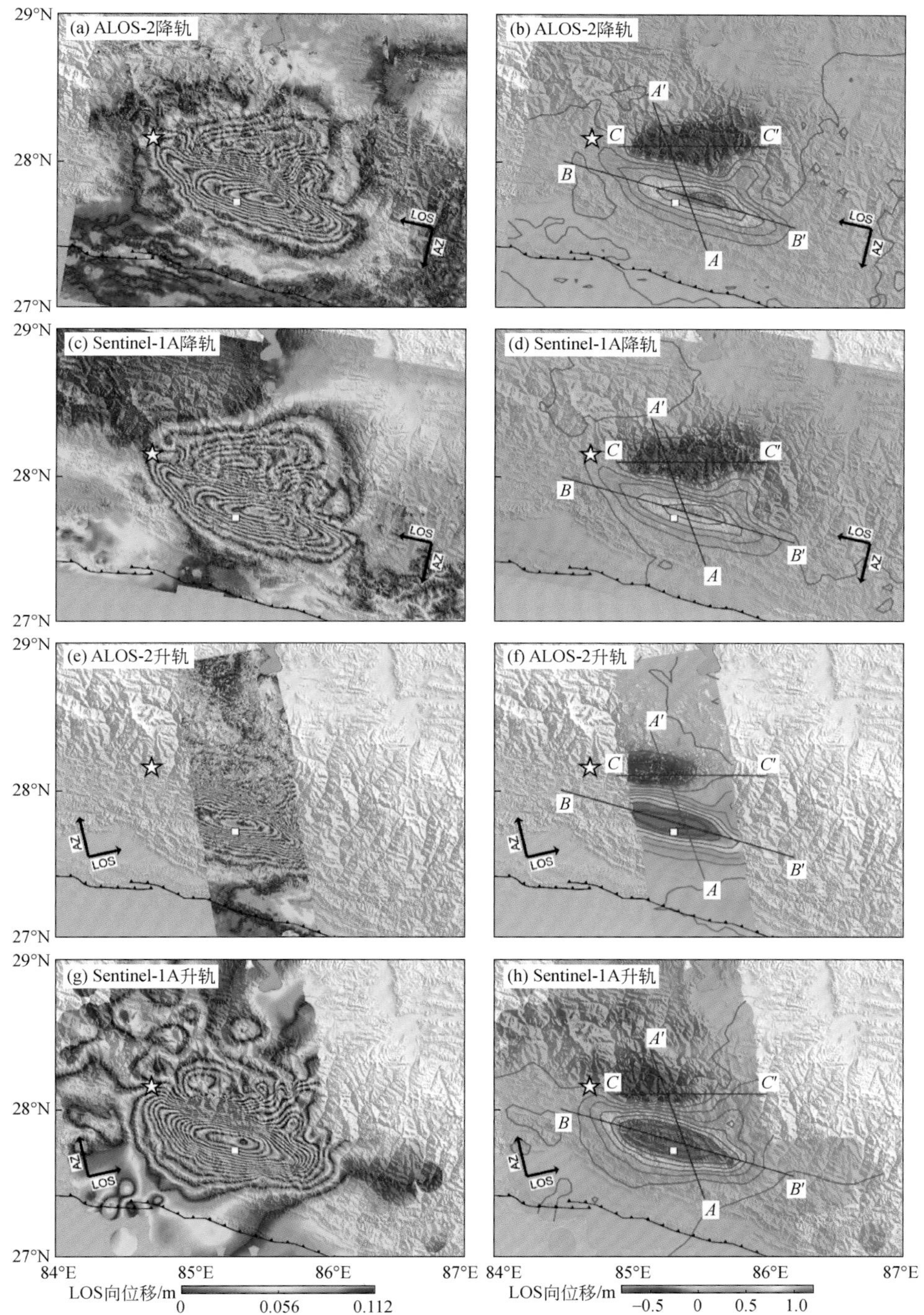

图 7.50 利用四种升、降轨不同类型数据获取的尼泊尔 M_W 7.8 级地震同震形变场

(a)、(b) ALOS-2 降轨干涉条纹图及解缠后的 LOS 向形变场；(c)、(d) Sentinel-1A 降轨干涉条纹图及解缠后的 LOS 向形变场；(e)、(f) ALOS-2 升轨干涉条纹图及解缠后的 LOS 向形变场；(g)、(h) Sentinel-1A 升轨干涉条纹图及解缠后的 LOS 向形变场。正值为靠近卫星方向运动，等值线间隔为 0.2m；白色五角星表示震中位置；白色正方形表示加德满都位置；*AA'*、*BB'*、*CC'*为形变场剖面线；AZ. 方位向；LOS. 视线向

虽然两种升轨形变场和两种降轨形变场分别呈现出良好的整体一致性，但不同类型升、降轨形变场之间仍存在一定的差异，为了更清晰地认识这四种形变场之间的细微变化，我们绘制了相同空间位置四种升、降轨形变场的三条剖面线进行对比（图 7.51）。图 7.51 中 ALOS-2 降轨数据与 Sentinel-1A 降轨数据三条剖面线的形态显示出高度的一致性，但位移量有微小差异。ALOS-2 升轨数据与 Sentinel-1A 升轨数据三条剖面线的形态相似，但位移量也存在差异。沿近南北向剖面 *AA′*，四种数据显示的形变曲线形态相似，但在南部隆升区两种升轨数据的位移值大于降轨数据，而在北部沉降区升轨数据的位移值则小于降轨数据。在两条近东西向的剖面线 *BB′* 和 *CC′* 上，两种升轨数据和两种降轨数据形态也存在较大区别。分析认为这些差异可能与雷达卫星入射角不同，震后时间不同及处理误差有关，但考虑到各干涉对震后时间很接近，相差仅在六天以内，因此认为这种差异主要是由于卫星入射角不同导致对垂直水平形变的敏感度不同所致。这也意味着单一轨道 InSAR 获得的同震形变场与数据观测观模式和入射角有依赖关系。联合多平台多视线向数据解算地震同震三维形变场，得到不依赖于卫星数据类型的地表三维位移分量，能够对地震引起的地表变形及断层的运动有更深入的认识。

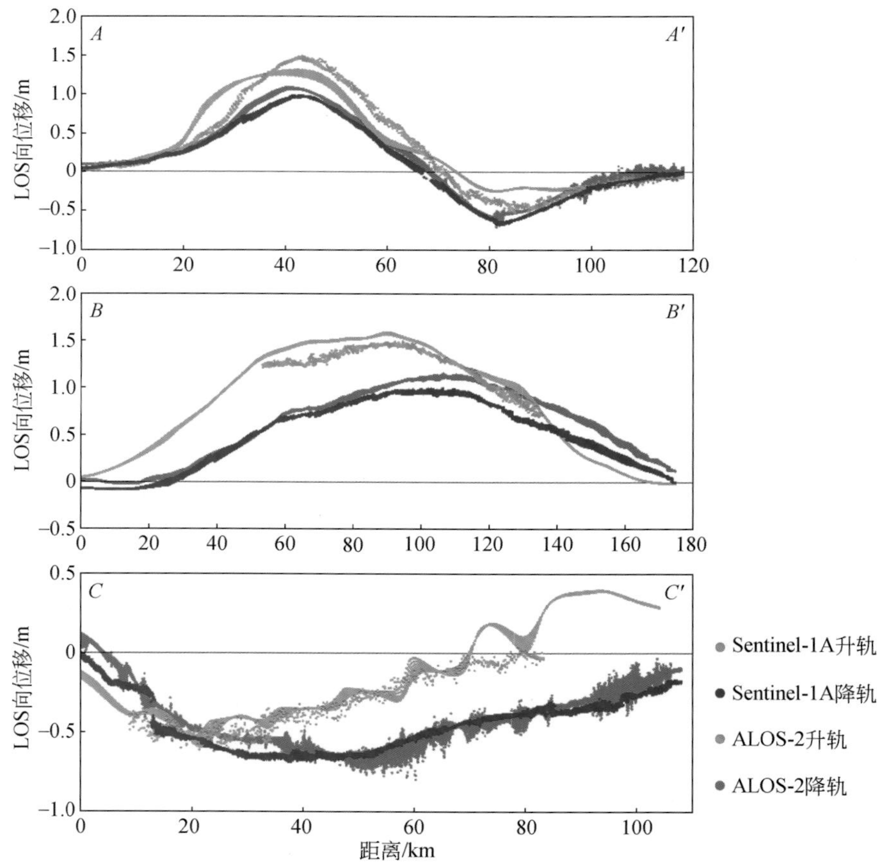

图 7.51　四种升、降轨不同类型数据获取的尼泊尔地震同震形变场剖面图

*AA′*剖面近南北向，*BB′*和 *CC′*近东西向；剖面位置见图 7.50

7.5.3　尼泊尔地震断层滑动分布反演

我们采用不同平台升、降轨 InSAR 数据组合方式对断层滑动分布进行反演，并对反演结果进行对比分析。首先，利用 ALOS-2 和 Sentinel-1A 单一平台升、降轨数据对断层滑动分布进行了反演，获取的滑动分布结果如图 7.52（a）、（b）所示。然后，利用 ALOS-2 升、降轨与 Sentinel-1A 升、降轨四组数据进行多平台卫星数据的联合反演，获取的滑动分布结果如图 7.52（c）所示，ALOS-2 升、降轨与 Sentinel-1A 升、降轨反演所得滑动分布差值如图 7.52（d）所示。可以看出不同组合方式获取的同震滑动分布呈现出高度的一致性，均揭示为一个平滑且连续分布的滑动集中区，东北端有明显凸起。ALOS-2 升、降轨数据与 Sentinel-1A 升、降轨数据反演所得滑动分布的差值在滑动分布较大区域基本在±0.5m 之间，并且联合反演结果相对于单一平台反演结果并没有明显的提升。这说明单一平台升、降轨数据已经能够对断层滑动分布特征提供很好的约束，联合反演虽然提供了更多的约束信息，但由于不同卫星平台飞行方向及雷达入射角差别并不是很大，这些信息出现一定的冗余现象，而使得滑动分布结果并没有得到明显的改善。联合反演结果表明，此次地震为典型的逆冲型地震，破裂集中在震中东南 150km、深度 10～15km 的区域内，平均滑动角为 97°，最大滑动量为 5.6m，位于深度 14km 处，计算所得矩震级 M_W 7.8 级。

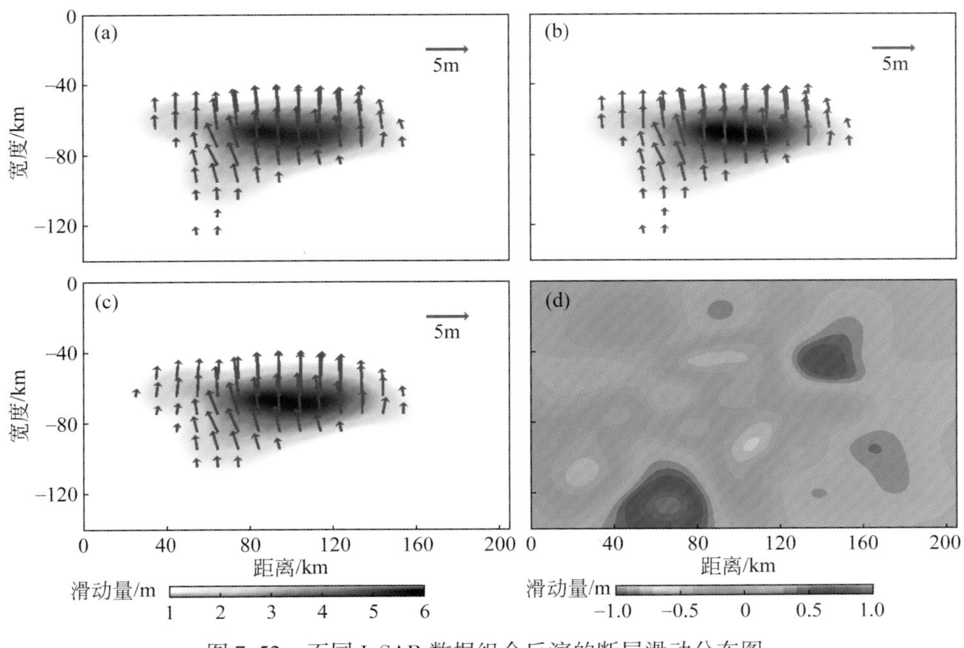

图 7.52　不同 InSAR 数据组合反演的断层滑动分布图

（a）ALOS-2 升、降轨数据反演所得滑动分布；（b）Sentinel-1A 升、降轨数据反演所得滑动分布；（c）ALOS-2 升、降轨与 Sentinel-1A 升、降轨四组数据联合反演所得滑动分布；（d）ALOS-2 升、降轨与 Sentinel-1A 升、降轨数据反演所得滑动分布差值

7.5.4 尼泊尔地震三维形变场

理论上获得三种视线（LOS）向形变观测值之后，即可直接解算地表形变三分量。但由于尼泊尔 M_W 7.8 级地震为南南西向逆冲型地震，伴随着较大的南北向形变量。而无论是 Sentinel-1A 还是 ALOS-2 卫星，其飞行方向与南北向的夹角均在 10°~13°，采集的 SAR 数据对南北向形变都不敏感。因此，基于多视线向的直接解算方法并不适用于此次地震。为此，我们采用 InSAR 升、降轨观测与模拟相结合的方法来解算尼泊尔地震三维形变场，即利用多平台 InSAR 数据联合反演所得的断层几何模型及滑动分布，基于 Okada 弹性介质位错模型正演此次地震的三维形变分量，然后将正演所得的南北向分量作为已知值，结合 ALOS-2 升、降轨两种不同轨道类型的观测数据，进一步解算出东西向和南北向形变分量（具体计算方法介绍见第 3 章）。

图 7.53 为我们最终获得的尼泊尔地震三维形变场，其中彩色背景表示垂直形变场，很明显其空间分布形态与 InSAR LOS 向观测结果极为相似，箭头表示由南北向分量与东西向分量合成得到的水平形变场，可以看出水平形变场整体形态呈哑铃型对称分布，可以将水平形变场大致分为左中右三个区域，左侧区域形变场伴随着明显的顺时针旋转，

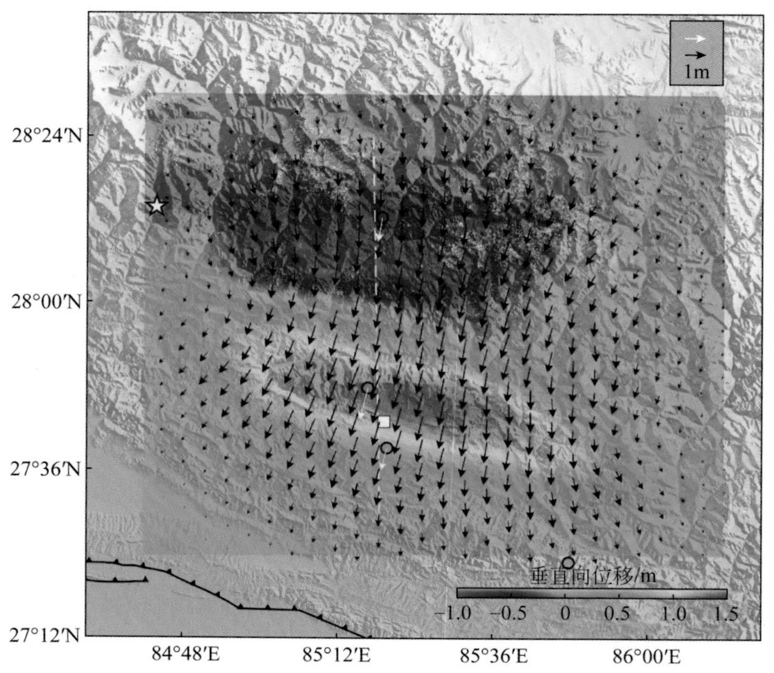

图 7.53 尼泊尔 M_W 7.8 级地震三维形变场

彩色背景为 InSAR 观测的垂直形变场；黑色箭头为 InSAR 观测的水平形变场；小圆圈为 GPS 站点位置；小圆圈内彩色背景为 GPS 观测的垂直形变；白色箭头为 GPS 观测的水平形变；白色五角星为尼泊尔地震震中位置，白色正方形为加德满都位置

中部区域以垂直于断层的运动为主，而右侧区域伴随着明显的逆时针旋转。为了验证三维解算结果的准确性，我们将解算结果与解算区域附近四个 GPS 数据结果（苏小宁等，2015）进行了对比，二者符合度很高，各个方向的形变量之差基本在±5cm 之间，仅 KKN4 台站的南北向分量与 CHLM 台站的东西向分量与 GPS 的结果误差（分别约为 0.3m、0.2m）较大，表明了这种结合模拟值进行三维解算方法的可行性和此次地震解算结果的可靠性。

为了更直观地分析此次尼泊尔地震三维形变分量对视线向形变量贡献的多少，我们绘制了一条近南北向的剖面线，并将三维形变分量与 ALOS-2 降轨 LOS 向形变场分别投影到该剖面线上（图 7.54）。可以看出，垂直向形变与 LOS 向形变投影曲线的形态呈现出高度一致性，形变量级大小也非常接近；而形变量较小的东西向及形变量很大的南北向的形变场投影曲线在形态和量级上均与 LOS 向投影曲线存在很大差异。这表明此次尼泊尔地震的 LOS 向形变场主要体现了垂直方向的运动分量，而水平方向的运动特征并没有很好地体现出来。

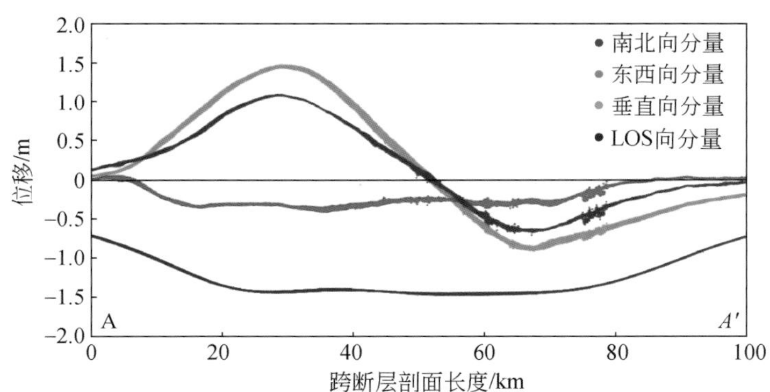

图 7.54　尼泊尔地震三维形变分量与 ALOS-2 降轨 LOS 向形变的比较

7.6　昆仑山地震震后

7.6.1　昆仑山地震区域构造背景

东昆仑断裂带是青藏高原内部一条古老的板块缝合带，是调节青藏高原内部挤压变形、地壳物质向东逃逸，并将青藏高原划分为南、北两部分的重要地质构造带（图 7.55）。该断裂带西起青海、新疆交界处的鲸鱼湖以西，东至甘肃玛曲以东，全长达 2000km，总体走向北西西，主要倾向北，倾角为 60°~ 85°，为一高角度左旋走滑断裂带（徐锡伟等，2002；Kirby *et al.*，2007；邓起东等，2010）。根据前人研究结果，东昆仑断裂带可以划分为七个一级地震破裂段，自西向东分别是：鲸鱼湖段、库赛湖段、东大滩—西大滩段、阿拉克湖段、阿尼玛卿山段、玛沁段和岷山段，更宏观地可分为西段、中段和东段

（徐锡伟等，2002）。东昆仑断裂带的左旋走滑速率具有系统性衰减的特征，地质学研究表明晚更新世以来东昆仑断裂带中段和西段（大约 90°E ~ 100°E）的平均滑动速率在 10 ~ 12.5mm/a，但从中段以东的滑动速率逐渐衰减（刘光勋，1996；任金卫等，1993；Van der Woerd *et al.*，1998；Li *et al.*，2005；Kirby *et al.*，2007）。GPS 长达十几年的观测研究揭示的东昆仑断裂带整体左旋走滑运动速率约在 10 ~ 20mm/a（Zhang *et al.*，2004；Gan *et al.*，2007；Zheng *et al.*，2017），和地质学的运动速率基本一致。

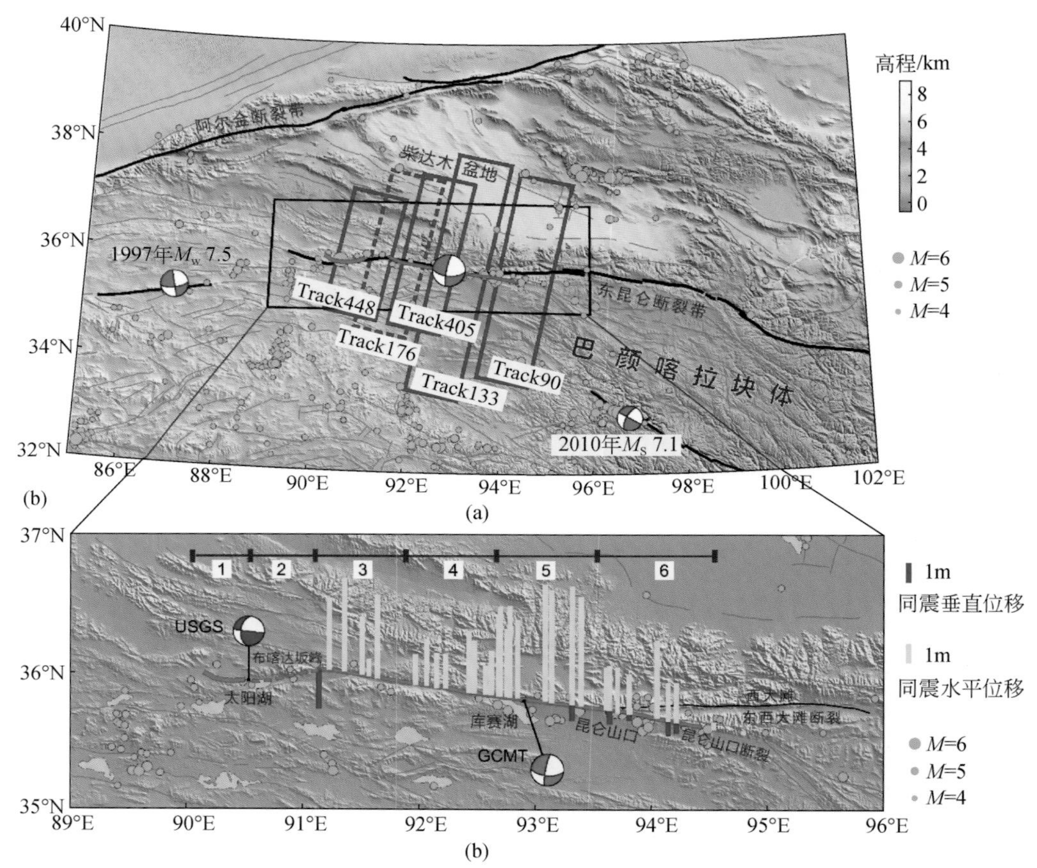

图 7.55　2001 年昆仑山 M_S 8.1 级地震区域构造背景

（a）东昆仑断裂带及周边构造背景与地震活动。蓝色方框为震后形变研究所用的 ENVISAT/ASAR 数据条带覆盖范围；红色沙滩球分别为 1997 年 M_W 7.5 级玛尼地震、2001 年 M_S 8.1 级昆仑山地震和 2010 年 M_S 7.1 级玉树地震的震中。（b）2001 年 M_S 8.1 级昆仑山地震的同震破裂野外考察结果（据陈杰等，2003）。红色粗线表示地震地表破裂带；1. 太阳湖—库水浣湖破裂段；2. 阶区；3. 布喀达坂峰破裂段；4. 库赛湖西破裂段；5. 库赛湖东破裂段；6. 昆仑山口破裂段

东昆仑断裂带也是一条强震活动带，其中，西段和中段历史地震比较活跃。在其西段和中段曾发生过 1902 年秀沟 *M* 8.0 级、1937 年花石峡 *M* 7.5 级及 1963 年阿拉克湖 *M* 7.1 级等 7 级以上强震，最近的一次是 2001 年昆仑山 M_S 8.1 级特大地震，是迄今为止该断裂上发生的最大地震。相比于东昆仑断裂带的中段和西段，其东段的活动性较弱，地

震活动较少，间接反映出东昆仑断裂带自西向东活动性减弱、断裂带分段活动性明显的特点。

2001 年 11 月 14 日发生在东昆仑断裂带西部库赛湖段上的 M_S 8.1 级特大地震是有地震记录以来影响较大的板内破裂事件（Lin *et al.*，2002）。震中位于海拔 4500m 以上的高寒无人区和高原冻土冰川覆盖区，自然环境十分恶劣。地震波数据表明地震起始破裂点位于太阳湖以西的次级断层上，然后向东扩展，穿过 45km 长、10km 宽的阶区，在东昆仑断裂带上继续破裂，终止于昆仑山口断裂（95°E；Lasserre *et al.*，2005），是一次单侧破裂事件，显示东昆仑断裂带的左旋走滑运动特征。野外考察结果表明：此次地震产生了将近 426km 的地表破裂带，其中包括布喀达坂峰以东连续分布的 350km 长的主破裂带和太阳湖以西 26km 长的次级破裂带，两者之间有近 50km 长的无明显地表破裂的拉分阶区。同震最大地表位移约 7m，位于库赛湖以东（约 93.3°E）（徐锡伟等，2002；陈杰，2003；Klinger *et al.*，2005）。同震及震后的 GPS 测量（任金卫和王敏，2005）、InSAR 同震形变（Lasserre *et al.*，2005）和 InSAR 震后形变观测（Ryder *et al.*，2011）均显示昆仑山地震的同震和震后形变都表现出断裂带两盘地壳运动的非对称性特征。

7.6.2　昆仑山地震 InASR 震后形变场

1. 数据及处理方法

2001 年昆仑山 M_S 8.1 级大地震产生了近 426km 长的巨型地表破裂带，自西向东包括库水浣湖和太阳湖之间约 25～30km 的地表破裂段，太阳湖和布喀达坂峰之间约 50km 未发现明显地表破裂的拉分阶区，及布喀达坂峰以东长约 350km 的主破裂段［图 7.55（a）］。但根据震后开展的野外考察结果［图 7.55（b）；陈杰等，2003］沿地表破裂带昆仑山地震同震位移分布存在显著差异，表现出同震变形的不连续性和分段丛集性，在宏观震中所在的库赛湖破裂段，地表破裂规模和同震水平位移均达到最大，其中最大水平位移约 6.4m，垂直位移可达约 4m，向东西两侧同震位移大幅度减小，而在布喀达坂峰破裂段又形成一个同震位移高值区。这种差异可能与断裂带不同段落的浅表几何结构及分段活动差异性有关。那么同震破裂和同震位移沿走向的非均匀起伏变化特征是否在震后形变中也存在，震后形变与同震位移在空间上具有怎样的对应关系，震后形变时空演化过程及其变形机制等科学问题均有待深入探索。

本节中，我们利用跨越东昆仑断裂带的五个轨道在 2003～2010 年的 ENVISAT/ASAR 长条带数据，研究昆仑山地震的震后形变特征。五个轨道数据自西向东分别为 Track448、Track176、Track405、Track133 和 Track90［图 7.55（a）］，数据条带南北向长度在 400～500km，沿断层东西向覆盖范围约 500km，基本包括了昆仑山地震的同震破裂段和形变区域，能够对震后形变的整体分布形态和局部变化进行全面揭示。数据处理采用基于多干涉图叠加的 Stacking InSAR 时序分析方法，该算法在有效去除残余轨道相位误差和大气误差的基础上，利用相位叠加原理抑制影像噪声、增加像元的观测密度。该方法已在多个震间和震后微小形变场提取和监测案例中取得成功应用（Biggs *et al.*，2007）。

利用多个 D-InSAR 干涉图通过层叠法（Stacking）获取地壳微小形变的主要流程是：①利用基于二次多项式的平面轨道相位趋势网络校正法去除轨道误差及其他的长波相位误差分量；②利用 SRTM3 DEM 数据对地形相关的大气相位进行拟合并去除；③利用时空滤波法去除残余大气相位（APS 误差）干扰，进一步抑制噪声，增强信噪比；④基于多个约束条件对相位图进行叠加处理，进行 LOS 向平均形变速率的计算。在进行残余轨道误差拟合时，为避免震后形变区域的干扰和影响，我们将震后形变区域掩摸，尽可能利用远场信息估计轨道误差的相关参数。基于以上数据及处理方法，我们计算了每个条带在整个观测时段（2003～2010 年）的震后长期平均速率场及不同时段的短期震后平均速率场，并将相邻条带拼接得到大范围震后形变场整体变化形态。限于篇幅，这里仅介绍位于震中区库赛湖破裂段的 Track133 条带和大范围震后形变场的研究结果。

2. 震中区（Track133）的震后形变特征

Track133 条带覆盖库赛湖破裂段，跨越了昆仑山地震震中区。我们收集了该条带 27 个原始 SAR 影像，利用短基线像对构建方法生成了 98 个解缠干涉图，从中选取了 71 个相干性较好的干涉图，计算了整个观测时段（2003～2010 年）及震后六个不同时段的平均形变速率场。图 7.56 为 Track133 条带获取的 2003～2010 年昆仑山地震震后平均形变速率图，此图反映了库赛湖破裂段的震后形变量级和空间范围，北盘近场平均震后形变速率为

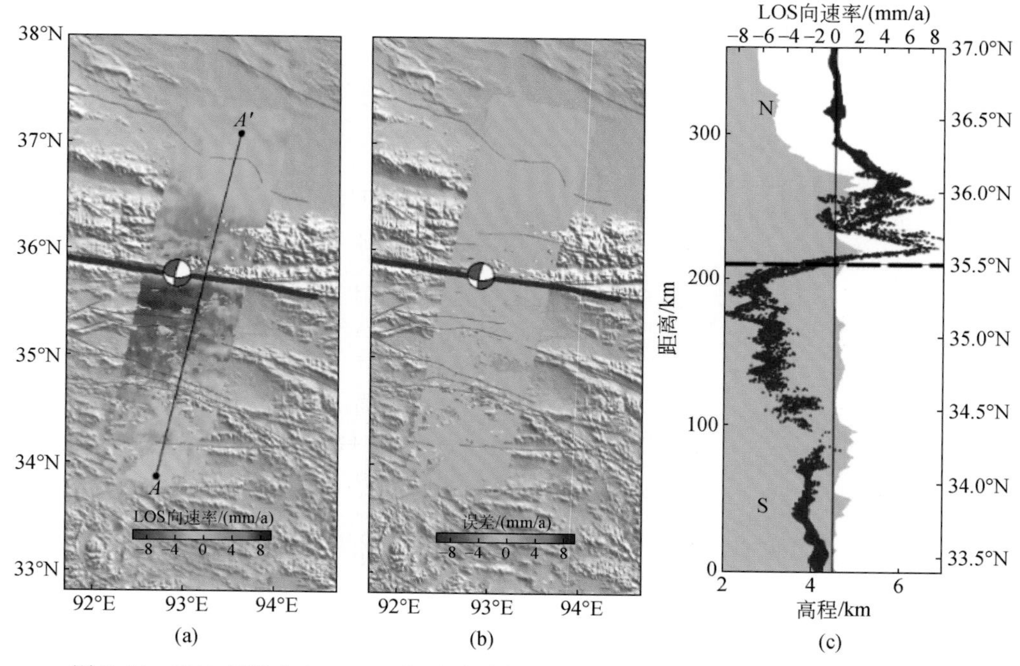

图 7.56　2001 年昆仑山 M_S 8.1 级地震震中区（Track133）震后长期平均形变速率场

（a）平均形变速率场（2003～2010 年）；（b）平均形变速率场对应误差图；（c）跨断层速率场剖面图。沙滩球为 2001 年 M_S 8.1 级昆仑山地震的震源机制解（GCMT）；紫色粗线为昆仑山地震同震地表破裂带；黑色虚线为断裂带位置；AA'. 剖面线的位置，剖面宽度为剖面线左右两侧各 10km

约 4 ~ 8mm/a，南盘近场平均震后形变速率为约 6 ~ 8mm/a。断裂带南盘形变范围从地表破裂开始一直向南衰减延伸至约 34°N 以南，形变宽度达约 200km，北盘震后形变从地表破裂向北衰减延伸至柴达木盆地南缘，形变宽度在约 100km，显示出该区域存在南北两盘震后形变量级和形变范围的非对称性特征。另外，也显示出沿断层走向由西向东的速率减小趋势，特别是断层南盘。该条带震后形变速率解算误差整体在±3mm/a 以内，说明震后平均形变速率结果的可靠性。

为了反映震后形变的时空动态演化过程，我们计算了六个震后不同时段的短期形变速率场（图 7. 57），分别是 2003 ~ 2006 年、2004 ~ 2007 年、2005 ~ 2008 年、2006 ~ 2009 年、2007 ~ 2010 年、2008 ~ 2011 年。图 7. 57 中除了断裂带北侧地势陡峭的昆仑山和南侧部分山区、湖泊失相干比较严重外，大部分区域震后形变信号空间连续性较好，清晰地勾勒出库赛湖段震后形变时空演化特征。该破裂段为同震位移最大处，震后形变效应也最为显著，但震后不同时段的短期形变速率场基本一致，表明该区域震后形变相对稳定，形变速率随时间的递减并不显著，只在断层北盘的近场显示出较明显的衰减过程，衰减幅度在约 3 ~ 4mm/a，且随着震后速率值的减小，形变宽度也逐渐向南缩小；而断层南盘震后形变衰减缓慢，近场速率值基本稳定在约 4 ~ 8mm/a 的范围内，不同时段形变宽度也基本一致。

3. 大范围震后形变场整体变化特征

为了反映昆仑山地震震后形变场整体分布形态，我们将获取的五个条带的震后长期平均速率场共同叠加在东昆仑断裂带的构造背景上（图 7. 58），图 7. 58 清晰地勾勒出 2001 年昆仑山 M_S 8. 1 级地震在 2003 ~ 2010 年期间的震后形变整体分布形态、空间作用范围和断裂带两盘非对称形态特征，也揭示出昆仑山地震强烈的震后形变效应对巴颜喀拉块体中部地壳形变的控制作用和广阔的影响范围。从图 7. 58 可以看出，昆仑山地震震后形变范围在南北方向上跨越约 34°N ~ 37°N，形变宽度为约 300km，东西方向上横跨约 90°E ~ 95°E，沿断层形变长度至少约 500km，以昆仑山地震的同震地表破裂为界，南北两盘呈现明显的非对称震后形变特征，包含空间分布范围的不对称，形变速率量级的非对称及随时间衰减速率的不对称。南盘震后形变范围和形变量都比较大，形变宽度在 200km，形变速率在破裂带附近达 8mm/a，离开断层向南衰减平稳缓慢；北盘形变宽度窄，约在 100km 以内，形变幅度在靠近断层处可达 6 ~ 8mm/a，但是变化较复杂，在沿断层走向，宏观震中所在的 Track133 形变速率稍大于左右两侧，但相对于同震形变的丛集性和锯齿状变化，震后形变沿断层在东西向的衰减变化不显著。南北两盘震中区域和远离震中区域的震后形变衰减特征也有差别（图 7. 59），南盘震中区域的衰减速度小于东西两侧的远场区，而北盘震中区域及东西两侧远场区都呈现快速衰减的特征。这些对应不同区域显著的震后形变时空演化差异反映出东昆仑断裂南部巴颜喀拉块体和北部柴达木–祁连块体的深部流变属性、地壳结构及同震破裂时不同破裂段破裂规模与性质的差异。

4. InSAR 与 GPS 震后形变的比较

基于东昆仑断裂带上已发表的震后 GPS 观测结果（任金卫和王敏，2005；Zhao *et al.*,

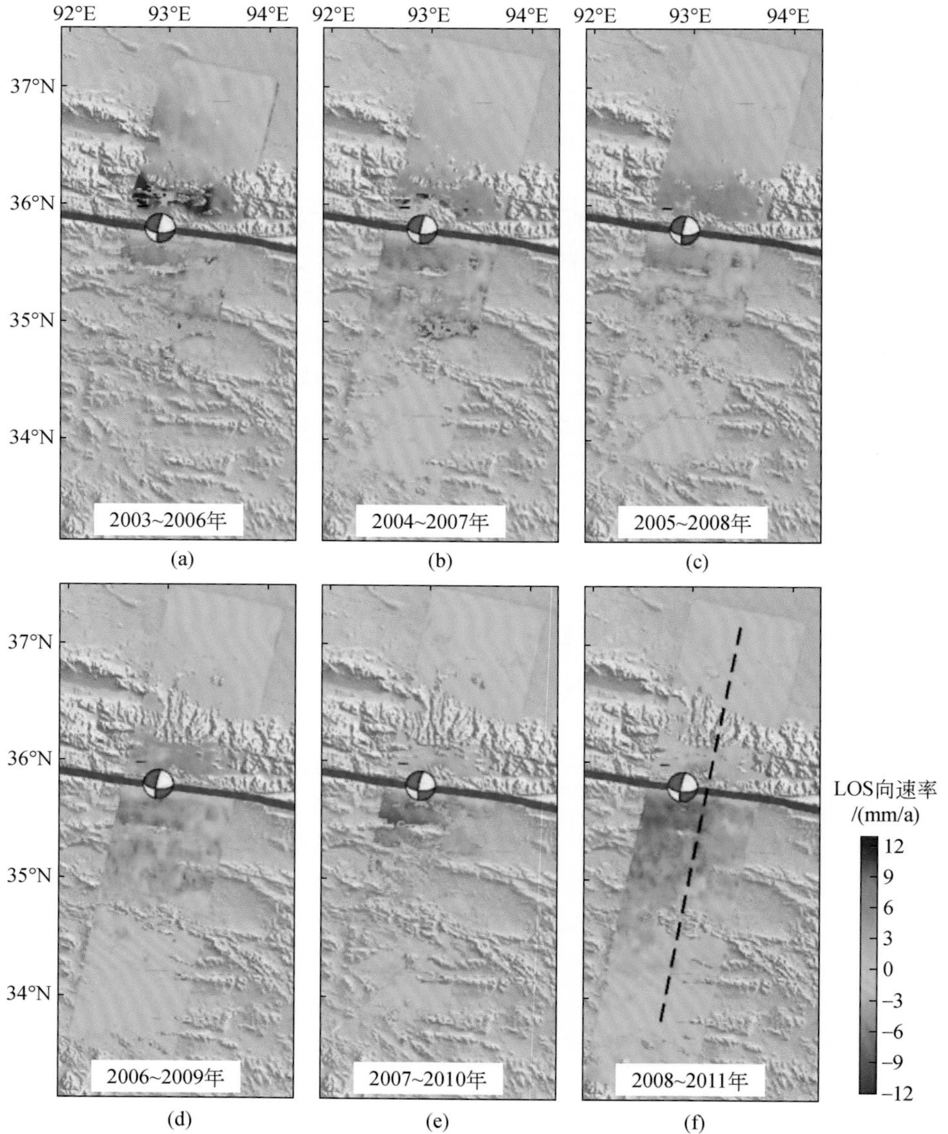

图 7.57　2001 年 M_S 8.1 级地震震中区（Track 133）震后不同时段形变速率时空演化图像

紫色粗线为同震地表破裂带；沙滩球为 2001 年 M_S 8.1 级昆仑山地震的震源机制解

2015），我们对昆仑山地震震后不同时段的形变速率演化过程进行了对比研究。采用了任金卫和王敏（2005）发表的震后早期（2001 年 12 月—2002 年 11 月）跨断层 GPS 形变观测结果，以及 Zhao 等（2015）发表的震后后期（2009～2014 年）跨断层 GPS 平均形变速率，并将 GPS 观测值投影到 InSAR 视线（LOS）向，然后与我们获取的 2003～2010 年观测时段内的 InSAR 平均形变速率进行对比，结果如图 7.60 所示。可以看出昆仑山地震震后形变速率经历了一个快速衰减过程，断层两盘近场 LOS 向相对形变速率由震后早期

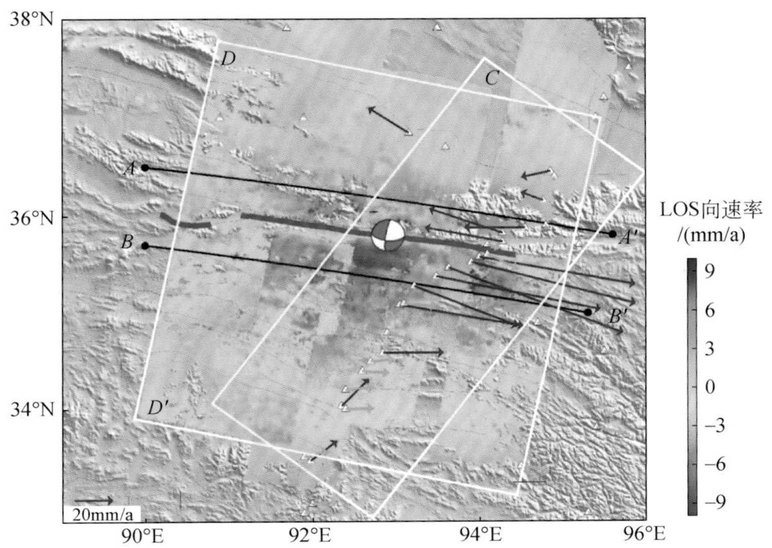

图7.58 东昆仑断裂带大范围震后形变场整体分布图像

AA'和BB'为东昆仑断裂带南北两侧沿走向剖面位置；白色方框为剖面位置；沙滩球为2001年昆仑山M_S 8.1级地震的震源机制解（GCMT）；蓝色箭头为震后早期GPS速率（2001年12月—2002年11月）；浅蓝色箭头为震后后期GPS速率（2009~2014年）。数据来源：任金卫和王敏，2005；Zhao *et al.*，2015

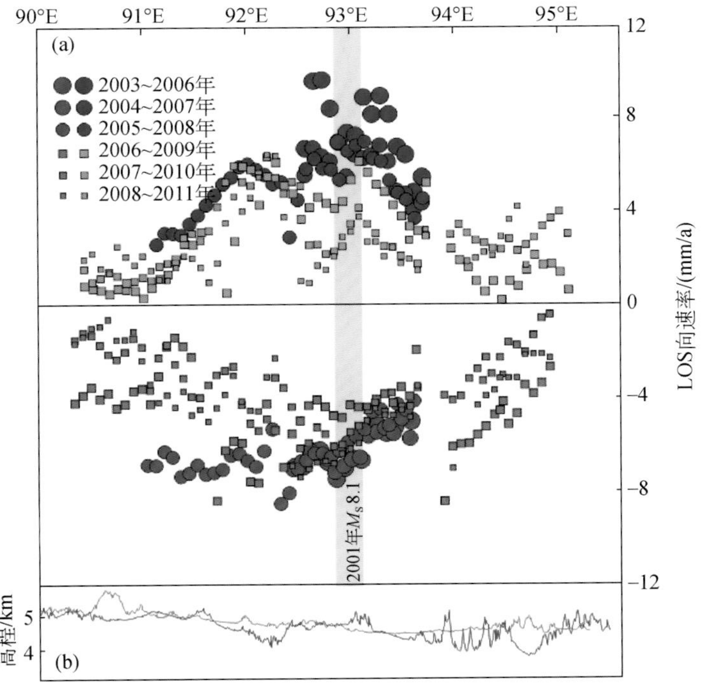

图7.59 东昆仑断裂带震后不同时段的形变剖面

(a) 震后不同时段南北两盘沿断层形变速率演化剖面，剖面位置见图7.58AA'、BB'，黄色矩形框为昆仑山地震震中位置；(b) 剖面处的地形高程，蓝色曲线为断裂带北侧剖面（AA'），红色曲线为断裂带南侧剖面（BB'）

GPS 观测的约 50 ~ 55mm/a 衰减至 InSAR 观测的 2003 ~ 2010 年平均形变速率约 8 ~ 12mm/a 及 2009 ~ 2014 年 GPS 观测的近场相对速率约 4 ~ 6mm/a。InSAR 观测时段大致位于两个 GPS 观测时段之间，但 InSAR 观测的平均形变速率与震后后期（2009 ~ 2014 年）GPS 观测结果基本一致，而与震后早期的 GPS 观测结果差异大，这说明震后早期断层近场形变速率衰减较快，后期衰减较慢。同时从两组 GPS 观测结果的比较可以看出（图 7.60），距离断裂带不同远近的站点震后形变速率衰减的时间尺度不同，距离断层较近的站点累积形变量和衰减幅度都比较大，其中震后形变量最大、衰减周期最长的 JB51 站点位于库赛湖以南约 70km 处，而其他远离 GCMT 震中区域的站点，即位于地表破裂段东段或者南盘远场区域的点，在 2004 ~ 2005 年以后就进入震后形变速率的相对稳定阶段（指数型衰减的线性特征部分）。这说明断层远近场的衰减特征是不同的，借助高时空密度的 InSAR 观测数据可以提取不同区域的震后形变衰减参数。

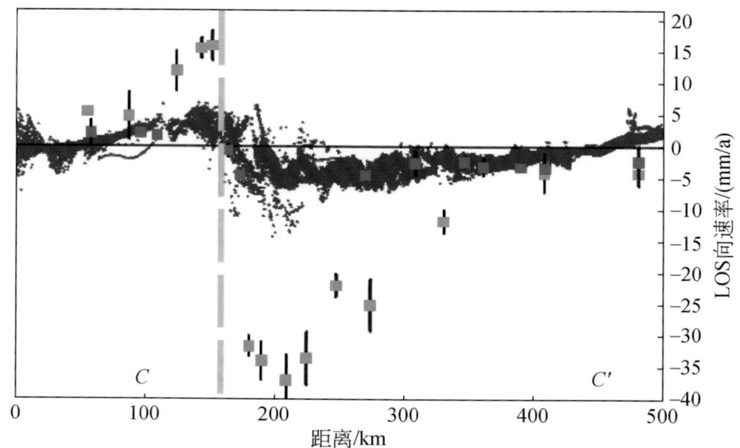

图 7.60　东昆仑断裂带震中区 InSAR 平均形变速率与 GPS 观测速率的对比

蓝色点为 InSAR 平均形变速率（2003 ~ 2010 年）；绿色正方形为震后早期 GPS 速率（2001 年 12 月—2002 年 11 月）；红色正方形为震后后期 GPS 速率（2009 ~ 2014 年）；GPS 速率被投影到 InSAR LOS 向；剖面位置见图 7.58*CC′*

7.6.3　东昆仑断裂带震后形变衰减模型

7.6.2 节我们利用震后长期平均速率及震后不同阶段的短期形变速率较宏观地研究了昆仑山地震的震后形变衰减特征，这一节将更加详细和定量化地研究震后累积位移变化序列和远近场衰减模型。我们选 SAR 影像数据量最多的 Track133 条带，进行断裂带远近场不同衰减参数的时间序列解算。时间序列模型采用 Ryder 等（2007）研究玛尼地震震后形变效应时进行时间序列约束的方程，表达式为 $A\times(1-e^{-t/\tau})$，式中，A 为震后形变速率逐渐减小，累积位移量最终趋于稳定的规模；τ 为震后形变衰减的速度。这个模型只有运动学的描述，没有动力学的意义。Yamasaki 和 Houseman（2012）利用这种模型获取的玛尼地震震后形变时间序列求解了巴颜喀拉块体西部的黏度结构。我们在求解时采用经过大气相位校正和轨道误差校正的干涉图逐像元解算，将模型方程加入到拉普拉斯平滑算子中，基于一阶差分的方式求解，并利用网格搜索法搜索最优参数组合。

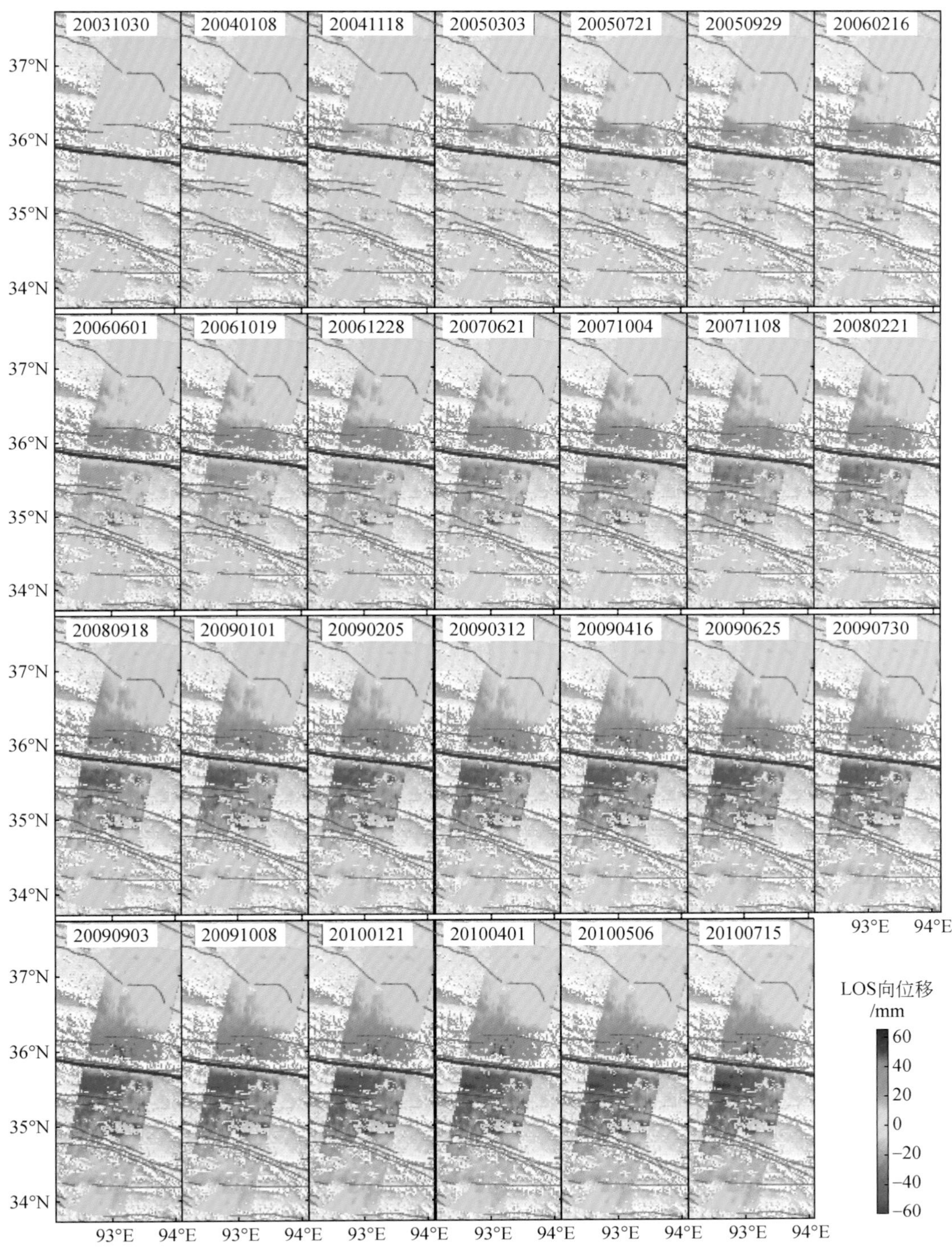

图 7.61　震中区 Track133 条带震后累积形变时间演化序列

紫色粗线为昆仑山地震同震地表破裂带；灰色细线为活动断裂；图中累积位移起始时间为第一幅影像获取时间，2003 年 10 月 30 日，各子图顶部数字为累积形变量对应的日期兼顾远近场不同位置差异性衰减特征，解算震中区 Track133 条带累积形变时间序列，结果如图 7. 61 所示，此图除了与前述形变速率场一样显示出南北两盘强烈的不对称形变特征外，还进一步反映出南北两盘的累积震后形变都是从近场开始逐渐向远场弥散，震后效应的影响范围在不断扩大，早期时段近场震后效应比较明显，随着时间推移，远场区域的震后效应才逐渐显现出来。图 7. 62 为沿一条南北向剖面不同位置的逐点时间序列变化曲线（一条曲线代表剖面上一个像元震后形变的时间序列观测值），更加详细和直观地展示出断裂带远近场不同位置震后形变的衰减模型差异，近场形变以指数型衰减为主，远场形变近乎线性变化，且离断裂带越远，这种线性变化幅度和规模越小。

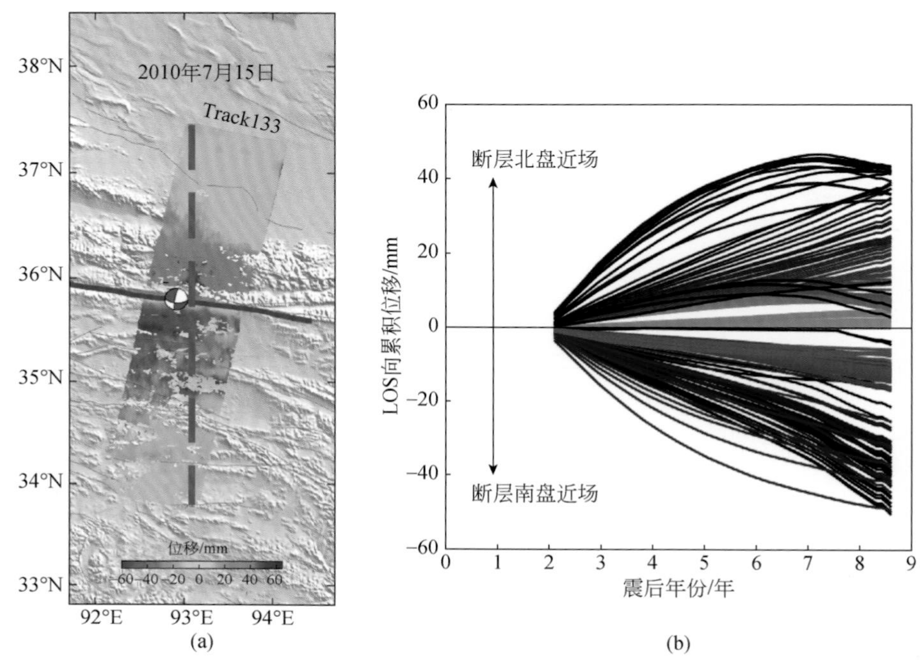

图 7. 62　震中区 Track133 条带沿跨断层剖面逐点累积位移时间变化曲线

（a）Track133 条带在整个观测时段内的累积形变量（2003 年 10 月 30 日—2010 年 7 月 15 日，约七年）；（b）沿跨断层剖线的逐点累积形变时间序列。剖线位置见图（a）中的粉红色粗虚线；一条曲线代表图 7. 61 中一个像元 27 个历元的时间序列观测值；绿色线条为断裂带北盘观测值；红色线条为断裂带南盘观测值，颜色越深表示离断层越近

7. 6. 4　东昆仑断裂带 InSAR 震后形变场模拟

上述基于五个长条带 InSAR 数据的观测研究表明，东昆仑断裂带南北两侧的一定宽度范围内存在明显的震后形变差异，这与地壳介质属性及 2001 年发生在此断裂上的 M_S 8. 1 级地震有关，而通过模拟 GPS、InSAR 等形变观测数据可以进一步研究地壳介质的黏弹性参数。关于东昆仑断裂带的震后模拟前人已开展了较多研究，但主要是基于 GPS 观测数据进行的（邵志刚等，2008；Diao *et al.*，2011；Zhang *et al.*，2007），而基于密集 InSAR 数据的震后模拟开展得并不多。因此，我们尝试采用下地壳和上地幔震后黏弹性松弛模型开展

长条带 InSAR 数据的震后形变场模拟，获取研究区的最佳下地壳黏滞系数。

1. 震后形变模型选取

关于震后形变的机制问题，目前主要有三种模型被普遍认可，分别是震后余滑模型（Marone *et al.*，1991）、震后孔隙弹性回弹模型（Peltzer *et al.*，1998）及下地壳和上地幔震后黏弹性松弛模型（Casetta and Koncar，1998；Michel *et al.*，2002；Pollitz *et al.*，1992），这些不同的震后变形机制表现出不同的形变特征，反映出地球深部物质的不同属性和流变特性。通常认为余滑发生的位置主要在同震破裂面、破裂面的延伸面及同震破裂面内部没有完全破裂的位置；而震后黏弹性松弛模型是通过下地壳和上地幔的黏性流动来释放同震应力的加载，发生在较大的时空尺度上，被认为是主要的震后形变模型（Pollitz *et al.*，2000；Pollitz，2005；Freed *et al.*，2007）。

震后不同时期沿穿过 2001 年昆仑山地震震中区的跨断层 GPS 剖面的观测结果表明（乔学军等，2002；任金卫和王敏，2005；Zheng *et al.*，2017），形变梯度变化较快的震后余滑主要发生在震后 1～2 年，其后震后形变趋于稳定。本研究所用的 ENVISAT、ASAR 雷达卫星数据观测时间是从 2003 年 4 月到 2010 年年底，已是震后两年以后了，而我们获取的 2003 年以来不同时段的跨断层形变速率也确实变化不大，因此，在长条带震后形变场模拟中我们采用了黏弹性松弛模型。

黏弹性松弛模型中使用分层的地球模型，地壳分层介质参数都来自跨越东昆仑断裂的地震数据（吴功建等，1991）。弹性上地壳的厚度取自 Deng 等（1999）分析的 95% 区域的地震发生位置，根据国家地震科学数据共享中心（http://data.earthquake.cn）提供的过去 30 年地震数据资料，确定上地壳的厚度大约是 32km。在断层几何模型中，采用 Lasserre 等（2005）用 InSAR 同震形变场反演的断层模型作为约束，同震滑动模型作为黏弹性松弛模型的动力源。此时只有一个未知参数，就是介质的黏滞系数（η）。为了适应黏弹性松弛模型的复杂性和非唯一性，我们建立了两个不同的地壳模型：首先，采用由 Maxwell 下地壳和弹性上地壳组成的 E-M 模型；其次，考虑构建一个由弹性上地壳、Maxwell 下地壳和 Maxwell 上地幔组成的相对复杂的 E-M-M 模型。两种模型中，下地壳和上地幔的黏滞系数变化范围都是 1×10^{17} Pa · s 到 1×10^{21} Pa · s。

2. 两种模型的震后形变模拟结果

我们利用位于震中区的 Track133 条带开展震后形变场模拟研究，该条带数据质量好、可用 SAR 图像多，观测日期是从 2003 年 4 月 3 日到 2010 年 7 月 15 日。为凸显模型效果，我们选取累积震后形变量最大的干涉图（2003 年 4 月 3 日—2010 年 7 月 15 日）作为模拟参考形变场。模拟计算前先采用均匀采样法对 InSAR 长条带形变场进行降采样以减少数据点数，降采样后得到 3926 个代表形变值的数据点［图 7.63（a）］。基于降采样后的有效数据点，首先采用由一个 Maxwell 下地壳和一个弹性上地壳组成的 E-M 模型，通过设置不同的下地壳黏滞系数（η_c），模拟长条带震后形变场，搜索确定下地壳最佳黏滞系数。最佳模拟结果［图 7.63（b）、图 7.64（a）］显示，当 η_c 取值为 8.0×10^{18} Pa · s 时，均方根（RMS）误差最小，其最小值为 11.113mm。模拟所得的最优下地壳黏滞系数为 8.0×10^{18} Pa · s，与 Diao 等（2011）采用余滑和黏弹性松弛模型获取的下地壳黏滞系数基本一致。但我们也注意到，在东昆仑断裂带附近，稍大的残差反映出模拟值略小于观测值，这可能意味着在断裂带附近还存在余滑等其他震后形变成分。

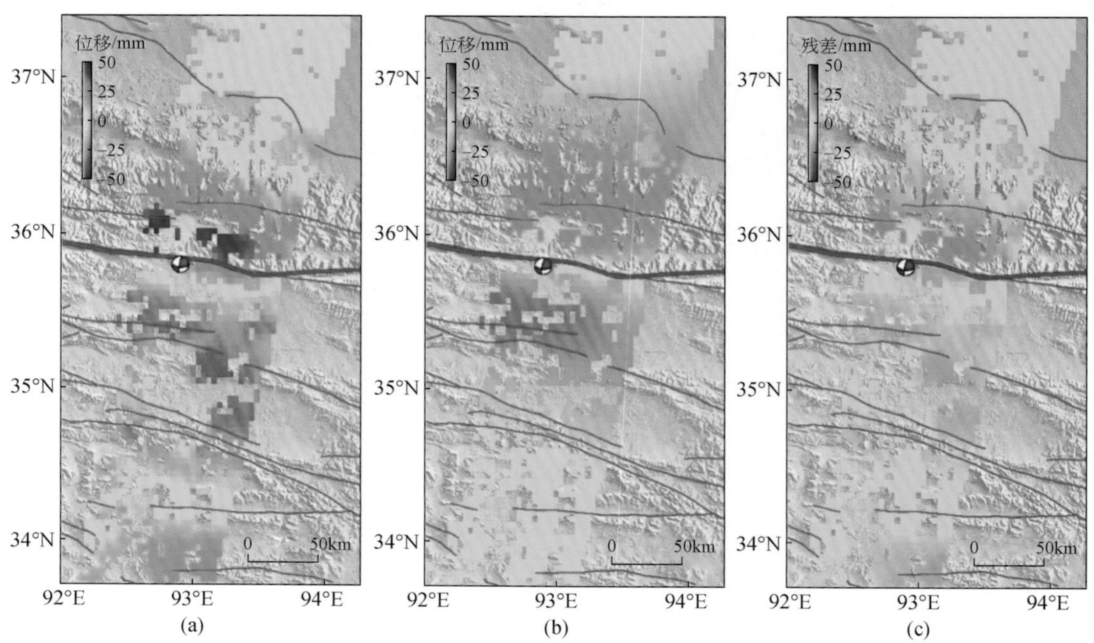

图 7.63　Track133 轨道上基于 E-M 模型模拟的震后累积位移场及残差（2003 年 4 月 3 日—2010 年 7 月 15 日）
（a）观测的累积形变场；（b）模拟的形变场；（c）观测值与模型值的残差

考虑到地球模型的复杂性和非唯一性，我们进一步考虑上地幔黏性，构建了由弹性上地壳、Maxwell 下地壳和 Maxwell 上地幔组成的 E-M-M 模型。模型中下地壳和上地幔的黏滞系数变化范围都是 1×10^{17} Pa · s 到 1×10^{21} Pa · s，采用与 E-M 模型一致的长条带形变观测数据作为模拟参考，通过对残差均方根（RMS）误差进行网格搜索的方法，获取下地壳与上地幔的最佳黏滞系数，结果如表 7.14 所示，最小均方根误差为 11.146mm，此时模拟的最佳震后形变场与 E-M 模型结果基本一致，故不再展示。

表 7.14　E-M-M 模型中不同上地幔 η_m 和下地壳黏滞系数 η_c 的残差 RMS 误差　（单位：mm）

η_c / η_m	1.00×10^{17}	1.00×10^{18}	5.00×10^{18}	7.00×10^{18}	8.00×10^{18}	1.00×10^{19}	3.00×10^{19}	6.00×10^{19}	1.00×10^{20}	1.00×10^{21}
1.00×10^{21}	32.364	29.126	11.557	11.113	11.337	12.026	16.287	18.928	18.649	19.684
1.00×10^{20}	32.405	29.334	11.792	11.146	11.291	11.872	15.924	18.536	18.249	19.274
1.00×10^{19}	32.834	31.198	14.875	13.063	12.681	12.428	14.417	15.698	16.306	18.215
1.00×10^{18}	38.476	36.099	24.04	21.341	13.303	19.783	20.843	22.293	23.04	24.197
1.00×10^{17}	33.877	28.393	19.146	16.027	15.125	14.183	16.429	18.585	19.634	21.213

从图 7.64 中可以看到，E-M 和 E-M-M 两种模型都可以对下地壳的黏滞系数起到很好的约束，E-M-M 模型对上地幔的黏滞系数不能给出明显的约束，这意味着黏弹性松弛区域

主要发生在下地壳；两种模型显示的最佳下地壳黏滞系数都是 8.0×10¹⁸ Pa · s 左右，这个结果与 Ryder 等（2011）获取的长期下地壳黏滞系数基本一致。从图 7.63 中可以看出，利用黏弹性松弛模型模拟的长条带震后形变量在东昆仑断裂附近要略偏低，近场局部区域有一定残差，分析认为可能的原因是观测期内的震后形变并不只有黏弹性松弛，可能还存在小部分震后余滑或孔隙弹性回弹形变。但震后余滑和孔隙回弹主要发生在震后短期和小范围区域内。从残差图［图 7.63（c）］上看，整个条带的形变场基本都模拟出来了，只在东昆仑断裂带南北两侧附近残差略偏大，这说明观测期内的震后形变主要以黏弹性松弛为主。

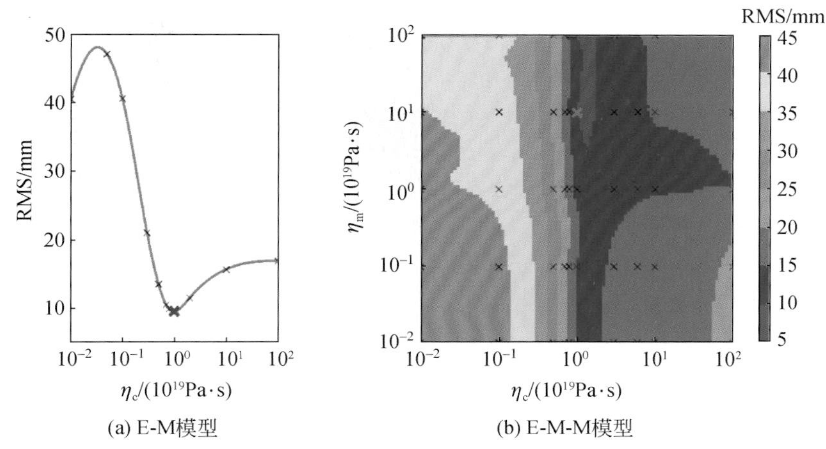

图 7.64　Track133 轨道上基于 E-M、E-M-M 两种流变模型反演的下地壳和上地幔黏滞系数
E. 弹性体；M. Maxwell 体；RMS. 均方根

参 考 文 献

陈杰,陈宇坤,丁国瑜,等. 2003. 2001 年昆仑山口西 8.1 级地震地表破裂带. 第四纪研究,23(6):629 ~ 639

陈九辉,刘启元,李顺成,等. 2009. 汶川 M_S 8.0 地震余震序列重新定位及其地震构造研究. 地球物理学报,52(2):390 ~ 397

陈立春,王虎,冉勇康,等. 2010. 玉树 M_S 7.1 级地震地表破裂与历史大地震. 科学通报,55(13):1200 ~ 1205

陈学忠,蒋长胜,李燕娥. 2008. 2008 年 3 月 21 日新疆于田 7.3 级地震. 国际地震动态,(4):20 ~ 30

陈运泰,杨智娴,张勇,等. 2013. 从汶川地震到芦山地震. 中国科学:地球科学,43(6):1064 ~ 1072

邓起东,程绍平,马冀,等. 2014. 青藏高原地震活动特征及当前地震活动形势. 地球物理学报,2014(7):2025 ~ 2042

邓起东,高翔,陈桂华,等. 2010. 青藏高原昆仑–汶川地震系列与巴颜喀喇断块的最新活动. 地学前缘,17(5):163 ~ 178

洪顺英. 2010. 基于多视线向 DInSAR 技术的三维同震形变场解算方法研究及应用. 中国地震局地质研究所博士研究生学位论文

黄福明. 2013. 断层力学概论. 北京:地震出版社

李刚. 2012. 利用 InSAR 监测同震、震间及沉降形变研究. 北京:中国地震局地震研究所硕士研究生学位论文

李敬波. 2015. 龙门山南段及其前缘地区构造特征与变形机制. 成都:成都理工大学硕士研究生学位论文

李鹏. 2013. 汶川地震中小鱼洞断裂形成机理物理模拟试验研究. 西安:长安大学硕士研究生学位论文

李永生,申文豪,温扬茂,等. 2016. 2015 年尼泊尔 M_W 7.8 地震震源机制 InSAR 反演及强地面运动模拟. 地球物理学报,59(4):1359 ~ 1370

李勇,周荣军. 2006. 青藏高原东缘龙门山晚新生代走滑-逆冲作用的地貌标志. 第四纪研究,26(1):40 ~ 51

林茂炳,吴山. 1991. 龙门山推覆构造变形特征. 成都地质学院学报,18(1):46 ~ 55

刘池洋,赵红格,张参,等. 2009. 青藏-喜马拉雅构造域演化的转折时期. 地学前缘,16(4):1 ~ 12

刘光勋. 1996. 东昆仑活动断裂带及其强震活动. 中国地震,12(2):119 ~ 126

刘静,纪晨,张金玉,等. 2015. 2015 年 4 月 25 日尼泊尔 M_W 7.8 级地震的孕震构造背景和特征. 科学通报,60(27):2640 ~ 2655

刘树根,田小彬,李智武,等. 2008. 龙门山中段构造特征与汶川地震. 成都理工大学学报(自科版),35(4):388 ~ 397

刘云华,屈春燕,单新建. 2012. 基于 SAR 影像偏移量获取汶川地震二维形变场. 地球物理学报,55(10):3296 ~ 3306

刘云华,汪驰升,单新建,等. 2014. 芦山 M_S 7.0 级地震 InSAR 形变观测及震源参数反演. 地球物理学报,57(8):2495 ~ 2506

骆耀南,俞如龙,侯立玮,等. 1998. 龙门山-锦屏山陆内造山带. 成都:四川科学技术出版

乔鑫. 2019. InSAR 同震、震间形变观测及断层运动学参数反演研究. 北京:中国地震局地质研究所硕士研究生学位论文

乔学军,王琪,杜瑞林,等. 2002. 昆仑山口西 M_S 8.1 地震的地壳变形特征. 大地测量与地球动力学,22(4):6 ~ 11

屈春燕,单新建,宋小刚,等. 2010. D-InSAR 技术应用于汶川地震地表位移场的空间分析. 地震地质,32(2):175 ~ 190

屈春燕,单新建,张桂芳,等. 2009. 四川汶川 M_S 8.0 级地震同震干涉形变场定量分析. 自然科学进展,19(9):963 ~ 974

屈春燕,单新建,张国宏,等. 2013. 2010 年青海玉树地震同震-震后形变场特征及演化过程. 地球物理学报,56(7):2280 ~ 2291

屈春燕,宋小刚,张桂芳,等. 2008. 汶川 M_S 8.0 级地震 InSAR 同震形变场特征分析. 地震地质,30(4):1076 ~ 1084

屈春燕,左荣虎,单新建. 2017. 尼泊尔 M_W 7.8 级地震 InSAR 同震形变场及断层滑动分布. 地球物理学报,60(1):151 ~ 162

单新建,马瑾,王长林,等. 2002. 利用星载 D-INSAR 技术获取的地表形变场提取玛尼地震震源断层参数. 中国科学 D 辑:地球科学,32(10):837 ~ 844

单新建,屈春燕,龚文瑜,等. 2017. 2017 年 8 月 8 日四川九寨沟 7.0 级地震 InSAR 同震形变场及断层滑动分布反演. 地球物理学报,60(12):4527 ~ 4536

单新建,屈春燕,郭利民,等. 2014. 基于 InSAR 与 GPS 观测的汶川同震垂直形变场的获取. 地震地质,36(3):718 ~ 730

单新建,屈春燕,宋小刚,等. 2009. 汶川 M_S 8.0 级地震 InSAR 同震形变场观测与研究. 地球物理学报,52(2):496 ~ 504

单新建,张国宏,汪驰升,等. 2015. 基于 InSAR 和 GPS 观测数据的尼泊尔地震发震断层特征参数联合反演研究. 地球物理学报,58(11):4266 ~ 4276

任金卫,王敏. 2005. GPS 观测的 2001 年昆仑山口西 M_S 8.1 级地震地壳变形. 第四纪研究,25(1):34 ~ 44
任金卫,叶建青. 1993. 青藏高原北部库玛断裂东、西大滩段全新世地震形变带及其位移特征和水平滑动速率. 地震地质,15(3):285 ~ 288
任金卫,汪一鹏,吴章明. 1999. 青藏高原北部东昆仑断裂带第四纪活动特征和滑动速率,活动断裂研究(7). 北京:地震出版社:88
邵志刚,傅容珊,薛霆虓,等. 2008. 昆仑山 M_S 8.1 级地震震后变形场数值模拟与成因机理探讨. 地球物理学报,51(3):805 ~ 816
苏小宁,王振,孟国杰,等. 2015. GPS 观测的 2015 年尼泊尔 M_S8.1 级地震震前应变积累及同震变形特征. 科学通报,60(22):2115 ~ 2123
万永革,沈正康,盛书中,等. 2009. 2008 年汶川大地震对周围断层的影响. 地震学报,31(2):128 ~ 139
王根厚,冉书明,李明. 2001. 柴达木盆地北缘赛什腾-锡铁山左行逆冲断裂及地质意义. 地质力学学报,7(3):224 ~ 230
王华,周晓青. 2009. 雷达干涉测量技术与地震周期监测. 地理空间信息,7(3):71 ~ 74
温少妍. 2017. InSAR 同震形变场与震源破裂过程研究. 北京:中国地震局地质研究所博士研究生学位论文
温少妍,单新建,张迎峰,等. 2016. 基于 InSAR 的青海大柴旦地震三维同震形变场获取与震源特征分析. 地球物理学报,59(3):912 ~ 921
闻学泽,黄圣睦,江在雄. 1985. 甘孜-玉树断裂带的新构造特征与地震危险性估计. 地震地质,7(3):23 ~ 32
吴功建,高锐,余钦范,等. 1991. 青藏高原"亚东—格尔木地学断面"综合地球物理调查与研究. 地球物理学报,34(5):552 ~ 562
徐杰,高祥林,周本刚,等. 2010. 2008 年汶川 8.0 级地震的发震构造:沿龙门山断裂带新生的地壳深部断裂. 地学前缘,(5):119 ~ 129
徐锡伟,陈文彬,于贵华,等. 2002. 2001 年 11 月 14 日昆仑山库赛湖地震(M_S 8.1)地表破裂带的基本特征. 地震地质,24(1):1 ~ 13
徐锡伟,闻学泽,叶建青,等. 2008. 汶川 M_S 8.0 地震地表破裂带及其发震构造. 地震地质,30(3):597 ~ 629
许志琴. 1992. 中国松潘-甘孜造山带的造山过程. 北京:地质出版社
闫亮,李勇,周荣军,等. 2011. 龙门山中央断裂分段地震震级及强震复发周期的预测. 成都理工大学学报(自然科学版),38(1):29 ~ 37
尹光华,蒋靖祥,吴国栋. 2008. 2008 年 3 月 21 日于田 7.4 级地震的构造背景. 干旱区地理,31(4):543 ~ 549
张国宏,屈春燕,单新建,等. 2011. 2008 年 M_S 7.1 于田地震 InSAR 同震形变场及其震源滑动反演. 地球物理学报,54(11):2753 ~ 2760
张国宏,屈春燕,宋小刚,等. 2010. 基于 InSAR 同震形变场反演汶川 M_W 7.9 地震断层滑动分布. 地球物理学报,53(2):269 ~ 279
张国伟,郭安林,姚安平. 2004. 中国大陆构造中的西秦岭-松潘大陆构造结. 地学前缘,11(3):23 ~ 32
张辉,徐辉,李春燕,等. 2013. 汶川地震后青藏高原东北缘中等地震活动特征分析. 西北地震学报,35(B12):67 ~ 72
张培震,徐锡伟,闻学泽,等. 2008. 2008 年汶川 8.0 级地震发震断裂的滑动速率、复发周期和构造成因. 地球物理学报,54(4):1066 ~ 1073
张西娟. 2007. 柴北缘地区中新生代构造变形与构造应力场模拟. 北京:中国地质科学院博士研究生学位

论文:1 ~ 2

赵斌,杜瑞林,张锐,等. 2015. GPS 测定的尼泊尔 M_W 7.9 和 M_W 7.3 级地震同震形变场. 科学通报,60(28):2758 ~ 2764

赵亮. 2011. 汶川地震孕震力学机制研究. 成都:成都理工大学硕士研究生学位论文

赵文津. 2015. 尼泊尔大地震发生的构造背景及发展趋势. 科学通报,60(21):1953 ~ 1957

周荣军,马声浩. 1996. 甘孜-玉树断裂带的晚第四纪活动特征. 中国地震,12(3):250 ~ 260

周荣军,闻学泽,蔡长星,等. 1997. 甘孜-玉树断裂带的近代地震与未来地震趋势估计. 地震地质,19(2):20 ~ 29

Beck S L,Ruff L J. 1984. The rupture process of the great 1979 Colombia earthquake:evidence for the asperity model. Journal of Geophysical Research:Solid Earth,89(B11):9281 ~ 9291

Bie L, Isabelle R. 2014. Recent seismic and aseismic activity in the Ashikule stepover zone, NW Tibet. Geophysical Journal International,(3):1632 ~ 1643

Bie L,Ryder I,Nippress S E J,*et al*. 2013. Coseismic and post-seismic activity associated with the 2008 M_W 6.3 Damxung earthquake,Tibet,constrained by InSAR. Geophysical Journal International,196(2):788 ~ 803

Biggs J,Bürgmann R,Freymueller J T,*et al*. 2009. The postseismic response to the 2002 M 7.9 Denali fault earthquake:constraints from InSAR 2003-2005. Geophysical Journal International,176(2):353 ~ 367

Biggs J,Wright T,Lu Z,*et al*. 2007. Multi-interferogram method for measuring interseismic deformation:Denali fault,Alaska. Geophysical Journal International,170(3):1165 ~ 1179

Casetta M, Koncar V. 1998. Modeling of the diffusion during polyester dyeing-a survey. Proceedings 14th European Simulation Symposium

Chen L C,Ran Y K,Wang H,*et al*. 2013. The Lushan M_S 7.0 earthquake and activity of the southern segment of the Longmenshan fault zone. Chinese Science Bulletin,58(28):3475 ~ 3482

Cohee B P,Beroza G C. 1994. Slip distribution of the 1992 Landers earthquake and its implications for earthquake source mechanics. Bulletin of the Seismological Society of America,84(3):692 ~ 712

Das S,Aki K. 1977. Fault plane with barriers:a versatile earthquake model. Journal of Geophysical Research,82(36):5658 ~ 5670

Delouis B,Giardini D,Lundgren P,*et al*. 2002. Joint inversion of InSAR,GPS,teleseismic,and strong-motion data for the spatial and temporal distribution of earthquake slip:application to the 1999 Izmit mainshock. Bulletin of the Seismological Society of America,92(1):278 ~ 299

Deng J,Hudnut K,Gurnis M,*et al*. 1999. Stress loading from viscous flow in the lower crust and triggering of aftershocks following the 1994 Northridge,California,earthquake. Geophysical Research Letters,26(21):3209 ~ 3212

Diao F,Xiong X,Wang R. 2011. Mechanisms of transient postseismic deformation following the 2001 M_W 7.8 Kunlun (China) earthquake. Pure and Applied Geophysics,168(5):767 ~ 779

Dong S,Han Z,An Y. 2017. Paleoseismological events in the "seismic gap" between the 2008 Wenchuan and the 2013 Lushan earthquakes and implications for future seismic potential. Journal of Asian Earth Sciences,135:1 ~ 15

Duvall A R,Clark M K. 2010. Dissipation of fast strike-slip faulting within and beyond northeastern Tibet. Geology,38(3):223 ~ 226

Elliott J R,Jolivet R,González P J,*et al*. 2016. Himalayan megathrust geometry and relation to topography revealed by the Gorkha earthquake. Nature Geoscience,9(2):174 ~ 180

Elliott J R,Walters R J,England P C,*et al*. 2010. Extension on the Tibetan Plateau:recent normal faulting measured by InSAR and body wave seismology. Geophysical Journal International,183(2):503 ~ 535

Feng G,Li Z H,Shan X,*et al.* 2015. Geodetic model of the 2015 April 25 M_W 7.8 Gorkha Nepal earthquake and M_W 7.3 aftershock estimated from InSAR and GPS data. Geophysical Journal International,203(2):896 ~ 900

Freed A M,Bürgmann R,Herring T. 2007. Far-reaching transient motions after Mojave earthquakes require broad mantle flow beneath a strong crust. Geophysical Research Letters,2007,34(19):L19302

Funning G J,Parsons B,Wright T J. 2007. Fault slip in the 1997 Manyi,Tibet earthquake from linear elastic modelling of InSAR displacements. Geophysical Journal International,169(3):988 ~ 1008

Gan W,Zhang P,Shen Z K,*et al.* 2007. Present-day crustal motion within the Tibetan Plateau inferred from GPS measurements. Journal of Geophysical Research:Solid Earth,112(B8):B08416

Ge L,Han S,Rizos C. 2000. The double interpretation and double prediction (DIDP) approach for InSAR and GPS integration. ISPRS Commission Reports,the XIXth Congress of the International Society for Photogrammetry and Remote Sensing,Amsterdam,Netherlands,205 ~ 212

Grandin R,Vallée M,Satriano C,*et al.* 2015. Rupture process of the M_W = 7.9 2015 Gorkha earthquake (Nepal): insights into Himalayan megathrust segmentation. Geophysical Research Letters,42(20):8373 ~ 8382

Gudmundsson S,Sigmundsson F,Carstensen J. 2002. Three-dimensional surface motion maps estimated from combined interferometric synthetic aperture radar and GPS data. Journal of Geophysical Research, 107(B10):2250

Guglielmino F,Nunnari G,Puglisi G. 2011. Simultaneous and integrated strain tensor estimation from geodetic and satellite deformation measurements to obtain three-dimensional displacement maps. IEEE Transactions on Geoscience and Remote Sensing,49(6):1815 ~ 1826

Hu J,Li Z W,Ding X L,*et al.* 2013. Derivation of 3-D coseismic surface displacement fields for the 2011 M_W 9.0 Tohoku-Oki earthquake from InSAR and GPS measurements. Geophysical Journal International,192(2):573 ~ 585

Hu J,Li Z W,Sun Q,*et al.* 2012. Three-dimensional surface displacements from InSAR and GPS measurements with variance component estimation. IEEE Transactions on Geoscience and Remote Sensing,9(4):754 ~ 758

Huang M H,Bürgmann R,Freed A M. 2014. Probing the lithospheric rheology across the eastern margin of the Tibetan Plateau. Earth and Planetary Science Letters,396(2014):88 ~ 96

Jonsson S,Zebker H,Segall P,*et al.* 2002. Fault slip distribution of the 1999 M_W 7.1 Hector Mine,California, earthquake,estimated from satellite radar and GPS measurements. Bulletin of the Seismological Society of America,92(4):1377 ~ 1389

Kanamori H. 2013. The Nature of Seismicity Patterns Before Large Earthquakes. Washington DC: American Geophysical Union

Kirby E,Harkins N,Wang E,*et al.* 2007. Slip rate gradients along the eastern Kunlun fault. Tectonics,2007, 26(2),doi:10.1029/2006TC002033

Klinger Y,Xu X,Tapponnier P,*et al.* 2005. High-resolution satellite imagery mapping of the surface rupture and slip distribution of the M_W 7.8,14 November 2001 Kokoxili earthquake,Kunlun fault,northern Tibet,China. Bulletin of the Seismological Society of America,95(5):1970 ~ 1987

Lasserre C,Peltzer G,Crampé F,*et al.* 2005. Coseismic deformation of the 2001 M_W = 7.8 Kokoxili earthquake in Tibet,measured by synthetic aperture radar interferometry. Journal of Geophysical Research: Solid Earth, 110(B12408):1 ~ 17

Lavé J,Avouac J P. 2000. Active folding of fluvial terraces across the Siwaliks Hills,Himalayas of central Nepal. Journal of Geophysical Research,105:5735 ~ 5770

Li C, He Q, Zhao G. 2005. Paleo-earthquake studies on the eastern section of the Kunlun fault. Acta Seismologica Sinica, 18(1): 64 ~ 71

Li Y C, Song X G, Shan X J, *et al*. 2016. Locking degree and slip rate deficit distribution on MHT fault before 2015 Nepal M_W 7.9 earthquake, Journal of Asian Earth Sciences, 119: 78 ~ 86

Li Y, Jia D, Wang M, *et al*. 2014. Structural geometry of the source region for the 2013 M_W 6.6 Lushan earthquake: Implication for earthquake hazard assessment along the Longmen Shan. Earth and Planetary Science Letters, 390: 275 ~ 286

Li Z, Tian B, Liu S, *et al*. 2013. Asperity of the 2013 Lushan earthquake in the eastern margin of Tibetan Plateau from seismic tomography and aftershock relocation. Geophysical Journal International, 195(3): 2016 ~ 2022

Lin A, Fu B, Guo J, *et al*. 2002. Co-seismic strike-slip and rupture length produced by the 2001 M_S 8.1 Central Kunlun earthquake. Science, 296(5575): 2015 ~ 2017

Lindsey E O, Natsuaki R, Xu X, *et al*. 2015. Line-of-sight displacement from ALOS-2 interferometry: M_W 7.8 Gorkha earthquake and M_W 7.3 aftershock. Geophysical Research Letters, 42(16): 6655 ~ 6661

Liu C, Zhu B J, Yang X L, *et al*. 2015. Crustal rheology control on earthquake activity across the eastern margin of the Tibetan Plateau: insights from numerical modelling. Journal of Asian Earth Sciences, 100: 20 ~ 30

Liu M, Luo G, Wang H. 2014. The 2013 Lushan earthquake in China tests hazard assessments. Seismological Research Letters, 85(1): 40 ~ 43

Liu Y H, Shan X J, Qu C Y, *et al*. 2011. Earthquake deformation field characteristics associated with the 2010 Yushu M_S 7.1 earthquake. Science China: Earth Sciences, 54(4): 571 ~ 580

Liu-Zeng J, Klinger Y, Xu X, *et al*. 2007. Millennial recurrence of large earthquakes on the Haiyuan fault near Songshan, Gansu Province, China. Bulletin of the Seismological Society of America, 97(1B): 14 ~ 34

Marone C J, Scholtz C H, Bilham R. 1991. On the mechanics of earthquake afterslip. Journal of Geophysical Research: Solid Earth, 96(B5): 8441 ~ 8452

McCaffrey R. 2002. Crustal block rotations and plate coupling//Stein S, Freymueller J (eds). Plate Boundary Zones. AGU Geodynamics Series, 30: 101 ~ 122

McCaffrey R. 2005. Block kinematics of the Pacific-North America plate boundary in the southwestern United States from inversion of GPS, seismological, and geologic data. Journal of Geophysical Research: Solid Earth, 110(B7): B07401

McCaffrey R, Qamar A I, King R W, *et al*. 2007. Fault locking, block rotation and crustal deformation in the Pacific Northwest. Geophysical Journal International, 169(3): 1315 ~ 1340

Michel E, Cipelletti L, d'Humieres E, *et al*. 2002. Self-diffusion and collective diffusion in a model viscoelastic system. Physical Review E, 66(3): 031402

Parsons T, Ji C, Kirby E. 2008. Stress changes from the 2008 Wenchuan earthquake and increased hazard in the Sichuan basin. Nature, 454(7203): 509 ~ 510

Peltzer G, Rosen P, Rogez F, *et al*. 1998. Poroelastic rebound along the Landers 1992 earthquake surface rupture. Journal of Geophysical Research: Solid Earth, 103(B12): 30131 ~ 30145

Pinar A, Honkura Y, Kuge K. 2001. Seismic activity triggered by the 1999 Izmit earthquake and its implications for the assessment of future seismic risk. Geophysical Journal International, 146(1): F1 ~ F7

Pollitz F F. 1992. Postseismic relaxation theory on the spherical earth. Bulletin of the Seismological Society of America, 82(1): 422 ~ 453

Pollitz F F. 2005. Transient rheology of the upper mantle beneath central Alaska inferred from the crustal velocity field following the 2002 Denali earthquake. Journal of Geophysical Research: Solid Earth, 110(B8): B08407

Pollitz F F, Peltzer G, Bürgmann R. 2000. Mobility of continental mantle: evidence from postseismic geodetic observations following the 1992 Landers earthquake. Journal of Geophysical Research: Solid Earth, 105(B4): 8035 ~ 8054

Qu C Y, Liu Y H, Zhang G H, *et al*. 2012. Ground surface ruptures and near-fault large-scale displacements caused by the Wenchuan M_S 8.0 earthquake derived from pixel offset tracking on SAR images. Acta Geologica Sinica (English Edition), 86(2): 510 ~ 519

Qu C Y, Song X G, Zhang G F. 2008. Analysis on the characteristics of InSAR coseismic deformation of the M_S 8.0 Wenchuan earthquake. Seismology and Geology, 30: 1076 ~ 1083

Qu C Y, Zhang G H, Shan X J, *et al*. 2013. Coseismic deformation derived from analyses of C and L band SAR data and fault slip inversion of the Yushu M_S 7.1 earthquake, China in 2010. Tectonophysics, 584(2013): 119 ~ 128

Ran Y K, Chen W S, Xu X W, *et al*. 2013. Paleoseismic events and recurrence interval along the Beichuan-Yingxiu fault of Longmenshan fault zone, Yingxiu, Sichuan, China. Tectonophysics, 584: 81 ~ 90

Ryder I, Bürgmann R, Pollitz F. 2011. Lower crustal relaxation beneath the Tibetan Plateau and Qaidam basin following the 2001 Kokoxili earthquake. Geophysical Journal International, 187(2): 613 ~ 630

Ryder I, Parsons B, Wright T J, *et al*. 2007. Post-seismic motion following the 1997 Manyi (Tibet) earthquake: InSAR observations and modelling. Geophysical Journal International, 169(3): 1009 ~ 1027

Salvi S, Stramondo S, Funning G J, *et al*. 2012. The Sentinel-1 mission for the improvement of the scientific understanding and the operational monitoring of the seismic cycle. Remote Sensing of Environment, 120: 164 ~ 174

Samsonov S, Tiampo K. 2006. Analytical optimization of a DInSAR and GPS dataset for derivation of three-dimensional surface motion. IEEE Transactions on Geoscience and Remote Sensing, 3(1): 107 ~ 111

Samsonov S, Tiampo K, Rundle J, *et al*. 2007. Application of DInSAR-GPS optimization for derivation of fine-scale surface motion maps of Southern California. IEEE Transactions on Geoscience and Remote Sensing, 45(2): 512 ~ 521

Savage J C. 1983. A dislocation model of strain accumulation and release at a subduction zone. Journal of Geophysical Research: Solid Earth, 88(B6): 4984 ~ 4996

Savage J C, Burford R O. 1973. Geodetic determination of relative plate motion in central California. Journal of Geophysical Research, 78(5): 832 ~ 845

Savage J C, Prescott W H. 1978. Asthenosphere readjustment and the earthquake cycle. Journal of Geophysical Research: Solid Earth, 83(B7): 3369 ~ 3376

Scholz C H. 2002. The Mechanics of Earthquakes and Faulting. Cambridge: Cambridge University Press

Shan X J, Qu C Y, Wang C S, *et al*. 2012. The surface rupture zone and coseismic deformation produced by the Yutian M_S 7.3 earthquake of 21 March 2008, Xinjiang. Acta Geologica Sinica (English Edition), 86(1): 256 ~ 265

Shan X J, Zhang G H, Wang C S, *et al*. 2011. Source characteristics of the Yutian earthquake in 2008 from inversion of the co-seismic deformation field mapped by InSAR. Journal of Asian Earth Science, 40(4): 935 ~ 942

Shen Z K, Lü J, Wang M, *et al*. 2005. Contemporary crustal deformation around the southeast borderland of the Tibetan Plateau. Journal of Geophysical Research: Solid Earth, 2005, 110(B11): B11409

Shen Z K, Sun J, Zhang P, *et al*. 2009. Slip maxima at fault junctions and rupturing of barriers during the 2008 Wenchuan earthquake. Nature Geoscience, 2(10): 718 ~ 724

Sjöberg L E. 1983. Unbiased estimation of variance-components in condition adjustment with unknowns – a

MINQUE approach. Zeitschrift für Vermessungen, 108: 382 ~ 387

Song X, Jiang Y, Shan X, *et al*. 2017. Deriving 3D coseismic deformation field by combining GPS and insar data based on the elastic dislocation model. International Journal of Applied Earth Observation & Geoinformation, 57: 104 ~ 112

Taylor M, Peltzer G. 2006. Current slip rates on conjugate strike-slip faults in central Tibet using synthetic aperture radar interferometry. Journal of Geophysical Research: Solid Earth, 111(B12): B12402

Thatcher W. 2007. Microplate model for the present-day deformation of Tibet. Journal of Geophysical Research: Solid Earth, 112(B1): B01401

Toda S, Lin J, Meghraoui M, *et al*. 2008. 12 May 2008 $M = 7.9$ Wenchuan, China, earthquake calculated to increase failure stress and seismicity rate on three major fault systems. Geophysical Research Letters, 35(17): L17305

Toda S, Stein R S, Richards-Dinger K, *et al*. 2005. Forecasting the evolution of seismicity in southern California: animations built on earthquake stress transfer. Journal of Geophysical Research: Solid Earth, 110(B5): B05S16

Tong X, Sandwell D T, Fialko Y. 2010. Coseismic slip model of the 2008 Wenchuan earthquake derived from joint inversion of interferometric synthetic aperture radar, GPS, and field data. Journal of Geophysical Research: Solid Earth, 115(B4): B04314

Van Der Woerd J, Ryerson F J, Tapponnier P, *et al*. 1998. Holocene left-slip rate determined by cosmogenic surface dating on the Xidatan segment of the Kunlun fault (Qinghai, China). Geology, 26(8): 695 ~ 698

Wang K. 2007. Elastic and viscoelastic models of crustal deformation in subduction earthquake cycles//Dixon T, Moore J (eds). The Seismogenic Zone of Subduction Thrust Faults. New York: Columbia University Press: 540 ~ 575

Wang K, Fialko Y. 2015. Slip model of the 2015 M_W 7.8 Gorkha (Nepal) earthquake from inversions of ALOS-2 and GPS data. Geophysical Research Letters, 42(18): 7452 ~ 7458

Wang L, Wang R, Roth F, *et al*. 2009. Afterslip and viscoelastic relaxation following the 1999 M 7.4 Izmit earthquake from GPS measurements. Geophysical Journal International, 178(3): 1220 ~ 1237

Wang Q, Qiao X, Lan Q, *et al*. 2011. Rupture of deep faults in the 2008 Wenchuan earthquake and uplift of the Longmen Shan. Nature Geoscience, 4: 634 ~ 640

Wang W, Qiao X, Yang S, *et al*. 2016. Present-day velocity field and block kinematics of Tibetan Plateau from GPS measurements. Geophysical Journal International, 208(2): 1088 ~ 1102

Wang Y, Wang F, Wang M, *et al*. 2014. Coulomb stress change and evolution induced by the 2008 Wenchuan earthquake and its delayed triggering of the 2013 M_W 6.6 Lushan earthquake. Seismological Research Letters, 85(1): 52 ~ 59

Werner C, Wegmüller U, Strozzi T, *et al*. 2000. GAMMA SAR and interferometric processing software. Proceedings of the ERS-ENVISAT Symposium, Gothenburg, Sweden, 16–20 October

Wright T J, Parsons B E, England P C, *et al*. 2004a. InSAR observations of low slip rates on the major faults of western Tibet. Science, 305(5681): 236 ~ 239

Wright T J, Parsons B E, Lu Z. 2004b. Toward mapping surface deformation in three dimensions using InSAR. Geophysical Research Letters, 31(1): L01607

Xu X W, Wen X Z, Han Z J, *et al*. 2013. Lushan M_S 7.0 earthquake: a blind reserve-fault event. Chinese Science Bulletin, 58(28): 3437 ~ 3443

Xu X W, Wen X Z, Ye J Q, *et al*. 2008. The M_S 8.0 Wenchuan earthquake surface ruptures and its seismogenic structure. Seismology and Geology 30(3): 596 ~ 629

Yamasaki T, Houseman G A. 2012. The crustal viscosity gradient measured from post-seismic deformation: a case study of the 1997 Manyi (Tibet) earthquake. Earth and Planetary Science Letters, 351: 105 ~ 114

Zhang G H, Qu C Y, Shan X J, *et al.* 2011a. Slip distribution of the 2008 Wenchuan M_S 7.9 earthquake by joint inversion from GPS and InSAR measurements: a resolution test study. Geophysical Journal International, 186(1): 206 ~ 220

Zhang G H, Qu C Y, Shan X J, *et al.* 2011b. The coseisimic InSAR measurements of 2008 Yutian earthquake and its inversion for source parameter. Chinese Journal of Geophysics, 54(11): 2753 ~ 2760

Zhang G H, Shan X J, Delouis B, *et al.* 2013. Rupture history of the 2010 M_S 7.1 Yushu earthquake by joint inversion of teleseismic data and InSAR measurements. Tectonophysics, 584: 129 ~ 137

Zhang G, Vallée M, Shan X, *et al.* 2012. Evidence of sudden rupture of a large asperity during the 2008 M_W 7.9 Wenchuan earthquake based on strong motion analysis. Geophysical Research Letters, 39(17): L17303

Zhang P Z, Molnar P, Xu X. 2007. Late Quaternary and present-day rates of slip along the Altyn Tagh fault, northern margin of the Tibetan Plateau. Tectonics, 26(5): TC5010

Zhang P Z, Shen Z, Wang M, *et al.* 2004. Continuous deformation of the Tibetan Plateau from global positioning system data. Geology, 32(9): 809 ~ 812

Zhang Y, Xu L S, Chen Y T. 2010. Source process of the 2010 Yushu, Qinghai earthquake. Science China Earth Sciences, 53(9): 1249 ~ 1251

Zhao B, Huang Y, Zhang C, *et al.* 2015. Crustal deformation on the Chinese mainland during 1998–2014 based on GPS data. Geodesy and Geodynamics, 6(1): 7 ~ 15

Zhao D Z, Qu C Y, Shan X J, *et al.* 2018a. Broadscale postseismic deformation and lower crustal relaxation in the central Bayankala Block (central Tibetan Plateau) observed using InSAR data. Journal of Asian Earth Sciences, 154: 26 ~ 41

Zhao D Z, Qu C Y, Shan X J, *et al.* 2018b. Spatiotemporal evolution of postseismic deformation following the 2001 M_W 7.8 Kokoxili, China, earthquake from 7 years of InSAR observations. Remote Sensing, 10(12): 1988

Zheng G, Wang H, Wright T J, *et al.* 2017. Crustal deformation in the India-Eurasia collision zone from 25 years of GPS measurements. Journal of Geophysical Research: Solid Earth, 122(11): 9290 ~ 9312

Zhou J W. 1989. Classical theory of errors and robust estimation. Acta Geodetica et Cartographica Sinica, 18(2): 115 ~ 120

Zhu S. 2016. Is the 2013 Lushan earthquake (M_W = 6.6) a strong aftershock of the 2008 Wenchuan, China mainshock (M_W = 7.9). Journal of Geodynamics, 99: 16 ~ 26

第 8 章　断裂带震间形变

8.1　海原断裂带

8.1.1　海原断裂带区域构造背景

位于青藏高原东北缘的海原断裂带是青藏块体与阿拉善块体及鄂尔多斯块体的边界带，是青藏高原向北扩张的前缘地带（邓起东等，1989；国家地震局地质研究所，1990；Meyer *et al.*，1998；张培震等，2003），西连祁连山断裂，东接六盘山断裂，整体走向 N100°E（图 8.1）。海原断裂带由一系列次级左旋走滑断裂段组成，从西至东可分为托莱山断裂（TLS）、冷龙岭断裂（LLL）、金强河断裂（JQH）、毛毛山断裂（MMS）、老虎山断裂（LHS）和海原断裂（指 1920 年地震破裂段，又分为西段、中段和东段）（Li *et al.*，2009）。海原断裂带也是一条重要的强震活动带，曾发生过 1920 年海原 *M* 8.5 级大地震；时隔七年又在其西北方向约 300km 处于 1927 年发生古浪 *M* 8.0 ~ 8.3 级强震。两次大地震

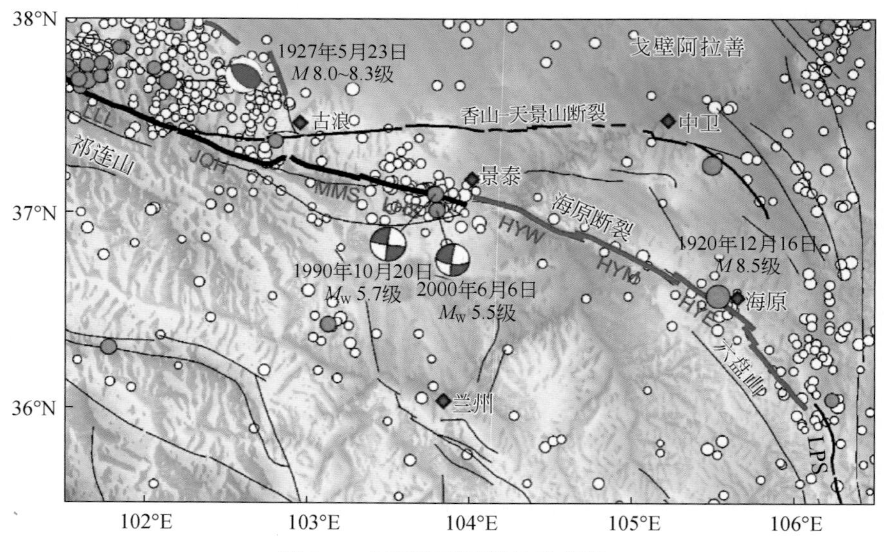

图 8.1　海原断裂区域构造背景

白色圆圈为 1960 ~ 2018 年震级小于 5 级的微震；蓝色圆圈为 1960 ~ 2018 震级大于 5 级的地震；红色粗线分别为 1920 年海原地震和 1927 年古浪地震地表破裂迹线；HYW. 海原西断裂；HYE. 海原东断裂；HYM. 海原主断裂；LPS. 六盘山断裂

之间存在尚未破裂段落，称为“天祝地震空段”（Gaudemer *et al.*，1995）。古地震研究表明海原断裂“天祝地震空段”近千年尺度缺乏 7 级以上大震（Liu-Zeng *et al.*，2007），且现代构造活动特征、应变积累状态、地震活动性等资料均显示该段具有强震的孕震背景条件。监测研究海原断裂带的现今地壳形变特征，是对海原断裂带的地震危险性做出评价和预测所必需的重要工作。

关于海原断裂带的分段活动速率，前人已开展了大量研究，这些研究工作可以概括为两方面，一种是通过研究地形地貌特征和测年确定断层滑动速率，结果表明海原断裂带左旋走滑速率一般在 2 ~ 6mm/a（何文贵和吕太乙，1994；何文贵等，2000）；而国外学者 Lasserre 用传统地质学方法所确定的海原断裂滑动速率则为（8 ± 4）~（12 ± 4）mm/a（Lasserre *et al.*，1999，2002）。另一种是通过大地测量方法，利用“中国地壳运动观测网络”的 GPS 站点来确定断层滑动速率，得到的结果是海原断裂带表现为显著的左旋走滑运动特征，其远场位移所揭示的海原断裂左旋活动速率为 5 ~ 6mm/a（Gan *et al.*，2007）。

8.1.2　海原断裂带 InSAR 震间形变场

1. 基于最优误差校正的 InSAR 震间形变获取方法

纵观第 5 章对 InSAR 大气、轨道误差特点和校正方法的分析，我们不难看出，大气误差组成复杂，目前还没有一种普适的改正方法，而轨道误差分布虽然简单，但是在断层震间形变获取中，其与长波大气和构造形变信号强烈耦合，如何有效地分离波长相似的震间形变信号和大气、轨道误差分量成为获取毫米级精度断层微小形变的关键。这里我们提出了一种基于最优误差校准的震间 InSAR 形变提取方法。

信号间强耦合度使得在处理大气误差时，纯粹的模型校正和滤波方法常常失去作用，我们首先需要借助外部独立的大气数据（MERIS、WRF 和 ERA-I 等数字大气模型）来把大气误差加以分离。由于受多种因素（如云、数据分辨率、局部区域的气候系统等）制约，目前没有一种外部数据可以通用于所有区域的 InSAR 大气校正，最佳的方法是基于研究区数据本身来选取最好的大气校正数据。短时间基线干涉图中，由于所覆盖的时间间隔较短，一般 1 ~ 2 个月，所以干涉相位中的构造形变信号几乎可以忽略不计，最适合用来进行大气改正效果的评价。短基线干涉图中，大气和轨道信号占据了主导地位，而轨道信息一般符合一线性趋势，我们通过模型拟合加以去除，剩余的信号可以认为完全由大气延迟引起。然后再利用外部几种大气数据计算的延迟量进行大气改正，最后对残余的相位（即相位残差）进行统计分析，进而评价三种大气改正方法的有效性，选取出适合观测区域的外部大气改正数据。

最优大气改正方法确定之后，我们有目的性地选择出多个超小空间基线、时间基线较长、且能够维持较好相干性的干涉对形成干涉图队列，这些包含了几十年累积形变的干涉队列，形变信号凸显，容易被捕获。利用最优大气改正方法进行大气去除后，残余的干涉图中相位变成了两种信号的耦合——轨道误差和形变，利用干涉图中远离断层几十千米外的数据进行线性多项式拟合，求解出每一幅干涉图的轨道误差面，从而实现对轨道误差的精确去除。最后对大气和轨道改正后的干涉队列进行累积平均消除随机误差影响，获取到断裂带区域高精度、大范围的 LOS 向平均形变速率场。

2. 数据处理方法及精度评价

我们收集了覆盖整个广义海原断裂带的 ENVISAT/ASAR 历史数据，包括总共六个降轨条带的数据和两个升轨条带的数据，时间跨度为 2003 ~ 2010 年。基于海原地区 SAR 数据的时空基线分布、地形地表相干性条件及震间形变信号和误差信号的特点考虑，提出了一种提取高精度 InSAR 震间形变场的方法——基于最优误差校正的 Stacking InSAR 震间速度场提取方法，图 8.2 是我们采用的数据处理流程，在整个算法流程中着重于对大气和轨道误差的处理。为了有效地对长波的形变信号和大气、轨道误差分离，我们首先利用外部的大气数据（如 MERIS、ECMWF 和 WRF）对大气误差进行去除，然后利用远离断层 30km 以外的干涉相位进行轨道误差拟合，并去除，这样做是为了减少近断层区域内的地壳形变对拟合的轨道误差的影响。最后我们利用 Stacking InSAR 技术对经过大气和轨道改正的干涉图进行累积平均，从而获取了海源断裂构造区的形变速率场。

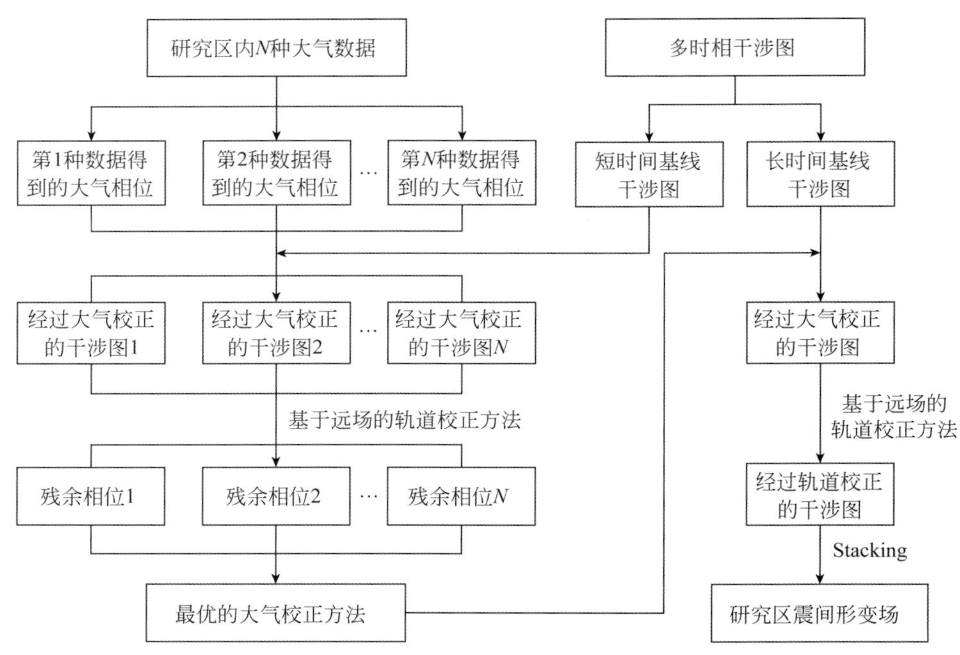

图 8.2 基于最优误差校正的 Stacking InSAR 震间速度场提取方法流程图

计算中为了评价三种大气数据（MERIS、ECMWF 和 WRF）的大气改正效果，我们利用研究区中的 15 幅短时间基线干涉图进行相关的实验研究。大气和轨道改正之后的残差统计结果显示，基于 MERIS、ECMWF 和 WRF 的校正结果残差的标准差分别为 0.71mm、0.81mm 和 3.82mm，可以看出 MERIS 和 ECMWF 的改正效果优于 WRF，比较适用于海原断裂构造区域的 InSAR 大气校正。

为了验证所获取的 InSAR 形变结果的可靠性，我们通过不同大气校正方法得到的结果对比、相邻条带重叠区域的结果对比及与 GPS 的结果对比进行了验证实验。以轨道号 T18 的条带数据为例，分别利用 MERIS 和 ECMWF 进行大气改正，获取了两种大气改正后的

InSAR 形变速率场。比较二者，总体上彼此非常吻合。

我们利用同样的处理算法（图 8.2）对另外一条与 Track18 部分重叠的降轨条带（Track247）的数据进行了处理。总共构建了垂直基线小于 200m 的干涉图 36 幅，但是只有三幅具有良好的相干性，所以后续的处理步骤都是基于这三幅干涉图进行的。由于没有无云的 MERIS 数据可以使用，因此只用 ECMWF 数据对这三幅干涉图进行了大气改正，然后对轨道平面进行拟合和去除，并对残余相位图进行 Stacking 处理，获取了 Track247 条带的 InSAR 形变速率场，结果与 Track18 的结果非常相似。我们比较了这两个轨道重叠区域的跨断层剖面（图 8.3），两个独立的结果显示出了相似的形变模式，即断层上下两盘的相对形变速率为 LOS 向 2mm/a。这表明了在海原地区，在利用合适的大气改正方法后，基于有限的几幅干涉图，也可能利用 InSAR 技术监测到缓慢的地表形变。

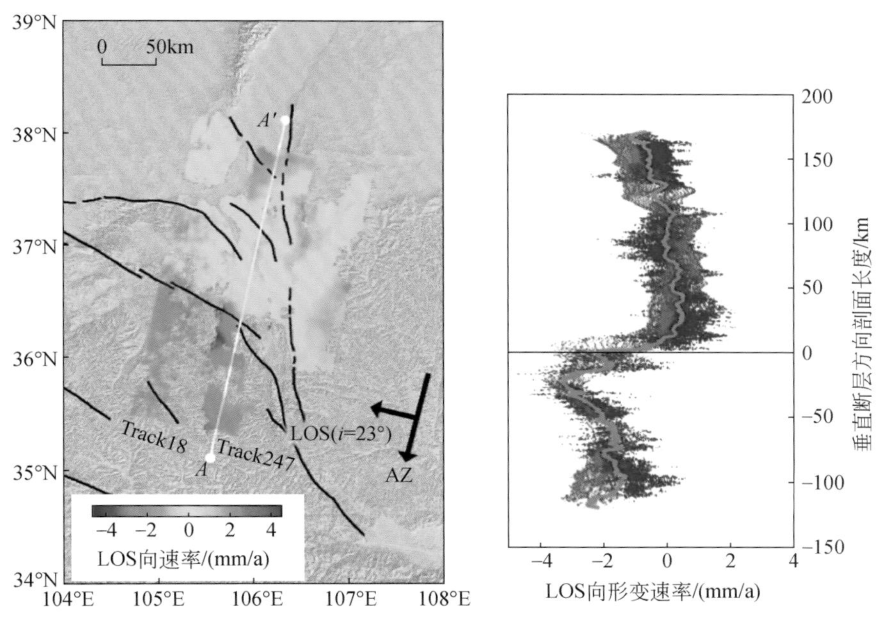

图 8.3　海原断裂带两个相邻轨道的 InSAR 形变速率场及其重叠区域的跨断层剖面

最后，我们把 Track18 的结果投影到跨断层剖面上，然后把条带覆盖区域内的 GPS 数据转换到 LOS 向，再投影到跨断层剖面，结果显示，InSAR 和 GPS 剖面数据十分吻合，二者之间的 RMSE 为 0.6mm/a。综上，无论是不同大气改正结果之间的比较，还是不同轨道之间的比较，或者是与 GPS 的比较，都证明了 InSAR 结果的可靠性。

3. InSAR 震间形变分布特征

图 8.4 展示了整个广义海原断裂带的 InSAR LOS 向形变速率场的全貌，从大的构造形变背景来看，海原断裂带是青藏高原东北缘活动最为显著的断裂，断层两侧具有明显的形变梯度。断层两盘相对形变速率从西到东变化不大，基本保持在 LOS 向 2～3mm/a 左右，转化为平行于断层的速率为 5～6mm/a，这与早期地质考察的长期滑动速率有明显不同（Lasserre *et al.*，1999，2002）。相比于海原断裂，北部的其他断裂，如香山–天景山断裂及

其东北部的一系列断裂，活动量很小，这与地质上的结果一致（Zhang *et al.*，1991）。从形变方向上可以看出，断层南盘向着卫星 LOS 向运动，而北盘背离卫星方向运动，显示出了左旋走滑的运动趋势。在老虎山断裂两边近场几千米范围内，存在一个明显的高速形变梯度区。跨老虎山断裂的 InSAR 速率剖面也显示出，在老虎山断裂带附近 2 ~ 3km 范围内，形变速率出现了突变，这说明有浅层的断层蠕滑存在，与 Jolivet 等（2012）的观测结果一致。横跨 1920 年海原断裂主破裂段（西华山—南华山段）的剖面反演结果显示，该段的断层闭锁深度比较浅（3 ~ 6km），究其原因，一方面可能是 1920 年海原大地震的震后余滑引起；另一方面可能存在断层浅层蠕滑，区别两种因素需要几十年长时间的形变观测（Song *et al.*，2019）。

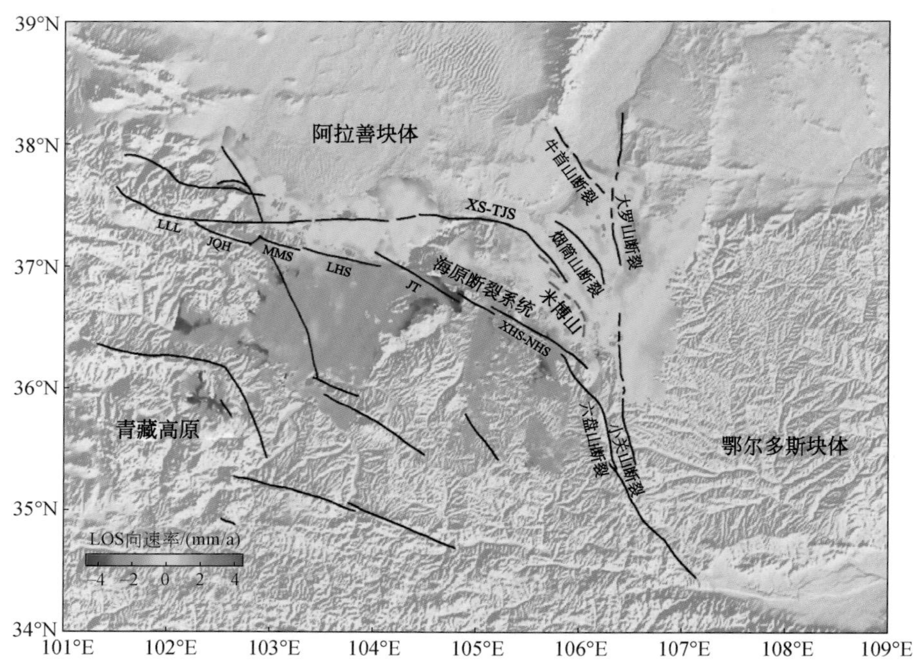

图 8.4　利用 InSAR 技术获取的覆盖整个广义海原断裂带的地表形变速率场（卫星 LOS 向）

JT. 景泰断裂；LHS. 老虎山断裂；MMS. 毛毛山断裂；JQH. 金强河断裂；LLL. 冷龙岭断裂；XHS-NHS. 西华山-南华山断裂；XS-TJS. 香山-天景山断裂

8.1.3　海原断裂 GPS 震间形变场

1. GPS 站点建设与数据处理

在青藏高原东北缘，现有“中国地壳运动观测网络”和“中国大陆构造环境监测网络”的 GPS 测站间距在 50km 以上，站点稀疏且在断层近场缺少 GPS 站点分布。为了更好地研究海原断裂的近场形变特征，我们自 2013 年以来陆续在金强河—毛毛山—老虎山—海原—六盘山断裂带（广义海原断裂构造带）沿线区域加密建设了 38 个 GPS 站点，这些站点绝大部分是基岩站点，仅个别为土层点；我们对站址观测环境的状况进行了定性和定量分析，确保站址满足观测条件。站点的建设施工和验收遵照《中国地壳运动观测技术规程》实施（图 8.5）。新建 GPS 站点围绕海原断裂带布设，在位置分布上与现有的国家基础网相互配合，尽量使 GPS 站点在断裂带周围均匀分布，可有效监测断裂带的整体运动特征及不同段落以及周围次级断层的活动性差异（图 8.6）。自加密 GPS 测站建成以来，我们对其以及临近已有 GPS 站点进行每年一期的观测作业，单站数据连续记录至少三天（72 小时），截至 2018 年，已积累了六期近场加密观测资料。

图 8.5　在海原断裂带自主加密建设的 GPS 流动站照片

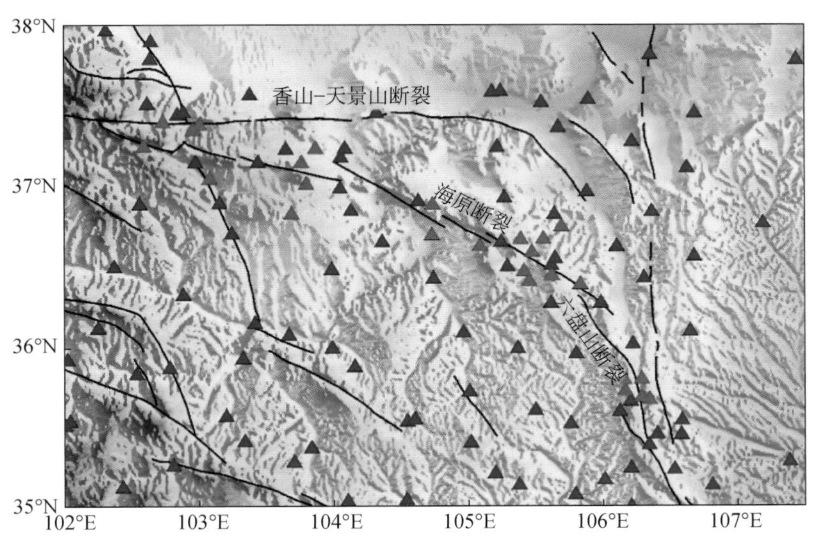

图 8.6　海原断裂带新建 GPS 加密观测站点分布

粉红色三角形为本书在海原断裂新建加密测站；蓝色三角形为“中国大陆构造环境监测网络”和“中国地壳运动观测网络”已有的测站

加密 GPS 站点的载波观测数据采用 GAMIT/GLOBK-10.60 软件进行处理。为获取统一参考框架下的区域地壳形变场，我们还收集了青藏高原东北缘 1998 ~ 2018 年“中国地壳运动观测网络”和“中国大陆构造环境监测网络”的 GPS 观测数据进行联合解算。数据处理采用统一的规范和流程，要点如下：①联合中国大陆周围 24 个 IGS 测站，进行宽松约束处理，得到包含测站坐标参数及卫星轨道参数的单日松弛解；②将区域单日松弛解与 SOPAC 产出的全球 IGS 站松弛解进行合并；③将 GPS 时间序列中由大地震引起的同震位移予以改正；④选择全球均匀分布、稳定的 30 个 IGS 站作为参考框架，将区域解合并到 ITRF2008 框架下；⑤扣除稳定欧亚板块旋转量，得到青藏高原东北缘相对欧亚板块的 GPS 速度场（图 8.7）。

2. GPS 地壳运动速度场

1）海原断裂带地壳运动速度场定性分析

图 8.7 为青藏高原东北缘相对于稳定欧亚板块的 GPS 水平速度场。水平运动 GPS 速度场清晰地显示了在印度板块 N20°E 方向（Sella *et al.*，2002）推挤作用下，同时受稳定阿拉善块体和鄂尔多斯块体的阻挡，青藏高原东北缘上地壳沿海原–六盘山断裂带呈顺时针挤出运动，运动速率由断层南盘 10～15mm/a 减小为北盘的 3～5mm/a，至稳定块体内部减小到 1～2mm/a，这与前人的结果是一致的（Wang *et al.*，2001；Zhang *et al.*，2004；Thatcher，2007；Gan *et al.*，2007；Liang *et al.*，2013）。断层两盘运动速率的差异反映了海原断裂带左旋走滑兼挤压的构造变形特性。

GPS 水平运动速度场能够直观地反映地壳构造运动空间分布变化特征，但 GPS 形变图像因参考框架的不同而异。为了突出显示区域构造形变场，我们获得扣除了区域旋转分量后的 GPS 速度场（图 8.7）。从此图中可看出，以海原–六盘山断裂带为界，断裂以南 GPS 速度场表现为顺时针旋转，而断裂以北 GPS 速度场呈逆时针旋转，这种上地壳的反方向构造运动，反映了海原断裂带左旋走滑兼挤压的运动特性，且走滑、挤压分量均从托莱山段向东递减。六盘山断裂两侧形变主要以地壳缩短为主，断裂表现为逆冲构造运动，与现有的认识一致（Zhang *et al.*，1991）。跨海原断裂带，GPS 速度值从南侧约 7mm/a 减小到近场约 2mm/a，速度的变化意味着沿断裂的弹性应变积累。

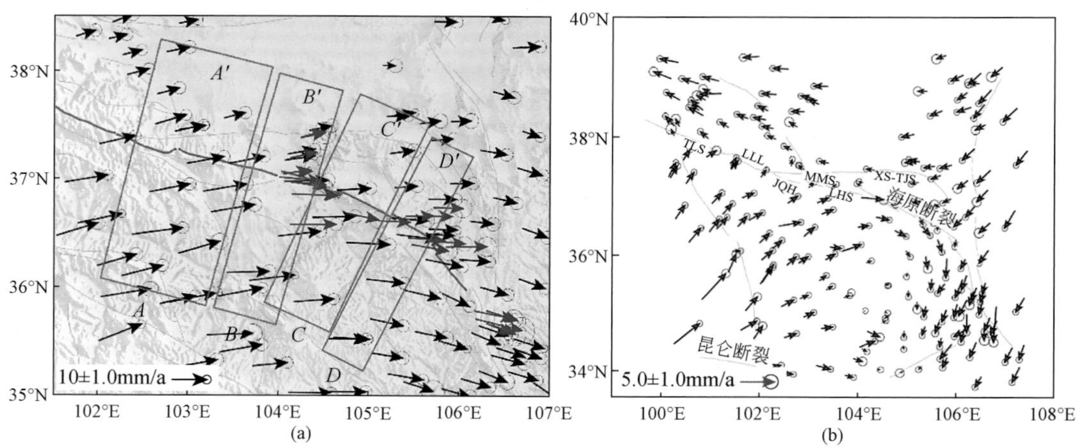

图 8.7　青藏高原东北缘海原–六盘山断裂带及周边区域 GPS 水平速度场

（a）相对于欧亚板块的 GPS 水平速度场；（b）扣除区域旋转量后的 GPS 水平速度场。蓝色箭头表示加密观测站速度

2）跨断层速度剖面分析

将跨断层大地测量速度投影至断层走向平行与垂直方向，是直观表述断层运动性质、形变量值的一种方法。从平行海原断裂走向的 GPS 速度剖面图来看（图 8.7、图 8.8），横跨断裂带存在明显的速度变化，体现了海原断裂左旋走滑的构造形变特性；自西向东的 GPS 剖面揭示了断裂走滑速率沿走向向东减小；垂直断层走向的 GPS 速度剖面表明（图 8.7、图 8.8），海原断裂西段（金强河、毛毛山）存在逆冲分量，向东至狭义海原断裂，断层的逆冲形变不明显。剖面分析表明海原断裂的运动学性质是以左旋走滑为主、伴随有逆冲分量，且断层形变速率横向分布并不均一。

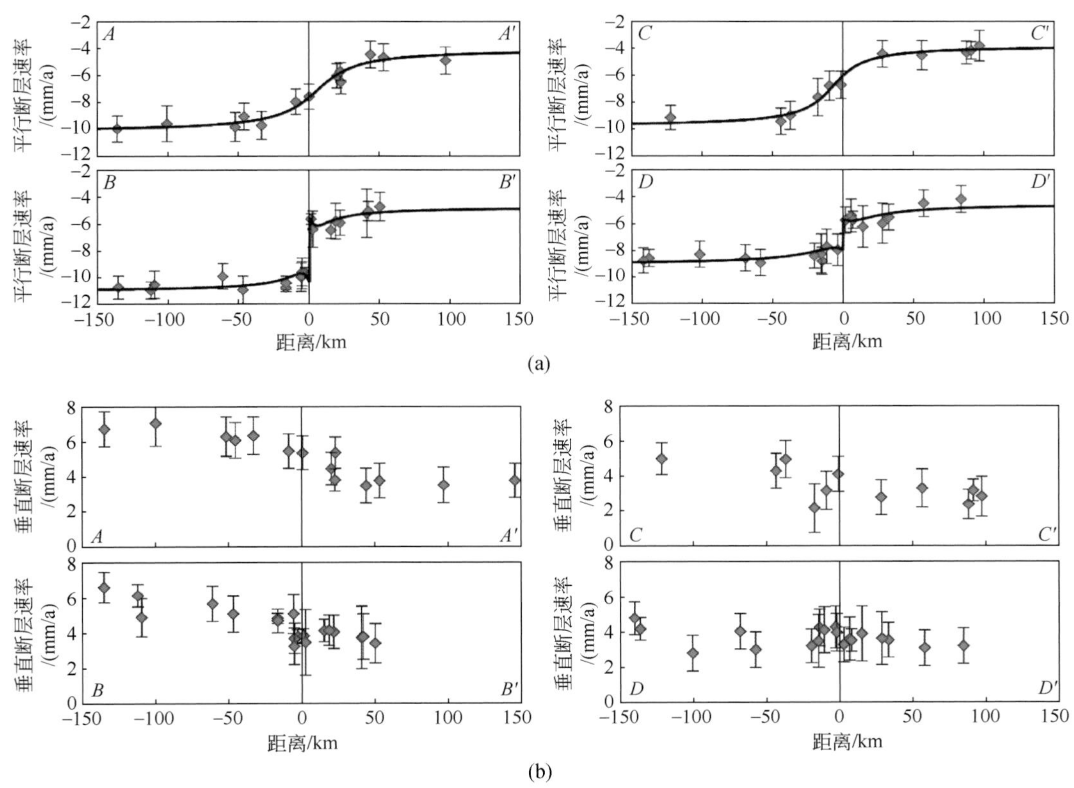

图 8.8　跨海原断裂 GPS 速度剖面

（a）平行断层速度分量，其中黑色曲线为二维反正切函数拟合结果；（b）垂直断层速度分量，剖面位置见图 8.7

8.1.4　海原断裂带地震危险性分析

基于块体-负位错模型（DEFNODE、TDEFNODE），通过以 GPS、震源机制解和地质方法得到的长期滑动速率等作为先验约束，对海原-六盘山断裂带的现今滑动速率、断层闭锁程度分布、断层滑动亏损分布和地震矩积累率等进行反演，并将 GPS 速度进行分解，定量化分析区域地壳形变模式。此外，区域应变率的分布作为对块体模型的补充，可以揭示地壳形变的梯度。综合分析断裂带深部闭锁与滑动亏损分布及地表应变率梯度变化，可为断裂带的地震危险性分析提供支撑。

1）海原断裂带闭锁程度

图 8.9（a）为我们反演得到的海原断裂带断层闭锁程度分布，由此图可以看出，海原断裂的闭锁沿走向呈现不均匀分布，断层整体在西段即“天祝地震空段”为深闭锁，东段即 1920 年地震破裂段为浅闭锁。“天祝地震空段”在过去的 1000 年内没有发生破裂，断层的闭锁深度达 10 ~ 15km，相比于海原断裂带东段的 1920 年地震破裂段，西段处于“深闭锁”状态，这反映了该段处于震间期应变能积累状态，也意味着该段具有发生强震的潜能。Jolivet 等（2011）基于 InSAR 数据，发现在老虎山断裂东端有长约 35km 的浅层蠕滑（蠕滑深度为 5 ~ 15km），我们利用 GPS 反演的结果也探测到了这种蠕滑的信号，这意味着该段存在弹性应变能的无震释放，这可能在一定程度上使其地震危险性相对较低。发生过 1920 年海原地震的狭义海原断裂，闭锁深度只有约 5km，并且地震离逝时间距今只有 100 年，相比于整条海原断裂的大震复发周期（1000 年），断层很可能处于震后愈合阶段或震间期初期，相应的地震危险性较低。

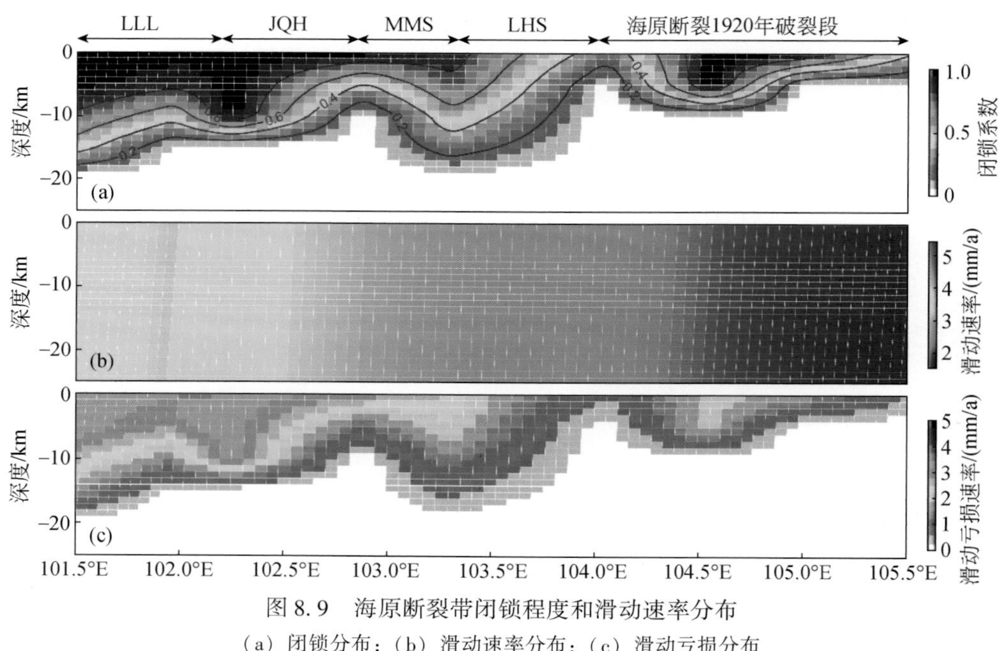

图 8.9　海原断裂带闭锁程度和滑动速率分布

（a）闭锁分布；（b）滑动速率分布；（c）滑动亏损分布

2）海原断裂带滑动亏损速率

断层滑动亏损速率是长期滑动速率与闭锁程度的乘积（McCaffrey *et al.*，2007），它反映了断层带滑动亏损速率的大小，这种滑动亏损可能以弹性应变能的形式在断裂带积累起来，最终以大地震破裂的方式释放。图 8.9（b）、（c）分别给出了海原断裂的长期滑动速率和滑动亏损速率，可以看出，滑动亏损速率空间分布与断层的闭锁程度分布是一致的，即滑动亏损主要发生在断层闭锁区域，且从西到东滑动亏损速率逐渐减小（约 5mm/a 至

2mm/a)。尽管我们并不能计算出累积在断层面上的总的滑动亏损量，但在给定时间间隔时（如从上一次历史大地震开始算起），同时假设断层的滑动亏损速率并不随时间而发生变化，那么就可以近似计算最初一次地震以来的累积滑动亏损量，进而对断裂的地震危险性做出评估。

3）海原断裂带库仑应力积累率

库仑应力破裂准则被大多数学者认同。该准则认为，当断裂面上的库仑应力超过了断裂能承受的临界应力时，地壳就会破裂而发生地震（King *et al.*, 1994）。库仑应力的计算公式表示为 $\sigma_f=\tau-\mu_f\sigma_n$ ，式中，τ 、σ_n 分别为断裂面上的剪应力和正应力；μ_f 为有效摩擦系数。断层面的库仑应力可以用于判定地震复发周期和评估断裂的地震危险性。以块体模型反演的断裂闭锁深度和滑动速率作为输入参数，图 8.10 为计算得到的海原断裂带断层面震间库仑应力积累率。从图 8.10 可以看出，狭义海原断裂的东段（即 1920 年地震震中所在位置）库仑应力积累率比较大（0.6MPa/100a)，可能反映了一定的震后信号。“天祝地震空段”表现为高库仑应力积累率（达 0.8～1.2MPa/100a)，同时该区域也是深闭锁和滑动亏损速率较大的区域，意味着该区域处于应力、应变积累增强状态，具有较大的潜在地震危险性。此外，库仑应力积累率可用以定量计算断裂发震周期；以 10MPa 的库仑应力作为地震破裂最大的应力降（Smith and Sandwell, 2003)，那么“天祝地震空段”的发震周期可能为 830～1250 年，平均为 1000 年，这与 Liu 等（2007）依据古地震探槽揭示的发震周期是一致的。

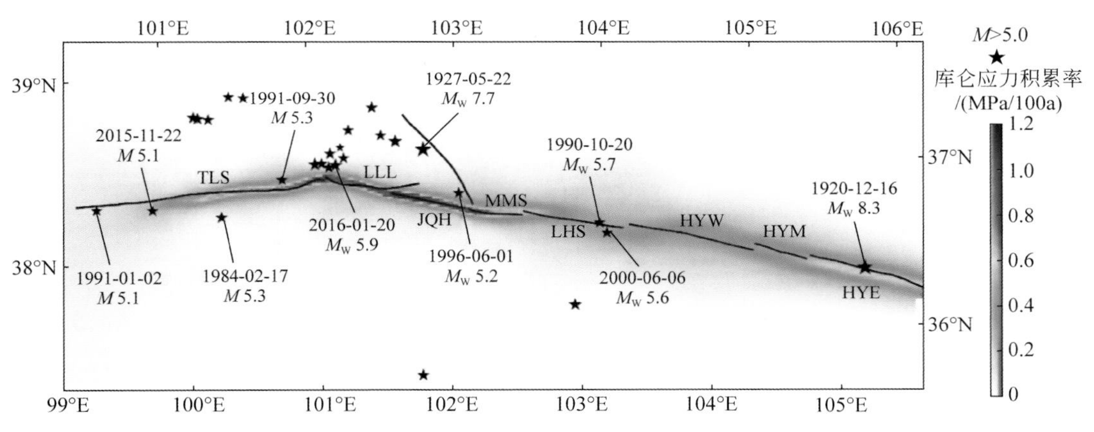

图 8.10　海原断裂带库仑应力积累率分布

黑色五角星为 1920 年海原和 1927 年古浪地震震中，以及仪器记录的 1960～2018 年震级大于 5 的地震震中

8.2　阿尔金断裂带

8.2.1　阿尔金断裂带区域构造背景

阿尔金断裂位于青藏高原的西北部，与其西边的康西瓦断裂、东边的北祁连断裂相

接。阿尔金断裂是北部塔里木地块、阿拉善地块与南部巴颜喀拉地块、柴达木地块及祁连地块的构造边界，具有十分重要的构造位置。它是一条巨型左旋走滑断裂带，断裂总体走向 N70°E，全长为 1600km（图 8.11）。断裂带主体由两条断裂组成，包括阿尔金南缘断裂及阿尔金北缘断裂，前者西起郭扎错，向北东止于党河南山断裂带，后者西起阿尔金山拉配泉，向东止于阿拉善南缘。习惯上，以车尔臣河口、拉配泉为两个分界点，将阿尔金断裂带分为西、中、东三段。西段斜穿昆仑山脉，将昆仑山分为东昆仑和西昆仑；中段沿阿尔金山脉南缘构成塔里木与柴达木盆地的分界，东段截切祁连山构造系，构成敦煌盆地与祁连山的分界。

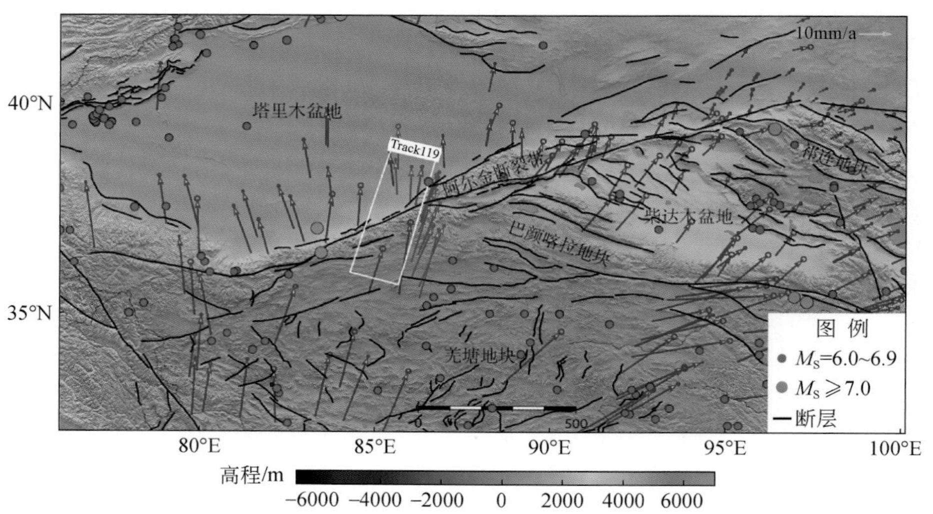

图 8.11　阿尔金断裂区域构造背景

黑色线条为活动断层；绿色圆点为 M_S 7.0 级以上历史地震；红色圆点为 M_S 6.0～6.9 级历史地震；蓝色和紫色箭头为 GPS 速率场；白色矩形框为 InSAR 数据覆盖范围

对阿尔金断裂主体的第四纪运动速率曾有两种观点：高滑动速率，20～30mm/a（Tapponnier *et al.*，2001；Mériaux *et al.*，2004，2005，2012；Xu *et al.*，2005）；低滑动速率，约 10mm/a（Meyer *et al.*，1996；Zhang *et al.*，2007；Cowgill，2007；Cowgill *et al.*，2009；Gold *et al.*，2009，2011；Seong *et al.*，2010；Chen *et al.*，2012，2013）。随着新的河流阶地演化模型的建立和位移起始年龄的界定，以及高分遥感、测年和数据处理算法的改进，低滑动速率观点逐渐得到研究者的认同。自 20 世纪 90 年代开始，大地测量技术（如 GPS、InSAR）理论模型和误差改正方法的成熟促进了其在地质构造活动研究中的应用；基于 1993～1998 年的 GPS 测量，Shen 等（2001）首次提出阿尔金断裂现今滑动速率（约 9mm/a）与当时地质学得出的第四纪高滑动速率不一致；近十年来，随着 GPS 测站的加密观测和震间 InSAR 形变场的获取，大地测量手段厘定的阿尔金断裂现今滑动速率处于约 10mm/a（Wright *et al.*，2004；Elliott *et al.*，2008；Jolivet *et al.*，2008；Zhu *et al.*，2016；Daout *et al.*，2018；Li *et al.*，2018）。

过去近 100 年时间里，阿尔金断裂及其附近 M_W 6.0 级以上的现代地震活动很少，究其原因，一方面可能是阿尔金断裂确实处于低地震活动时期，另一方面可能由于此断裂地处偏僻、人烟稀少，地震监测能力薄弱，因而一些历史地震没能得到记录。国家地震局阿尔金活动断裂带课题组（1992）曾对 1922 ~ 1990 年阿尔金断裂上的重要地震活动做过考察，如 1924 年 M 7.25 级民丰地震、1977 年 M 6.3 级茫崖地震，但对这些地震的研究并不充分；2008 年 M_S 7.3 级于田地震和 2014 年 M_W 6.9 级于田地震是发生在阿尔金断裂上的现代地震，对研究阿尔金断裂的地震活动特征具有重要意义。

8.2.2　阿尔金断裂带 InSAR 震间形变场

1. InSAR 数据及处理

我们搜集了欧洲航天局 ENVISAT 卫星 Track119 轨道自 2003 年至 2010 年的共 40 景降轨 ASAR 数据。SAR 原始数据的聚焦、成像，以及影像配准、基线估计、去除平地相位、滤波、解缠、地理编码等处理是利用 ROI_PAC 软件处理完成（Rosen *et al.*，2004）。地形数据来自 SRTM 数字高程模型（Farr *et al.*，2007），精密轨道数据来自 DORIS 轨道数据。为提高相干性，在相位解缠前做了多视处理。按照与其他影像相干性好坏的选取原则，选取 2009 年 7 月 29 日的影像为主影像，其他影像全部与该主影像进行配准、重采样。按照空间基线不超过 200m 的原则组成干涉对，一共处理了 174 对干涉像对。由于该地区地形高程变化剧烈，大气延迟对干涉像对影响很大，故采用了外部 ECMWF 大气模型对解缠后的相位进行了校正，同时利用三角闭合环检测解缠误差并改正。

时序分析采用了小基线集（SBAS）方法，将获得的雷达干涉图像按照空间和时间基线距较短的原则组合成若干集合，每个子集内需要保证干涉对垂直基线尽可能短，干涉对的时间间隔尽可能长，在尽可能避免空间去相干影响的同时使每个干涉像对积累的震间形变尽可能的大。然后对各个子集利用最小二乘法计算形变时间序列；为了将这些短基线集合联合起来得到整个观测时间段内的形变时间序列，我们利用奇异值分解方法将由于长基线限制而分开的独立数据集联系起来，解决方程组秩亏的问题，从而可以得到更高空间分辨率的形变速率图。

2. 阿尔金断裂西段 InSAR 形变速率场

Track 119 轨道的形变速率结果如图 8.12 所示。从 InSAR 形变图中可以看出，除部分沙漠地区及高山冰川覆盖区失相干影响没有得到有效的形变测量结果外，整个 InSAR 形变场具有良好的趋势性，在跨阿尔金断裂带两侧可以看到明显的跨断层形变梯度。为定量分析阿尔金断裂带在该地区的构造运动，在 85.5°E 位置提取了 InSAR 跨断层形变剖线，剖线宽度为 2km，长度约 120km，并将宽度范围内的点全部绘制到剖线图上。可以看出，阿尔金山前塔里木盆地相对较为稳定，中部阿尔金山相对山前盆地形变速率大约 2mm/a，按照 ENVISAT 降轨右视的模式，如果是走滑引起的形变累积（阿尔金山脉隆升也可能造成这种形变模式），其形变性质与断层左旋走滑运动一致，根据入射角及阿尔金断裂的走向，将该视线向的形变速率转换到阿尔金断裂走向上，则可得到该断裂左旋走滑速率在 8.5mm/a。李彦川博士利用三期 GPS 观测数据解算的结果，阿尔金断裂相对走滑运动速率为 8.6mm/a（Li *et al.*，2018）。

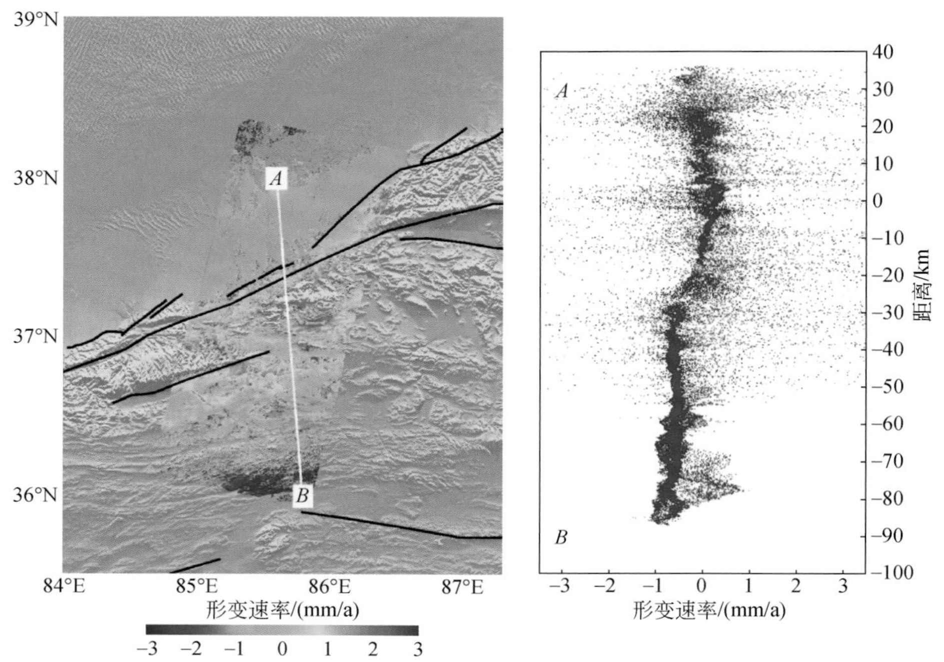

图 8.12　阿尔金断裂带西段 Track 119 轨道 InSAR 形变速率图及跨断层速率剖面（LOS 向）

8.2.3　阿尔金断裂带 GPS 震间形变特征

1. GPS 数据观测及处理

为获取阿尔金断裂现今形变参数，2009 年，中国科学院青藏高原研究所何建坤老师科研团队在 86°E 布设了一条由 17 个 GPS 点组成的跨阿尔金断裂形变测量剖面，于当年和 2011 年分别进行了野外观测，获取了宝贵的数据资料，并得到阿尔金断裂现今滑动速率为 (9±4)mm/a（图 8.13；He *et al.*，2013）。2017 年 10 月，中国地震局地质研究所委托中国地震局第一监测中心形变监测队对上述站点进行了复测，并将这些 GPS 站点的历年数据进行收集和处理。

数据处理采用 GAMIT/GLOBK-10.6 软件，首先联合全球分布的 40 个稳定 IGS 测站以及研究区周边六个“中国大陆构造环境监测网络”连续 GNSS 测站进行基线解算，得到了单天松弛解，然后以上述均匀分布的 40 个 IGS 连续站为框架点进行七参数转换，得到了在 ITRF2008 框架下的 GPS 速度解，最后将 GPS 站点速度旋转至区域参考框架下（图 8.13）。

2. 阿尔金断裂西段（86°E）GPS 剖面分析

将 GPS 速度投影至断层平行及垂直方向，如图 8.13（b）、（c）所示。可以看出，平

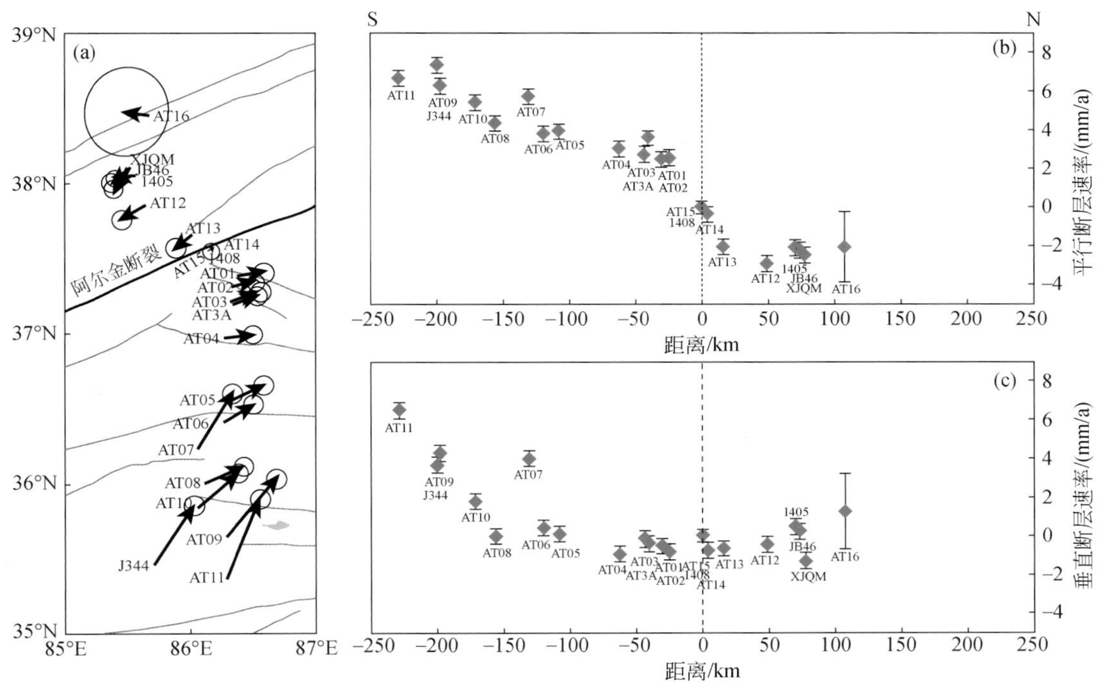

图 8.13　跨阿尔金断裂带的 GPS 速度场及其平行断层、垂直断层分量

（a）跨阿尔金断裂的 GPS 水平速度剖面；（b）平行断层分量；（c）垂直断层分量

行阿尔金断裂的 GPS 速度在断裂远场（50～150km）表现出明显的量值差异，如在 AT16 至 AT07 之间的相对速度达约 8mm/a，表明阿尔金断裂具有左旋走滑的运动特征；在断层近场区域（−50～50km），GPS 速度在跨越断层时表现为较大的梯度，意味着弹性应变能的积累，也表明了断层两侧近场区域地壳形变受控于断层的闭锁作用。垂直断裂方向的 GPS 速度，在断层近场区域（断层两侧各 100km 范围）未表现出明显的量值差异，且在跨越断层时也未表现为明显的近场速度梯度，表明阿尔金断裂逆冲分量很小。从图中还可以看出，断层南侧 150～250km 处（AT11—AT08），地壳形变表现为强烈的左旋和逆冲，这可能与一些次级断裂的构造活动有关。

上述定性分析可以看出，阿尔金断裂构造形变以左旋走滑为主导，因此，可以用简单的二维反正切曲线对跨断层的 GPS 速度进行拟合（Savage，1987），以反演其滑动速率和闭锁深度；具体解析方程式表达为 $V(x)=\dfrac{V_0}{\pi}\tan^{-1}\dfrac{x}{D}$，式中，$x$ 为观测点到断层的距离；$V(x)$ 为平行断裂速率；D 为断层闭锁深度。我们采用贝叶斯最大概率密度分布函数作为反演方法，考虑到 GPS 站点速度结果的可靠性，选取位于断层两侧 150km 范围之内的数据作为约束，反演得到的结果如图 8.14 所示。可以看出，阿尔金断裂远场滑动速率为 (8.6±0.9) mm/a，断层闭锁深度为（21.9±8.4）km，该结果与前人的认识是一致的（Wright *et al.*，2004；Elliott *et al.*，2008；Jolivet *et al.*，2008；Zhu *et al.*，2016；Daout *et al.*，2018；Li *et al.*，2018）。

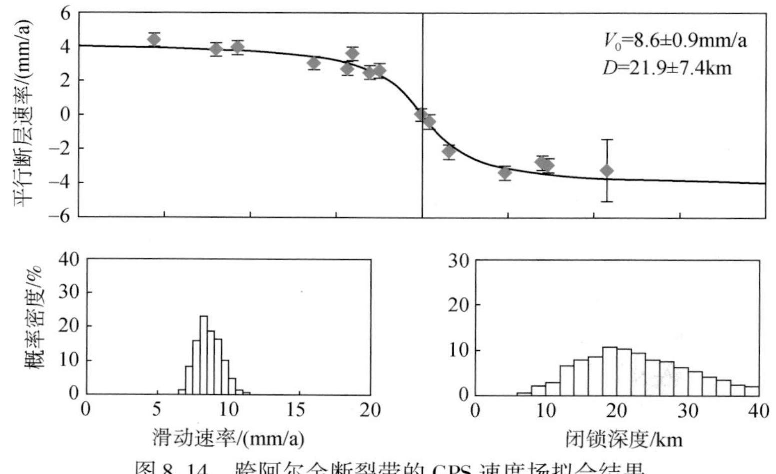

图 8.14　跨阿尔金断裂带的 GPS 速度场拟合结果

红色菱形为 GPS 观测值；黑色曲线为模型拟合值；直方图表示滑动速率和闭锁深度的概率密度分布

3. 阿尔金断裂带断层滑动速率与闭锁程度

1）块体运动学模型

“中国地壳运动观测网络”和“中国大陆构造环境监测网络”近 20 年积累的 GPS 数据可为研究大尺度地壳形变提供约束（图 8.15）。我们采用弹性块体运动学模型（DEFNODE）来进一步探讨阿尔金断裂的构造变形特征。参考已有块体划分方案（张培震等，2003），将青藏高原北缘划分为七个块体，分别为阿拉善块体（Alasian）、祁连块体（QL）、柴达木块体（Qaidam）、塔里木块体（Tarim）、帕米尔块体（Pamir）、天山块体（TS）和甜水海块体（TI）（图 8.15）。考虑到地壳介质属性的异质性和块体运动的差异性，在运动学模型中，除将塔里木块体和阿拉善块体设置为刚性块体外，其余块体均设置为弹性块体（块体运动学模型理论见第 6 章）。

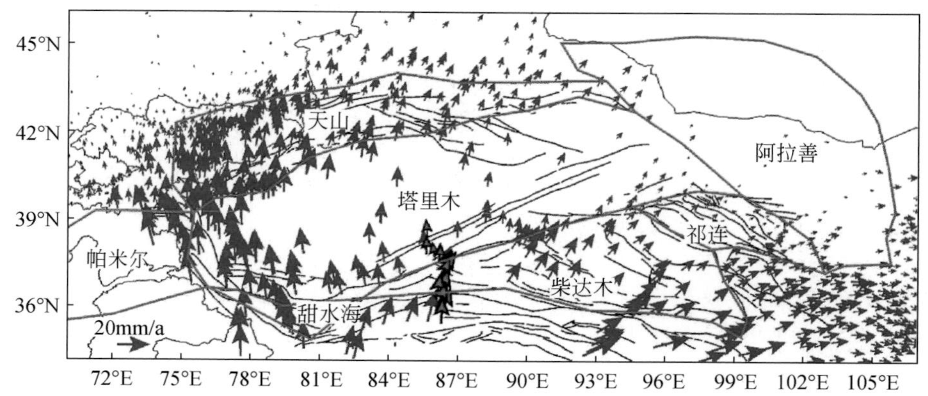

图 8.15　青藏高原北缘 GPS 速度场及块体划分

红色线表示块体边界；蓝色剪头为“中国地壳运动观测网络”和“中国大陆构造环境监测网络”GPS 速度；红色箭头为本书获取的跨阿尔金断裂 GPS 速度

在反演阿尔金断裂闭锁程度及滑动速率前，以 GPS 数据最佳拟合（残差最小）为判断标准，首先假定区域断层闭锁深度一致，确定断层平均闭锁深度为 20km；然后以格网搜索的方式反演北天山断裂的倾角；为减小模型反演的不确定性，上述拟合参数在模型中设置为紧约束的先验值；最后，将阿尔金断裂设置为近直立断裂（89°），利用模拟退火法和格网搜索法反演阿尔金断裂的滑动速率和闭锁系数。

2）滑动速率与闭锁深度反演结果

基于块体运动学模型，反演获取了阿尔金断裂的滑动速率分布（图 8.16），可以看出，阿尔金断裂以左旋走滑为主，并兼具有少许逆冲分量（0 ~ 3mm/a）。阿尔金断裂左旋走滑速率沿断层走向由西向东逐渐减小（约 13mm/a 至 2mm/a），而逆冲分量沿断层走向由西向东有先逐渐减小而后再逐渐增大的趋势，但变化幅度都很小。值得注意的是在 96°附近，平行断层的走滑速率和垂直断层的挤压速率在大小上发生了反转，在此位置以西是走滑速率明显大于挤压速率，而在此往东是挤压速率大于走滑速率，表明断层的运动性质发生了变化，以走滑形变为主转换为以逆冲为主。与前人的研究结果相比，我们发现基于现今大地测量数据反演得到的阿尔金断裂滑动速率，与已有的 GPS 和 InSAR 结果类似，比已有的地质学结果稍小（图 8.16），但均在其误差范围以内。

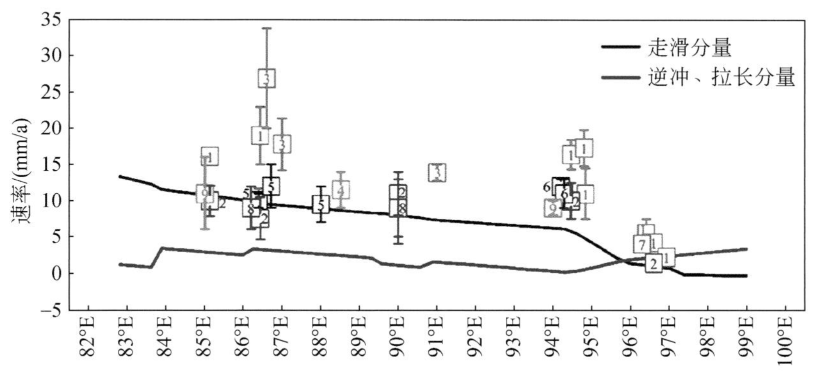

图 8.16　块体运动学模型反演得到的阿尔金断裂滑动速率

黑色线为平行断层速度分量；蓝色线为垂直断层速度分量；带数字和误差棒的彩色方框表示前人研究结果。数据来源：1. Xu *et al.*, 2005；2. Zhang *et al.*, 2007；3. Mériaux *et al.*, 2004, 2005, 2012；4. Cowgill, 2007, Cowgill *et al.*, 2009；5. Gold *et al.*, 2009；6. Chen *et al.*, 2012, 2013；7. GPS：Bendick *et al.*, 2000, Wallace *et al.*, 2004, He *et al.*, 2013；8. InSAR：Elliott *et al.*, 2008, Jolivet *et al.*, 2008

图 8.17 为块体运动学模型反演得到的阿尔金断裂的闭锁深度分布。断层闭锁整体呈现空间上不均匀的分布，断裂西端（82°E ~ 87°E）的闭锁深度较浅，为 5 ~ 15km；断裂中段（88°E ~ 97°E）闭锁较深（约 20km）；至东端（98°E ~ 100°E），断裂的闭锁再次变浅，约为 5km。断裂的闭锁意味着地震潜能，因此，上述结果表明阿尔金断裂中西段可能具有较大的地震危险性。

4. 阿尔金断裂带地震危险性分析

断层面上滑动亏损速率和地震矩积累率均是应变能积累快慢的量度，利用上述反演得到的断裂闭锁深度和滑动速率，可计算断层面上滑动亏损速率，并计算得到断层面上的地

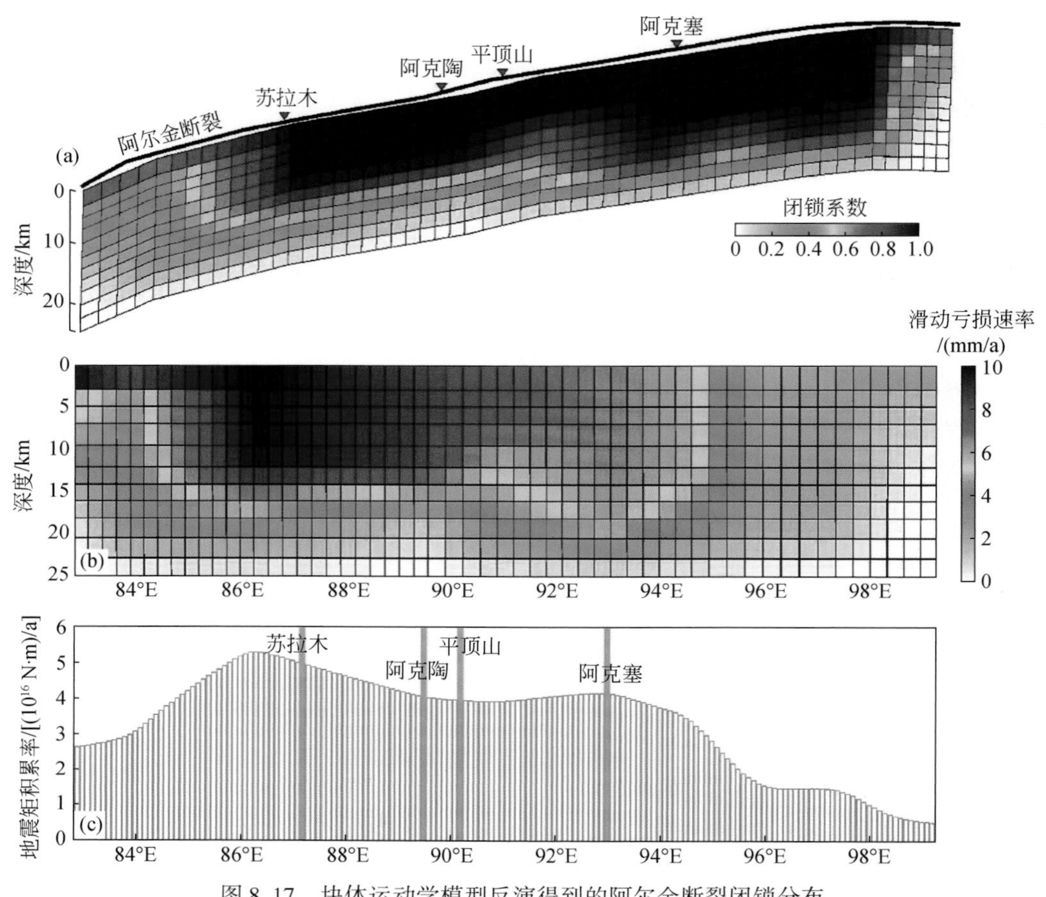

图 8.17　块体运动学模型反演得到的阿尔金断裂闭锁分布

（a）阿尔金断裂闭锁系数；（b）滑动亏损速率；（c）地震矩积累率分布

震矩积累率（图 8.17）。从图 8.17 可以看出，阿尔金断裂分别在西段（85°E ~ 88°E）和东段（92°E ~ 94°E）均有较高的能量积累速率，考虑到阿尔金断裂在历史上缺乏大地震发生的记录，该两段均有较大的地震孕育潜力，相应的地震危险性较大。

古地震的野外调查和数值模拟结果都显示断裂的弯曲构造（如断层走向的变化）足以抑制地表破裂的传播（Wesnousky，2008；Lozos *et al.*，2011），因此，在考虑阿尔金断裂的地震危险性时，需要进一步细化断裂的分段。以阿尔金断裂上苏拉木弯曲（约 20°变化）、阿克陶–平顶山弯曲（约 15°）和阿克塞弯曲（17°~ 25°）作为节点，将断裂划分四段（图 8.17）进行地震危险性的分析。考虑到沿阿尔金断裂古地震研究相对较少，我们以 500 年作为距上一次大地震的时间间隔，计算得到断裂各段截至 2018 年累积地震矩（由西至东）为 8.75×10^{20}N · m、4.15×10^{20}N · m、3.03×10^{20}N · m、5.03×10^{20}N · m 和 6.65×10^{20}N · m。此外，需要考虑沿阿尔金断裂西段曾发生过 1924 年的两次 7 级以上地震、1933 年的 M 6.7 级地震，综合计算地震矩的亏损，得到断裂由西至东不同段落分别具有 M_W 8.9 级、M_W 8.7 级、M_W 8.6 级、M_W 8.8 级和 M_W 8.9 级的地震潜能。由于阿尔金断裂在历史记录中几乎没有发生破坏性的大地震，而我们类比世界上同样运动性质的断裂，如海原断裂曾发生 1920 年 M 8.5 级海原大地震、昆仑断裂曾发生 2001 年 M_W 7.8 级可可西里地震、圣安德烈亚斯断裂 1906 年的 M 8.3 级旧金山大地震、安纳托利亚断裂 1999 年以来一系列的约 M7 级地震，结合上述定量计算的结果，我们认为阿尔金断裂的中长期地震危险性值得持续关注。

参 考 文 献

邓起东,张维岐,张培震,焦德成,宋方敏. 1989. 海原走滑断裂带及其尾端挤压构造,地震地质,11(1):1~14

何文贵,吕太乙. 1994. 老虎山断裂带的分段性研究. 西北地震学报,16(3):66~72

何文贵,刘百篪,袁道阳,等. 2000. 冷龙岭活动断裂的滑动速率研究. 地震工程学报,22(1):90~97

国家地震局地质研究所. 1990. 海原活动断裂带. 北京:地震出版社

乔鑫,屈春燕,单新建,等. 2019. 基于时序 InSAR 的海原断裂带形变特征及运动学参数反演. 地震地质,41(6):1481~1496

屈春燕,单新建,宋小刚,等. 2011. 基于 PSInSAR 技术的海原断裂带地壳形变初步研究. 地球物理学报,54(4):984~993

袁道阳,刘百篪. 1998. 北祁连山东段活动断裂带的分段性研究. 地震工程学报,20(4):27~34

张培震,邓起东,张国民,等. 2003. 中国大陆的强震活动与活动地块. 中国科学,33(B4):12~20

Bendick R, Bilham R, Freymueller J, *et al*. 2020. Geodetic evidence for a low slip rate in the Altyn Tagh fault system. Nature, 404(6773):69~72

Chen Y W, Li S H, Li B. 2012. Slip rate of the Aksay segment of Altyn Tagh fault revealed by OSL dating of river terraces. Quaternary Geochronology, 10:291~299

Chen Y W, Li S H, Sun J M, *et al*. 2013. OSL dating of offset streams across the Altyn Tagh fault: channel deflection, loess deposition and implication for the slip rate. Tectonophysics, 594:182~194

Cowgill E. 2007. Impact of riser reconstructions on estimation of secular variation in rates of strike-slip faulting: revisiting the Cherchen River site along the Altyn Tagh fault, NW China. Earth and Planet Science Letters, 254(3-4):239~255

Cowgill E, Gold R D, Chen X, *et al*. 2009. Low Quaternary slip rate reconciles geodetic and geologic rates along the Altyn Tagh fault, northwestern Tibet. Geology, 37(7):647~650

Daout S, Doin M P, Peltzer G, *et al*. 2018 Strain partitioning and present-day fault kinematics in NW Tibet from ENVISAT SAR interferometry. Journal of Geophysical Research: Solid Earth, 123(3):2462~2483

Elliott J R, Biggs J, Parsons B, *et al*. 2008. InSAR slip rate determination on the Altyn Tagh fault, northern Tibet, in the presence of topographically correlated atmospheric delays. Geophysical Research Letters, 35(12):L12309

Farr T G, *et al*. 2007. The shuttle radar topography mission. Reviews of Geophysics, 45(2):RG2004

Gan W, Zhang P, Shen Z K, *et al*. 2007. Present-day crustal motion within the Tibetan Plateau inferred from GPS measurements. Journal of Geophysical Research Solid Earth, 112(B8):B08416

Gaudemer Y, Tapponnier P, Meyer B, *et al*. 1995. Partitioning of crustal slip between linked, active faults in the eastern Qilian Shan, and evidence for a major seismic gap, the "Tianzhu gap", on the western Haiyuan fault, Gansu(China). Geophysical Journal International, 120(3):599~645

Gold R D, Cowgill E, Arrowsmith J R, *et al*. 2009. Riser diachroneity, lateral erosion, and uncertainty in rates of strike-slip faulting: a case study from Tuzidun along the Altyn Tagh fault, NW China. Journal of Geophysical Research: Solid Earth, 114(B4):B04401

Gold R D, Cowgill E, Arrowsmith J R, *et al.* 2011. Faulted terrace risers place new constraints on the late Quaternary slip rate for the central Altyn Tagh fault, northwest Tibet. Bulletin of the Seismological Society of America, 123(5-6):958～978

He J, Vernant P, Chéry J, *et al.* 2013. Nailing down the slip rate of the Altyn Tagh fault. Geophysical Research Letters, 2013, 40(20):5382～5386

Jolivet R, Cattin R, Chamot-Rooke N, *et al.* 2008. Thin-plate modeling of interseismic deformation and asymmetry across the Altyn Tagh fault zone. Geophysical Research Letters, 35(L2):L02309

Jolivet R, Grandin R, Lasserre C, *et al.* 2011. Systematic InSAR tropospheric phase delay corrections from global meteorological reanalysis data. Geophysical Research Letters, 38(17):L17311

Jolivet R, Lasserre C, Doin M P, *et al.* 2012. Shallow creep on the Haiyuan fault (Gansu, China) revealed by SAR interferometry. Journal of Geophysical Research: Solid Earth, 117(B6):B06401

King G C P, Stein R S, Lin J. 1994. Static stress changes and the triggering of earthquakes. Bulletin of the Seismological Society of America, 84(3):935～953

Lasserre C, Gaudemer Y, Tapponnier P, *et al.* 2002. Fast Late Pleistocene slip rate on the Leng Long Ling segment of the Haiyuan fault, Qinghai, China. Journal of Geophysical Research Solid Earth, 107(B11):2276

Lasserre C, Morel P H, Gaudemer Y. 1999: Post glacial left slip-rate and past occurrence of $M>8$ earthquakes on western Haiyuan fault, Gansu, China. Journal of Geophysical Research, 104(B8):17633～17651

Li C Y, Zhang P-Z, Yin J H, *et al.* 2009. Late Quaternary left-lateral slip rate of the Haiyuan fault, northeastern margin of the Tibetan Plateau. Tectonics, 28(5):TC5010

Li Y C, Shan X, Qu C, *et al.* 2018. Crustal deformation of the Altyn Tagh fault based on GPS. Journal of Geophysical Research Solid Earth, 123(11):10309～10322

Liang S, Gan W, Shen C, *et al.* 2013. Three-dimensional velocity field of present-day crustal motion of the Tibetan Plateau derived from GPS measurements. Journal of Geophysical Research: Solid Earth, 118(10):5722～5732

Liu-Zeng J, Klinger Y, Xu X, *et al.* 2007. Millennial recurrence of large earthquakes on the Haiyuan fault near Songshan, Gansu Province, China. Bulletin of the Seismological Society of America, 97(1B):14～34

Lozos J C, Oglesby D D, Duan B C, *et al.* 2011. The effects of double fault bends on rupture propagation: a geometrical parameter study. Bulletin of the Seismological Society of America, 101(1):385～398

McCaffrey R, Qamar A I, King R W, *et al.* 2007. Fault locking, block rotation and crustal deformation in the Pacific Northwest. Geophysical Journal International, 169(3):1315～1340

Meyer B, Tapponnier P, Bourjot L, *et al.* 1998. Crustal thickening in Gansu-Qinghai, lithospheric mantle subduction, and oblique, strike-slip controlled growth of the Tibet Plateau. Geophysical Journal International, 135(1):1～47

Meyer B, Tapponnier P, Gaudemer Y, *et al.* 1996. Rate of left-lateral movement along the easternmost segment of the Altyn Tagh fault, east of 96°E (China). Geophysical Journal International, 124(1):29～44

Mériaux A S, Ryerson F J, Tapponnier P, *et al.* 2004. Rapid slip along the central Altyn Tagh fault: morphochronologic evidence from Cherchen He and Sulamu Tagh. Journal of Geophysical Research: Solid Earth, 109(B6):B06401

Mériaux A S, Tapponnier P, Ryerson F J, *et al.* 2005. The Aksay segment of the northern Altyn Tagh fault: Tectonic geomorphology, landscape evolution, and Holocene slip rate. Journal of Geophysical Research: Solid Earth, 110(B4):B04404

Mériaux A S, Van Der Woerd J, Tapponnier P, *et al.* 2012. The Pingding segment of the Altyn Tagh fault (91°E): Holocene slip-rate determination from cosmogenic radionuclide dating of offset fluvial terraces. Journal of

Geophysical Research: Solid Earth, 117(B9): B09406

Qu C Y, Shan X J, Xu X B, *et al.* 2013. Deformation rates on the Haiyuan fault in the northeastern margin of the Tibetan Plateau derived from PS-InSAR analysis. Journal of Asian Earth Sciences, 7(1): 073507

Rosen P A, Hensley S, Peltzer G, *et al.* 2004. Updated repeat orbit interferometry package released. EOS Transactions-American Geophysical Union, 85(5): 47

Savage J C. 1987. Effect of crustal layering upon dislocation modeling. Journal of Geophysical Research: Solid Earth, 92(B10): 10595 ~ 10600

Sella G F, Dixon T H, Mao A. 2002. REVEL: a model for recent plate velocities from space geodesy. Journal of Geophysical Research: Solid Earth, 107(B4): 2081 ~ 2091

Seong Y B, Hee C K, Ree J H, *et al.* 2010. Constant slip rate during the Late Quaternary along the Sulu He segment of the Altyn Tagh fault near Changma, Gansu, China. Island Arc, 20(1): 94 ~ 106

Shen Z K, Wang M, Li Y, *et al.* 2001. Crustal deformation along the Altyn Tagh fault system, western China, from GPS. Journal of Geophysical Research: Solid Earth, 106(B12): 30607 ~ 30621

Smith B, Sandwell, D. 2003. Coulomb stress accumulation along the San Andreas fault system. Journal of Geophysical Research: Solid Earth, 108(B6): 2296

Song X G, Jiang Y, Shan X J, *et al.* 2019. A fine velocity and strain rate field of present-day crustal motion of the northeastern Tibetan Plateau inverted jointly by InSAR and GPS. Remote Sensing, 11(4): 435

Tapponnier P, Zhiqin X, Roger F, *et al.* 2001. Oblique stepwise rise and growth of the Tibet Plateau. Science, 294(5547): 1671 ~ 1677

Thatcher W. 2007, Microplate model for the present-day deformation of Tibet. Journal of Geophysical Research, 112(B1): 534 ~ 535

Wallace K, Yin G, Bilham R. 2004. Inescapable slow slip on the Altyn Tagh fault. Geophysical Research Letters, 31(9): L09613

Wang Q, Zhang P Z, Jeffry T F, *et al.* 2001. Present-day crustal deformation in China constrained by global position system measurements. Science, 249(5542): 574 ~ 577

Wesnousky S G. 2008. Displacement and geometrical characteristics of earthquake surface ruptures: issues and implications for seismic-hazard analysis and the process of earthquake rupture. Bulletin of the Seismological Society of America, 98(4): 1609 ~ 1632

Wright T J, Parsons B, England P C, *et al.* 2004. InSAR observations of low slip rates on the major faults of western Tibet. Science, 305(5681): 236 ~ 239

Xu X, Wang F, Zheng R, *et al.* 2005. Late Quaternary sinistral slip rate along the Altyn Tagh fault and its structural transformation model. Science in China Series D: Earth Sciences, 48(3): 384 ~ 397

Zhang P Z, Burchfiel B C, Molnar P, *et al.* 1991. Amount and style of late Cenozoic deformation in the Liupan Shan area, Ningxia autonomous region, China. Tectonics, 10(6): 1111 ~ 1129

Zhang P Z, Molnar P, Xu X. 2007. Late Quaternary and present-day rates of slip along the Altyn Tagh fault, northern margin of the Tibetan Plateau. Tectonics, 26: TC5010

Zhang P Z, Shen Z K, Wang M, *et al.* 2004. Continuous deformation of the Tibetan Plateau from global positioning system data. Geology, 32(9): 809 ~ 812

Zhu S, Xu C, Wen Y, *et al.* 2016. Interseismic deformation of the Altyn Tagh fault determined by interferometric synthetic aperture radar (InSAR) measurements. Remote Sensing, 8(3): 233

结　语

地表形变是在地壳表层发生的一种空间位移变化，由于地壳运动、火山活动、地震活动等自然因素，或者是地下水开采、矿山开采、城市建设等人为因素引发。有些缓慢而微小，不能被人们直接感知，有些则突发而强烈，一般往往伴随着的是火山喷发或者地震等强烈地质活动。我国被环太平洋地震带和欧亚地震带两面包围着，受太平洋板块和印度板块的挤压和俯冲碰撞，构造运动强烈，地质构造规模宏大并且复杂多样，使我国的中、强地震活动频繁，灾害十分严重。

大地测量学的快速发展，使得地表形变观测的稳定性与精度逐渐提高，信息搜集与处理速度逐渐加快，就某种意义上来说有助于地球动力学定量方面的分析与研究，所采用高新技术与手段显得格外关键。仅就地壳运动三维形变监测层面而言充分使用精准度相对较高的全球定位系统技术、合成孔径雷达干涉测量技术、甚长基线干涉测量技术、激光测距技术等现代大地测量手段，给出的大范围和时空密集的地壳运动观测数据，将成为地球科学定量研究的基础。

利用大地测量手段获取大范围和时空密集的三维地壳形变场，对于地壳形变运动趋势的研究、深部动力学机制的推断是极为重要的。但是，随着地学研究的进一步深入，地壳板块构造运动的特征、断层活动特性、构造应力场特征、断裂发震危险性评价等深部机制的研究成为重点。大地测量反演，其特点是应用高精度、高时空分辨率的大地测量数据进行地球物理问题的研究，是大地测量学科深入地学研究领域的核心手段。大地测量地球物理反演，是以大地测量观测为基础，结合其他地学观测数据，利用地球物理学建立的先验地球动力学模型，定量计算各种有关的物理参数，修正或提出新的地球动力学模型。地震断层形变研究中，地球科学家可以根据地表观测结果反演研究活动断层、活动块体的运动情况，探讨地壳运动与地震的关系，进行地震、地质灾害的预测预报。因此，结合大范围和时空密集的三维地壳形变场，利用地球物理反演、三维数值模拟等方法，多角度、多学科、多领域的深入研究引发地壳运动的地球内部动力学机制是当前地学研究的主要形式。

以合成孔径雷达干涉测量（InSAR）形变观测技术为代表的现代空间大地测量技术的迅速发展，是近 30 多年来极为重要的手段之一。InSAR 是基于面的大范围测量，具有空间分辨率高、覆盖范围广、低成本、快速准确以及大尺度连续覆盖能力等优点，已经成为研究地震同震形变场等空间连续形变场的主要方法之一。InSAR 获取了大量的高时空分辨率的对地观测数据，能够获取高精度的地震同震形变、震后断层滑动及大范围区域地壳运动特征等信息，这些信息可以帮助研究者揭示难以认知的地球物理现象，使得地球科学家们能够以一个全新的角度来研究与地震断层相关的各种地球物理学现象。基于 InSAR 观测数据研究震源参数可以有效弥补地表破裂数据、地震记录等提取震源参数解的不足，无疑会带来地震震源参数研究的重大突破。

InSAR 和 GPS 卫星大地测量技术已成为地表形变监测的重要手段，其与地震断层位错理论的结合，为解释发震机理和断层破裂过程提供了有力的技术支撑，为深刻理解地震的形变过程和发生机理，以及未来地震灾害的演化趋势提供了重要的观测资料。

传统大地测量存在时空局限性，现代大地测量技术具有观测精度高、范围广、周期短等突出技术优势，成为高效的地壳形变监测手段，可为地震研究提供丰富的高精度、高时空分辨率的大地测量数据。近些年，特别是以 GPS 技术和 InSAR 技术为核心手段的地表位移监测方法已与断层位错理论深入结合，并在多个大中型地震震源参数反演中获得大量应用，使得其逐渐发展成为一种可靠的震源参数反演方法。

本书对 InSAR 同震形变的反演、InSAR 形变与 GPS 形变联合反演，以及同震和震后应力、应变场演化等科学问题进行探讨。InSAR 形变场的全面覆盖能够提供详细的断层几何参数和滑动参数，多种数据源（地震波形、GPS、余震分布和野外调查等数据）的联合反演能够提供更加准确的断层破裂信息。大地测量地球物理反演经历了由单一大地测量数据反演发展到了多种大地测量数据及多类（大地测量、地球物理、地质等）观测数据参与的联合反演。反演模型由最初的连续型发展到了离散型，由线性反演发展到了非线性反演。解反演问题的经典方法是最小二乘、线性回归、参数估计等。近几十年来，大地测量地球物理反演问题的计算广泛应用了信息论、广义逆理论、最优化理论、线性及非线性规划等一些数学工具，在理论和方法上都有重大进展。

然而，尽管 InSAR 技术在理论与应用方面已经较为成熟，但由于在数据处理过程中存在各种误差的累积效应，不同的处理策略将会影响 InSAR 技术的监测精度，进而影响后续的其他分析（如地震震源参数反演、地震三维形变场重建等）。以大地测量形变数据为约束的断层滑动模型反演仍存在精度匹配与可靠性问题，如 InSAR LOS 向形变精度、断层近场 InSAR 干涉失相关、GPS 不同维度和台站分布密度对滑动分布反演精度的影响，以及大地测量形变数据反演滑动分布对深部滑动不敏感现象。在某些海拔较低的地形起伏较大区域，大气湍流延迟相位可能会影响相位/地形最优函数关系的估计。研究能够不受大气湍流延迟相位影响的相位/地形最优函数估算方法可以更加有效的消除 InSAR 大气垂直分层延迟相位。研究将三维形变场解算模型与 InSAR 时序分析模型有效融合，分析三维形变场“动态”演变过程。联合远场地震波形资料、近场强震动数据、野外地质考察数据、卫星光学影像数据、LiDAR、地表形变（GPS、InSAR、水准、地应变等）及重力观测数据等确定震源参数的高时空分辨率过程，可以提高解的稳健性和可靠性。由于客观原因，同震形变观测数据往往会包含震前形变、震后形变、非构造形变部分等，需要研究如何在众多噪声干扰中对同震形变信号进行有效分离，以获取更为真实的同震形变信息。但是 InSAR 是一种侧视形变测量技术，它获取的形变量是地表东西（EW）、南北（NS）、垂直（UP）三个形变分量在雷达视线向上的投影，它观测到的地表形变量是一维的，并不能反映地表真实的形变量，这就是 InSAR 干涉测量中的视线向模糊问题。由 InSAR 观测值很难提取分离出地表水平和垂直方向的形变量，因此如何从 InSAR 视线向形变场中分解出三个方向的形变值是一个重要研究方向。

作为一种新兴的空间大地测量技术，InSAR 技术能够获取高时空分辨率、高精度、大范围的地表形变信息，且不需要地面控制点，具有其他大地测量手段所无法替代的作用。从历史地震记录来看，中强地震通常发生在地势条件复杂、人烟稀少的断裂带区域，常规大地测量技术难以获得全面的地表形变信息，进一步凸显了 InSAR 形变观测技术在震源参数研究中的重要作用。随着 InSAR、GPS 和卫星重力技术等空间大地测量技术在固体地球物理领域的广泛应用，大大扩展和推动了大地测量学与固体地球物理学领域的交叉研究范围。通过覆盖全球的雷达观测获取的影像，依靠多种数据处理方法，实现了地表的微小形变、地面沉降等小尺度形变的监测、观测，已经在城市沉降、矿区沉降、大型工程形变、地震震间震后形变、火山活动及泥石流预警等领域取得令人瞩目的研究成果。InSAR 使人们能够探索和研究地球内部的动力学过程，如板块运动、构造、地震活动、地球自转变化、冰川、海平面变化及地幔对流等深部地球物理过程。InSAR 技术的发展势必会在地壳形变观测与发震断层特征，以及其他众多领域发挥越来越大的作用。